建筑弱电安装技术手册

冯 波 主编

化学工业出版社
·北京·

《建筑弱电安装技术手册》（第二版）包括有弱电系统常用材料，防雷及接地系统，建筑设备监控系统，电话通信系统，共用电线、有线电视系统接收系统，火灾自动报警系统及消防联动控制系统，安全技术防范系统，综合布线系统，扩声音响系统，出入口控制系统、弱电系统安装常见问题汇总、弱电工程施工综合案例等内容。

本书适用于建筑弱电安装技术人员、建筑电气安装管理人员及相应管理人员、电气安装培训人员，也适用于电气相关专业在校师生。

图书在版编目（CIP）数据

建筑弱电安装技术手册/冯波主编．—2版．—北京：化学工业出版社，2018.5（2022.10重印）

ISBN 978-7-122-31824-4

Ⅰ.①建… Ⅱ.①冯… Ⅲ.①房屋建筑设备-电气设备-建筑安装-技术手册 Ⅳ.①TU85-62

中国版本图书馆CIP数据核字（2018）第058323号

责任编辑：袁海燕　　装帧设计：刘丽华

责任校对：王　静

出版发行：化学工业出版社（北京市东城区青年湖南街13号　邮政编码100011）

印　　装：北京虎彩文化传播有限公司

850mm×1168mm　1/32　印张13¼　字数392千字

2022年10月北京第2版第6次印刷

购书咨询：010-64518888　　售后服务：010-64518899

网　　址：http：//www.cip.com.cn

凡购买本书，如有缺损质量问题，本社销售中心负责调换。

定　　价：55.00元

本书编写人员

主　　编：冯　波

副 主 编：马富强

参编人员：秦付良　刘彦林　马立棉　孙兴雷
溪　水　孙　丹　张计锋　王俊遐
张素景　杨晓方

前言

建筑弱电技术以信息技术为基础，以系统集成技术为方法，在国内建筑业引起越来越多的关注与应用，具有极为广阔的发展前景。未来的智能建筑弱电系统会应用更多的计算机以及网络技术，逐步完善智能建筑的安全、通信、办公等智能功能，力争通过增强智能建筑弱电技术的通信网络系统、信息网络系统能力实现更高一层的建筑集成管理系统。并且逐步实现适合我国居住环境与习惯的智能大厦管理系统和楼宇管理系统。

建筑弱电技术中也在不断地进行通信技术的研发工作。随着宽带多媒体通信技术以及 ATM 通信技术逐渐成熟，未来几年内智能建筑的通信技术仍然会追求数字化、宽带化以及高速化、网络化的多媒体通信技术。智能建筑网络系统逐渐向“三网融合”的方向迈进。通过利用基站架设、智能设备管理等优势，弱电技术所利用的信息平台将会实现网络互联互通、资源共享的目标。智能建筑随着弱电技术的不断发展，会更多地运用办公自动化系统、建筑设备自动化系统、综合布线系统、通信网络系统等多种技术来迎合居民越来越多的生活需求，将会成为今后智能建筑建设的主流方向。智能建筑最终会实现利用弱电技术完成语音、数据、视频、图像的综合应用。

未来的智能建筑能够实现开放式网络控制技术、也就是通过 web 技术的三层结构以及网络总线、现场总线、计算机总线实现智能建筑的网络集成、软件界面集成、功能集成。最终达到对智能建筑内所有设备进行有效监控与管理。

建筑弱电技术的安全管理将逐渐利用智能卡技术以及人体识别技

术。智能卡也会逐渐向指纹识别、视网膜识别等方向发展。

建筑弱电技术是实现智能建筑功能的主要技术手段，其子系统也广泛应用于各个领域。尽快完善智能建筑弱电系统工程的招投标和监理标准，健全其管理体制及结构体系，加强管理技术和队伍的建设，是适应建筑智能化工程健康有序发展的需求。

行业的重要以及弱电人才的需求带动相关产业的发展，电气及弱电工程技术实用图书资料相比建筑行业其他技术书更有市场，秉从人无我有，人有我优，差异创新的原则，再版本书。

《建筑弱电安装技术手册》第一版详细介绍了弱电系统常用材料、建筑设备监控系统、电话通信系统、共用电线、有线电视系统、火灾自动报警及消防联动控制系统、安全技术防范系统、综合布线系统、扩声音响系统及常用电气符号等内容。

此次修订主要做以下调整：

(1) 在第一版内容和框架结构基础之上补充修改原版不妥及疏漏内容。

(2) 更换旧标准和规范，增加建筑弱电使用到的新材料，新设备，新技术，比如参考《智能建筑工程质量验收规范》（GB 50339—2013）、《建筑物防雷设计规范》（GB 50057—2010）、《智能建筑设计标准》（GB 50314—2013）、《视频安防监控系统工程设计规范》（GB 50395—2007），《泡沫灭火系统设计规范》（GB 50151—2010）等进行编写。

(3) 在每个分项工程安装部分增加施工组织设计或安装案例、安装注意事项，常出现问题及处理等。

(4) 增加了第二章“防雷及接地系统”，第十章“出入口控制系统”，第十一章“弱电系统安装常见问题汇总”，第十二章“弱电工程施工综合案例”等章，内容更完整，实用性更强。

由于时间所限，书中疏漏望读者朋友指出，将十分感谢。

编者

2018 年 2 月

目录

第六章　火灾自动报警及消防联动控制系统　135

第七章 安全技术防范系统 188

第十一章　弱电系统安装常见问题汇总　343

第十二章　弱电工程施工综合案例　363

第一章

弱电系统常用材料

第一节　弱电系统常用管材

一、塑料管

建筑电气工程中常用的塑料管有硬质塑料管、半硬质塑料管和软塑料管。配线所用的电线保护管多为 PVC 塑料管，PVC 是聚氯乙烯的代号。聚氯乙烯是用电石和氯气（电解食盐产生）制成的，根据加入增塑剂的多少可制成不同硬度的塑料。其特点是：性质较稳定，有较高的绝缘性能，耐酸、耐腐蚀，能抵抗大气、日光、潮湿，可作为电缆和导线的良好保护层和绝缘物。

① PVC 硬质塑料管常用于民用建筑或室内有酸、碱腐蚀性介质的场所。

② 由于塑料管在高温下机械强度下降，老化加速，且蠕变量大，所以环境温度在 40℃以上的高温场所不宜使用。

③ 在经常发生机械冲击、碰撞、摩擦等易受机械损伤的场所也不应使用。

④ PVC 硬质塑料管工程图标注代号为 P（旧符号为 SG 或 VG），半硬型塑料管工程图标注代号旧符号为 BYG，可挠型（波纹管）塑料

管工程图标注代号旧符号为KRG。新文字符号对后两种没有进行区分。常用PVC塑料电线管技术数据见表1-1。

表 1-1 PVC 塑料电线管技术数据

塑料电线管类别（工程图标注代号）	公称口径/mm	外径/mm	壁厚/mm	内径/mm	内孔总截面积/mm^2	备注
聚乙烯半硬型电线管（BYG）	15	16	2	12	113	难燃型氧气指数：27%以上
	20	20	2	16	201	
	25	25	2.5	20	314	
	32	32	3	26	530	
	40	40	3	34	907	
	50	50	3	44	1520	
聚乙烯可挠型电线管（KRG）	5	18.7	峰谷时间 2.20	14.3	161	难燃型氧气指数：27%以上
	20	21.2	峰谷时间 2.35	16.5	214	
	25	28.5	峰谷时间 2.60	23.3	426	
	32	34.5	峰谷时间 2.75	29	660	
	40	42.5	峰谷时间 3.00	36.5	1043	
	50	54.8	峰谷时间 3.75	47	1734	

⑤ 在工程中选择硬质塑料管，还应根据管内所穿导线截面、根数选择配管管径。一般情况下，管内导线总截面积（包括外护层）不应大于管内空截面积的40%。

二、金属管

配管工程中常使用的钢管有厚壁钢管、薄壁钢管、金属波纹管和普利卡套管4类。厚壁钢管又称焊接钢管或低压流体输送钢管（水煤气管），有镀锌和不镀锌之分，又分为普通钢管和加厚钢管两种。薄壁钢管又称电线管。

1. 薄壁钢管（电线管）

① 电线管多用于敷设在干燥场所的电线、电缆的保护管，可明敷或暗敷。

② 电线管的技术数据如表 1-2 所示。

表 1-2 普通碳素钢电线管规格

公称尺寸/mm	外径/mm	外径允许偏差/mm	壁厚/mm	理论质量(不计管接头)/(kg/m)
15	15.88	±0.20	1.6	0.581
20	19.05	±0.25	1.8	0.766
25	25.40	±0.25	1.8	1.048
32	31.75	±0.25	1.8	1.329
40	38.10	±0.25	1.80	1.611
50	50.80	±0.30	2.00	2.047

③ 绝缘导线穿薄壁钢管允许穿管根数及相应的最小管径（单位：mm）可参考表 1-3、表 1-4。

表1-3 BX、BLX绝缘导线穿电线管管径选择

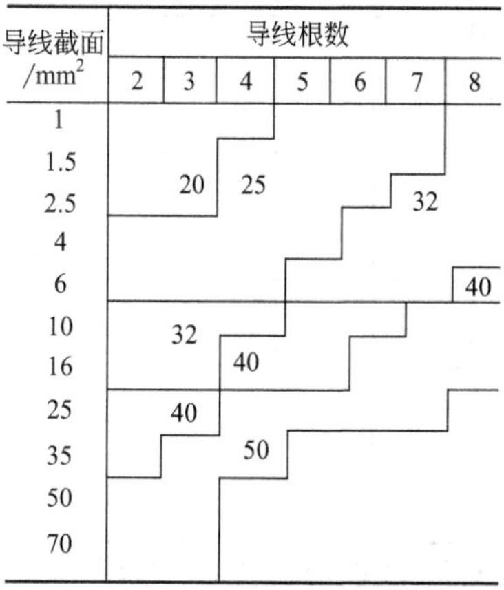

导线截面/mm^2	导线根数						
	2	3	4	5	6	7	8
1							
1.5							
2.5		20	25			32	
4							
6							40
10		32					
16			40				
25		40					
35			50				
50							
70							

表1-4 BV、BLV塑料线穿电线管管径选择

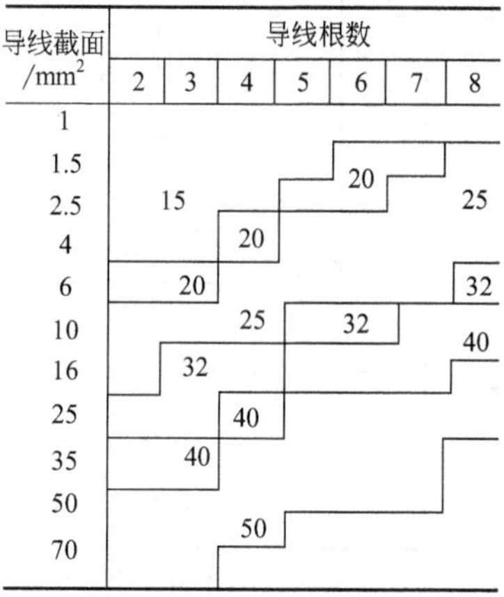

导线截面/mm^2	导线根数						
	2	3	4	5	6	7	8
1							
1.5					20		
2.5		15					25
4			20				
6		20					32
10			25		32		40
16		32					
25			40				
35		40					
50							
70			50				

④ 钢管暗配工程应选用镀锌金属盒，即灯位盒、开关（插座）盒等，其壁厚不应小于 1.2mm。

2. 壁厚钢管（水煤气管）

① 厚壁钢管用作电线电缆的保护管，可以暗配于一些潮湿场所或直埋于地下，也可以沿建筑物、墙壁或支吊架敷设。

② 明敷设一般在生产厂房中出现较多。低压流体输送用焊接钢管

技术数据如表 1-5 所示。

表 1-5 低压流体输送用焊接钢管

公称口径		外径		普通钢管			加厚钢管		
				壁厚			壁厚		
mm	in	公称尺寸/mm	允许偏差/mm	公称尺寸/mm	允许偏差/%	理论质量/(kg/m)	公称尺寸/mm	允许偏差/%	理论质量/(kg/m)
15	1/2	21.3		2.75		1.25	3.25		1.45
20	3/4	26.8		2.75		1.63	3.50		2.01
25	1	33.5	±0.50	3.25		2.42	4.00		2.91
32	5/4	42.3		3.25		3.13	4.00		3.78
40	3/2	48.0		3.50		3.84	4.25		4.58
50	2	60.0		3.50	+12 −15	4.88	4.50	+12 −15	6.16
65	5/2	75.5		3.70		6.64	4.50		7.88
80	3	88.5		4.00		8.34	4.75		9.81
100	4	114.0	±1.0	4.00		10.85	5.00		13.44
125	5	140.0		4.50		15.04	5.50		18.24
150	6	165.0		4.50		17.81	5.50		21.63

注：1. 表中的公称尺寸系近似内径的名义尺寸，它不表示公称外径减去两个公称壁厚所得的内径。

2. in 为英寸，1in＝25.4mm。

3. 钢管理论质量的计算（钢的相对密度为 7.85）公式为

$$P=0.02466S\ (D-S)$$

式中 P——钢管的理论质量，kg/m；

D——钢管公称外径，mm；

S——钢管的公称壁厚，mm。

③ 要根据所穿导线截面、根数选择配管管径。绝缘导线穿厚壁钢管允许穿管根数及相应的最小管径（单位：mm）可参考表 1-6、表 1-7。

表1-6 BX、BLX绝缘线穿焊接钢管管径选择

导线截面/mm²	导线根数						
	2	3	4	5	6	7	8
1							
1.5							
2.5		15	20				25
4							32
6							
10			25				40
16			32		40		
25			40				50
35							65
50	40		50				
70							80
95			65	80			
120							
150			80				

表1-7 BV、BLV塑料线穿焊接钢管管径选择表

导线截面/mm²	导线根数						
	2	3	4	5	6	7	8
1							
1.5							20
2.5							
4			15				
6							25
10		20					32
16			25				40
25					40		50
35			32	40			
50		40					65
70			50				80
95							
120			65				

3. 普利卡金属套管

普利卡金属套管是电线电缆保护套管的更新换代产品，其种类很多，但基本结构类似，都是由镀锌钢带卷绕成螺纹状，属于可挠性金属套管，在建筑电气工程中的使用日趋广泛，可用于各种场所的明、暗敷设和现浇混凝土内的暗敷设。

（1）LZ-5 型普利卡金属套管

① LZ-5 型普利卡金属套管是用特殊方法在 LZ-4 型套管表面被覆一层具有良好韧性的软质聚氯乙烯（PVC）。

② 有优良的耐水性、耐腐蚀性、耐化学稳定性，适用于室内、外潮湿及有水蒸气的场所。其规格见表 1-8，构造如图 1-1 所示。

表 1-8 LZ-5 型普利卡金属套管技术数据

规格	内径/mm	外径/mm	外径公差/mm	每卷长/m	乙烯层厚度/mm	每卷质量/kg
10 号	9.2	14.9	±0.2	50	0.8	15.5
12 号	11.4	17.7	±0.2	50	0.8	20.0

续表

规格	内径/mm	外径/mm	外径公差/mm	每卷长/m	乙烯层厚度/mm	每卷质量/kg
15号	14.1	20.6	±0.2	50	0.8	22.5
17号	16.6	23.1	±0.2	50	0.8	25.5
24号	23.8	30.4	±0.2	25	0.8	20.0
30号	29.3	36.5	±0.2	25	0.8	24.5
38号	37.1	44.9	±0.4	25	0.8	31.5
50号	49.1	56.9	±0.4	20	1.0	36.0
63号	62.6	71.5	±0.6	10	1.0	23.8
76号	76.0	85.3	±0.6	10	1.0	28.8
83号	81.0	90.9	±0.8	10	2.0	34.1
101号	100.2	110.1	±0.8	6	2.0	27.84

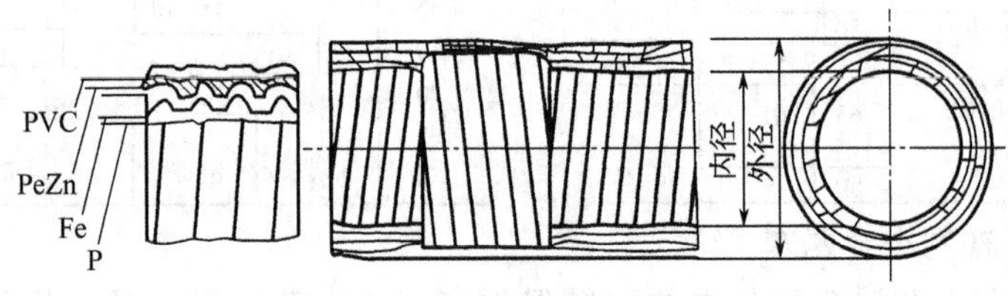

图 1-1 LZ-5 型普利卡金属套管

③ 除 LZ-5 型外，还有 LE-6、LVH-7、LAL-8、LS-9 型等多种类型，它们各自具有不同的特点，适用于潮湿或有腐蚀性气体等场所。

普利卡金属套管与镀锌钢管尺寸对照参见表 1-9。

表 1-9 普利卡金属套管与镀锌钢管尺寸对照表

普利卡管			10号	12号	15号	17号	24号	38号	50号	63号	76号	83号	101号
公称直径	镀锌钢管	mm	8	10	15	20	25	32	50		70	80	
		in	1/4	3/8	1/2	3/4	1	5/4	2		5/2	3	

④ 穿入普利卡金属套管内导线的总截面积不超过管内径截面积的 40%。

管内穿聚氯乙烯绝缘导线，选择管径参照表 1-10。

表 1-10 BV、BLV-500V 导线穿普利卡管管径选择表

电线截面/mm²	电线根数									
	1	2	3	4	5	6	7	8	9	10
	普利卡金属套管的最小外径/mm									
1		10	10	10	10	12	12	15	15	15
1.5		10	10	12	15	15	17	17	17	24
2.5		10	12	15	15	17	17	17	24	24
4		12	15	15	17	17	24	24	24	24
6		12	15	17	17	24	24	24	24	30
10		17	24	24	24	30	30	38		
16		24	24	30	30	38	38	38		
25		24	30	38	38	38				
35		30	38	38	50					
50		38	38	50	50					
70		38	50	50	63					
95		50	50	63	63					
120		50	63	76	76					

(2) LZ-4 型普利卡金属套管

① LZ-4 型为双层金属可挠性保护套管，属于基本型，构造如图 1-2 所示。

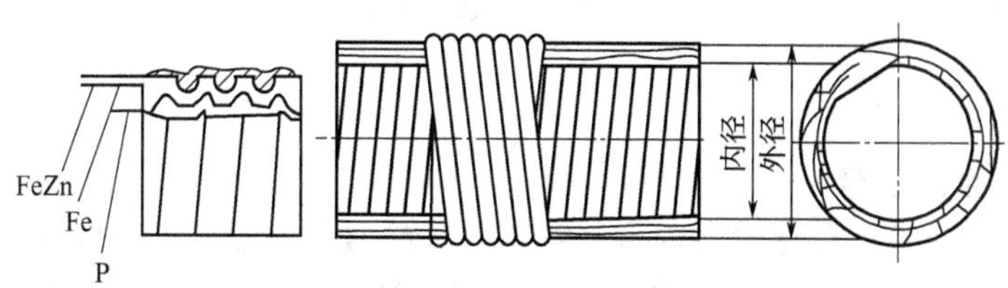

图 1-2 LZ-4 型普利卡金属套管

② 套管外层为镀锌钢带（FeZn），中间层为冷轧钢带（Fe），里层为电工纸（P）。

③ 金属层与电工纸重叠卷绕呈螺旋状，再与卷材方向相反地施行螺纹状折褶，构成可挠性，其技术数据见表1-11。

表1-11　LZ-4型普利卡金属套管规格

规格	内径/mm	外径/mm	外径公差/mm	每卷长/m	螺距/m	每卷质量/kg
10号	9.2	13.3	±0.2	50	1.6±0.2	11.5
12号	11.4	16.1	±0.2	50		15.5
15号	14.1	19.0	±0.2	50		18.5
17号	16.6	21.5	±0.2	50		22.0
24号	23.8	28.8	±0.2	38	1.8±0.25	16.25
30号	29.3	34.9	±0.2	38		21.8
38号	37.1	42.9	±0.4	38		24.5
50号	49.1	54.9	±0.4	20		28.2
63号	62.6	69.1	±0.6	10	2.0±0.3	20.6
76号	76.0	82.9	±0.6	10		25.4
83号	8.0	88.1	±0.6	10		26.8
101号	100.2	107.3	±0.6	6		18.72

4. 金属波纹管

金属波纹管也叫金属软管或蛇皮管，主要用于设备上的配线，如车床、铣床等。其用0.5mm以上的双面镀锌薄钢带加工压边卷制而成，轧缝处有的加石棉垫，有的不加，其规格尺寸与电线管相同。

三、 线槽

1. 金属线槽

为适应现代化建筑物内电气线路的日趋复杂、配线出口位置又多变的实际需要，可选用壁厚为2mm的封闭式矩形金属线槽，可直接敷设在混凝土地面、现浇钢筋混凝土楼板或预制混凝土楼板的垫层内。选用金属线槽时，应考虑到导线的填充率及导线的根数，应满足散热、敷设等安全要求。

常用金属吊装线槽型号及容纳导线根数参见表1-12～表1-15。

表 1-12 GXC30 系列金属线槽容纳导线根数表

线槽型号	导线型号	安装方式	500V单支绝缘导线规格/mm²														电话电缆型号规格			
																	RVB-2×0.2mm²	HYV型电话电缆 2×0.5mm²	SYU同轴电缆	
			1.0	1.5	2.5	4.0	6.0	10	16	25	35	50	70	95	120	150			75－5	75－9
			容纳导线根数														容纳导线对数或电缆（条数）			
GXC30线槽	BV-500V	槽口向上	62	42	32	25	19	10	7	4	3	2	—	—	—		46/28	(1) ×100对 或 (2) ×50对 (1) ×50对	25	15
		槽口向下	38	25	19	15	11	6	4	3	2	2	—	—	—	—				
	BXF-500V	槽口向上	31	28	24	18	12	8	5	4	3	2	2	—	—	—				
		槽口向下	19	17	14	11	8	5	3	2	2	—	—	—	—	—				

注：表中（1）表示1条电缆；（2）表示2条电缆。

表 1-13 GXC40 系列金属线槽容纳导线根数表

线槽型号	导线型号	安装方式	500V单支绝缘导线规格/mm²														电话电缆型号规格			
																	RVB-2×0.2mm²	HYV型电话电缆 2×0.5mm²	SYU同轴电缆	
			1.0	1.5	2.5	4.0	6.0	10	16	25	35	50	70	95	120	150			75－5	75－9
			容纳导线根数														容纳导线对数或电缆（条数）			
GXC40线槽	BV-500V	槽口向上	112	74	51	43	33	17	12	8	6	4	3	2	2	—	46/28	(1) ×200对 或 (2) ×150对 (1) ×150对	46	26
		槽口向下	68	45	30	26	20	10	7	5	4	3	2	—	—	—				
	BXF-500V	槽口向上	56	51	43	32	22	15	10	7	5	4	3	—	—	—				
		槽口向下	34	31	26	20	14	9	6	4	3	2	2	—	—	—				

表 1-14　GXC45 系列金属线槽容纳导线根数

线槽型号	导线型号	安装方式	500V 单支绝缘导线规格/mm²														电话电缆型号规格			
			1.0	1.5	2.5	4.0	6.0	10	16	25	35	50	70	95	120	150	RVB-2×0.2mm²	HYV 型电话电缆 2×0.5mm²	SYU 同轴电缆 75－5	SYU 同轴电缆 75－9
			容纳导线根数														容纳导线对数或电缆(条数)			
GXC45 线槽	BV-500V	槽口向上	103	58	52	41	31	16	11	7	6	4	3	2	2	—	43/26	(1)×300 对 或 (2)×200 对 (1)×200 对	43	24
		槽口向下	63	35	29	23	18	9	7	4	3	2	2	—	—	—				
	BXF-500V	槽口向上	52	47	40	31	21	14	9	6	5	4	3	2	—	—				
		槽口向下	32	27	26	20	13	9	5	4	3	2	2	—	—	—				

表 1-15　GXC65 系列金属线槽容纳导线规格

线槽型号	导线型号	安装方式	500V 单支绝缘导线规格/mm²														电话电缆型号规格			
			1.0	1.5	2.5	4.0	6.0	10	16	25	35	50	70	95	120	150	RVB-2×0.2mm²	HYV 型电话电缆 2×0.5mm²	SYU 同轴电缆 75－5	SYU 同轴电缆 75－9
			容纳导线根数														容纳导线对数或电缆(条数)			
GXC65 线槽	BV-500V	槽口向上	443	246	201	159	123	65	46	30	24	16	12	9	8	6	184/112	(2)×400 对 (1)×400 对	184	1036
		槽口向下	269	149	122	96	75	40	28	19	14	10	8	6	5	4				
	BXF-500V	槽口向上	221	201	170	130	88	58	38	28	20	15	12	9	—	—				
		槽口向下	134	122	103	80	57	37	23	17	12	9	8	5	—	—				

地面内暗装金属线槽分为单槽型和双槽分离型两种结构形式。

当强电与弱电线路同时敷设时，为防止电磁干扰，应将强、弱电线路分隔而采用双槽分离型线槽分槽敷设。

选用地面内金属线槽主要根据所需敷设导线的根数，可参见表

1-16。

表 1-16 地面内金属线槽允许容纳导线根数

导线型号名称及规格	BV-500V型绝缘导线						通信及弱电线路导线及电缆			
	单芯导线规格/mm^2						RVB型平行软线	HYV型电话电缆	SYU型同轴电缆	
线槽型号及规格	1	1.5	2.5	4	6	10	2×0.2mm^2	2×0.5mm^2	75−5	75−9
	槽内容纳导线根数						槽内容纳导线对数或电缆(条数)			
50系列	60	35	25	30	15	9	40对	(1)×80对	(25)	(15)
70系列	130	75	60	45	35	20	80对	(1)×150对	(60)	(30)

2. 塑料线槽

① 塑料线槽由槽底、槽盖及附件组成，由难燃型硬质聚氯乙烯工程塑料挤压成型，适用于正常环境的室内场所明配线。

② 常用塑料线槽型号有VXC2型、VXC25型和VXCF型。在潮湿和有酸碱腐蚀的场所宜采用VXC2型。

③ 选择线槽时应按线槽允许容纳导线根数来选择线槽的规格。

四、网络地板

当前智能建筑中综合布线系统水平走线方式如表1-17所示。

表 1-17 综合布线系统水平走线方式

项目＼性能	经济性	功能性	安全性	可靠性	舒适性	施工性
吊顶内线槽桥架	很好	一般	好	好	好	一般
楼板内加厚埋钢管或线槽固定出线口	不好	一般	好	好	一般	不好
扁平电缆埋地毯下	不好	一般	一般	一般	好	好
架空型网络地板	一般	很好	好	一般	一般	一般
地面剔槽埋钢管线槽固定出线口	好	一般	好	好	一般	好
平铺型网络地板	好	很好	好	好	很好	很好

① PVC塑料面层的网络地板为500mm×500mm方形，分35mm厚、40mm厚两种。

② 由十字槽、一字槽和无槽地板块三种规格组合而成；线槽上盖

5mm 厚玻璃钢盖板。线槽宽 40mm，线槽中距 250～750mm。PVC 塑料模壳内填承压的水泥珍珠岩材料。

③ BMC 型网络地板是单一材料热固成型的高档网络地板。

④ 承重的三角形板，用十字形底板连接；线槽上盖 10mm 厚盖板，线槽宽 100mm，线槽间距 500mm 且平均布置。

⑤ PVC 塑料面层的网络地板及 BMC 型网络地板经消防检测，结果为 BI 级材料，满足建筑工程的防火要求。

⑥ 配套的接线盒和出线口只有 35～45mm 高，不用剔凿地面即可安装。

第二节　弱电系统常用线缆

一、普通电缆

1. 电缆的型号

电缆产品的型号采用汉语拼音字母组成，通常由类别用途、导体材料、绝缘材料、内外护层、特征代号等几部分组成。

常用电缆型号中字母的含义及排列顺序如表 1-18 所示。

表 1-18　常用电缆型号字母含义

类别	绝缘种类	芯线材料	内护层	特征代号	外护层
电力电缆不表示 K 控制电缆 Y 移动式软电缆 P 信号电缆 H 市内电话电缆	Z 纸绝缘 X 橡皮 V 聚氯乙烯 Y 聚乙烯 YJ 交联聚乙烯	T 铜 … L 铝	Q 铅护套 L 铝护套 H 橡皮 (H)F 非燃性橡胶护套 V 聚氯乙烯护套 Y 聚乙烯护套	D 不滴流 F 分相铅包 P 屏蔽 C 重型	数字

2. 电缆结构

电缆的基本结构一般是由导电线芯、绝缘层、屏蔽层和保护层 4 个主要部分组成。

(1) 导电线芯

导电线芯是用来输送电流信号的，必须具有较高的导电性、足够的机械强度和柔软性，通常由铜或铝的多股绞线做成。我国制造的电缆线芯的标称截面（mm^2）有：0.32、0.4、0.5、0.6、0.8、1、1.5、2.5、4、6、10、16、25、35、70、95、120、150、185、240、300、400、500、625、800等。

（2）绝缘层

绝缘层的作用是将导电线芯与相邻导体以及保护层隔离，用来抵抗电力、电流、电压、电场对外界的作用，保证电流沿线芯方向传输。绝缘的好坏，直接影响电缆运行的质量。电缆的绝缘层通常采用纸、橡皮、聚氯乙烯、聚乙烯、聚丙烯、交联聚乙烯等材料制成。

（3）屏蔽层

屏蔽层为金属层，是为了减少电缆工作回路受外界磁场的干扰而添加的，有纵包和绕包两种。屏蔽方式及材料有裸铝带、双面涂塑铝带、铜带、铜包不锈钢带、裸铝裸钢双层金属带、双面涂塑铝钢双层金属带等。

（4）保护层

保护层简称护层，它是为使电缆适应各种使用环境而在绝缘层外面所施加的保护覆盖层。其主要作用是保护电缆在敷设和运行过程中，免遭机械损伤和各种环境因素的破坏，以保持长时间稳定的电气性能。

3. 常见电缆、电线

常用聚氯乙烯绝缘电缆（电线）型号和名称、规格如表1-19和表1-20所示。

表1-19 电缆（电线）型号和名称

型号	名 称	用 途
BV	铜芯聚氯乙烯绝缘电缆(电线)	固定敷设
BLV	铝芯聚氯乙烯绝缘电缆(电线)	固定敷设
BVR	铜芯聚氯乙烯绝缘软电缆(电线)	固定敷设，要求柔软的场合
BVV	铜芯聚氯乙烯绝缘聚氯乙烯护套圆形电缆	固定敷设
BLVV	铝芯聚氯乙烯绝缘聚氯乙烯护套圆形电缆	固定敷设
BVVB	铜芯聚氯乙烯绝缘聚氯乙烯护套平行连接电缆(电线)	固定敷设
BLVVB	铝芯聚氯乙烯绝缘聚氯乙烯护套平行连接电缆(电线)	固定敷设
BV-105	铜芯耐热105℃聚氯乙烯绝缘电缆(电线)	固定敷设

表 1-20 电缆的规格

型　号	额定电压/V	芯数	标称截面/mm²
BV	300/500	1	0.5～1
	450/750	1	1.5～400
BLV	450/750	1	2.5～400
BVR	450/750	1	2.5～70
BVV	300/500	1,2,3,4,5	0.75～70,1.5～35
BLVV	300/500	1	2.5～10
BVVB	300/500	2,3	0.75～10
BLVVB	300/500	2,3	2.5～10
BV-105	450/750	1	0.5～6

常用聚氯乙烯绝缘软电缆（电线）型号和名称、规格如表 1-21 和表 1-22 所示。

表 1-21 软电缆（电线）型号和名称

型　号	名　称
RV	铜芯聚氯乙烯绝缘连接软电缆(电线)
RVB	铜芯聚氯乙烯绝缘平形连接软电线
RVS	铜芯聚氯乙烯绝缘绞形连接软电线
RVV	铜芯聚氯乙烯绝缘聚氯乙烯护套圆形连接软电缆
RVVB	铜芯聚氯乙烯绝缘聚氯乙烯护套平形连接软电缆
RV-105	铜芯耐热 105℃聚氯乙烯绝缘连接软电线

表 1-22 软电缆的规格表

型　号	额定电压/V	芯　数	标称截面/mm²
RV	300/500	1	0.3～1
	450/750		1.5～70
RVB	300/300	2	0.3～1
RVS	300/300	2	0.3～0.75
RVV	300/300	2,3	0.5～0.75
	300/500	2,3,4,5	0.75～2.5
RVVB	300/300	2	0.5～0.75
	300/500		0.75

二、 光纤电缆

光纤电缆具有传输损耗小、速率高、频带宽、无电磁干扰、保密性强、尺寸小、质量轻等显著特点。

光缆基本结构如图 1-3 所示。

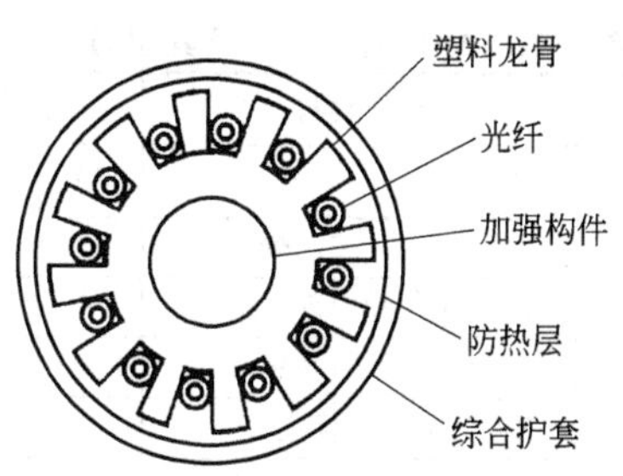

图 1-3 光缆基本结构（骨架式）

通信常用光纤用途、规格及特性如表 1-23 所示。

表 1-23 通信常用光纤用途、规格及特性

类别		特征	用途	规格					
				芯径/μm	包层直径/μm	损耗/(dB/km)	传输带宽/(MHz/km)	波长/μm	数值孔径(NA)
石英	多模突变光纤	传输损耗大	小容量，短距离，低速数据传输	50～100	125～150	3～4	200～1000	0.85	0.17～0.26
石英	多模渐变光纤	损耗较小，频带较宽	中小容量，中小距离，高速数据传输	50(±6%)	125(±2.4%)	0.8～3	200～1200	1.30	0.17～0.25
石英	单模光纤	损耗小，频带宽	大中小容量，长距离通信	9～10(±10%)	125(±2.4%)	0.4～0.7 0.2～0.5	几个赫兹	1.30 1.55	≤6

光纤电缆传输特性（即数据率、带宽、损耗、距离）好，但成本太高，光纤的接插件价格也比 UTP 高许多。

三、 同轴电缆

同轴电缆是由内外两层相互绝缘的金属导体同轴布置组成，内部为

实芯铜导线，外层为金属网，其线芯只有一根，具有高频损耗低、屏蔽及抗干扰能力强、使用频带宽等显著优点，广泛用于有线、无线、卫星、微波通信等系统中。在有线电视系统中，各国常规定采用特性阻抗为 75Ω 的同轴电缆作为传输线路。射频电缆型号的字母符号通常为四个部分，其型号及其字母符号意义见表 1-24。

表 1-24 射频电缆型号及其字母符号

分类代号		绝缘材料		护套材料		派生特性	
符号	意义	符号	意义	符号	意义	符号	意义
S	同轴射频电缆	Y	聚乙烯	V	聚氯乙烯	P	屏蔽
SE	对称射频电缆	W	稳定聚乙烯	Y	聚乙烯	Z	综合
SJ	强力射频电缆	F	氟塑料	F	氟塑料		
SG	高压射频电缆	X	橡皮	B	玻璃丝编织		
SZ	延迟射频电缆	I	聚乙烯空气绝缘	H	橡皮		
ST	特性射频电缆	D	稳定聚乙烯空气绝缘	M	棉纱编织		
SS	电视电缆						

四、对绞电缆

对绞电缆（twisted pair cable）是将相互扭绞的对称线对组成缆的电缆产品，按性能加以分类，如表 1-25 所示。

表 1-25 对绞电缆的分类

类别(Category)	宽带/MHz	传输速率/Mbps	主要用途
一类(Cat1)			电话
二类(Cat2)	1	4	低速数据
三类(Cat3)	16	10	以太网 10Base-T
四类(Cat4)	20	16	IBM 令牌环网
五类(Cat5)	100	100～155	快速以太网及 ATM
六类(Cat6)	200	155	千兆位以太网及 622Mb-ATM 网
七类(Cat7)	600	＞155	

在综合布线系统常用的双绞线规格型号如表 1-26 所示。

表 1-26 PDS 三类/四类/五类双绞线规格型号

型号	技术数据				
	支持网络速率/Mbps	频率衰减量/(dB/100ft①)			
		1MHz	10MHz	16MHz	20MHz
Cat3	10Mbps/Ethemel	7.8	30	40	—
Cat4	20Mbps/Ethemel	6.5	22	27	31
Cat5	155Mbps/FDDL/CDDL/ATM	6.3	20	25	28

① 1ft（英尺）＝0.3048m。

目前，五类电缆是综合布线系统最常用的传输介质，可用作垂直干线、水平布线、设备连线及跳线等。这种电缆的用量最大，使用长度应小于 90m。设备连线是指终端设备（个人电脑、打印机、电话机等）与墙壁信息插座之间的互连线，而跳线用于配线设备内部接线。两者均为移动使用场合，应采用 2～4 对柔软型五类电缆。

五、 弱电系统常用线缆及选用

弱电线缆是指用于安防通信、电气装备及相关弱电传输用途的电缆。弱电电缆的品牌有加奈美、纽崔克、凌宇、天诚、联嘉祥、秋叶原、帝一、一舟等。

1. 组成

由内而外由内导体、绝缘、外导体以及护套组成。

内导体：由于衰减主要是内导体电阻引起的，内导体对信号传输影响很大。

绝缘：影响衰减、抗阻、回波损耗等性能。

外导体：回路导体、屏蔽作用。

① 视频线，摄像机到监控主机距离≤200m，用 SYV75-3 视频线。摄像机到监控主机距离＞200m，用 SYV75-5 视频线。

② 云台控制线，云台与控制器距离≤100m，用 RVV6×0.5护套线。云台与控制器距离＞100m，用 RVV6×0.75 护套线。

③ 镜头控制线，采用 RVV4×0.5 护套线。

④ 护套：保护内层免受外界影响和机械损伤，包括阻水、抗压、耐高温等。

2. 选用

视频信号传输一般采用直接调制技术、以基带频率（约 8MHz 带宽）的形式，最常用的传输介质是同轴电缆；同轴电缆是专门设计用来传输视频信号的，其频率损失、图像失真、图像衰减的幅度都比较小，能很好地完成传送视频信号的任务。

一般采用专用的SYV75欧姆系列同轴电缆；常用型号为SYV75-5(它对视频信号的无中继传输距离一般为300～500m)；距离较远时，需采用SYV75-7、SYV75-9同轴电缆（在实际工程中，粗缆的无中继传输距离可达1km以上）。

通信线缆一般用在配置有电动云台、电动镜头的摄像装置，在使用时需在现场安装遥控解码器；现场解码器与控制中心的视频矩阵切换主机之间的通信传输线缆，一般采用2芯屏蔽通信电缆（RVVP）或3类双绞线UTP，每芯截面积为0.3～0.5mm^2；选择通信电缆的基本原则是距离越长，线径越大；RS-485通信规定的基本通信距离是1200m，但在实际工程中选用RVV2-1.5的护套线可以将通信长度扩展到2000m以上。

控制电缆通常指的是用于控制云台及电动可变镜头的多芯电缆；控制电缆一端连接于控制器或解码器的云台、电动镜头控制接线端，另一端则直接接到云台、电动镜头的相应端子上；控制电缆提供的是直流或交流电压，而且一般距离很短（有时还不到1m），基本上不存在干扰问题，因此不需要使用屏蔽线。

常用的控制电缆大多采用6芯或10芯电缆，如RVV6-0.2、RVV10-0.12；其中6芯电缆分别接于云台的上、下、左、右、自动、公共6个接线端，10芯电缆除了接云台的6个接线端外还包括电动镜头的变倍、聚焦、光圈、公共4个端子；在监控系统中，从解码器到云台及镜头之间的控制电缆由于距离比较短一般不作特别要求；而由中控室的控制器到云台及电动镜头的距离少则几十米，多则几百米，对控制电缆就需要有一定的要求，即线径要粗，如选用RVV10-0.5、RVV10-0.75。

声音监听线缆一般采用4芯屏蔽通信电缆（RVVP）或3类双绞线UTP，每芯截面积为0.5mm^2；

监控系统中监听头的音频信号传到中控室是采用的点对点布线方式，用高压小电流传输，因此采用非屏蔽的2芯电缆即可，如RVV2-0.5。

前端探测器至报警控制器之间一般采用 RVV2×0.3（信号线）以及 RVV4×0.3（2 芯信号+2 芯电源）的线缆；报警控制器与终端安保中心之间一般采用的也是 2 芯信号线。

信号线用屏蔽线或者双绞线还是普通护套线，需要根据各种不同品牌产品的要求来定；信号线线径的粗细则根据报警控制器与中心的距离和质量来定；报警控制器的电源一般采用“本地取电而非控制室集中供电，线路较短，一般采用“RVV2×0.5”以上规格；周界报警和其他公共区域报警设备的供电一般采用集中供电模式，线路较长，一般采用“RVV2×1.0”以上规格。

楼宇对讲系统所采用的线缆大都是 RVV、RVVP、SYV 等类线缆。

这些线缆具有：传输语音、数据、视频图像，同时线缆要求还表现在语音传输的质量、数据传输的速率、视频图像传输的质量及速率等方面的作用。

传输语音信号及报警信号的线缆主要采用 RVV4-8×1.0。

视频传输上都是采用 SYV75-5 的线缆为主。

有些系统因怕外界干扰或不能接地时，其在系统当中用线必须采用 RVVP 类线缆。

直接按键式楼宇可视对讲系统用线标准：

各室内机的视频、双向声音及遥控开锁等接线端子都以总线方式与门口机并接，但各呼叫线则单独直接与门口机相连。

——视频同轴电缆 SYV75-5、SYV75-3。

——传声器/扬声器/开锁线用一根 4 芯非屏蔽或屏蔽护套线（AVVR4、RVV4 或 RVVP4 等）。

——电源线用一根 2 芯护套线（AVVR2、RVV2 等）。

——呼叫线用 2 芯屏蔽线（RVVP2）。

数字编码按键式可视对讲系统：

——主干线包括视频同轴电缆（SYV75-5、SYV75-3 等）。

——电源线（AVVR2、RVV2 等）。

——音频/数据控制线（RVVP4 等）。

——分户信号线（RVVP6 等）。

3. 常用线缆区别

(1) SYV 与 SYWV 区别：SYV 是视频传输线，用聚乙烯绝缘。SYWV 是射频传输线，物理发泡绝缘。用于有线电视。

(2) RVS 与 RVV2 芯区别：RVS 为双芯 RV 线绞合而成，没有外护套，用于广播连接。RVV2 芯线直放成缆，有外护套，用于电源，控制信号等方面。

(3) RVV 与 KVVRVVP 与 KVVP 区别：RVV 和 RVVP 里面采用的线为多股细铜丝组成的软线，即 RV 线组成。KVV 和 KVVP 里面采用的线为单股粗铜丝组成的硬线，即 BV 线组成。

(4) AVVR 与 RVVP 区别：AVVR 是指线径小于 0.5mm 的不带屏蔽的电缆，RVVP 是指线径大于或等于 0.5mm 的带屏蔽的电缆。

(5) RVS 与 RVV2 芯区别：RVS 为双芯 RV 线绞合而成，没有外护套，用于广播连接。RVV2 芯线直放成缆，有外护套，用于电源，控制信号等方面。

码器通讯线应采用 RVV2×1 屏蔽双绞线。

4. 弱电系统常用线缆

① 75ΩSYV 系列实芯聚乙烯绝缘线缆（图 1-4）。

产品说明：通常用于电视监控系统的视频传输，适合视频图像传输。

② 75ΩSYWV 系列物理发泡聚乙烯绝缘线缆（图 1-5）。

产品说明：通常用于卫星电视传输以及有线电视传输等，适合射频传输。

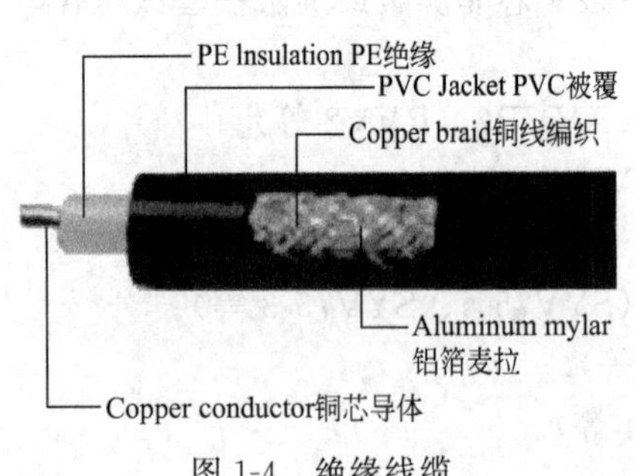

图 1-4 绝缘线缆

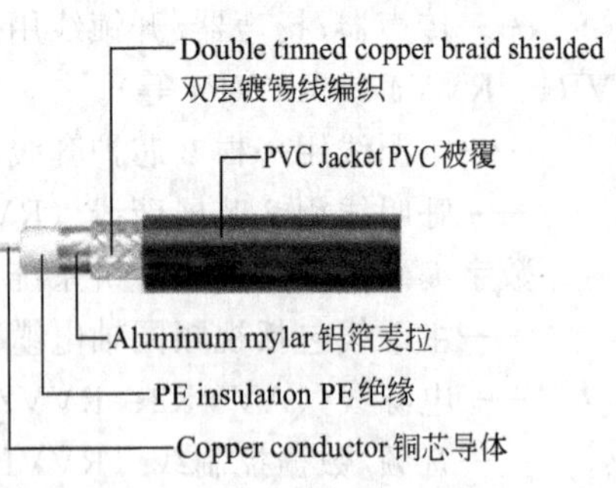

图 1-5 视频线（物理发泡）

③ RG-58-96　镀锡铜编织-50 欧线缆（图 1-6）

产品说明：通常用于弱电视频图像传输或 HFC 网络等。

④ AVVR 或 RVV 护套线（图 1-7）。

产品说明：通常用于弱电电源供电等。

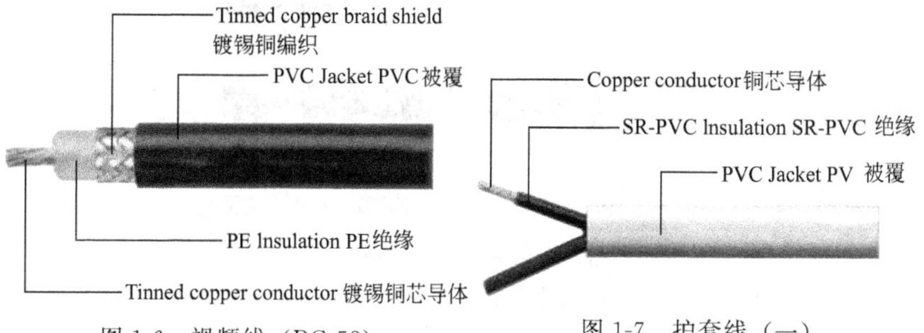

图 1-6　视频线（RG-58）

图 1-7　护套线（一）

⑤ AVVR 或 RVV 圆形双绞护套线（图 1-8）。

产品说明：通常用于弱电电源供电等。

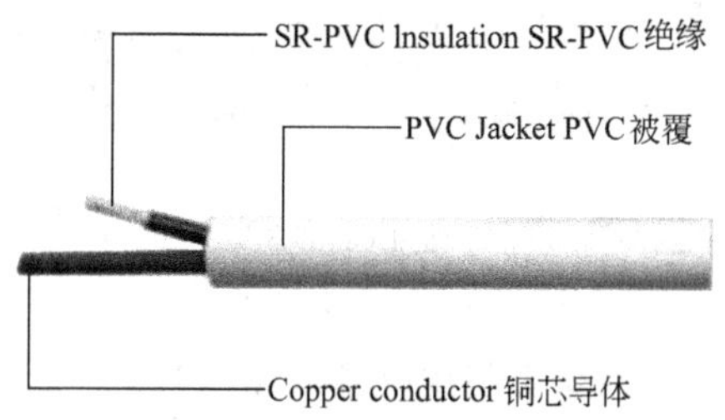

图 1-8　护套线

⑥ 扁型无护套软电线或 AVRB 电缆（图 1-9）。

产品说明：通常用于背景音乐和公共广播，也可做弱电供电电源线。

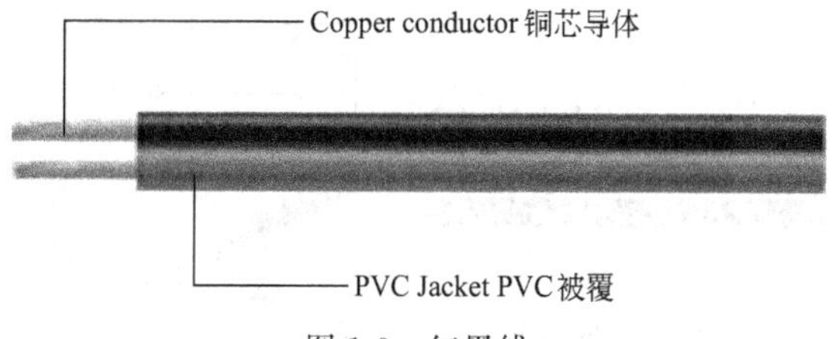

图 1-9　红黑线

⑦ 绞型双芯电源线（AVRS或RVS）（图1-10）。

产品说明：通常用于公共广播系统/背景音乐系统布线，消防系统布线。

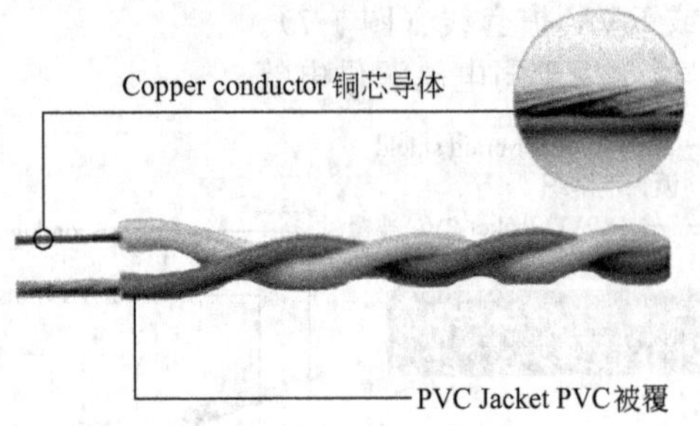

图1-10　红黄双绞

⑧ 金银线（音箱线）（图1-11）

产品说明：用于功放机输出至音箱的接线。

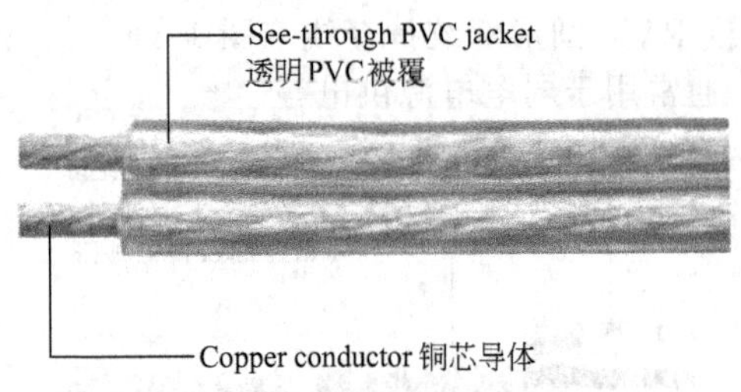

图1-11　金银线

⑨ 铜芯聚氯乙烯绝缘安装用电缆（图1-12）。

产品说明：用于弱电供电电源线，一般适合做供电电流较大的主干电源供电。

⑩ 铜芯聚氯乙烯绝缘聚氯乙烯护套线（图1-13）。

产品说明：通常用于弱电系统中供电电源线。

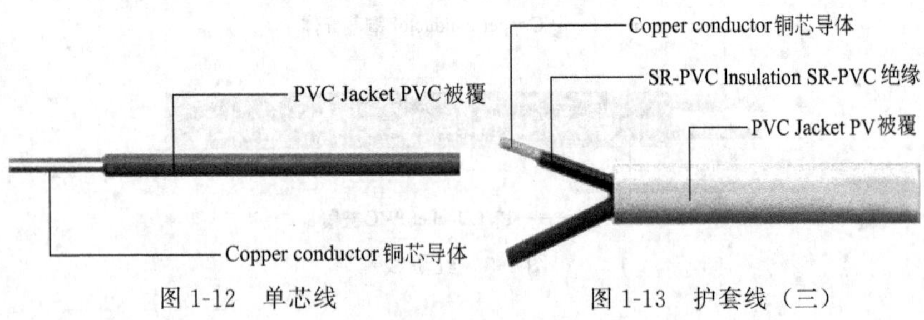

图1-12　单芯线　　图1-13　护套线（三）

⑪ 铜芯聚氯乙烯绝缘屏蔽线缆（图 1-14）。

产品说明：带屏蔽形，通常用于弱电信号控制及信号传输，可防止干扰。有多芯可供选择，例如：RVVP2×线径，RVVP3×线径，RVVP5×线径……

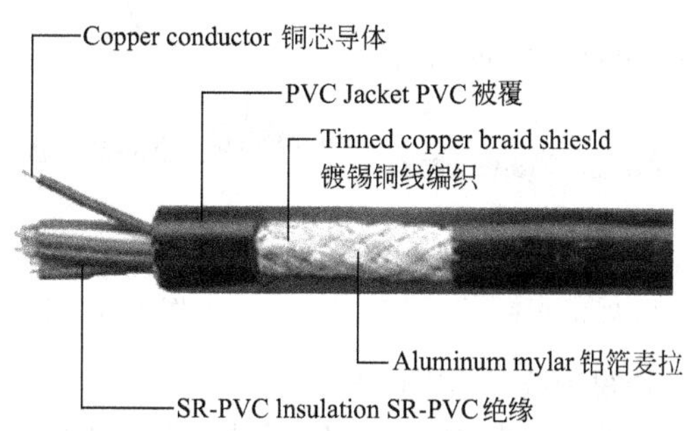

图 1-14 绝缘屏蔽线缆

⑫ 网线、网络线（图 1-15）。

产品说明：计算机网络线，有 5 类，6 类之分，有屏蔽与不屏蔽之分。

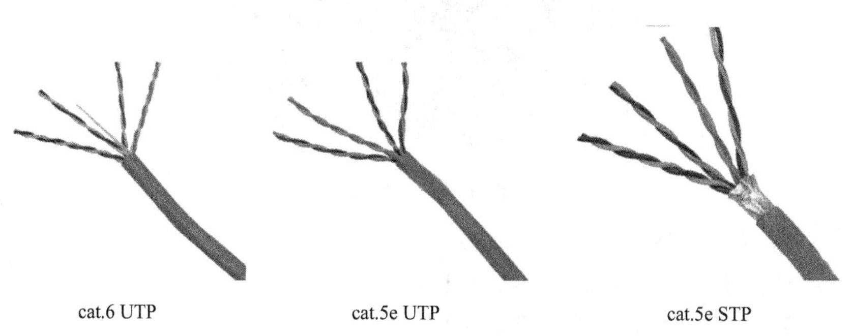

图 1-15 网线、网络线

⑬ 4×1/0.5 电话线（图 1-16）。

产品说明：适用于室内外电话安装用线。

⑭ 2×1/0.5 电话线（图 1-17）。

产品说明：适用于室内外电话安装用线。

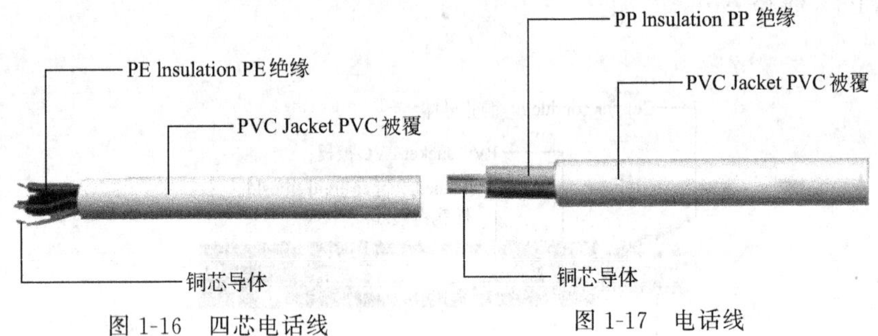

图 1-16　四芯电话线　　图 1-17　电话线

⑮ AV 线（音视频线）（图 1-18）。

产品说明：用于音响设备，家用影视设备音频和视频信号连接。

图 1-18　AV 线

⑯ 咪线（话筒线）（图 1-19）。

产品说明：连接话筒与功放机。

⑰ 大对数通信电缆（图 1-20）。

产品说明：通常用于室外通讯主接线箱，一般支持数百户。

⑱ 小对数通信电缆（图 1-21）。

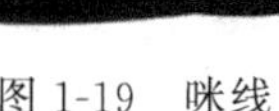

图 1-19 咪线

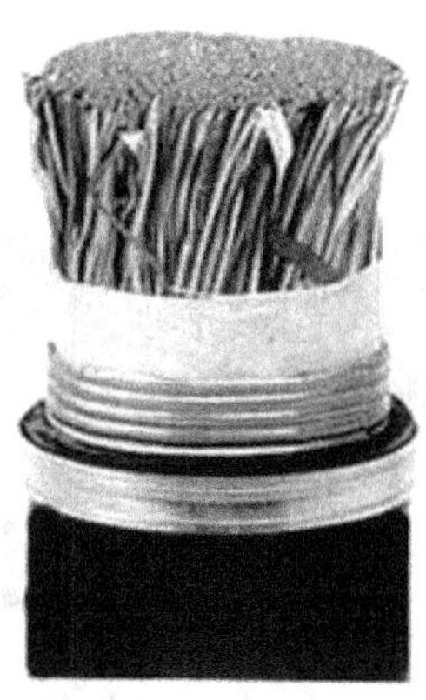

图 1-20 大对数通信电缆

图 1-21 小对数通信电缆

产品说明：通常用于室外通讯分接线箱/或建筑物内楼层分线箱，一般支持数十户。

⑲电梯电缆（图 1-22）。

图 1-22 电梯电缆

第二章

防雷及接地系统

第一节　防雷及接地系统组成

一、 易受雷击的建筑物及部位

防雷，是指通过组成拦截、疏导最后泄放入地的一体化系统方式以防止由直击雷或雷电的电磁脉冲对建筑物本身或其内部设备造成损害的防护技术。

1. 易受雷击的建筑物

① 孤立、突出在旷野的建（构）筑物。

② 内部有大量金属设备的厂房。

③ 地下水位高或金属矿床等地区的建（构）筑物。

④ 排出异电尘埃、废气热气柱的厂房、管道等。

⑤ 高耸突出的建筑物，如水塔、电视塔、高楼等。

2. 建筑物易受雷击的部位

① 平屋面或坡度不大于 1/10 的屋面——檐角、女儿墙、屋檐，如图 2-1（a）、（b）所示。

② 坡度大于 1/10 且小于 1/2 的屋面——屋角、屋脊、檐角、屋檐，如图 2-1（c）所示。

③ 坡度不小于 1/2 的屋面——屋角、屋脊、檐角，如图 2-1（d）所示。

④ 对图 2-1（c）、(d)，在屋脊有避雷带的情况下，当屋檐处于屋脊避雷带的保护范围内时屋檐上可不设避雷带。

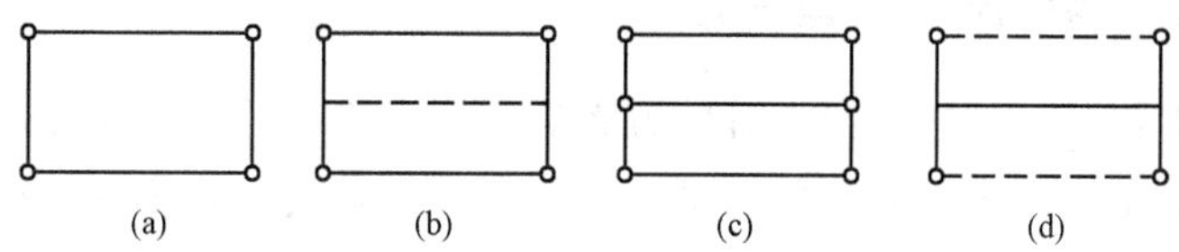

图 2-1　不同屋面坡度建筑物的易受雷击部位

（a）平屋面；（b）坡度不大于 1/10 的屋面；

（c）坡度大于 1/10 且小于 1/2 的屋面；（d）坡度不小于 1/2 的屋面

○为雷击率最高部位；——为易受雷击部位；------为不易受雷击的屋脊或屋檐。

二、 接地系统的组成

接地就是将地面上的金属物体或电路中的某结点用导线与大地可靠地连接起来，使该物体或结点与大地保持同电位。

接地系统是将电气装置的外露导电部分通过导电体与大地相连接的系统，由大地、接地体（接地电极）、接地引入线、接地汇集线、接地线等组成。

接地系统的作用主要是防止人身遭受电击、设备和线路遭受损坏、预防火灾和防止雷击、防止静电损害和保障通信系统正常运行。

组成接地系统各部分的功能如下。

（1）接地汇集线。接地汇集线是指建筑物内分布设置并可与各接地线相连的一组接地干线的总称。

（2）接地引入线。接地体与贯穿建筑各楼层的接地总汇集线之间相连的连接线称为接地引入线。

（3）接地体（接地电极）。接地体是使各地线电流汇入大地扩散和均衡电位而设置的与土地物理结合形成电气接触的金属部件。

（4）大地接地。系统中所指的地即为一般的土地，不过它有导电的特性，并且有无限大的容量，可以作为良好的参考电位。

第二节　防雷接地施工准备

一、弱电施工防雷接地

防雷接地：经过调研，确定方案后，下一步就是工程的实施，而工程实施的第一步则是开工前的准备工作。开工前应做的准备工作主要有以下几项。

① 严把设计审查关。

② 为确保施工安全，施工工期一定要避开雷雨季节。当遇雷雨天气施工时，在进行设备操作时也一定要停止施工。

③ 设计防雷接地实际施工图。设计防雷接地实际施工图主要是供施工人员、督导人员以及主管人员使用。

④ 备料。防雷接地施工过程需要的施工材料主要有以下几种：避雷针安装材料、避雷网安装材料、防雷引下线材料、支架安装材料、接地体安装材料、接地干线安装材料。

防雷及接地装置所有部件均应采用镀锌材料，并且应具有出厂合格证和镀锌质量证明书。在施工过程中应注意保护镀锌层。此外，镀锌材料主要有：扁钢、角钢、圆钢、钢管、铅丝、螺栓、垫圈、U形螺栓、元宝螺栓以及支架等。

⑤ 不同规格的工程用料就位。

⑥ 制订好施工安全措施。

⑦ 制订施工进度表。

⑧ 向工程单位提交开工报告。

二、弱电防雷接地施工流程安排

防雷接地工程的施工安装流程：接地体→接地干线→支架→引下线明敷→避雷针→避雷网→避雷带或均压环。

三、 弱电防雷接地施工注意事项

① 对部分场地或工段要及时进行阶段检查验收，确保工程质量。

② 对施工单位计划不周的问题，要及时妥善解决。

③ 如果现场施工碰到不可预见的问题，应及时向施工单位汇报，并提出解决办法，供施工单位当场研究解决，以免影响工程进度。

④ 施工现场督导人员要认真负责，及时处理施工进程中出现的各种情况，协调处理各方意见。

⑤ 对施工单位新增加的内容要及时在施工图中反映出来。

⑥ 制订工程进度表。

小提示：

在制订工程进度表时，要留有余地，还要考虑其他工程施工时可能对本工程带来的影响，避免出现不能按时完工、交工的问题。

第三节 防雷引下线安装

一、 引下线安装流程

① 利用建筑物柱内钢筋作为引下线，在柱内主钢筋绑扎或焊接连接后，做标志，按设计要求施工，确认记录后再支模。

② 直接从基础接地体或人工接地体引出的专用引下线，应先按设计要求安装固定支架，并应经检查确认后再敷设引下线。

二、 引下线支架安装

由于引下线的敷设方法不同，使用的固定支架也不相同，各种不同形式的支架如图 2-2 所示。

① 当确定引下线位置后，明装引下线支持卡子应随着建筑物主体施工预埋。

② 通常在距室外护坡 2m 高处，预埋第一个支持卡子，然后将圆钢或

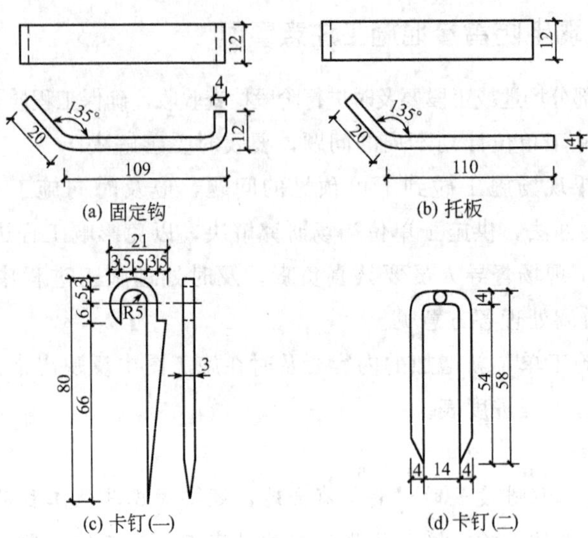

图 2-2　引下线固定支架（单位：mm）

扁钢固定在支持卡子上，作为引下线。随着主体工程施工，在距第一个卡子正上方 1.5～2m 处，用线坠吊直第一个卡子的中心点，埋设第二个卡子，依此向上逐个埋设，其间距应均匀相等。

③ 支持卡子露出长度应一致，突出建筑外墙装饰面 15mm 以上。

④ 引下线固定支架应固定可靠，每个固定支架应能承受 49N 的垂直拉力。

⑤ 固定支架的高度不宜小于 150mm，固定支架应均匀，引下线和接闪导体固定支架的间距应符合表 2-1 的要求。

表 2-1　引下线和接闪导体固定支架的间距

布置方式	扁形导体和绞线固定支架的间距/mm	单根圆形导体固定支架的间距/mm
水平面上的水平导体	500	1000
垂直面上的水平导体	500	1000
地面至 20m 处的垂直导体	1000	1000
从 20m 处起往上的垂直导体	500	1000

三、暗敷引下线安装

① 沿墙或混凝土构造柱暗敷的引下线，通常采用直径不小于 ϕ12mm 镀锌圆钢或截面面积为 25mm×4mm 的镀锌扁钢。

② 钢筋调直后与接地体（或断接卡子）用卡钉或方卡钉固定好，垂直固定距离为 1.5～2m，由上至下展放或者一段段连接钢筋。

③ 暗装引下线经过挑檐板或女儿墙的做法，如图 2-3 所示。

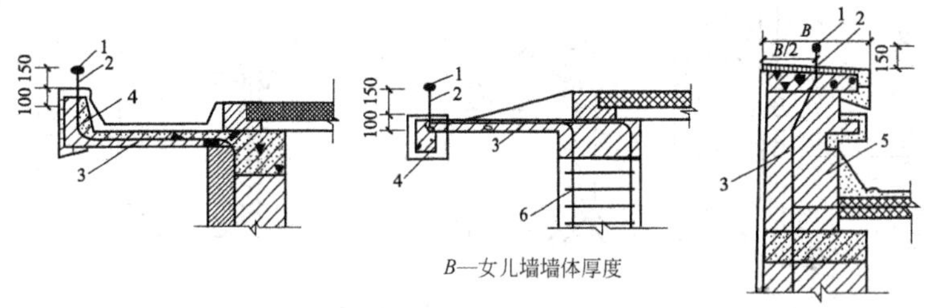

图 2-3　暗装引下线经过挑檐板或女儿墙的做法

1—避雷带；2—支架；3—引下线；4—挑檐板；5—儿墙；6—柱主筋

④ 利用建筑物钢筋作引下线，当钢筋直径为 ϕ16mm 及以上时，应采用绑扎或焊接的两根钢筋作为一组引下线。

⑤ 当钢筋直径为 ϕ10mm 及以上时，应采用绑扎或焊接的四根钢筋作为一组引下线。

⑥ 引下线上不应与接闪器焊接，焊接长度应不小于钢筋直径的 6 倍，并应双面施焊。

⑦ 中间与每一层结构钢筋需进行绑扎或焊接连接，下部在室外地坪下 0.8～1m 处焊接一根中 12mm 或截面面积 40mm×4mm 的镀锌导体，伸向室外距外墙皮的距离不应小于 1m。

四、明敷引下线安装

① 明敷引下线应预埋支持卡子，支持卡子应突出外墙装饰面 15mm 以上，并且露出的长度应一致。

② 然后将圆钢或扁钢固定在支持卡子上。通常第一个支持卡子在距室外护坡 2m 高处预埋，距第一个卡子正上方 1.5～2m 处埋设第二个卡子，依此向上逐个埋设，间距应均匀相等。

③ 明敷引下线调直后，从建筑物的最高点由上而下，逐点与预埋

在墙体内的支持卡子套环卡固，用螺栓或焊接固定，直到断接卡子为止，如图 2-4 所示。

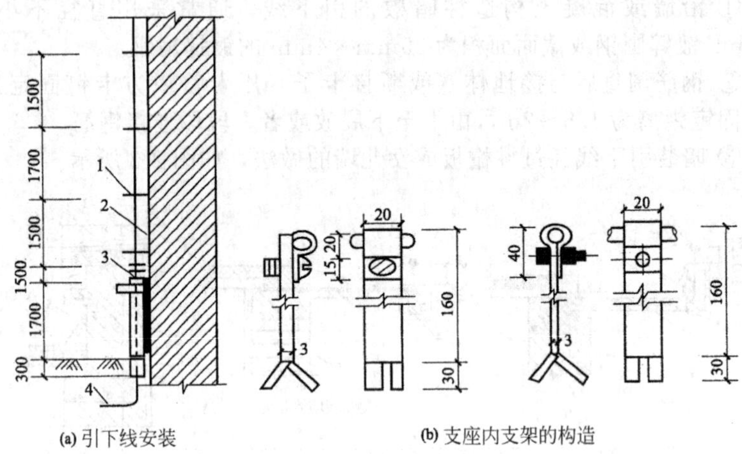

图 2-4 明敷引下线安装做法

1—扁钢卡子；2—明敷引下线；3—断接卡子；4—接地线

④ 引下线经过屋面挑檐处，应做成弯曲半径较大的慢弯，引下线经过挑檐板和女儿墙的做法如图 2-5 所示。

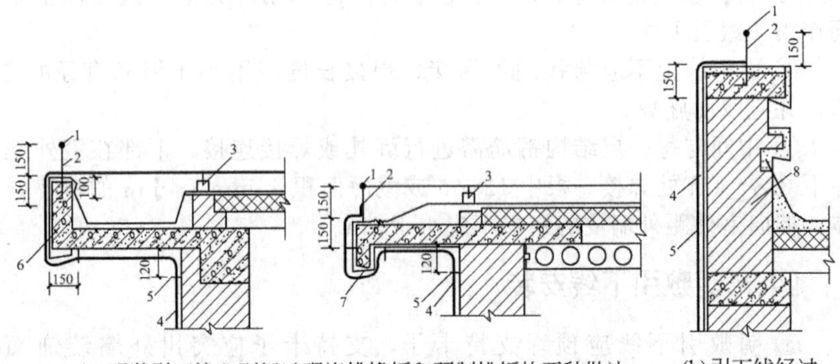

图 2-5 明装引下线经过挑檐板和女儿墙做法

1—避雷带；2—支架；3—混凝土支架；4—引下线；5—固定卡子；6—现浇挑檐板；7—预制挑檐板；8—女儿墙

⑤ 引下线安装中避免形成小环路的安装示意如图 2-6 所示；明敷引下线避免对人体闪络的安装示意如图 2-7 所示，引下线（接闪导线）在弯曲处的焊接要求如图 2-8 所示。

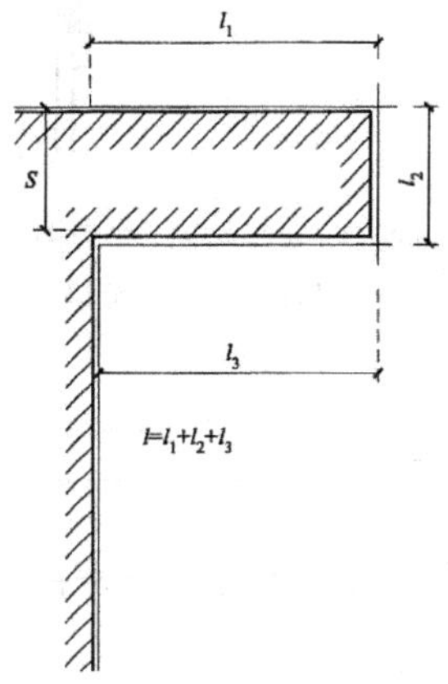

图 2-6 引下线安装中避免形成小环路的安装

S—隔距；l—计算隔距的长度

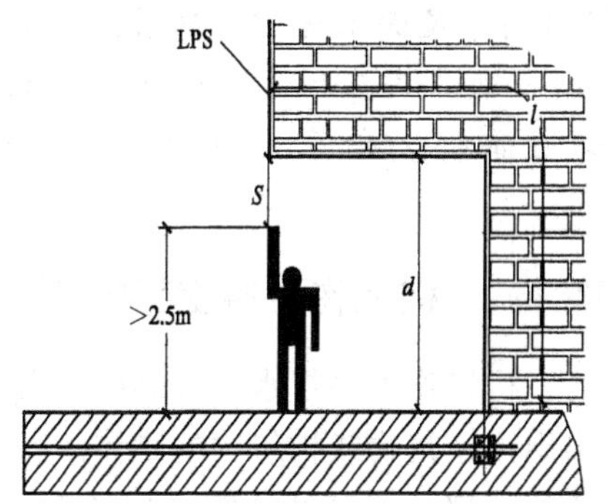

图 2-7 明敷引下线避免对人体闪络的安装

d—实际距离，应大于 $S+2.5$；S—隔距，$S=k_i k_e/k_m l$（m）

式中 k_i——第一类防雷建筑物取 0.08，第二类防雷建筑物取 0.06，第三类防雷建筑物取 0.04；

k_e——引下线为 1 根时取 1，引下线为 2 时取 0.66，引下线为 3 根或以上时取 0.44；

k_m——绝缘介质为空气时取 1，绝缘介质为钢筋混凝土或砖瓦时取 0.5；

l——需考虑隔离的点到最近某电位连接点的长度。

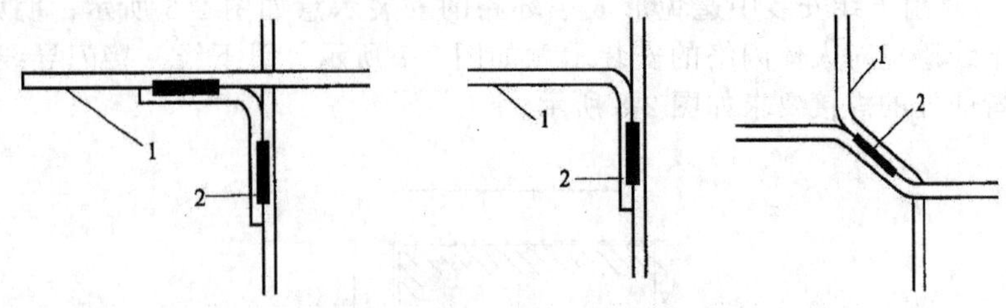

图 2-8 引下线（接闪导线）在弯曲处焊接要求

1—钢筋；2—焊接缝口

第四节 避雷针安装

避雷针一般可以分为两种：即独立避雷针及安装在高耸建筑物和构筑物上的避雷针。

小提示：

避雷针通常采用镀锌圆钢或焊接钢管制作，独立避雷针通常采用直径 19mm 镀锌圆钢；屋面上避雷针通常采用直径 25mm 镀锌钢管；水塔顶部避雷针一般采用直径 25mm 镀锌圆钢或直径 40mm 镀锌钢管；烟囱顶部避雷针大都采用直径 25mm 镀锌圆钢或直径 40mm 镀锌钢管。

一、 高耸建筑物、 构筑物上避雷针安装

高耸独立建筑物、构筑物主要指水塔、烟囱、高层建筑、化工反应塔以及桥头堡等高出周围建筑物或构筑物的物体。高耸独立建筑物的避雷针一般固定在物体的顶部，避雷针通常采用 ϕ25～30mm、顶部锻尖 70mm、全长 1500～2000mm 的镀锌圆钢。

引下线主要可以分为以下两种。

① 用混凝土内的主筋或构筑物钢架本身充当。

② 在构筑物外部敷设 ϕ12～16mm 的镀锌圆钢。

引下线的敷设方法应使用定位焊焊在预埋角钢上，角钢伸出墙壁不大于 150mm，引下线必须垂直，在距地 2m 处到地坪之间应用竹管或

钢管保护，竹管或钢管上应刷黑白漆，间隔为 100mm。

接地极棒敷设及接地电阻要求同独立避雷针。对于底面积较大且为钢筋混凝土结构的高大建筑物，在其基础施工前，应在基础坑内将数条接地极棒打入坑内，间距≥5m，数量由设计或底面积的大小决定，并用镀锌接地母线连接形成一个接地网。基础施工时，再将主筋（每柱至少两根）与接地网焊接，一直引至顶层。

平顶建筑物的避雷针安装如图 2-9 所示，针体各节尺寸见表 2-2。

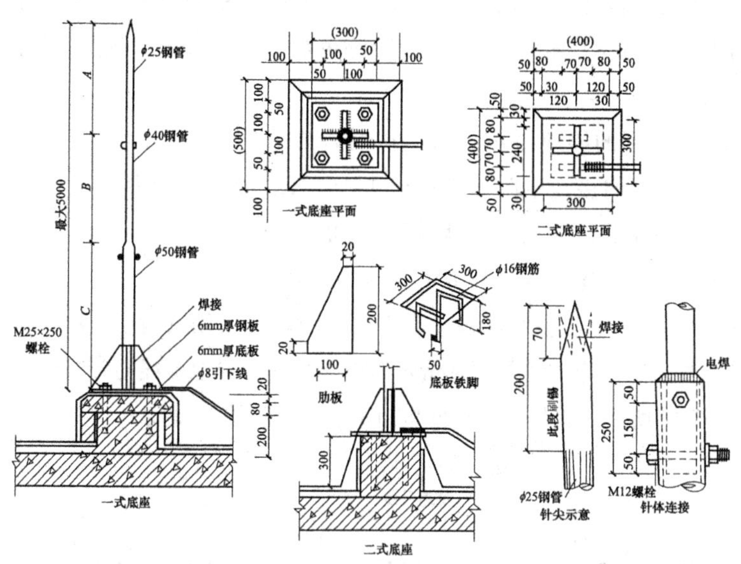

图 2-9 平顶建筑物避雷针安装示意

表 2-2 针体各节尺寸

针全高/m		1.0	2.0	3.0	4.0	5.0
各节尺寸/mm	A	1000	2000	1500	1000	1500
	B	—	—		1500	
	C			—		2000

注：1. 底座应与屋面板同时捣制，并预埋螺栓或底板铁脚。

2. 避雷针针体均镀锌。

3. 钢管壁厚不小于 3mm。

二、 独立避雷针安装

(1) 埋设接地体

① 在距离避雷针基础 3m 开外挖一条深 0.8m、宽度易于工人操作的环形沟。并将避雷针接地螺栓至沟挖出通道。

② 将镀锌接地极棒 ϕ (25～30) mm× (2500～3000) mm 圆钢垂直打入沟内，沟底上留出 100mm，间隔可按总根数计算，通常为 5m。也可用 L50mm×50mm×5mm 的镀锌角钢或中 32mm 的镀锌钢管作接地极棒。

③ 将所有的接地极棒打入沟内后，应分别测量接地电阻，然后通过并联计算总的接地电阻，其值应小于 10Ω。如果不满足此条件，应增加接地极棒数量，直到总接地电阻≤10Ω 为止。

(2) 接地干线、接地引线的焊接

① 焊接通常应采用电焊，若实在有困难可使用气焊。

② 焊接必须牢固可靠，尽量将焊接面焊满。接地引线与接地干线的焊接如图 2-10 所示，其焊接要求同接地干线与接地体的焊接。

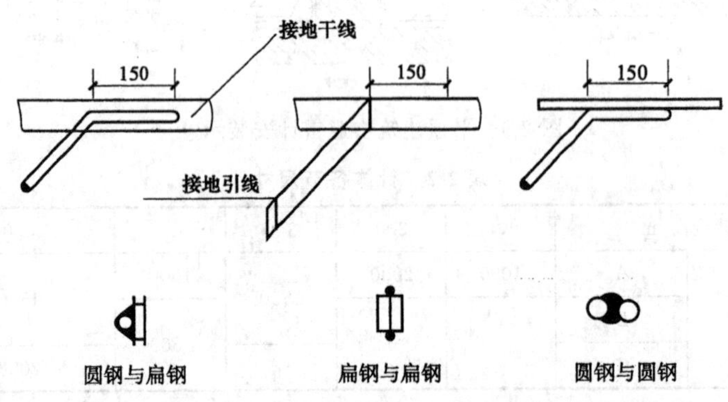

图 2-10 接地引线与接地干线焊接示意图

③ 接地干线和接地引线应使用镀锌圆钢，其规格应符合表 2-3 要求。

表 2-3 防雷装置用金属材料基本要求

<table>
<tr><th rowspan="2">材料要求</th><th colspan="2">接闪器</th><th rowspan="2">引下线</th><th rowspan="2">接地体</th></tr>
<tr><th>避雷针</th><th>避雷带</th></tr>
<tr><td>镀锌圆钢直径/mm</td><td>针长 1m 以下：12
针长 1～2m：16
烟囱顶上：20</td><td>明装：10
暗装：12
烟囱上：16</td><td>明装：10
暗装：12
烟囱上：16</td><td>16</td></tr>
<tr><td>钢管直径/mm
(易燃易爆
场所，壁厚≥4mm；
一般场所，
壁厚≥2.5mm)</td><td>针长 1m 以下：20
针长 1～2m：25
烟囱顶上：40</td><td>20</td><td>20</td><td>40</td></tr>
<tr><td>镀锌扁钢截面
面积/mm²
(厚度≥4mm)</td><td>—</td><td>明装：100
暗装：160
烟囱：160</td><td>明装：100
暗装：160
烟囱：160</td><td rowspan="2">160</td></tr>
<tr><td>镀锌角钢截
面面积/mm²
(厚度≥4mm)</td><td>—</td><td>160</td><td>—</td></tr>
</table>

④ 焊接完成后将焊缝处焊渣清理干净，然后涂沥青漆防腐。

(3) 接地引线与避雷针连接

① 将接地引线与避雷针的接地螺栓可靠连接，若引线为圆钢，则应在端部焊接一块长 300mm 的镀锌扁钢，开孔尺寸应与螺栓相对应。

② 连接前应再测一次接地电阻，使其符合要求。检查无误后，即可回填土。

第五节 接闪器安装

接闪器由独立避雷针、架空避雷线、架空中雷网以及直接装设在建筑物上的避雷针、避雷带或避雷网中的一种或多种组成。

一、 接闪器安装流程

① 暗敷在建筑物混凝土中的接闪导线，在主筋绑扎或认定主筋进

行焊接，并做好标志后，应按设计要求施工，并应检查确认隐蔽工程验收记录后再支模或浇捣混凝土。

② 明敷在建筑物上的接闪器应在接地装置和引下线施工完成后再安装，并应与引下线电气连接。

二、 暗装避雷带（网）

暗装避雷网是利用建筑物内的钢筋作避雷网，以达到建筑物防雷击的目的，已被广泛利用。

1. 用建筑物V形折板内钢筋作避雷网

建筑物有防雷要求时，可利用V形折板内钢筋作避雷网。施工时，折板插筋与吊环和网筋绑扎，通长筋与插筋、吊环绑扎。折板接头部位的通长筋在端部预留钢筋头，长度不少于100mm，便于与引下线连接。引下线的位置由工程设计决定。V形折板钢筋作防雷装置，如图2-11所示。

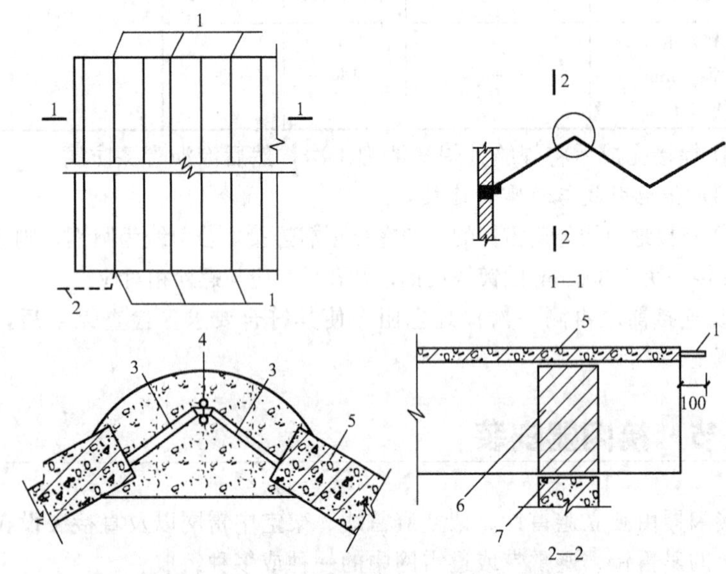

图2-11　V形折板钢筋作防雷装置示意图

1—通长筋预留钢筋头；2—引下线；3—吊环（插筋）；4—附加通长 $\phi6$ 筋；5—折板；6—三脚架或三脚墙；7—支托构件

2. 用女儿墙压顶钢筋作暗装避雷带

① 女儿墙压顶为现浇混凝土的，可采用压顶板内的通长钢筋作为暗装防雷接闪器。

② 女儿墙压顶为预制混凝土板的，应在顶板上预埋支架设接闪带。

③ 用女儿墙现浇混凝土压顶钢筋作暗装接闪器时，防雷引下线可采用不小于 ϕ10mm 的圆钢，引下线与接闪器（即压顶内钢筋）的焊接连接。

④ 在女儿墙预制混凝土板上预埋支架设接闪带时，或在女儿墙上有铁栏杆时，防雷引下线应由板缝引出顶板与接闪带连接。

⑤ 引下线在压顶处应同时与女儿墙顶设计通长钢筋之间用 ϕ10mm 圆钢做连接线进行连接。

⑥ 女儿墙通常设有圈梁，圈梁与压顶之间有立筋时，防雷引下线可以利用在女儿墙中相距 500mm 的 2 根 ϕ8mm 或 1 根 ϕ10mm 立筋，把立筋与圈梁内通长钢筋全部绑扎为一体更好，女儿墙不需再另设引下线。

⑦ 采用这种做法时，女儿墙内引下线的下端需要焊到圈梁立筋上（圈梁立筋再与柱主筋连接）。

⑧ 引下线亦可以直接焊到女儿墙下的柱顶预埋件上（或钢屋架上）。圈梁主筋如果能够与柱主筋连接，建筑物则不必另设专用接地线。

三、 明装避雷带（网）

明装避雷带（网）时．应根据敷设部位选择支持件的形式。敷设部位不同，其支持件的形式也不相同。明装避雷带（网）支架通常采用圆钢或扁钢制作而成，其形式有多种。

① 明装避雷带（网）应采用镀锌圆钢或扁钢制成。镀锌圆钢直径应为 ϕ12mm，镀锌扁钢 25mm×4mm 或 40mm×4mm。在使用前，应对圆钢或扁钢进行调直加工，对调直的圆钢或扁钢，顺直沿支座或支架的路径进行敷设。

② 在避雷带（网）敷设的同时，应与支座或支架进行卡固或焊接使之连成一体，并同防雷引下线焊接好。其引下线的上端与避雷带（网）的交接处，弯曲成弧形。

③ 当避雷带沿女儿墙及电梯机房或水池顶部四周敷设时，不同平面的避雷带（网）至少应有两处互相连接，连接应采用焊接。

④ 避雷带在屋脊上安装。建筑物屋顶上的突出金属物体（如旗杆、

透气管、铁栏杆、爬梯、冷却水塔以及电视天线杆等）都必须与避雷带（网）焊接成一体，如图 2-12 所示。

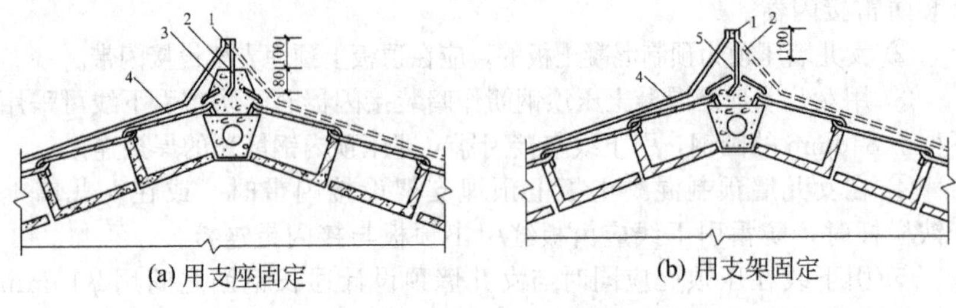

(a) 用支座固定　　(b) 用支架固定

图 2-12　避雷带及引下线在屋脊上安装

1—避雷带；2—支架；3—支座；4—引下线；5—1∶3 水泥砂浆

⑤ 避雷带（网）在转角处应随建筑造型弯曲，通常不宜小于 90°，弯曲半径不宜小于圆钢直径的 10 倍，如图 2-13 所示。

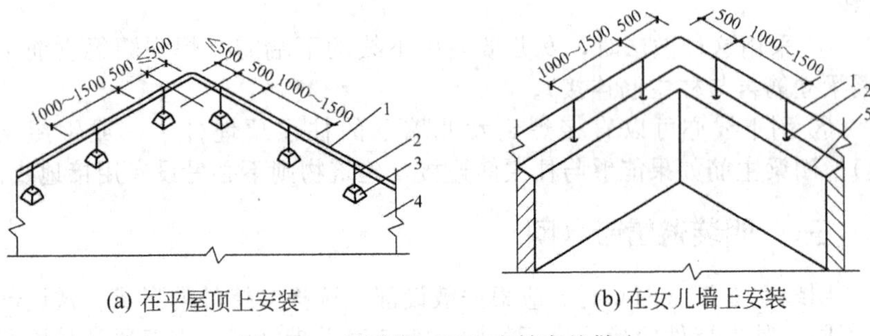

(a) 在平屋顶上安装　　(b) 在女儿墙上安装

图 2-13　避雷带（网）在转弯处做法

1—避雷带；2—支架；3—支座；4—平屋面；5—女儿墙

⑥ 避雷带沿坡形屋面敷设时，应与屋面平行布置。

⑦ 避雷带通过建筑物伸缩沉降缝处，可将避雷带向侧面弯成半径为 100mm 的弧形，且支持卡子中心距建筑物边缘减至 400mm，此外，也可将避雷带向下部弯曲，或用裸铜绞线连接避雷带。

第六节　接地装置安装

一、接地装置安装流程

① 自然接地体底板钢筋敷设完成，应按设计要求做接地施工，应

经检查确认并做隐蔽工程验收记录后再支模或浇捣混凝土。

② 人工接地体应按设计要求位置开挖沟槽，打入人工垂直接地体或敷设金属接地模块（管）和使用人工水平接地体进行电气连接，应经检查确认并做隐蔽工程验收记录。

③ 接地装置隐蔽应经检查验收合格后再覆土回填。

二、 自然接地装置安装

1. 条形基础内接地体安装

条形基础内接地体如采用圆钢，直径应不小于 12mm，扁钢截面应不小于 40mm×4mm（镀锌扁钢）。条形基础内接地体安装方式如图 2-14 所示。在通过建筑物的变形缝处，应在室外或室内装设弓形跨接板，弓形跨接板的弯曲半径为 100mm。跨接板及换接件外露部分应刷樟丹漆一道，面漆两道，如图 2-15 所示。当采用扁钢接地体时，可直接将扁钢接地体弯曲。

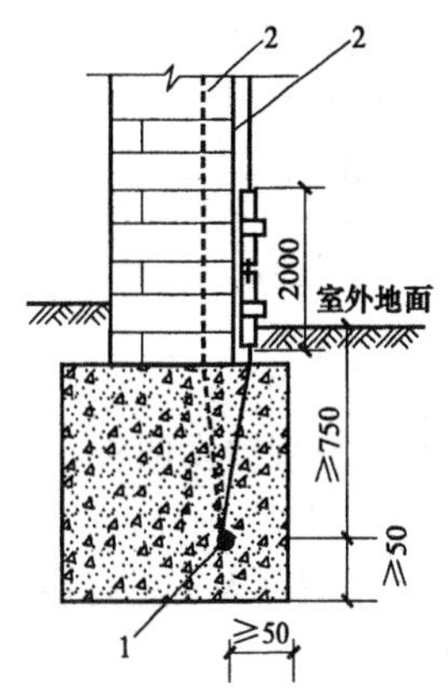

图 2-14 条形基础内接地体的安装

1—接地体；2—引下线

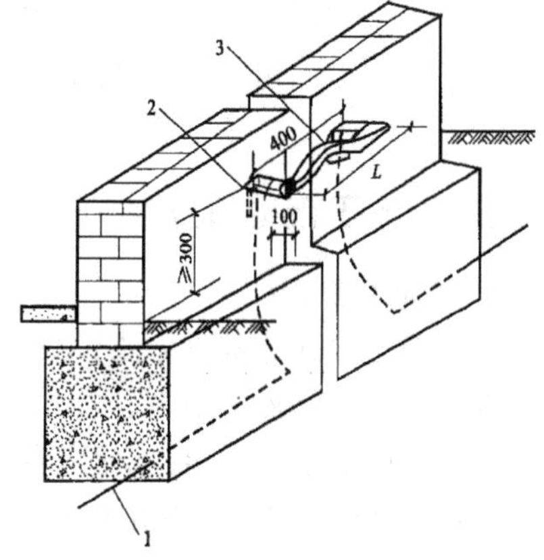

图 2-15 基础内接地体变形缝处做法

1—圆钢接地体；2—25mm×4mm 换接件；3—弓形跨接板

2. 钢筋混凝土桩基础接地体安装

桩基础接地体如图 2-16 所示，在作为防雷引下线的柱子位置处，将基础的抛头钢筋与承台梁主筋焊接，并与上面作为引下线的柱（或剪力墙）中的钢筋焊接。当每组桩基多于 4 根时，只需连接其四角桩基的钢筋作为接地体。

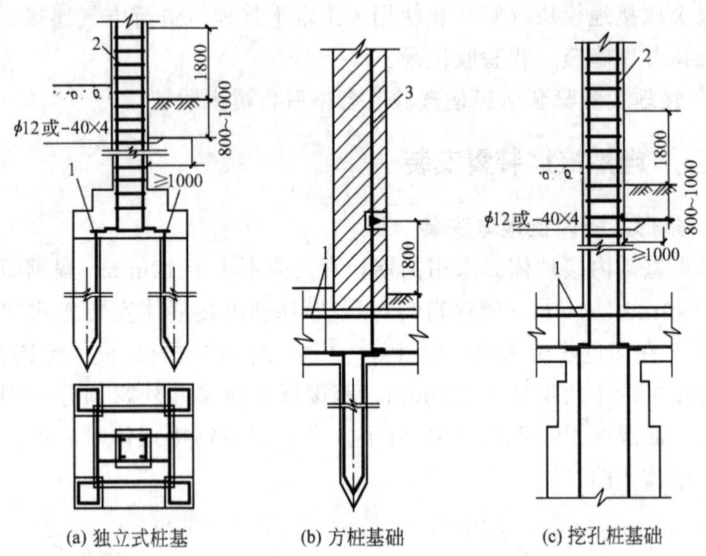

(a) 独立式桩基　(b) 方桩基础　(c) 挖孔桩基础

图 2-16　钢筋混凝土桩基础接地体安装

1—承台架钢筋；2—柱主筋；3—独立引下线

三、 人工接地体安装

1. 接地体敷设

人工防雷接地体敷设方式，分为水平敷设和垂直敷设两种。垂直接地敷设方式的具体做法如下。

① 角钢、钢管、铜棒、铜管等接地体应垂直配置。人工垂直接地体的长度宜为 2.5m，人工垂直接地体之间的间距不宜小于 5m。

② 人工接地体与建筑物外墙或基础之间的水平距离不宜小于 1m，挖沟前应注意此间距。根据接地体间距标定在中心线的具体位置，然后将接地体打入地中。接地体打入时，一人用手扶着接地体，一人用大锤敲打接地体的顶部。为了防止接地镀锌钢管或镀锌角钢打劈端头，采用护管帽套入接地极顶端，保护镀锌钢管接地极。对镀锌角钢，可采用短角钢（约 10cm）焊在接地镀锌角钢顶端。

③ 用大锤敲打接地极时，敲打要平稳，锤击接地体正中，不得打偏，应与地面保持垂直，当接地体顶部与地面间距离在 600mm 时停止打入。

2. 接地体间连接

① 将接地线引至需要预留的位置，同时留有足够的延长米。

② 镀锌扁钢与镀锌钢管或镀锌角钢搭接处，放置平正后，及时焊接，其焊接面应均匀，焊口无夹渣、咬肉、裂纹、气孔等现象。焊接好后，趁热清除表面药皮，同时涂刷沥青油做防腐处理。

③ 镀锌扁钢敷设前应先进行调直，然后将镀锌扁钢放置于沟内接地极端部的侧面，即端部 100mm 以下位置，并用铁丝将镀锌扁钢立面紧贴接地极绑扎牢固。

④ 接地体的连接应采用焊接，并宜采用放热焊接（热剂焊）。当采用通用的焊接方法时，应在焊接处做防腐处理。钢材、铜材的焊接应符合下列规定。

a. 导体为钢材时，焊接时的搭接长度及焊接方法应符合表 2-4 的规定。

表 2-4 防雷装置钢材焊接时的搭接长度及焊接方法

焊接材料	搭接长度	焊接方法
扁钢与扁钢	应不少于扁钢宽度的 2 倍	两个大面应不少于 3 个棱边焊接
圆钢与圆钢	应不少于圆钢直径的 6 倍	双面施焊
圆钢与扁钢	应不少于圆钢直径的 6 倍	双面施焊
扁钢与钢管、扁钢与角钢	紧贴角钢外侧两面或紧贴 3/4 钢管表面，上、下两侧施焊，并应焊以由扁钢弯成的弧形（或直角形）卡子或直接由扁钢本身弯成弧形或直角形与钢管或角钢焊接	

b. 导体为铜材与铜材或铜材与钢材时，连接工艺应采用放热焊接，熔接接头应将被连接的导体完全包在接头里，要保证连接部位的金属完全熔化，并应连接牢固。

⑤ 接地装置在地面处与引下线的连接施工图示和不同地基的建筑物基础接地施工图示，如图 2-17 所示。

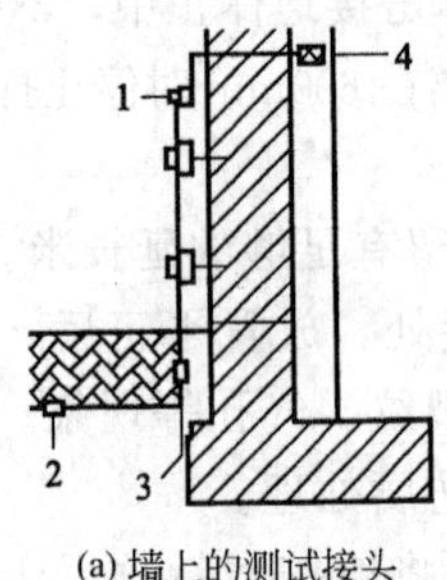

(a) 墙上的测试接头

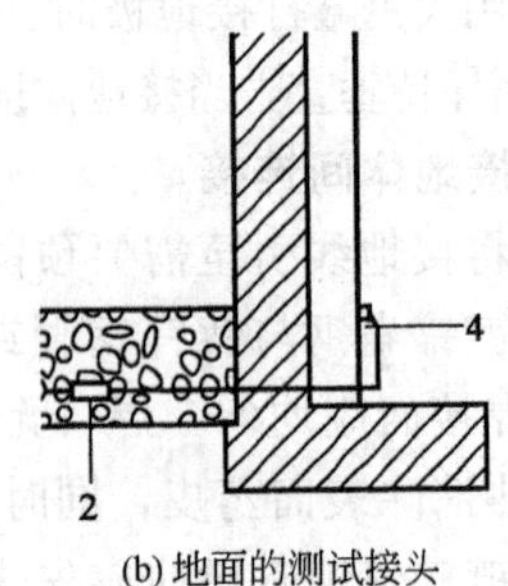

(b) 地面的测试接头

图 2-17 在建筑物地面处连接板（测试点）的安装

1—墙上的测试点；2—土壤中抗腐蚀的 T 形接头；3—土壤中抗腐蚀的接头；4—钢梁与接地线的接点

第七节 等电位联结的要求

一、 连接材料和截面要求

① 穿越各防雷区交界处的金属物和系统，以及防雷区内部的金属物和系统都应在防雷区交界处做等电位联结。

② 等电位网宜采用 M 型网络，各设备的直流接地应以最短距离与等电位网联结。

③ 所有进出建筑物的金属装置、外来导电物、电力线路、通信线路及其他电缆均应与总汇流排做好等电位金属联结。计算机机房应敷设等电位均压网，并应与大楼的接地系统相连接。

④ 如因条件需要，建筑物应采用电涌保护器（SPD）做等电位联结。

⑤ 有条件的计算机机房六面应敷设金属屏蔽网，屏蔽网应与机房内环形接地母线均匀多点相连，机房内的电力电缆（线）应尽可能采用屏蔽电缆。

⑥ 无论是等电位联结还是局部等电位联结，每一电气装置可只连接一次，并未规定必须做多次连接。

⑦ 架空电力线由终端杆引下后应更换为屏蔽电缆，进入大楼前应水平直埋 50m 以上，埋地深度应大于 0.6m，屏蔽层两端接地，非屏蔽电缆应穿镀锌铁管并水平直埋 50m 以上，铁管两端接地。

⑧ 离地面 2.5m 的金属部件，因位于伸臂范围以外不需要做连接。

⑨ 等电位联结只限于大型金属部件，孤立的接触面积小的金属部件不必连接，因其不足以引起电击事故。但以手握持的金属部件，由于电击危险大，必须纳入等电位联结。

二、 等电位联结的要求

① 等电位联结线和联结端子板宜采用铜质材料，等电位联结端子板截面不得小于等电位联结线的截面，连接所用的螺栓、垫圈、螺母等均应作镀锌处理。

② 在土壤中，应避免使用铜线或带铜皮的钢线作连接线，若使用铜线作连接线，则应用放电间隙与管道钢容器或基础钢筋相连接。

③ 与基础钢筋连接时，建议连接线选用钢材，并且这种钢材最好也用混凝土保护。

④ 确保其与基础钢筋电位基本一致，不会形成电化学腐蚀。

⑤ 在与土壤中钢管连接时，应采取防腐措施，如选用塑料电线或铅包电线(缆)。

⑥ 等电位联结线应满足表 2-5 的要求。

表 2-5　等电位联结线截面要求

<table>
<tr><th>取　值</th><th>总等电位联结线</th><th>局部等电位联结线</th><th colspan="2">辅助等电位联结线</th></tr>
<tr><td rowspan="2">一般值</td><td rowspan="2">不少于 0.5×进线 PE（PEN）线截面</td><td rowspan="2">不小于 0.5×PE 线截面①</td><td>两电气设备外露可导电部分间</td><td>1×较小 PE 线截面</td></tr>
<tr><td>电气设备与装置外可导电部分间</td><td>0.5×PE 线截面</td></tr>
<tr><td rowspan="3">最小值</td><td rowspan="2">6mm² 铜线或相同电导值导线</td><td rowspan="3">同右</td><td>有机械保护时</td><td>2.5mm² 铜线或 4mm² 铜线</td></tr>
<tr><td>无机械保护时</td><td>4mm² 铜线</td></tr>
<tr><td>热镀锌钢
圆钢 φ10mm
扁钢 25mm×4mm</td><td colspan="2">热镀锌钢
圆钢 φ8mm
扁钢 20mm×4mm</td></tr>
<tr><td>最大值</td><td>25mm² 铜线或相同电导值导线②</td><td>同左</td><td colspan="2"></td></tr>
</table>

① 局部场所内最大 PE 线截面。

② 不允许采用无机械保护的铝线。

三、等电位联结施工

1. 等电位联结安装流程

在建筑物入户处的总等电位联结，应对入户金属管线和总等电位联结板的位置检查确认后再设置与接地装置连接的总等电位联结板，并应按设计要求做等电位联结。

在后续防雷区交界处，应对供连接用的等电位联结板和需要连接的金属物体的位置检查确认并记录后再设置与建筑物主筋连接的等电位联结板，并应按设计要求做等电位联结。在确认网形结构等电位联结网与建筑物内钢筋或钢构件联结点的位置、信息技术设备的位置后，应按设计要求施工。网形结构等电位联结网的周边宜每隔 5m 与建筑物内的钢筋或钢结构连接一次。电子系统模拟线路工作频率小于 300kHz 时，可在选择与接地系统最接近的位置设置接地基准点后，再按星形结构等电位联结网设计要求施工。

2. 防雷等电位联结

① 穿过各防雷区交界处的金属部件和系统，以及在同一防雷区内部的金属部件和系统，都应在防雷区交界处做等电位联结。需要时还应采取避雷器做暂态等电位联结。

② 在防雷交界处的等电位联结还应考虑建筑物内的信息系统，在那些对雷电电磁脉冲效应要求最小的地方，等电位联结带最好采用金属板，并多次连接在钢筋或其他屏蔽物件上。

③ 对信息系统的外露导电物应建立等电位联结网。原则上，电位联结网不需要直接与大地相连，但实际上所有等电位联结网都有通向大地的连接。

④ 当外来导电物、电力线、通信线从不同位置进入建筑物，则需要若干个等电位联结带，且应就近连接到环形接地体、钢筋和金属立面上。

⑤ 如果没有环形接地体，这些等电位联结带应连至各自的接地体，并用内部环形导体互相连接起来。

⑥ 对于在地面以上进入的导电物，等电位联结带应连到设于墙内或墙外的水平环形导体上，当有引下线和钢筋时，该水平环形导体要连接到引下线和钢筋上，如图 2-18 所示。

3. 信息系统等电位联结

① 在设有信息系统设备的室内应敷设等电位联结带，机柜、电气及电子设备的外壳和机架、计算机直流接地（逻辑接地）、防静电接地、

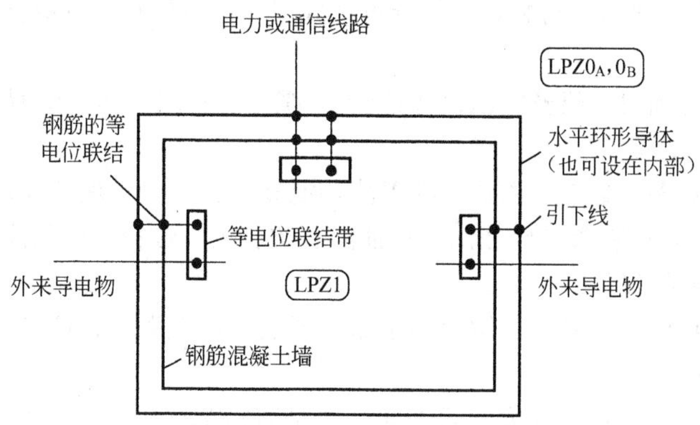

图 2-18　防雷等电位联结做法

金属屏蔽缆线外层、交流地和对供电系统的相线、中性线进行电涌保护的 SPD 接地端等均应以最短距离就近与这个等电位联结带直接连接。

② 连接的基本方法应采用网型（M）结构或星型（S）结构。小型计算机网络采用 S 型连接，中、大型计算机网络采用 M 型连接。在复杂系统中，两种型式的优点可组合在一起。网型结构等电位联结带应每隔 5m 经建筑物内钢盘、金属立面与接地系统连接，如图 2-19 所示。

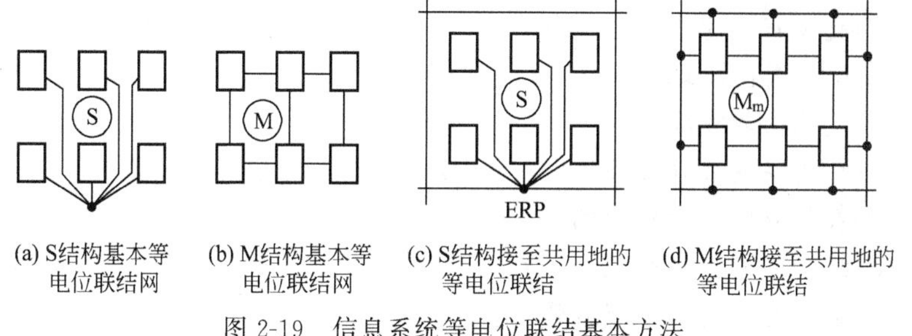

S
M
S
ERP
Mm
(a) S结构基本等电位联结网
(b) M结构基本等电位联结网
(c) S结构接至共用地的等电位联结
(d) M结构接至共用地的等电位联结

图 2-19　信息系统等电位联结基本方法

第八节　防雷及接地系统安装流程及标准

一、 施工准备

1. 材料要求

① 镀锌钢材有扁钢、角钢、圆钢、钢管等，使用时应注意采用冷

镀锌还是采用热镀锌材料，应符合设计规定。产品应有材质检验证明及产品出厂合格证。

② 镀锌辅料有铅丝（即镀锌铁丝）、螺栓、垫圈、弹簧垫圈、U型螺栓、元宝螺栓、支架等。

③ 电焊条、氧气、乙炔、沥青漆，混凝土支架，预埋铁件，小线，水泥，砂子，塑料管，红油漆、白油漆、防腐漆、银粉，黑色油漆等。

2. 主要机具

① 常用电工工具、手锤、钢钢锯、锯条、压力案子、铁锹、铁镐、大锤、夯桶。

② 线坠、卷尺、大绳、粉线袋、绞磨（或倒链）、紧线器、电锤、冲击钻、电焊机、电焊工具等。

3. 作业条件

(1) 接地体作业条件

①按设计位置清理好场地。

②底板筋与柱筋连接处已绑扎完。

③桩基内钢筋与柱筋连接处已绑扎完。

(2) 接地干线作业条件

①支架安装完毕。

②保护管已预埋。

③土建抹灰完毕。

(3) 支架安装作业条件

①各种支架已运到现场。

②结构工程已经完成。

③室外必须有脚手架或爬梯。

(4) 防雷引下线暗敷设作业条件

①建筑物（或构筑物）有脚手架或爬梯，达到能上人操作的条件。

②利用主筋作引下线时，钢筋绑扎完毕。

(5) 防雷引下线明敷设作业条件

①支架安装完毕。

②建筑物(或构筑物)有脚手架或爬梯达到能上人操作的条件。

③土建外装修完。

(6) 避雷带与均压环安装作业条件

土建圈梁钢筋正在绑扎时，配合做此项工作。

(7) 避雷网安装作业条件

①接地体与引下线必须做完。

②支架安装完毕。

③具备调直场地和垂直运输条件。

(8) 避雷针安装作业条件

①接地体及引下线必须做完。

②需要脚手架处，脚手架搭设完毕。

③土建结构工程已完，并随结构施工做完预埋件。

二、 操作工艺

1. 工艺流程(略)

2. 接地体安装工艺

人工接地体(极)安装应符合以下规定：

① 人工接地体(极)的最小尺寸见表2-6所示。

表2-6 钢接地体和接地线的最小规格

种类、规格及单位		地上		地下	
		室内	室外	交流电流回路	直流电流回路
圆钢直径/mm		6	8	10	12
扁钢	截面/mm^2 厚度/mm	60 3	100 4	100 4	100 6
角钢厚度/mm 钢管管壁厚度/mm		2 2.5	2.5 2.5	4 3.5	6 4.5

② 接地体的埋设深度其顶部不应小于0.6m，角钢及钢管接地体应垂直配置。

③ 垂直接地体长度不应小于2.5m，其相互之间间距一般不应小于5m。

④ 接地体理设位置距建筑物不宜小于1.5m；遇在垃圾灰渣等埋设接地体时，应换土，并分层夯实。

⑤ 当接地装置必须埋设在距建筑物出入口或人行道小于 3m 时，应采用均压带做法或在接地装置上面敷设 50～90mm 厚度沥青层，其宽度应超过接地装置 2m。

⑥ 接地体(线)的连接应采用焊接，焊接处焊缝应饱满并有足够的机械强度，不得有夹渣、咬肉、裂纹、虚焊、气孔等缺陷，焊接处的药皮敲净后，刷沥青做防腐处理。

⑦ 采用搭接焊时，其焊接长度如下：

a. 镀锌扁钢不小于其宽度的 2 倍，三面施焊（当扁钢宽度不同时，搭接长度以宽的为准)。敷设前扁钢需调直，煨弯不得过死，直线段上不应有明显弯曲，并应立放。

b. 镀锌圆钢焊接长度为其直径的 6 倍并应双面施焊（当直径不同时，搭接长度以直径大的为准)。

c. 镀锌圆钢与镀锌扁钢连接时，其长度为圆钢直径的 6 倍。

d. 镀锌扁钢与镀锌钢管(或角钢)焊接时，为了连接可靠，除应在其接触部位两侧进行焊接外，还应直接将扁钢弯成弧形(或直角形)与钢管(或角钢)焊接。

⑧ 当接地线遇有白灰焦渣层而无法避开时，应用水泥砂浆全面保护。

⑨ 采用化学方法降低土壤电阻率时，所用材料应符合下列要求：

a. 对金属腐蚀性弱；

b. 水溶性成分含量低。

⑩ 所有金属部件应镀锌。操作时，注意保护镀锌法。

3. 人工接地体（极）安装

(1) 接地体的加工

根据设计要求的数量，材料规格进行加工，材料一般采用钢管和角钢切割，长度不应小于 2.5m，如采用钢管打入地下应根据土质加工成一定的形状，遇松软土壤时，可切成斜面形。为了避免打入时受力不均使管子歪斜，也可加工成扁尖形；遇土质很硬时，可将尖端加工成锥形样。如选用角钢时，应采用不小于 40mm×40mm×4mm 的角钢，切割长度不应小于 2.5m，角钢的一端应加工成尖头形状。

(2) 挖沟

根据设计图要求，对接地体（网）的线路进行测量弹线，在此线路上挖掘深为0.8～1m，宽为0.5m的沟，沟上部稍宽，底部如有石子应清除。

（3）安装接地体（极）

沟挖好后，应立即安装接地体和敷设接地扁钢，防止土方坍塌。先将接地体放在沟的中心线上，打入地中，一般采用手锤打入，一人扶着接地体，一人用大锤敲打接地体顶部。为了防止将接钢管或角钢打劈，可加一护管帽套入接地管端，角钢接地可采用短角钢（约10cm）焊在接地角钢一侧即可。使用手锤敲打接地体时要平稳，锤击接地体正中，不得打偏，应与地面保持垂直，当接地体顶端距离地600mm时停止打入。

（4）接地体间的扇钢敷设

扁钢敷设前应调直，然后将扁钢放置于沟内，依次将扁钢与接地体用电焊（气焊）焊接。扁钢应侧放而不可放平，侧放时散流电阻较小。扁钢与钢管连接的位置距接地体最高点约100mm，焊接时应将扁钢拉直，焊好后清除药皮，刷沥青做防腐处理，并将接地线引出至需要位置，留有足够的连接长度，以待使用。

（5）核验接地体（线）

接地体连接完毕后，应及时请质检部门进行隐检、接地体材质、位置、焊接质量，接地体（线）的截面规格等均应符合设计及施工验收规范要求，经检验合格后方可进行回填，分层夯实。最后，将接地电阻摇测数值填写在隐检记录上。

4. 自然基础接地体安装

① 利用无防水底板钢筋或深基础做接地体。

利用无防水底板钢筋或深基础做接地体：按设计图尺寸位置要求，标好位置，将底板钢筋搭接焊好。再将柱主筋（不少于2根）底部与底板筋搭接焊好，并在室外地面以下将主筋预埋好接地连接板，消除药皮，并将两根主筋用色漆做好标记，以便于引出和检查。应及时请质检部门进行隐检，同时做好隐检记录。

② 利用柱形桩基及平台钢筋做好接地体，按设计图尺寸位置，找好桩基组数位置，把每组桩基四角钢筋搭接封焊，再与柱主筋（不少于

2 根）焊好，并在室外地面以下，将主筋预埋好接地连接板，清除药皮，并将两根主筋用色漆做好标记，便于引出和检查，并应及时请质检部门进行隐检，同时做好隐检记录。

5. 接地干线的安装应符合以下规定

① 接地干线穿墙时，应加套管保护，跨越伸缩缝时，应做煨弯补偿。

② 接地干线应设有为测量接地电阻而预备的断接卡子，一般采用暗盒装入，同时加装盒盖并做上接地标记。

③ 接地干线跨越门口时应暗敷设于地面内（做地面以前埋好）。

④ 接地干线距地面应不小于 200mm，距墙面应不小于 10mm，支持件应采用 40mm×4mm 的扁钢，尾端应制成燕尾状，入孔深度与宽度各为 50mm，总长度为 70mm。支持件间的水平直线距离一般为 1m，垂直部分为 1.5m，转弯部分为 0.5m。

⑤ 接地干线敷设应平直，水平度与垂直度允许偏差 2/1000，但全长不得超过 10mm。

⑥ 转角处接地干线弯曲中径不得小于扁钢厚度的 2 倍。

⑦ 接地干线应刷黑色油漆，油漆应均匀无遗漏，但断接卡子及接地端子等处不得刷油漆。

6. 接地干线安装

接地干线应与接地体连接的扁钢相连接，它分为室内与室外连接两种，室外接地干线与支线一般敷设在沟内。室内的接地干线多为明敷，但部分设备连接的支线需经过地面，也可以埋设在混凝土内。具体安装方法如下：

（1）室外接地干线敷设

① 首先进行接地干线的调直、测位、打眼、煨弯，并将断接卡子及接地端子装好。

② 敷设前按设计要求的尺寸位置先挖沟。挖沟要求见前面挖沟内容，然后将扁钢放平埋入。回填土应压实但不需打夯，接地干线末端露出地面应不超过 0.5m，以便接引地线。

（2）室内接地干线明敷设

① 预留孔与埋设支持件：

按设计要求尺寸位置，预留出接地线孔，预留孔的大小应比敷设接地干线的厚度、宽度各大出6m以上。其方法有以下三种。

a. 施工时可按上述要求尺寸截一段扁钢预埋在墙壁内，当混凝土还未凝固时，抽动扁钢以便待凝固后易于抽出。

b. 将扁钢上包一层油毛毡或几层牛皮纸后埋设在墙壁内，孔距墙壁表面应为15～20mm。

c. 保护套可用厚1mm以上铁皮做成方形成圆形，大小应使接地线穿入时，每边有6mm以上的空隙。

② 支持件固定：

根据设计要求先在砖墙（或加气混凝土墙、空心砖墙）上确定坐标轴线位置，然后随砌墙将预制成50mm×50m的方木样板放入火墙内，待墙砌好后将方木样板剔出，然后将支持件放入孔内，同时洒水淋湿孔洞，再用水泥砂浆将支持件埋牢，待凝固后使用。现浇混凝土墙上固定支架，先根据设计图要求弹线定位，钻孔，支架做燕尾埋入孔中，找平正，用水泥砂浆进行固定。

(3) 明敷接地线的安装要求

① 敷设位置不应妨碍设备的拆卸与检修，并便于检查。

② 接地线应水平或垂直敷设，也可沿建筑物倾斜结构平行在直线段上，不应有高低起伏及弯曲情况。

③ 接地线沿建筑物墙壁水平敷设时，离地面应保持250～300mm的距离，接地线与建筑物墙壁间隙应不小于10mm。

④ 明敷的接地线表面应涂以15～100mm宽度相等的绿色漆和黄色漆相间的条纹，其标志明显。

⑤ 在接地线引向建筑物内的入口处或检修用临时接地点处，均应刷白色底漆后标以黑色符号，其符号标为“注意安全”标志明显。

(4) 明敷接地线安装

当支持件埋设完毕，水泥砂浆凝固后，可敷设墙上的接地线。将接地扁钢沿墙吊起，在支持件一端用卡子将扁钢固定，经过隔墙时穿跨预留孔，接地干线连接处应焊接牢固。末端预留或连接应符合设计要求。

7. 避雷针制作与安装

(1) 避雷针制作与安装应符合以下规定

① 所有金属部件必须镀锌，操作时注意保护镀锌层。

② 采用镀锌钢管制作针尖，管壁厚度不得小于3mm，针尖刷锡长度不得小于70mm。

③ 多节避雷外针节尺寸见表2-7。

④ 避雷针应垂直安装牢固，垂直度允许偏差为3/1000。

⑤ 焊接要求：清除药皮后刷防锈漆。

⑥避雷针一般采用圆钢或钢管制成，其直径不应小于下列数值：

表2-7 针体各节尺寸

项目	针全高/mm				
	1.0	2.0	3.0	4.0	5.0
上节	1000	2000	1500	1000	1500
中节	—	—	1500	1500	1500
下节	—	—	—	1500	1200

a. 独立避雷针一般采用直径为19mm镀锌圆钢。

b. 屋面上的避雷针一般采用直径25mm镀锌钢管。

c. 水塔顶部避雷针采用直径25mm或40mm的镀锌钢管。

d. 烟囱顶上避雷针采用直径25mm镀锌圆钢或直径为40mm镀锌钢管。

e. 避雷环用直径12mm镀锌圆钢或截面为100mm^{2}镀锌扁钢，其厚度应为4mm。

(2) 避雷针制作

按设计要求的材料所需的长度分上、中、下三节进行下料。如针尖采用钢管制作，可先将上节钢管一端锯成锯齿形，用手锤收尖后，进行焊缝磨尖，刷锡，然后将另一端与中、下二节钢管找直，焊好。

(3) 避雷针安装

先将支座钢板的底板固定在预埋的地脚螺栓上，焊上一块肋板，再将避雷针立起，找直、找正后，进行点焊，然后加以校正，焊上其他三块肋板。最后将引下线焊在底板上，清除药皮刷防锈漆。

8. 支架安装

(1) 支架安装应符合下列规定

① 角钢支架应有燕尾，其埋注深度不小于100mm，扁钢和圆钢支架埋深不小于80mm。

② 所有支架必须牢固，灰浆饱满，横平竖直。

③ 防雷装置的各种支架顶部一般应距建筑物表面 100mm；接地干线支架其顶部应距墙面 20mm。

④ 支架水平间距不大于 1m（混凝土支座不大于 2m）；垂直间距不大于 1.5m，各间距应均匀，允许偏差 30mm。转角处两边的支架距转角中心不大于 250mm。

⑤ 支架应平直。水平度每 2m 检查段允许偏差 3/1000，垂直度每 3m 检查段允许偏差 2/1000；但全长偏差不得大于 10mm。

⑥ 支架等铁件均应做防腐处理。

⑦ 埋注支架所用的水泥砂浆，其配合比不应低于 1∶2。

（2）支架安装

① 应尽可能随结构施工预埋支架或铁件。

② 根据设计要求进行弹线及分档定位。

③ 用手锤、錾子进行剔洞，洞的大小应里外一致。

④ 首先埋注一条直线上的两端支架，然后用铅丝拉直线埋注其他支架。在埋注前应先把洞内用水浇湿。

⑤ 如用混凝土支座，将混凝土支座分档摆好。先在两端支架间拉直线，然后将其他支座用砂浆找平找直。

⑥ 如果女儿墙预留有预埋铁件，可将支架直接焊在铁件上，支架的找直方法同前。

9. 防雷引下线暗敷设

（1）防雷引下线暗敷设应符合下列规定

① 引下线扁钢截面不得小于 25mm×4mm；圆钢直径不得小于 12mm。

② 引下线必须在距地面 1.5～1.8m 处做断接卡子或测试点（一条引下线者除外）。断接线卡子所用螺栓的直径不得小于 10mm，并需加镀锌垫圈和镀锌弹簧垫圈。

③ 利用主筋作暗敷引下线时，每条引下线不得少于 2 根主筋。

④ 现浇混凝土内敷设引下线不做防腐处理。

⑤ 建筑物的金属构件（如消防梯、烟囱的铁爬梯等）可作为引下线，但所有金属部件之间均应连成电气通路。

⑥ 引下线应沿建筑的外墙敷设，从接闪器到接地体，引下线的敷设路径，应尽可能短而直。根据建筑物的具体情况不可能直线引下时，也可以弯曲，但应注意弯曲开口处的距离不得等于或小于弯曲部线段实际长度的 0.1 倍。引下线也可以暗装，但截门应加大一级，暗装时还应注意墙内其他金属构件的距离。

⑦ 引下线的固定支点间距离不应大于 2m，敷设引下线时应保持一定松紧度。

⑧ 引下线应躲开建筑物的出入口和行人较易接触到的地点，以免发生危险。

⑨ 在易受机械损坏的地方，地上约 1.7m 至地下 0.3m 的一段地线应加保护措施，为了减少接触电压的危险，也可用竹筒将引下线套起来或用绝缘材料缠绕。

⑩ 采用多根明装引下线时，为了便于测量接地电阻，以及检验引下线和接地线的连接状况，应在每条引下线距地 1.8～2.2m 处放置断接卡子。利用混凝土柱内钢筋作为引下线时，必须将焊接的地线连接到首层、配电盘处并连接到接地端子上，可在地线端子处测量接地电阻。

⑪ 每栋建筑物至少有两根引下线（投影面积小于 $50m^2$ 的建筑物例外）。防雷引下线最好为对称位置，例如两根引下线成“—”字形或“乙”字形，四根引下线要做成“I”字形，引下线间距离不应大于 20m，当大于 20m 时应在中间多引一根引下线。

(2) 防雷引下线暗敷设做法

① 首先将所需扁钢（或圆钢）用手锤（或钢筋扳子）进行调直或种直。

② 将调直的引下线运到安装地点，按设计要求随建筑物引上，挂好。

③ 及时将引下线的下端与接地体焊接好，或与断接卡子连接好。随着建筑物的逐步增高，将引下线敷设于建筑物内至屋顶为止。如需接头则应进行焊接，焊接后应敲掉药皮并刷防锈漆（现浇混凝土除外），并请有关人员进行隐检验收，做好记录。

④ 利用主筋（直径不少于 ϕ16mm）作引下线时，按设计要求找出全部主筋位置，用油漆做好标记，距室外地坪 1.8m 处焊好测试点，随

钢筋逐层串联焊接至顶层，焊接出一定长度的引下线，搭接长度不应小于 100mm，做完后请有关人员进行隐检，做好隐检记录。

⑤ 土建装修完毕后，将引下线在地面上 2m 的一段套上保护管，并用卡子将其固定牢固，刷上红白相间的油漆。

10. 防雷引下线明敷设

(1) 防雷引下线明敷设

① 引下线的垂直允许偏差为 2/1000。

② 引下线必须调直后进行敷设，弯曲处不应小于 90°，并不得弯成死角。

③ 引下线除设计有特殊要求外，镀锌扁钢截面不得小于 $48mm^2$，镀锌圆钢直径不得小于 8mm。

④ 有关断接卡子位置应按设计及规范要求执行。

⑤ 焊接及搭接长度应按有关规范执行。

(2) 防雷引下线明敷设

① 引下线如为扁钢，可放在平板上用手锤调直；如为圆钢叶将圆钢放开。一端固定在牢固地锚的机具上，另一端固定在绞磨（或倒链）的夹具上进行冷拉直。

② 将调直的引下线运到安装地点。

③ 将引下线用大绳提升到最高点，然后由上而下逐点固定，直至安装断接卡子处。如需接头或安装断接卡子，则应进行焊接。焊接后，清除药皮，局部调直，刷防锈漆。

④ 将接地线地面以上二米段，套上保护管，并卡固及刷红白油漆。

⑤ 用镀锌螺栓将断接卡子与接地体连接牢固。

11. 避雷网安装

(1) 避雷网安装

① 避雷线应平直、牢固，不应有高低起伏和弯曲现象，距离建筑物应一致，平直度每 2m 检查段允许偏差 3/1000，但全长不得超过 10mm。

② 避雷线弯曲处不得小于 90°，弯曲半径不得小于圆钢直径的 10 倍。

③ 避雷线如用扁钢，截面不得小于 48mm；如为圆钢，直径不得

小于 8mm。

④ 遇有变形缝处应作煨管补偿。

(2) 避雷网安装

① 避雷线如为扁钢，可放在平板上用手锤调直；如为圆钢，可将圆钢放开一端固定在牢固地锚的夹具上，另一端固定在绞磨（或倒链）的夹具上，进行冷拉调直。

②将调直的避雷线运到安装地点。

③ 将避雷线用大绳提升到顶部、顺直，敷设、卡固、焊接连成一体，同引下线焊好、焊接处的药皮应敲掉，进行局部调直后刷防锈漆及铅油（或银粉）。

④ 建筑物屋顶上有突出物，如金属旗杆、透气管、金属天沟、铁栏杆、爬梯、冷却水塔、电视天线等，这些部位的金属导体都必须与避雷网焊接成一体。顶层的烟囱应做避雷带或避雷针。

⑤ 在建筑物的变形缝处应做防雷跨越处理。

⑥ 避雷网分明网和暗网两种，暗网格越密，其可靠性就越好。网格的密度应视建筑物的防雷等级而定，防雷等级高的建筑物可使用 10m×10m 的网格，防雷等级低的一般建筑物可使用 20m×20m 的网格，如果设计有特殊要求应按设计要求执行。

12. 均压环(或避雷带) 安装

(1) 均压环（或避雷带）应符合下列规定

① 避雷带（避雷线）一般采用的圆钢直径不小于 6mm，扁钢不小于 24mm×4mm。

② 避雷带明敷设时，支架的高度为 10～20cm，其各支点的间距不应大于 1.5m。

③ 建筑物高于 30m 以上的部位，每隔 3 层沿建筑物四周敷设一道避雷带并与各根引下线相焊接。

④ 铝制门窗与避雷装置连接。在加工订货铝制门窗时就应按要求甩出 30cm 的铝带或扁钢 2 处，如超过 3m 时，就需 3 处连接，以便进行压接或焊接。

(2) 均压环（或避雷带）安装

① 避雷带可以暗敷设在建筑物表面的抹灰层内，或直接利用结构

钢筋，并应与暗敷的避雷网或楼板的钢筋相焊接，所以避雷带实际上也就是均压环。

② 利用结构圈梁里的主筋或腰筋与预先准备好的约 20cm 的连接钢筋头焊接成一体，并与柱筋中引下线焊成一个整体。

③ 圈梁内各点引出钢筋头，焊完后，用圆钢（或扁钢）敷设在四周，圈梁内焊接好各点，并与周围各引下线连接后形成环形。同时在建筑物外沿金属门窗、金属栏杆处甩出 30cm 长 ϕ2mm 镀锌圆钢备用。

④ 外檐金属门、窗、栏杆、扶手等金属部件的预埋焊接点不应少于 2 处，与避雷带预留的圆钢焊成整体。

⑤ 利用屋面金属扶手栏杆做避雷带时，拐弯处应弯成圆弧活弯，栏杆应与接地引下线可靠的焊接。

（3）节日彩灯沿避雷带平敷设时，避雷带的高度应高于彩灯顶部，当彩灯垂直敷设时，吊挂彩灯的金属线应可靠接地，同时应考虑彩灯控制电源箱处安装低压避雷器或采取其他防雷击措施。

三、 质量标准

1. 保证项目

① 材料的质量符合设计要求；接地装置的接地电阻值必须符合设计要求。

② 接至电气设备、器具和可拆卸的其他非带电金属部件接地的分支线，必须直接与接地干线相连，严禁串联连接。

检验方法：实测或检查接地电阻测试记录。观察检查或检查安装记录。

2. 基本项目

（1）避雷针（网）及其支持件

安装位置正确，固定牢靠，防腐良好；外体垂直，避雷网规格尺寸和弯曲半径正确；避雷针及支持件的制作质量符合设计要求。设有标志灯的避雷针灯具完整，显示清晰。避雷网支持间距均匀；避雷针垂直度的偏差不大于顶端外杆的直径。

检验方法：观察检查和实测或检查安装记录。

（2）接地（接零）线敷设

① 平直、牢固，固定点间距均匀，跨越建筑物变形缝有补偿装置，

穿墙有保护管，油漆防腐完整。

② 焊接连接的焊缝平整、饱满，无明显气孔、咬肉等缺陷；螺栓连接紧密、牢固，有防松措施。

③ 防雷接地引下线的保护管固定牢靠；断线卡子设置便于检测，接触面镀锌或镀锡完整，螺栓等紧固件齐全。防腐均匀，无污染建筑物。

检验方法：观察检查。

(3) 接地体安装

位置正确，连接牢固，接地体埋设深度距地面不小于0.6m，隐蔽工程记录齐全、准确。

检验方法：检查隐蔽工程记录。

3. 允许偏差项目

① 搭接长度≥$2B$；圆钢≥$6D$；圆钢和扁钢≥$6D$；

注：B 为扁钢宽度；D 为圆钢直径。

② 扁钢搭接焊接3个棱边，圆钢焊接双面。

检验方法：尺量检查和观察检查。

四、 成品保护

1. 接地体

① 其他工种在挖土方时，注意不要损坏接地体。

② 安装接地体时，不得破坏散水和外墙装修。

③ 不得随意移动已经绑好的结构钢筋。

2. 支架

① 剔洞时，不应损坏建筑物的结构。

② 支架稳注后，不得碰撞松动。

3. 防雷引下线明(暗) 敷设

① 安装保护管时，注意保护好土建结构及装修面。

② 拆架子时不要磕碰引下线。

4. 避雷网敷设

① 遇坡顶瓦屋面，在操作时应采取措施，以免踩坏屋面瓦。

② 不得损坏外檐装修。

③ 避雷网敷设后，应避免砸碰。

5. 避雷带与均压环

预甩扁铁或圆钢不得超过 30cm。

6. 避雷针

① 拆除脚手架时，注意不要碰坏避雷针。

② 注意保护土建装修。

7. 接地干线安装

① 电气施工时，不得磕碰及弄脏墙面。

② 喷浆前，必须预先将接地干线纸包扎好。

③ 拆除脚手架或搬运物件时，不得碰坏接地干线。

④ 焊接时注意保护墙面措施。

第九节　防雷及接地系统施工方案

一、 分布式光伏屋顶发电系统防雷解决方案

分布式光伏发电系统由于本身安装位置和使用环境，系统设备遭受雷电浪涌冲击的概率也越来越高。目前，国家光伏扶贫项目也在大力开展，越来越多的屋顶光伏发电系统受到雷击的侵害，因此，根据实际情况对分布式光伏发电系统防雷的研究有助于提高整个发电设备系统安全、高效的运行，减少工程商的运维成本。分布式光伏发电系统的防雷从直击雷和感应雷防护两方面做下简单介绍。

二、 分布式光伏系统设备雷电及过电压防护

1. 雷电对分布式光伏发电系统设备的影响

① 直击雷：分布式屋顶光伏系统的太阳能电池板大多都安装在室外屋顶，所以雷电很可能直接击中太阳能电池板，造成设备的损坏，从而无法发电。

② 感应雷：远处的雷电闪击，由于电磁脉冲空间传播的缘故，会在太阳能电池板与控制器或者是逆变器、控制器到直流负载、逆变器到电源分配电盘以及配电盘到交流负载等的供电线路上产生浪涌过电压，

损坏电气设备。

2. 分布式光伏发电系统设备雷电及过电压防护

光伏发电系统的构成：一套基本的太阳能发电系统是由太阳电池板、控制器、逆变器和蓄电池构成。

(1) 太阳能光伏发电系统直击雷防护

分布式屋顶光伏系统的太阳能电池板一般都在屋顶上，这种情况雷电有可能直接接闪在太阳能电池板上，如果发生这种情况，对整个系统的损坏是巨大的，所以针对屋顶太阳能电池板需要预防直击雷。

直击雷防护系统包括接闪器（避雷针）、引下线和接地地网，在屋顶设立独立避雷针，太阳能电池板在避雷针的保护范围内，设置避雷针时要考虑到避雷针阴影对电池板的影响。

(2) 感应雷防护（屋顶分布式光伏发电系统的防浪涌过电压保护）（图 2-20）

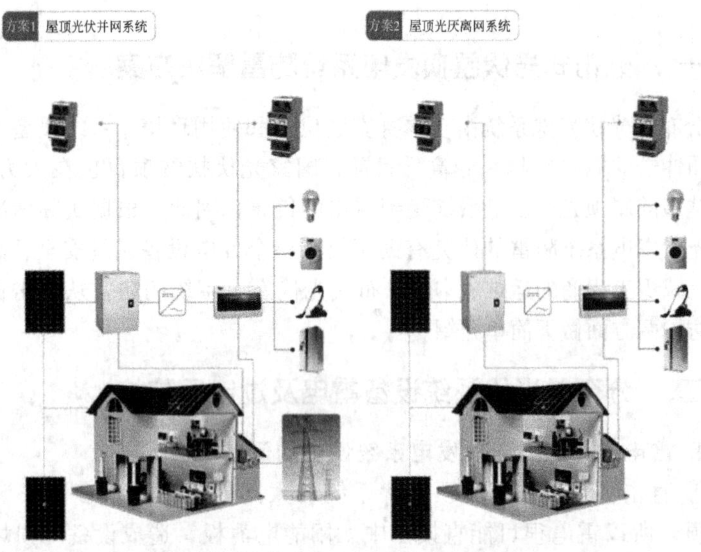

图 2-20　屋顶分布式光伏发电系统

① 在系统的太阳能电池组件和逆变器之间加装光伏直流防雷器，型号根据输入逆变器直流电源线路电压来选择，例如 5kW 屋顶光伏发电系统，直流线路电压在 400V 左右，常用的一款光伏直流防雷器型号

为 AM40-500（500VDC，Imax：40kA）；如果逆变器是两路输入的话一套系统就需要安装 2 套光伏直流防雷器。

常用型号见表 2-8。

表 2-8　直流防雷器

型号	常用型号	标称电压	最大持续工作电压	最大放电电流	标称放电电流	组线根数	安装方式	外形尺寸
AM40	AM40—48	48V	75V	Imax:40kA	In:20kA	2P	并联	95*36*65
	AM40—110	110V	200V	Imax:40kA	In:20kA	2P	并联	95*36*65
	AM40—220	220V	320V	Imax:40kA	In:20kA	2P	并联	95*36*65
	AM40—300	300V	450V	Imax:40kA	In:20kA	2P	并联	95*36*65
	AM40—400	400V	550V	Imax:40kA	In:20kA	2P	并联	95*36*65
	AM40—500	500V	650V	Imax:40kA	In:20kA	2P	并联	95*36*65
	AM40—600	600V	800V	Imax:40kA	In:20kA	2P	并联	95*36*65
	AM40—800	800V	950V	Imax:40kA	In:20kA	2P	并联	95*36*65
	AM40—1000	1000V	1000V	Imax:40kA	In:20kA	2P	并联	95*54*65
	AM40—1500	1500V	1600V	Imax:40kA	In:20kA	2P	并联	95*54*65

② 在逆变器与负载设备之间加装第二级交流电源防雷器，型号根据工作电压选择，一般为 380V 三相电或 220V 单相单。根据单三相选择不同的交流防雷器。目前分布式屋顶光伏发电系统里面用的交流防雷器主要是三相电源防雷器型号 AM40A（380V，4P，40kA），单相电源防雷器型号 AM40C（220V，2P，40kA）。

③ 所有的防雷器必须良好接地。

三、 分布式光伏防雷器安装注意事项

1. 产品安装环境

请确保处于室内或者防水箱内，避免安装在剧烈震动场所，防雷器能可靠接地，并且地阻低于 4Ω。

2. 产品安装注意事项

① 防雷器采用 35mm 导轨安装，产品安装于室内、靠近配电盒或靠近电源线的入户处；

② AM 系列分布式光伏电源防雷器的安装为并联接线。并联接线时，接线总长度宜控制在 0.5m 以内，并要短而平直，以尽量缩短雷电

流路径；

③ 在电源防雷器的引接线上，应串接保护熔断器（或空开），防止防雷器故障时引起系统供电系统的故障。熔断器（或空开）的标称电流不应大于前级供电线路熔断器F1以及防雷器最大后备保护熔断器的额定电流值。

④ 产品接线完毕，检查接线正确、牢固，一切正常后，即可通电投入运行。

3. 常见故障及排除方法(表2-9)

表2-9　常见故障及排除方法

常见故障	可能原因	处理方法
防雷器运行一段时间后，窗口片变红色	防雷器损坏	更换防雷器
防雷器运行一段时间后前端串联的熔丝或空开断开	防雷器损坏或其他原因	更换防雷器

第三章

建筑设备监控系统

第一节 建筑设备监控系统安装基本要求

一、材料、设备要求

1. 材料、设备

① 镀锌材料。镀锌钢管、镀锌线槽、金属膨胀螺栓、金属软管、接地螺栓。

② 前端部分。主要包括网络控制器、计算机、不间断电源、打印机、控制台。

③ 其他材料。塑料胀管、机螺钉、平垫、弹簧垫圈、接线端子、绝缘胶布、接头等。

④ 传输部分。电线电缆、DDC控制箱等。

⑤ 终端部分。主要包括各类传感器、电动阀、电磁阀等执行器。

上述设备材料应根据合同文件及设计要求选型，对设备、材料和软件进行进场检验，并填写进场检验记录。设备必须附有产品合格证、质检报告、“CCC”认证标识、安装及使用说明书等。如果是进口产品，则需提供原产地证明和商检证明，配套提供的质量合格证明，检测报告及安装、使用、维护说明书的中文文本。设备安装前，应根据使用说明书进行全部检查，合格后方可安装。

2. 机具设备

① 调试仪器。楼宇自控系统专用调试仪器。

② 测试器具。250V 兆欧表、500V 兆欧表、水平尺、小线。

③ 安装器具。手电钻、冲击钻、对讲机、梯子、电工组合工具。

3. 作业条件

① 暖通、水系统管道、变配电设备等安装完毕。

② 接地端子箱安装完毕。

③ 线缆沟、槽、管、箱、盒施工完毕。

④ 电梯安装完毕。

⑤ 中央控制室内土建装修完毕，温、湿度达到使用要求。

⑥ 空调机组、冷却塔及各类阀门等安装完毕。

4. 技术准备

① 施工前应组织施工人员熟悉图纸、方案及专业设备安装使用说明书，并进行有针对性的培训及安全、技术交底。

② 施工图纸齐全。

③ 施工方案编制完毕并经审批。

二、 质量控制

1. 主控项目

(1) 变配电系统功能检测

建筑设备监控系统应对变配电系统的电气参数和电气设备的工作状态进行检测。检测时，应利用工作站数据读取和现场测量的方法对电压、电流、有功（无功）功率、功率因数、用电量等各项参数的测量和记录进行准确性和真实性检查。电力负荷及上述各参数的动态图形能比较准确地反映参数变化情况，并对报警信号进行验证。

(2) 空调与通风系统功能检测

建筑设备监控系统应对空调系统进行温度、湿度及新风量自动控制、预定时间表自动启停、节能优化控制等控制功能进行检测；应着重检测系统测控点（温度、相对湿度、压差和压力等）与被控设备（风机、风阀、加湿器及电动阀门等）的控制稳定性、响应时间和控制效果，并检测设备联锁控制和故障报警的正确性。

(3) 热源和热交换系统功能检测

建筑设备监控系统应对热源和热交换系统进行系统负荷调节、预定时间表自动启停和节能优化控制等控制功能进行检测。检测时应通过工作站或现场控制器对热源和热交换系统的设备运行状态、故障等的监视、记录与报警进行检测，并检测对设备的控制功能。

(4) 给排水系统功能检测

建筑设备监控系统应对给水系统、排水系统和中水系统进行液位、压力等参数的检测及对水泵运行状态监测、记录、控制和报警进行验证。检测时应通过工作站参数设置或人为改变现场测控点状态监视设备的运行状态，包括自动调节水泵转速、投运水泵切换及故障状态报警和保护等项目是否满足设计要求。

(5) 冷冻和冷冻水系统功能检测

建筑设备监控系统应对冷水机组、冷冻和冷却水系统的系统负荷调节、预定时间表自动启停和节能优化控制等控制功能进行检测，检测时应通过工作站对冷水机组、冷冻和冷却水系统设备控制和运行参数、状态故障等监视、记录与报警情况进行检测，并检查设备运行的联动情况。

(6) 电梯和自动扶梯系统功能检测

建筑设备监控系统应对建筑物内电梯和自动扶梯系统进行检测，检测时应通过工作站对系统的运行状态与故障进行监视，并与电梯和自动扶梯系统的实际工作情况进行核实。

(7) 照明系统功能检测

建筑设备监控系统应对公共照明设备（公共区域、过道、园区和景观）进行监控，应以光照度、时间表等为控制依据，设置程序控制灯组的开关，检测时应检查控制动作的正确性，并手动检查开关状态。

(8) 中央管理工作站与操作分站功能检测

① 对建筑设备监控系统中央管理工作站（中央站）与操作分站进行功能检测时，应主要检测其监控和管理功能。检测时应以中央管理工作站为主，对操作分站主要检测其监控和管理权限以及数据与中央管理工作站的一致性。

② 应检测中央管理工作站显示和记录各种测量数据、运行状态、

故障报警信息的实时性和准确性，以及对设备进行控制和管理的功能，并检测中央管理工作站控制命令的有效性和参数设定的功能，保证中央管理工作站的控制命令被无冲突地执行。

③ 应检测中央管理工作站数据的存储和统计（包括检测数据、运行数据)、历史数据趋势图显示、报警存储统计（包括各类参数报警、通信报警和设备报警）情况，中央管理工作站历史数据的存储时间应大于 3 个月。

④ 应检测中央管理工作站数据报表生成及打印功能，故障报警信息的打印功能。应检测中央管理工作站操作的方便性，人机界面应符合友好、汉化、图形化要求，图形切换流程清楚易懂，便于操作。对报警信息的显示和处理应直观有效。对操作权限检测，确保系统操作的安全性。

(9) 建筑设备监控系统与子系统（设备）间的数据通信接口功能应符合设计及规范的要求

建筑设备监控系统与带有通信接口的各子系统以数据通信的方式相连时，应在工作站监测子系统的运行参数（含工作状态参数和报警信息)，并和实际状态核实，确保准确性和实时性，对可控功能的子系统，应检测发命令时的系统响应状态。

(10) 可靠性测试

系统运行时，启动或停止现场设备时，不应出现数据错误或产生干扰，从而影响系统正常工作，检测时应采用远动或现场手动启停现场设备，观察中央站数据显示和系统工作情况。切割系统电网电源转为 UPS 供电时和中央站冗余主机自动投入运行时，系统运行不得中断。

检验方法：功能测试。

(11) 实时性能检测

采样速度、系统响应时间应满足合同技术文件与设备工艺性能指标的要求；报警信号响应速度也应满足合同技术文件与设备工艺性能指标的要求。

(12) 维护功能检测

应用软件的在线编程（组态）和修改功能，在中央站或现场进行控制器或控制模块应用软件的在线编程（组态)、参数修改及下载，全部功能得到验证后为合格，否则为不合格。设备、网络通信故障的自检测和报警功能必须指示出相应设备名称和位置，在中央站观察结果显示和报警，并输出正确结果。

2. 一般项目

(1) 现场设备性能应符合设计及规范的要求

① 传感器精度测试。检测传感器采样显示值与现场实际值的一致性，应符合设计及产品技术文件的要求。

② 控制设备及执行器性能测试。包括控制器、电动风阀、电动水阀、变频器等。主要测定控制设备的有效性、正确性和稳定性；测试核对电动调节阀在零开度，50%、80%的行程处与控制指令的一致性及响应速度。测试结果应满足合同技术文件及控制工艺对设备性能的要求。

(2) 现场设备（如传感器、执行器、控制箱柜的安装质量）应符合设计要求

检验方法：观察检查及现场测量。

(3) 下列项目应符合设计要求

① 控制网络和数据库的标准化、开放性。

② 系统的冗余配置。主要指控制网络、工作站、服务器、数据库和电源等。

③ 系统可扩展性。控制器I/O口的备用量应符合合同技术文件要求，但不低于I/O口实际使用数的10%；机柜至少应留有10%的卡件安装空间和10%的备用接线端子。

④ 节能措施评测。包括空调设备的优化控制、冷热源自动调节、照明设备自动控制、风机变频调速、VAV变风量控制等。根据合同技术文件的要求，通过对系统数据库记录分析、现场控制效果测试和数据计算后，其结论应为满足设计要求。

检验方法：功能测试。

第二节　建筑设备监控系统管线敷设

一、布管

① 布线使用的非金属管材、线槽及其附件应采用不燃或阻燃性材

料制成。

② 管材：室内配管使用的钢管有厚壁钢管和薄壁钢管两类。

③ 报警线路应采用穿金属管保护，并宜暗敷在非燃烧体结构或吊顶里，其保护层厚度不应小于3mm；当必须明敷时，应在金属管上采取防火保护措施（一般可采用壁厚大于25mm的硅酸钙筒或石棉、玻璃纤维保护筒。但在使用耐热保护材料时，导线允许载流量将减少。对硅酸钙保护筒，电流减少系数为0.7；对石棉或玻璃纤维保护筒，电流减少系数为0.6）。

④ 传输线路采用绝缘导线时，应采取穿金属管、普利卡金属套管、硬质塑料管、硬质PVC管或封闭式线槽保护方式布线，优先穿钢管或电线管。

⑤ 敷设在多尘或潮湿场所管路的管口和管子连接处，均应做密封处理（加橡胶垫等）。

⑥ 钢管明敷设时宜采用螺纹连接，管端螺纹长度不应小于管接头的1/2。

⑦ 弯制保护管时，应符合下列规定：保护管的弯成角度不应小于90°；保护管的弯曲半径，当穿无铠装的电缆且明敷设时，不应小于保护管外径的6倍，当穿铠装电缆及埋设于地下与混凝土内时，不应小于保护管外径的10倍。

⑧ 导线在管内或线槽内不应有接头或扭结。导线的接头应在接线盒内焊接或用端子连接（小截面导线连接时可以绞接，绞接匝数应在5匝以上，然后搪锡，用绝缘胶带包扎）。

⑨ 不同系数、不同电压等级、不同电流类别的线路，不应穿在同一管内或线槽的同一槽孔内。

⑩ 管内或线槽的穿线，应在建筑抹灰及地面工程结束后进行，在穿线前，应将管内或线槽内的积水及杂物清除干净，管内无铁屑及毛刺，切断口应锉平，管口应刮光。

⑪ 弱电线路的电缆竖井宜与强电电缆的竖井分别设置，如受条件限制必须合用时，弱电和强电线路应分别布置在竖井两侧。

⑫ 管路超过下列长度时，应在便于接线处装设接线盒：

a. 管子长度每超过45m，无弯曲时；

b. 管子长度每超过 30m，有 1 个弯曲时；

c. 管子长度每超过 20m，有 2 个弯曲时；

d. 管子长度每超过 12m，有 3 个弯曲时。

⑬ 管线经过建筑物变形缝（包括沉降缝、伸缩缝、抗震缝等）处，应采取补偿措施；导线跨越变形缝的两侧应固定，并留有适当余量。

⑭ 暗敷的保护管引入地面时，管口宜高出地面 200mm；当从地下引入落地盘（柜）时，宜高出盘（柜）内底面 50mm。

⑮ 钢管暗敷时宜采用套管焊接，管子的对口处应处于套管的中心位置；焊接应牢固，焊口应严密，并做防腐处理。镀锌管及薄壁管应采用螺纹连接。埋入混凝土内的保险管，管外不应涂漆。

⑯ 钢管暗敷应选最短途径敷设，埋入墙或混凝土内时，离表面的净距离不应小于 30mm。

⑰ 接线盒和分线盒均应密封，分线箱应标明编号。钢管入盒时，盒外侧应套锁母，内侧应装护口。在吊顶内敷设时，盒内外侧均应套锁母。

⑱ 在吊顶内敷设各种管路和线槽时，应采用单独的卡具吊装或用支撑物固定。

⑲ 建筑物内横向敷设的暗管管径不宜大于 ϕ5mm，天棚里或墙内水平、垂直敷设管路的管径不宜大于 ϕ40mm。

⑳ 线槽的安装应横平竖直、排列整齐，其上部与顶棚（或楼板）之间应留有便于操作的空间。垂直排列的线槽拐弯时，其弯曲弧度应一致。

㉑ 分线箱（盒）暗设时，一般应预留墙洞。墙洞大小应按分箱尺寸留有一定余量，即墙洞上、下边尺寸增加 20～30mm，左、右边尺寸增加 10～20mm。分线箱（盒）安装高度应满足底边距地、距顶 0.3m。

㉒ 过路箱一般用于暗配线时电缆管线的转接或接续用，箱内不应有钢管穿过。

㉓ 为了确保用电安全，室内管线与其他管道最小距离符合规范规定。

㉔ 线槽的直线段应每隔 1.0～1.5m 设置吊点或支点，吊装线槽的吊杆直径不应小于 6mm。在下列部位也应设置吊点或支点。

a. 线槽接头处。

b. 距接线盒 0.2m 处。

c. 线槽走向改变或转角处。

㉕ 在户外和潮湿场所敷设的保护管，引入分线箱或仪表盘（箱）时，宜从底部进入。

㉖ 线槽应平整，内部光洁、无毛刺，加工尺寸准确。线槽采用螺栓连接或固定时，宜采用平滑的半圆头螺栓，螺母应在线槽的外侧，固定应牢固。

㉗ 敷设在电缆沟道内的保护管不应紧靠沟壁。

㉘ 线槽拐直角弯时，宜用专用弯头。其最小的弯曲半径不应小于槽内最粗电缆外径的10倍。

㉙ 线槽安装在工艺管道上时，宜在工艺管道的侧面或上方（高温管道，不应在其上方）。

二、 穿线

① 信号电缆（线）与电力电缆（线）交叉敷设时，宜成直角；当平行敷设时，其相互间的距离应符合规范规定。

② 穿线绝缘导线或电缆的总截面积不应超过管内截面积的40％。敷设于封闭或线槽内的绝缘导体或电缆的总截面积不应大于线槽的净截面积的50％。

③ 多芯电缆的弯曲半径不应小于其外径的6倍。

④ 室外电缆线路的路径选择应以现有地形、地貌、建筑设施为依据，并按以下原则确定。

a. 线路宜短直，安全稳定，施工、维修方便。

b. 线路宜避开易使电缆受机械或化学损伤的路段，减少与其他管线等障碍物的交叉。

c. 视频与射频信号的传输宜用特性阻抗为75Ω的同轴电缆，必要时也可选用光缆。

d. 有可供利用的架空线路时，可用杆架空敷设，但同电力线（1kV）的间距不应小于1.5m，同广播线间距不应小于1m，同通信线的间距不应小于0.6m。

e. 架空电缆时，同轴电缆不能承受大的拉力，要用钢丝绳把同轴电缆吊起来，方法与电话电缆的施工方法相似。电线杆的埋设一般按间距40m考虑，杆长6m，杆埋深1m。室外电缆进入室内时，预埋钢管要做防雨水处理。

f. 需要钢索布线时，钢索布线最大跨度不要超过 30m，如超过 30m 应在中间加支持点或采用地下敷设的方式。跨距大于 20m 时，用直径 4.6～6mm 的钢绞线；跨距 20m 以下时，可用三条直径 4mm 的镀锌钢丝绞合。

⑤ 电缆沿支架或在线槽内敷设时应在下列各处固定牢固。

a. 当电缆倾斜坡度超过 45°或垂直排列时，在每一个支架上。

b. 当电缆倾斜坡度不超过 45°且水平排列时，在每隔 1～2 个支架上。

c. 在线路拐弯处和补偿余度两侧以及保护管两端的第 1、2 两个支架上。

d. 在引入各表盘（箱）前 300～400mm 处。

e. 在引入接线盒及分线箱前 150～300mm 处。

第三节　建筑设备监控系统安装

一、控制器（DDC）的安装

① DDC 与被监控设备就近安装。

② DDC 距地 1500mm 安装。

③ DDC 可安装在被控设备机房中（如冷冻站、热交换站、水泵房、空调机房等），可在设备附近墙上用膨胀螺栓安装。

④ DDC 安装应有良好接地。

⑤ DDC 电源容量应满足传感器、驱动器的用电需要。

⑥ DDC 安装应远离强电磁干扰。

⑦ DDC 的数字输出宜采用继电器隔离，不允许用 DDC 数字输出的无源触点直接控制强电回路。

⑧ DDC 的输入、输出接线应有易于辨别的标记。

二、中央控制室设备安装

① 设备底座与设备相符，其上表面应保持水平。

② 设备安装前应进行检验，并符合下列要求。

a. 设备外形完好无损，内外表面漆层完好。

b. 设备外形尺寸、设备内主板及接线端口的型号、规格符合设计要求，备品备件齐全。

③ 按图纸连接主机、不间断电源、打印机、网络控制器等设备。

④ 中央控制室及网络控制器等设备的安装要符合下列规定。

a. 对引入的电缆或导线进行校线，按图纸要求编号。

b. 交流供电设备的外壳及基础应可靠接地。

c. 中央控制室一般应根据设计要求设置接地装置。当采用联合接地时，接地电阻不应大于1Ω。

d. 标志编号与图纸一致，字迹清晰，不易褪色；配线应整齐，避免交叉，固定牢固。

e. 控制室、网络控制器应按设计要求进行排列，根据柜的固定孔在基础槽钢上钻孔，安装时从一端开始逐台就位，用螺栓固定，用小线找平找直后再将各螺栓紧固。

三、 湿度传感器的安装

1. 室内外湿度传感器的安装

① 室内湿度传感器安装要求美观，多个传感器安装距地高度应一致，高度差不应大于1mm，同一区域内高度差不应大于5mm。

② 室内湿度传感器不应安装在阳光直射的地方，应远离室内冷热源，如暖气片、空调机出风口，远离窗、门直接通风的位置，如无法避开，则与之距离不应小于2m。

③ 室外湿度传感器应有遮阳罩，避免阳光直射，应有防风雨防护罩，远离风口、过道，避免过高的风速对室外温度检测的影响。

④ 选用RVV/RVVP-3×1.0mm^{2}线缆连接现场DDC。

2. 风管湿度传感器的安装

① 传感器的安装应在风管保温层完成后，安装在风管直管段或应避开风管死角的位置。

② 传感器应安装在风速平稳，能反映风温的位置。

③ 风管湿度传感器应安装在便于调试、维修的地方。

④ 选用RVV/RVVP-3×1.0mm^{2}线缆连接现场DDC。

3. 室内外温度传感器的安装

① 室内温度传感器不应安装在阳光直射的地方，应远离室内冷热源，如暖气片、空调机出风口，远离窗、门直接通风的位置。如无法避开则与之距离不应小于 2m。

② 室内温度传感器安装要求美观，多个传感器安装距地高度应一致，高度差不应大于 1mm，同一区域内高度差不应大于 5mm。

③ 室外温度传感器应有遮阳罩，避免阳光直射，应有防风雨防护罩，远离风口、过道，避免过高的风速对室外温度检测的影响。

④ 选用 RVV/RVVP-2×1.0mm^2 线缆连接现场 DDC。

4. 水管温度传感器的安装

① 水管温度传感器的安装不宜选择在阀门等阻力件附近和水流流束死角和振动较大的位置。

② 水管温度传感器不宜在焊缝及其边缘上开孔和焊接安装。水管温度传感器的开孔与焊接应在工艺管道安装时同时进行。必须在工艺管道的防腐和试压前进行。

③ 选用 RVV/RVVP-2×1.0mm^2 线缆连接现场 DDC。

④ 水管型温度传感器的感温段宜大于管道口径的二分之一，应安装在管道的顶部便于调试、维修的地方。

5. 风管温度传感器的安装

① 风管温度传感器应安装在便于调试、维修的地方。

② 传感器的安装应在风管保温层完成后，安装在风管直管段或应避开风管死角的位置。

③ 选用 RVV/RVVP-2×1.0mm^2 线缆连接现场 DDC。温度传感器至 DDC 之间应尽量减少因接线电阻引起的误差，对于 1kΩ 铂温度传感器的接线总电阻应小于 1Ω。对于 NTC 非线性热敏电阻传感器的接线总电阻应小于 3Ω。

④ 传感器应安装在风速平稳、能反映风温的位置。

6. 压力传感器的安装

① 水管压力传感器不宜在焊缝及其边缘上开孔和焊接安装。水管压力传感器的开孔与焊接应在工艺管道安装时同时进行，必须在工艺管道的防腐和试压前进行。

② 选用 RVV/RVVP-3×1.0mm 线缆连接现场 DDC。

③ 水管压力传感器应加接缓冲弯管和截止阀。

④ 室内、室外压力传感器宜安装在远离风口、过道的地方，以免高速流动的空气影响测量精度。

⑤ 风管压力传感器应安装在风管的直管段，即应避开风管内通风死角和弯头。风管压力传感器的安装应在风管保温层完成之后。

⑥ 水管压力传感器宜选在管道直管部分，不宜选在管道弯头、阀门等阻力部件的附近，水流流束死角和振动较大的位置。

⑦ 压力传感器应安装在便于调试、维修的位置。

四、压差开关的安装

风压压差开关用来检测空调机过滤网堵塞、空调机风机运行状态，安装时应注意以下几点。

① 风压压差开关安装时，应注意压力的高低。过滤网前端接高压端，过滤网后端接低压端。空调机风机的出口接高压端，空调机风机的进风口接低压端。如图 3-1 所示。

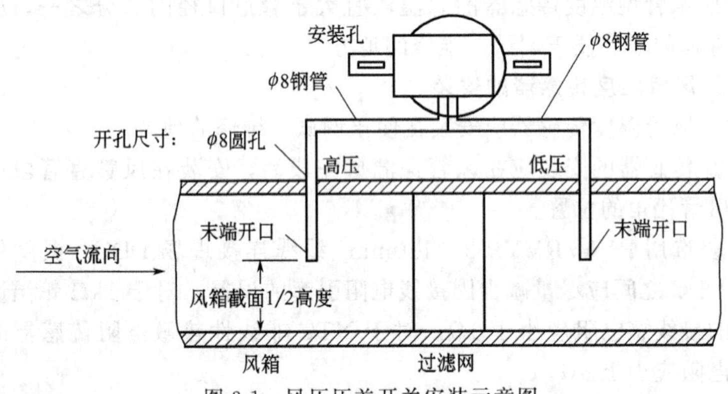

图 3-1 风压压差开关安装示意图

② 风压压差开关安装时，应注意安装位置，宜将压差开关的受压薄膜处于垂直位置。如需要，可使用“L”形托架进行安装，托架可用钢板制成。

③ 导线敷设可选用 ϕ20mm 电线管及接线盒，并用金属软管与压

差开关连接。

④ 风压压差开关应安装在便于调试、维修的地方。

⑤ 风压压差开关不应影响空调器本体的密封性。

⑥ 选用RVV/RVVP-2×1.0mm² 线缆连接现场DDC。

水压压差开关通常用来检测管道水压差，如测量分、集水器之间的水压压差，用其压力差来控制旁通阀的开度。安装时应注意以下几点。

① 水压压差开关宜选在管道直管段部分，不宜选在管道弯头、阀门等阻力部件的附近，水流流束死角和振动较大的位置。水压压差开关安装应有缓冲弯管和截止阀，最好加装旁通阀。

② 选用RVV/RVVP-3×1.0mm² 线缆连接现场DDC。

③ 水压压差开关不宜在焊缝及其边缘上开孔和焊接安装。水压压差开关的开孔与焊接应在工艺管道安装时同时进行，必须在工艺管道的防腐和试压前进行。

④ 水压压差开关应安装在管道顶部便于调试、维修的位置。

五、空气质量传感器的安装

空气质量传感器安装在能真实反映被检测空间的空气质量状况的地方。安装时应注意以下几点。

① 风管空气质量传感器安装应在风管保温层完成之后。

② 探测气体比空气质量重，空气质量传感器应安装在房间、风管的下部。

③ 探测气体比空气质量轻，空气质量传感器应安装在房间、风管的上部。

④ 空气质量传感器应安装在便于调试、维修的地方。

⑤ 风管型空气质量传感器应安装在风管的直管段，应避开风管内通风死角。

⑥ 选用RVV/RVVP-3×1.0mm² 线缆连接现场DDC。

六、电量变送器的安装

电量变送器把电压、电流、频率、有功功率、无功功率、功率因数和有功电能等电量转换成4～20mA或0～10mA输出。安装时要注意以下几点。

① 变送器接线时，应严防电压输入端短路和电流输入端开路。

② 被测回路加装电流互感器，互感器输出电流范围应符合电流变送器的电流输入范围。

③ 变送器的输出应与现场 DDC 输入通道的特征相匹配。

七、 电动调节阀的安装

安装时应注意以下几点。

① 电动调节阀阀旁应装有旁通阀和旁通管道。

② 电动调节阀阀门驱动器的输入电压、工作电压应与 DDC 的输出相匹配。选用 RVV/RVVP-3×1.0mm² 线缆连接现场 DDC。

③ 电动调节阀安装应留有检修空间，如图 3-2 所示。

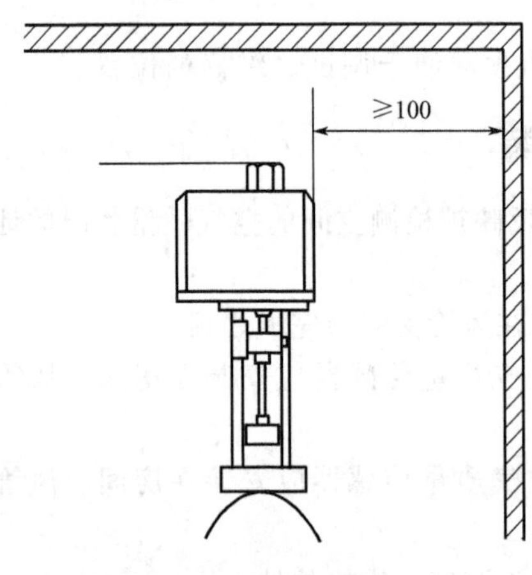

图 3-2 电动调节阀检修空间

④ 电动调节阀的行程、关阀的压力、阀前后压力必须满足设计和产品说明书的要求。

⑤ 电动调节阀一般安装在回水管上。

⑥ 电动调节阀的安装应在工艺管道安装时同时进行，必须在工艺管道的防腐和试压前进行。

⑦ 电动调节阀应有手动操作机构。手动操作机构应安装在便于操作的位置。

⑧ 电动调节阀应垂直安装在水平管道上，尤其对大口径电动阀不能有倾斜。

⑨ 电动调节阀阀位指示装置安装在便于观察的位置。

⑩ 电动调节阀阀体上的水流方向应与实际水流方向一致。

八、 BAS 系统调试

BAS 系统（宽带接入服务器）的调试要根据设计全面了解整个系

统的功能和性能指标。BAS系统的调试应在所有设备（楼宇机电设备、自控设备）安装完毕，楼宇机电设备试运行工作状态良好，而且满足各自系统的工艺要求的情况下进行。

第四节　建筑设备监控系统的设计原则

一、系统介绍

现在人们对建筑的要求已不局限于使用空间，而是更加注重建筑的舒适、安全、方便等方面的要求。随着网络技术、通信技术、电子技术、计算机技术、自动控制技术、人工智能技术等的迅速发展，使得建筑物自动化管理成为可能。因此，强大的经济效益驱动与信息技术的良好机遇相结合，建筑设备监控系统便应运而生。

目前，建筑设计院在建筑设备监控系统的设计中存在许多问题：设计随意，深度不够，离设备造型和安装要求还相差很远比如：未提供桥架穿楼板、墙体条件，该预埋的主干线路未预埋，等等；还有的设计系统实用性差。目前，很多智能建筑达不到节能的目的，有的甚至不能正常运行。这固然有多方面原因，但作为建筑设备监控系统的设计者，应避免在设计院设计环节上可能出现的问题。有必要对该系统的设计方法和步骤进行探讨和研究。

建筑设备监控系统是运用自动化仪表、计算机过程控制和网络通信技术，对建筑物内部的环境参数和建筑物内机电设备运行状况进行自动化检测、监视、优化控制及管理，为建筑物内提供良好环境，节省建筑物能耗和提高工作人员效率，减少运行人员及费用，实现科学化和自动化管理。目前现代化办公大楼、智能大厦的建筑设备监控系统根据主要监控对象一般可分为如下几个子系统。

(1) 暖通空调（HVAC）系统

包括空调系统、冷冻系统、送排风系统、热交换系统等。

(2) 给水排水系统

包括生活热水、中水站、生活水池、水箱、集水池、污水池及各种水泵。

(3) 变配电及照明系统

包括供配电系统、电力变压器、柴油发电机组、蓄电池、照明系统等。

建筑设备监控系统一般由监控主机、现场控制器、就地仪表和通信网络四个主要部分构成。监控主机是设备监控系统的核心，由主机、外设和软件构成，其主要功能为：自动监视系统中每台设备的运行状态和系统的运行参数，使其在合理化的状态下工作，对设备故障和异常参数及时报警和自动纪录，自动纪录、存储和查询历史运行数据等。通信网络的核心技术是现场总线。现场总线是连接智能现场设备（包括传感器、控制器、智能阀门、微处理器、仪表等）和自动化系统的数字式、双向传输、多分支结构的通信网络。它使不同厂家的产品互联操作，目前的开放性标准主要有 onWorks 标准和 BACnet 标准。现场控制器是安装于现场监控对象附近的小型化专用计算机控制设备，它对现场仪表信号作数据采集和转换，接受监控主机命令或独立工作，输出控制信号至现场执行机构。就地仪表分为监测仪表和执行仪表两大类。其中，检测仪表包括：温度、湿度、压力、压差、流量、水位、一氧化碳、二氧化碳、照度、电量等测量仪表，它们能将被检测的参数稳定准确可靠地转换为现场控制器可接受的电信号（数字量和模拟量）；执行仪表包括：对被调量可进行连续调节的调节阀类仪表（如电动调节阀）和对被调量进行通、断两种状态控制的切断阀类仪表（如电动蝶阀、电磁阀、电动风门执行机构等），它们接受现场控制器的信号，对现场参数进行稳定准确可靠的调节。通讯网络系统主要内容有：语音信息点设置原则；各楼层不同功能用房的信息点设置一览表；机房设置；机房设备选择虚拟交换机、程控交换机等；接入网。

二、 建筑设备监控系统设计内容

近些年，国民经济快速发展，固定资产投资与规模不断提高，高档次现代化的办公大楼、酒店、智能大厦不断兴建，这些大厦都要求有建筑设备监控系统对其运行管理提供保障。

1. 设计依据

建筑设备监控系统不属于国家强制标准，因此，首先要根据建筑物的使用功能和物业运行管理需要，各相关专业的监控要求，以及项目投资状况等实际需求，做出投资估算，一般应将建筑设备监控系统一次投资控制在总投资的2%以下，按每年节省运行费用10%～15%计算，5年内可收回初投资。根据投资估算和建筑主要设备测量控制要求，确定建筑设备监控系统的规模和标准。

2. 系统的选择原则

① 技术的先进性，为了延长建筑物及其设备的寿命，在可能的条件下尽量采用国际上先进的、成熟的、实用的技术和设备。

② 开放性和互操作性：一个完整的建筑设备监控系统往往由不同厂家的产品构成，如果选择的系统是封闭的，不能和别的厂家产品互联，就会给系统的维护、扩展和更新带来麻烦。

③ 可集成性：为实现信息共享，提高大厦的全局服务功能和物业管理效率，BAS，OAS及CNS可能集成到一个图形操作界面上对整个大厦全面监视、控制和管理。

④ 可靠性：系统必须具有保证可靠运行的自检试验与故障报警功能，主要包括：交流电源故障报警、通信故障报警、接地故障报警和外部设备控制单元故障报警等。

3. 各专业间的配合

建筑设备监控系统必须与大楼主体建筑的各专业设计同时进行，具体内容如下。

土建：控制室、竖井面积和位置，土建装修条件。电缆桥架、管线的预埋件、预留孔洞。

暖通：有关工艺流程图，测量控制要求，所带设备的控制要求。

给排水：有关工艺设备的测量控制要求、数量，所带设备的控制要求。

电气：有关变配电、照明电气系统图及测量控制要求，动力、照明配电箱的平面位置。

4. 子系统控制功能的设计

建筑设备监控系统由多少子系统构成、各子系统的采用设计标准、控制功能等。例如：对于要求高的，要对系统和设备实施完善的监测、控制和管理功能；对于要求较高的，要采取必要的控制和管理功能以及完善的监测功能；对于要求标准一般的，对系统和设备采取必要的控制和监测功能，以节省投资，使系统物尽其用。根据各子系统功能确定其相应的测控原理图，如空调机组系统、冷冻系统、给排水系统、热交换系统、照明系统、电梯系统、高低压变配电系统等，并制作出需纳入建筑设备监控系统的被监控设备一览表。

5. 系统监控点数的确定

在确定被控设备的数量及相应的控制方案后，确定每一被控设备的监控点数及监控点的性质，核定对指定监控点实施监控的技术可行性，编制监控点表。在建筑设备监控系统中，现场控制器输入、输出信号有四种类型。AI：模拟量输入，如温度、湿度、压力等，一般为 0～10V 或 4～20mA 信号；AO：模拟量输出，作用于连续调节阀门、风门驱动器，一般为 0～10V 或 4～20mA 信号；DI：数字量输入，一般为触电闭合、断开状态，用于起动、停止状态的监视和报警；DO：数字量输出，一般用于电动机的启动、停止控制，两位式驱动器的控制等。确定控制点要参考《智能建筑设计标准》建筑设备监控系统甲级、乙级、丙级设计标准。要与暖通、给排水专业工程师协调，参考其设计图纸，共同研究确定控制点，编制控制点表。

6. 设备选择

首先应进行监控点的划分，然后根据监控范围选择现场控制器（其监控点容量应留有 20%的余量），再根据现场控制器台数和系统结构形式，确定系统中央站使用的设备，整个系统应满足系统响应时间要求，通信子站、现场控制器的数量要求，系统总点数限制要求；在智能大厦中，需要监控的设备品种繁多，分布在大厦的各个部位，这就要求建筑设备监控系统是一个集中管理与分散控制相结合的总线制集散控制系统。现场控制器应设置在被监控设备较集中的场所，以尽量减少管线敷设，一般设置在电控箱内挂墙明装。最后，根据选定的系统结构和现场监控设备的具体布置，绘制整个大厦的设备监控系统竖向系统图。

7. 线路设计

建筑设备监控系统的线路设计可分为两部分进行。一部分是从控制中心或弱电竖井至各机房的现场控制器之间的连接线路，即干线线路。一般采用电缆桥架或穿金属管在弱电竖井内敷设和暗敷设相结合的方式。另一部分是现场控制器以下的线路，是连接阀门、风门、传感器、变送器、电气开关接点的支线路，在机房内敷设一般采用明管或明线槽敷设。具体敷设方式可根据线缆数量和敷设场所确定。电缆桥架敷设时应使强、弱电电缆分开，当在同一桥架中敷设时，应在中间设置金属隔板；电缆截面积总和不超过桥架内截面积的 40%。现场控制器及监控主机之间的通信线宜采用控制电缆或计算机专用电缆中的屏蔽双股线，截面积为 0.5～1mm^2；仪表控制电缆宜采用截面为 1～1.5mm^2 的控制电缆，模拟量输入、输出采用屏蔽电缆，开关量输入、输出采用普通无屏蔽电缆。在此基础上，设计出干线、支线平面图及监控中心的平面布置图。

8. 系统电源

系统的监控中心需从变配电所引来专用回路供电。为提高用电可靠性供电回路宜采用末端自动切换的双回路供电方式。系统用电负荷的总容量应为现有设备总容量与预计扩展总容量之和（可按现有容量的 20%估算）。分站电源宜从监控中心专用配电盘上以放射式供电。

9. 系统接地方式

建筑设备监控系统的接地方式可采用集中接地或单独接地方式，将本系统中所有接地点连接在一起后在一点接地，采用联合接地时，接地电阻应小于 1Ω，采用单独接地时，接地电阻应小于 4Ω。

三、 监控系统举例

某大厦，总建筑面积 83410m^2，地上 27 层，105m 高，为办公楼，其中首、二层为银行、会议和展厅；地下四层为机房和车库，中控室设在地下一层，建筑面积 70m^2。建筑物设备监控系统包括：空调机组系统、冷冻系统、给排水系统、热交换系统、照明系统、电梯系统、高低压变配电系统等子系统，并留有与火灾自动报警系统、公共安全防范系统和车库管理系统的通信接口。共设监控点 1059 个；分站 63 台；中央站一个。现场控制器设置在被监控设备机房，挂墙明装，干线电缆在弱电竖井内敷设采用电缆桥架，由弱电竖井至设备机房采用穿金属管暗敷设的方式。系统接地方式采用联合接地，接地电阻小于 1Ω。

第四章

电话通信系统

第一节 电话通信系统施工图识读

一、住宅楼电话通信系统施工图识读

图 4-1 为某住宅楼电话通信控制系统图。

从图 4-1 上可以看出此通信系统的进户线用的是 HYA 型电缆 [HYA-50 (2×0.5)-SC50-FC]，电缆用的是 50 对 2×0.5mm^2 线，穿直径 50mm 焊接钢管埋地敷设。

可以看出此系统的电话组线箱 TP-1-1 为一只 50 对线电话组线箱 (STO-50)，箱体尺寸为 400mm × 650mm × 160mm，安装高度距地 0.5m。

此系统的进线电缆在箱内与本单元分户线和分户电缆及到下一单元的干线电缆连接。下一单元的干线电缆为 HYV 型 30 对线电缆 [HYV-30(2×0.5)-SC40-FC]，穿直径 40mm 焊接钢管埋地敷设。

此住宅楼的一、二层用户线从电话组线箱 TP-1-1 引出，各用户线使用 RVS 型双绞线，每条线规格为 2×0.5mm^2 [RVS-1(2×0.5)-SC15-FC-WC]，穿直径 15mm 焊接钢管埋地并沿墙暗

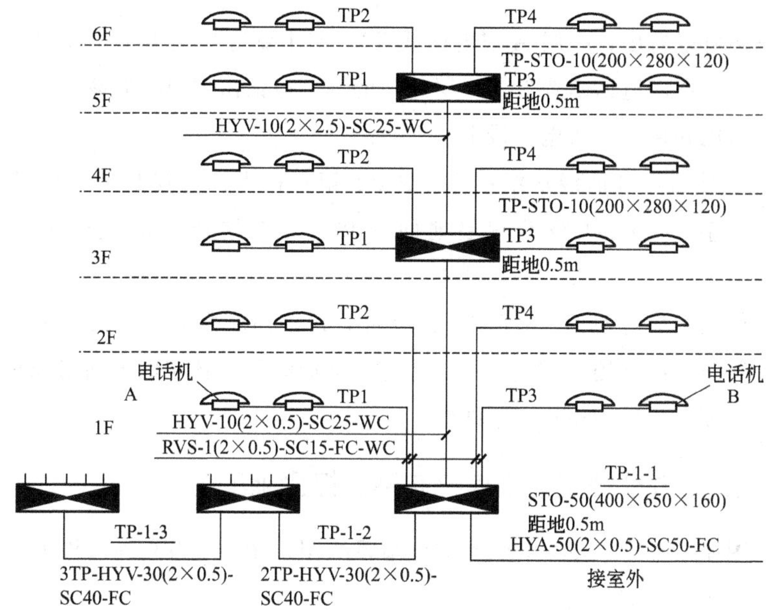

图 4-1 某住宅楼电话通信控制系统图

敷设。

图 4-1 中，从组线箱 TP-1-1 到三层电话组线箱用了一根 10 对线电缆［HYV-10（2×0.5）-SC25-WC］，穿直径 25mm 焊接钢管沿墙暗敷设。

在三层和五层各设一只电话组线箱 STO-10，两只电话组线箱均为 10 对线电话组线箱，箱体尺寸为 200mm×280mm×120mm，安装高度距地板 0.5m。

三层到五层也为一根 10 对线电缆。三层和五层电话组线箱连接上、下层四户的用户电话出线口，均使用 RVS-2×0.5mm^2 双绞线且每户内有两个电话出线口。

从此电话通信控制系统图上可以看出，从一层组线箱 TP-1-1 箱引出一层 B 户电话线 TP3 向下到起居室电话出线口，隔墙是卧室的电话出线口。

还可以看出，一层A户电话线TP1向下到起居室电话出线口，隔墙是主卧室的电话出线口。一层每户的两个电话出线口为并联关系，两部电话机并接在一条电话线上。

二层用户电话线从组线箱TP-1-1箱直接引入二层户内，位置与一层对应。一层线路沿一层地面内敷设，二层线路沿一层顶板内敷设。

单元干线电缆TP从TP-1-1箱向下到楼梯对面墙，干线电缆沿墙从一楼向上到五楼，三层和五层装有电话组线箱，各层的电话组线箱引出本层和上一层的用户电话线。

二、办公楼电话通信控制系统综合施工图

图4-2为某办公楼电话通信控制系统图，图4-3为某办公楼五层电话通信控制平面图。

从图4-2上可以看出，此系统组线箱用的是HYA-50(2×0.5)-SC50-WC-FC，自电信局埋地引入此建筑物，埋设深度为0.8m。

从图4-2上可看出电话组线箱由一层电话分接线箱HX1引出3条电缆，其中一条供本楼层电话使用，一条引至二、三层电话分接线箱，还有一条供给四、五层电话分接线箱，分接线箱引出的支线采用RVB-2×0.5mm^2型绞线穿塑料PC管敷设。

从图4-2上可以看出五层电话分接线箱信号通过HYA-10(2×0.5mm^2)型电缆由四楼分接线箱引入。

从平面图4-3上可以看出，五层的每个办公室有电话出线盒2只，共12只电话出线盒。

各路电话线均单独从信息箱分出，分接线箱引出的支线采用RVB型2×0.5mm^2双绞线，穿PC管敷设，出线盒暗敷在墙内，离

地 0.3m。

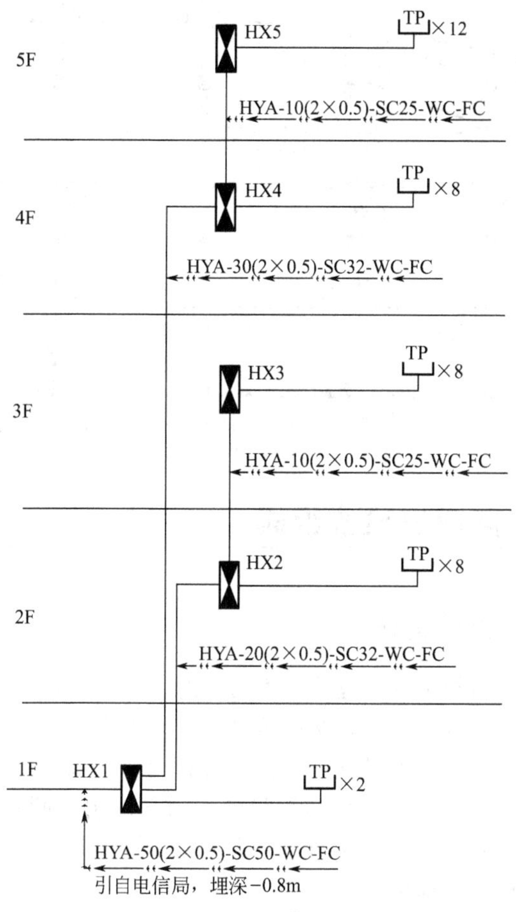

图 4-2　电话通信控制系统图

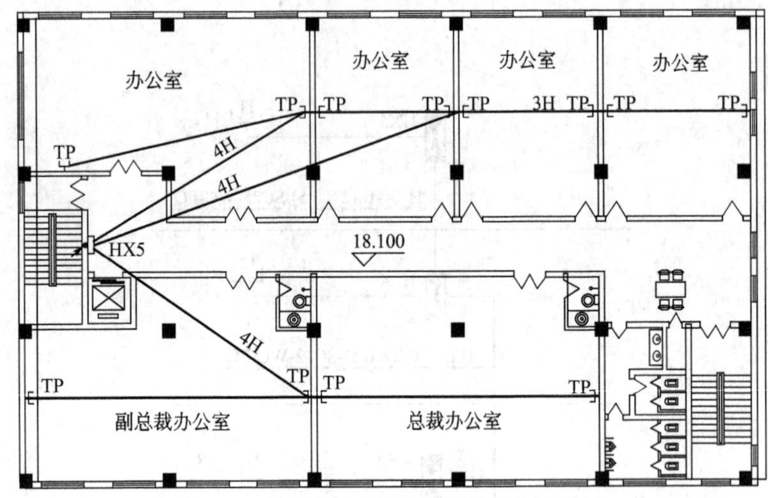

图 4-3　某办公楼五层电话通信控制平面图

第二节　电话通信系统组成

一、电信网的构成

电信网一般是指由许多电信设备构成的一个总体，它使得网内位于不同地点的用户可以通过它来交换信息。

电信网主要是由交换设备、传输设备和用户终端设备组成的。

交换设备是为了使网络的传输设备能为全网用户所共用而加入的，通过它可以根据用户的需要将两地用户间的传输通路接通，或者为用户的信息传送选择一条通路。

传输设备包括通信线路设备在内，其作用是将电信号以尽可能低的代价，即以最有效的方式来保持尽可能低的失真，从一地传至另一地。

用户终端设备一般是装在用户处，如电话机、传真机、计算机等，它们将语音、文字、图像和数据等原始信息转变成电信号发送出去，或把接收到的电信号还原成可辨认的信息。终端用户与交换设备之间的线路称为用户线。

二、电话通信网的构成

① 从电话通信网的服务区域分，可分为国际、国内长途电话网、市话网和农村电话网。

② 按照网络上传递信息所采用的信号形式，可分为数字网和模拟网，前者以数字信号形式传送信息，后者采取模拟信号形式。

国内的公用电话网是由长途电话网和地方电话网组成的，见表4-1。

表 4-1　国内电话通信网

类　别	内　容
国内长途电话通信网的构成	长途电话通信网是完成不同城市或不同地区之间电话通信的电话网，简称为“长途网”或“长话网”。国内长途网采用分等级的结构形式，这样可以通过合理的交换达到迅速、准确、经济、方便地进行通信的目的。 ①第一级为首都和省间交换中心，又称大区中心，是汇接一个大区内各省之间的通信中心，设在首都和中心城市（如南京、武汉、成都、西安等），首都和省间中心之间以及各省间中心之间均设置直达通信线路。 ②第二级为省交换中心，是汇接一个省内各城市、各地区之间的通信中心，一般设在省会所在地。 ③第三级为县间交换中心，它是在省内选择几个适当地点建立的汇接点，汇接几个县之间的通信，一般设在较大省辖市或地区所在地。 ④第四级为县中心，它是汇接一个省辖市或县内各城镇、乡之间的通信中心，一般设在省辖市或县政府所在地
地方电话通信网的构成	地方电话通信网又称本地电话网或本地网，是相对全国长途网而言的局部地区电话网。其特点如下。 ①本地网为实行统一组网、统一编号的电话网。 ②一个本地网为一个闭锁编号区，同一本地网内各终端局用户号长相等。 ③一个长途区号的范围就是一个本地网的服务范围。一个本地网可设置一个或多个长途局，但本地网不包括长途交换中心。 ④本地网内部用户互相呼叫时，只拨本地网编号，若与本地网以外用户进行国内或国际长途呼叫时，须按国内或国际长途的拨号程序拨号

续表

类　别	内　　容
市话网	市话网即市内电话网,是本地网的主要组成部分。 ①多局制市话网。由于市话网用户数量多,每个用户都要有一对用户线,如果采用单局制,则线路设备的投资可能要占总设备投资的绝大部分。而且随着网络的不断扩大,用户与电话局之间的平均距离增加,通话电路的损耗增大,电话局供给话机的电流将减小。因此,大型市话网都实行分区,每区建立一个电话分局,大区在分局下还设有支局,各用户电话线都接到就近的电话分局或支局,各分局之间以及分局与支局间用中继线连接。这就是所谓的多局制市话网。虽然多局制增加了局间中继线路,但中继线为众多用户所公用,这样就换来了用户线路平均长度的缩短,这在经济上和保证通话质量上都是有利的。由于市话话务量大,分局间中继线一般均采用光缆。市话网中目前都包含无线寻呼和移动电话。此外,在消防部门设置的火警专用电话、在公安机关设置的匪警专用电话等,均有专用线与市话局相连。 ②汇接制市话网。在市话网分区数较多的情况下,各分局间如仍像多局制那样采用直接中继法,用中继线进行两两相连,则局间中继线的数量将大大增加,但其利用率却反而下降,显然这是不经济的,也是不合理的

三、 电话通信配套设施及材料设备

1. 电话（程控） 交换机机房

(1) 位置

为了进出线方便和避免受潮，总机房一般宜选一楼或二楼。总机最好放在分级用户负荷中心的位置，以节省用户线路的投资。总机位置宜选在建筑物的朝阳面，并使电话站的有关机房相连，以节省布线电缆及馈送线，并便于维护管理。交换机房要求环境比较洁净，最好远离人流嘈杂和多尘的场所，不要设在厕所、浴室、卫生间、开水房、变配电所、空调通风机房、水泵房等易于积水和有电磁或噪声振动等场所的楼上、楼下或隔壁。

(2) 面积

程控交换机机房面积可参见表 4-2 的估算。

表 4-2 程控交换机机房面积

程控交换机门数	交换机机房预期面积/m^2	交换机机房最小宽度/m
500～800	60～80	5.5
1000	70～90	6.5
1600	80～100	7.0
2000	90～110	8.0
2500	100～120	8.0
3000	110～130	8.8
4000	130～150	10.5

(3) 电源

程控交换机机房的电源为一级负荷，其交流电源的负荷等级与建筑工程中最高等级的用电负荷相同。

程控交换机主机电耗可参考以下指标。

① 1000 门以下每门按 2.5W 计算。

② 1000 门以上时大于 1000 门的数量每门按 2.0W 计算。

③ 其他附加设备电负荷另行计算。

程控交换机机房供电方式选择可参考以下原则。

① 400 门以下程控交换机采用双路交流低压电源和备用蓄电池组。

② 400 门以上程控交换机采用双路交流低压电源和两组蓄电池组。

(4) 房间分布要求

① 800 门以上容量的程控交换机机房应设有电缆进线室、配线室、交换机室、转换台室、蓄电池室、维修间、库房、办公室等专用房。

② 200 门及以下容量的程控交换机机房无条件时，可分为交换机室、转接台室及维修间。

③ 400～800 门容量的程控交换机机房应设有配线架室、交换机室、转接台室、蓄电池室、维修间、库房，如有条件可设值班室。

(5) 土建要求

程控交换机机房对土建设计的要求如表 4-3 所示。

表 4-3　程控交换机机房对土建设计的要求

房间名称	用户交换机机房		控制室	话务员室	传输设备室	用户模块室	总配线室	
房间净高/m(梁或风管下)	低架	≥3.0	≥3.0	≥3.5	≥3.0		每列100回或120回路	≥3.0
	高架	≥3.5					每列220回路	≥3.5
							每列600回路	≥3.5
均布活荷载/(kN/m^2)	低架	≥4.5	≥4.5	≥3.0	≥6.0		每列100回或120回路	≥4.5
	高架	≥6.0					每列220回路	≥4.5
							每列600回路	≥7.5
地面材料(防静电、阻燃)	活动地板		活动地板	活动地板	活动地板	活动地板	活动地板	
温度/℃ 长期工作条件	18～28		18～28	10～30	10～32	10～32	10～32	
温度/℃ 短期工作条件	10～35		10～35		10～40	10～40		
相对湿度/% 长期工作条件	30～75		30～75	20～80	20～80	20～80	20～80	
相对湿度/% 短期工作条件	10～90		10～90		10～90	10～90		
最低照度/lx(距地1.4m)	垂直面	150	水平面(0.8m) 150	垂直面 150				
	垂直面	50		垂直面 50				
接地	接地方式为单点接地		接地电阻/Ω					
			<1000门	10	1000～10000门			5
环境	防尘,防止有害气体 SO_2、H_2S、NH_3、NO_2 侵入,远离电磁干扰源							

注：1. 最低照度为无机架照明时的最低照明要求。

2. 一般低架交换机机房（指 2.4m 机架）净高 2.8～3.2m。

3. 高架指 2.6m 或 2.9m 机架。

2. 交换机

① 主机的初装容量可按估算的实际容量加远期（10～20 年）

的发展量再乘以 1.2，即装机容量＝1.2×(目前所需容量＋远期发展容量)。若远期容量不容易确定时，可按目前所需容量及近期(3～5 年)发展的可能，再计入 30％的备用量计算，即装机容量＝1.3×(目前所需容量＋近期发展容量)。

② 主机的容量不可能 100％利用，常使用其 80％的容量，按此条件选用相近而偏大一点的用户交换机容量。当用户数量在 30 门以下时，若市话局能满足需要，而且在技术经济上合理，可不设主机，直接由市话局引入。

电话交换机系统组成如图 4-4 所示。

数字程控用户交换机（Private Automatic Branch Exchange，PABX）接口功能简图如图 4-5 所示。它有丰富的接口功能，接口数量的多少决定于交换机容量的大小，每一部与它相连的用户电话机都接在一个用户接口电路上。

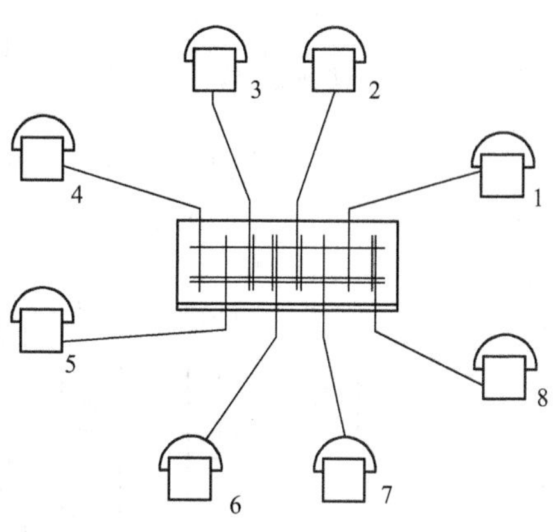

图 4-4　电话交换机示意图

3. 中继方式

(1) 人工中继方式

当程控用户交换机呼入或呼出话务量≤10Erl 时，宜采用人工中继方式，如图 4-6 所示。这种进网方式适合于单位要求控制分机用户打公用电话的费用的情况，便于管理。

(2) 混合进网中继方式

当使用较大容量交换机时，可采用混合进网中继方式（DOD、BID 和 DID)，如图 4-7、图 4-8 所示。这种进网方式适合于 1000 门以上大容量的用户交换机。

(3) 全自动式

当程控用户的呼入话务量≥40Erl 时，适宜采用直拨呼入中继方式，即 DID 方式；输出话务量≥40Erl 时，适宜采用全自动直拨呼出中继方式，即 DOD1 方式；呼出话务量＜40Erl 时，适宜采用 DOD2 方

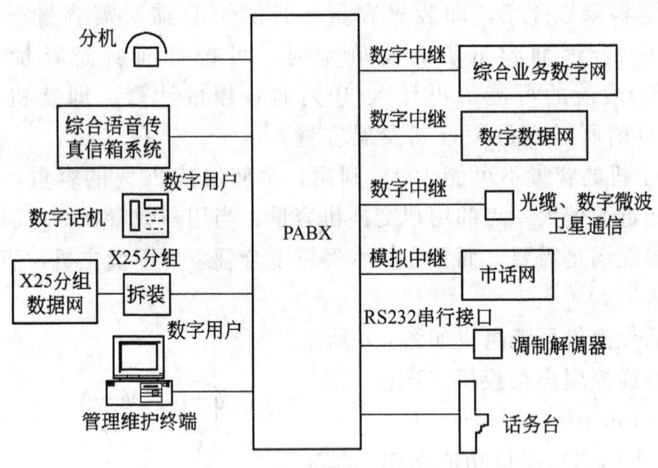

图 4-5　数字程控用户交换机图示

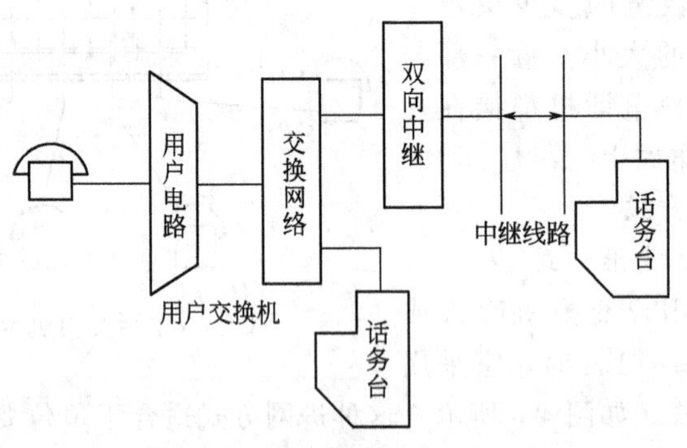

图 4-6　人工中继方式

式。如图 4-9 所示全自动中继方式，适合于较大容量的交换机，一般适合 800 门以上电话的情况。

(4) 半自动中继方式

程控用户的呼入话务量<40Erl 时，适宜采用半自动中继方式(DOD1+BID)，如图 4-10 所示。这种进网方式适合于三级以下旅馆、饭店等高层民用建筑。当容量较小、无特殊要求时，采用半自动单向中继方式（DOD2+BID)。

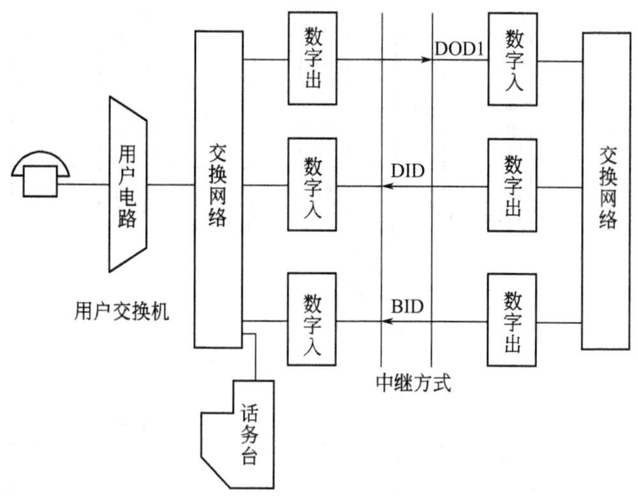

图 4-7　混合进网中继方式（DOD1、BID 和 DID）

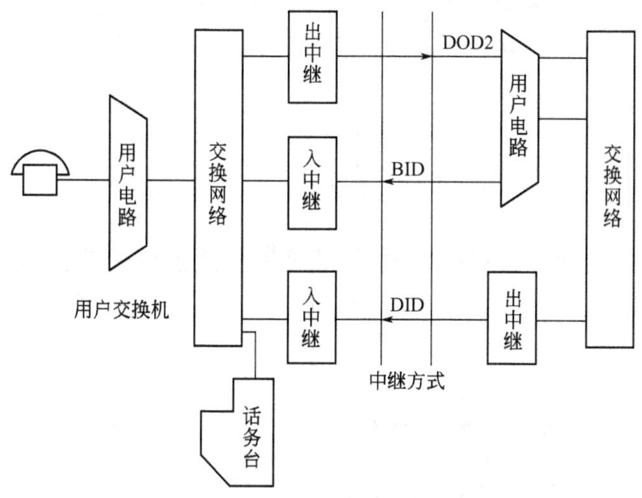

图 4-8　混合进网中继方式（DOD2、BID 和 DID）

4. 电话线

常用电话电缆及电话线型号及技术数据见表 4-4～表 4-6。

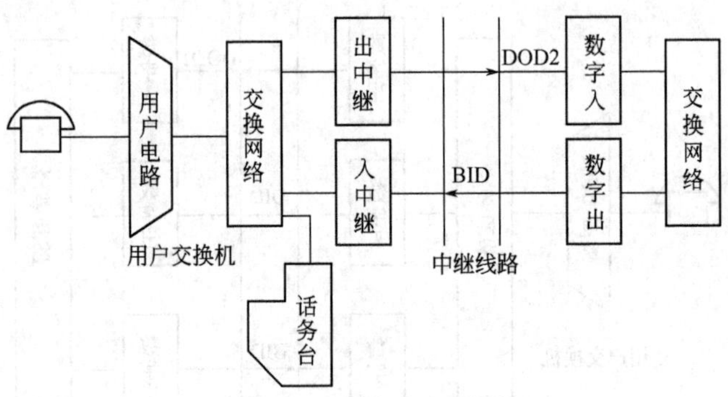

图 4-9　全自动中继方式

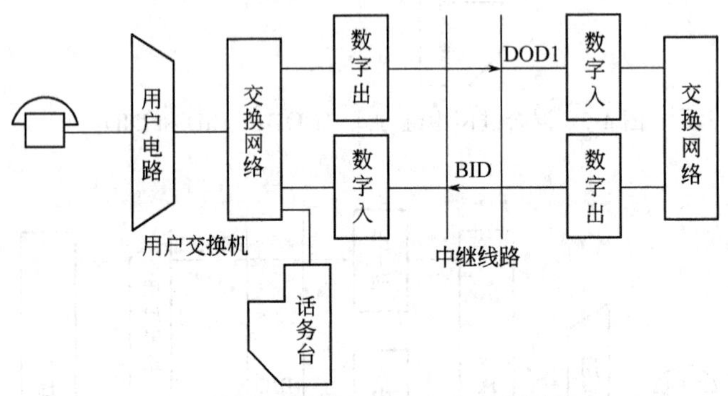

图 4-10　半自动中继方式示意图

表 4-4　铜芯纸绝缘对绞电话电缆型号及技术数据

型号	名　　称	作　　用	线芯对数 线芯直径/mm				
			0.4	0.5	0.6	0.7	0.9
HQ	裸铝包电话电缆	敷设于电缆管道和吊挂钢索上	5～1200	5～1200	5～800	5～600	5～400
HQ2	铅包钢带铠装市内电话电缆	敷设于斜度不大于40°的地下，不能承受拉力	5～600	5～600	5～600	5～600	5～400
HQ20	铅包裸钢带铠装市内电话电缆	露天架设于易起火的地方	5～200	5～500	5～400	5～400	

续表

型号	名称	作用	线芯对数				
			线芯直径/mm				
			0.4	0.5	0.6	0.7	0.9
HQ3	铅包细钢丝铠装市内电话电缆	敷设于地下，能承受相当的拉力	5～600	5～600	5～600	5～600	5～400
HQ5	铅包粗钢丝铠装市内电话电缆	敷设于水下，能承受较大的拉力	5～600	5～600	5～600	5～600	5～400
HQ11	裸铅包一级外护层市内电话电缆	敷设于架空、管道或电缆沟内，能防护护套免受酸、碱、盐和水分的侵蚀	5～500	5～300	5～200	5～150	5～100
HQ12	铅包钢带铠装一级防护市内电话电缆	直埋敷设，能一般防护护套免受酸、碱、盐和水分的侵蚀，但在严重酸性和海水中易锈烂	5～500	5～300	5～200	5～150	5～100
HQ120	铅包裸钢带铠装一级外护层市内电话电缆	敷设于管道或电缆沟内，能一般防护护套免受酸、碱、盐和水分的侵蚀，但对铠装无防护作用	5～500	5～300	5～200	5～150	5～100

表 4-5 铜芯聚氯乙烯绝缘对绞市内电话电缆型号及技术数据

型号	名称	作用	线芯直径/mm	线芯对数
HYQ	聚氯乙烯绝缘铅护套市内电话电缆	敷设于电缆管道和吊挂钢索上	0.4,0.5,0.6,0.7	10～100
HPVQ	聚氯乙烯绝缘铅包配线电缆	使用于配线架、交接箱、分线箱、分线盒等配线设备的始端或终端连接，便于与 HQ、HQ2 等铅包电缆的套管进行焊接	0.5	5～400

续表

<table>
<tr><th>型号</th><th>名　　称</th><th>作　　用</th><th>线芯直径/mm</th><th>线芯对数</th></tr>
<tr><td>HYV</td><td>金属化纸屏蔽聚氯乙烯护套市内通信电缆</td><td>市内或管道内</td><td rowspan="2">0.5
0.63
0.9</td><td rowspan="2">10～300
10～300
10～200</td></tr>
<tr><td>HYY</td><td>金属化纸屏蔽聚乙烯护套市内通信电缆</td><td>架空或管道内</td></tr>
<tr><td>HYYC</td><td>聚乙烯绝缘聚氯乙烯护套市内通信电缆</td><td>可用专用夹具直接挂于电杆上</td><td>0.5</td><td>20～100</td></tr>
<tr><td>HPW</td><td>聚氯乙烯绝缘聚氯乙烯护套市内通信电缆</td><td>使用于配线架、交接箱、分线箱、分线盒等配线设备的始端或终端连接，但不能与铅包电缆的套管焊接</td><td>0.5</td><td>5～400</td></tr>
</table>

表 4-6　市内电话配线型号及技术数据

型　号	名　　称	芯线直径/mm	导线外径/mm
HPV	铜芯聚氯乙烯电话配线(用于跳线)	0.5 0.6 0.7 0.8 0.9	1.3 1.5 1.7 1.9 2.1
HVR	铜芯聚氯乙烯及护套电话软线(用于电话机与接线盒之间连接)	6×2/1.0	二芯圆形 4.3 二芯扁形 3×4.3 三芯 4.5 四芯 5.1

续表

型号	名称	芯线直径/mm	导线外径/mm
RVB	铜芯聚氯乙烯绝缘平型软线(用于明敷或穿管)	2×0.2 2×0.28 2×0.35 2×0.4 2×0.5 2×0.6	
RVS	铜芯聚氯乙烯绝缘绞型软线(用于穿管)	2×0.7 2×0.75 2×1 2×1.5 2×2 2×2.5	

5. 电话线穿管

在建筑配管中，管材可分为钢管、硬聚氯乙烯管、陶瓷管等。现在广泛使用钢管及硬聚氯乙烯管。电话电缆（线）穿管的最小管径及线槽内允许容纳导线根数如表 4-7、表 4-8 所示，在线槽内允许容纳导线根数及电话电缆与电话支线换算如表 4-9、表 4-10 所示。

表 4-7 电话电缆穿管的最小管径

<table>
<tr><th rowspan="3">电话电缆型号规格</th><th rowspan="3">管材种类</th><th rowspan="3">穿管长度/m</th><th rowspan="3">保护管弯曲数</th><th colspan="10">电缆对数</th></tr>
<tr><th>10</th><th>20</th><th>30</th><th>50</th><th>80</th><th>100</th><th>150</th><th>200</th><th>300</th><th>400</th></tr>
<tr><th colspan="10">最小管径/mm</th></tr>
<tr><td rowspan="3">HYV
HYQ
HPVV
2×0.5mm²</td><td rowspan="3">SC
RC</td><td rowspan="3">30以下</td><td>直通</td><td colspan="2">20</td><td>25</td><td>32</td><td colspan="2">40</td><td>50</td><td>70</td><td colspan="2">80</td></tr>
<tr><td>一个弯曲</td><td>25</td><td></td><td></td><td></td><td colspan="2">50</td><td>70</td><td>80</td><td colspan="2" rowspan="2">100</td></tr>
<tr><td>两个弯曲</td><td colspan="2">32</td><td>40</td><td>50</td><td colspan="2">70</td><td>80</td><td></td></tr>
<tr><td rowspan="3">HYV
HYQ
HPVV
2×0.5mm²</td><td rowspan="3">TC
PC</td><td rowspan="3">30以下</td><td>直通</td><td colspan="2">25</td><td>32</td><td>40</td><td colspan="2">50</td><td></td><td></td><td></td><td></td></tr>
<tr><td>一个弯曲</td><td colspan="2">32</td><td>40</td><td>50</td><td></td><td></td><td></td><td></td><td></td><td></td></tr>
<tr><td>两个弯曲</td><td>40</td><td colspan="2">50</td><td></td><td></td><td></td><td></td><td></td><td></td><td></td></tr>
</table>

表 4-8 电话电线穿管的最小直径

电线型号	穿管对数	电线截面/mm²					电线型号	穿管对数	电线截面/mm²				
		0.75	1.0	1.5	2.5	4.0			0.75	1.0	1.5	2.5	4.0
		SC或RC管径/mm							TC或PC管径/mm				
RVS 250V	1					20	RVS 250V	1			16	20	25
	2		15			25		2		20	25		
	3					32		3	20				
	4		20					4	25		32		
	5					40		5					
	6	25		32	40	50		6			40		

表 4-9 电话电缆在线槽内允许容纳导线根数

安装方式		金属线槽容纳电缆根数						塑料线槽容纳电缆根数				
电话电缆型号	对数	墙上或支架/(mm×mm)				地面内/(mm×mm)		墙上或支架/(mm×mm)				
		40×30	55×40	45×45	65×120	50×25	70×36	40×30	60×30	80×50	100×50	120×50
HYV-0.5mm²	10	3	6	5	21	3	6	3	5	11	14	16
	20	2	4	4	15	2	5	2	3	8	10	12
	30	2	3	3	11	1	3	1	2	6	7	8
	50		2	2	7	1	2	1	1	3	4	5
	80		1	1	5		1		1	2	3	4
	100			1	4		1			2	3	3

表 4-10 线槽内电话电缆与电话支线换算

电话支线型号	HYV-0.5mm² 电话电缆对数						电话支线型号	对数	HYV-0.5mm² 电话电缆对数			
	10	20	30	50	80	100			100	80	50	30
	相当于电缆根数								相当于电缆根数			
RVS-2×0.2mm²	8	12	16	25	37	4	HYV-0.5mm²	10	5	4	3	2
								20	4	3	2	1
RVS-2×0.5mm²	7	8	11	18	25	31		30	3	2	1	
								50	2	1		

6. 总配线架（箱）

它是引入电缆进屋后的终端设备，通常只有在设置了用户交换机的情况下才采用总配线架或总配线箱。若没有设置用户交换机，用交接箱或交换间即可。

7. 交接箱

交接箱是设置在用户线路中用于主干电缆和配线电缆的接口装置，主干电缆线对在交接箱内按一定的方式用跳线与配线电缆线对连接，可做调配线路等工作。

① 交接箱主要是由接线模块、箱架结构和机箱组装而成。按安装方式不同，交接箱分为落地式、架空式和壁龛式三种，其中落地式又分为室内和室外两种。

② 落地式适用于主干电缆、配线电缆都是地面下敷设或主干电缆是地面下、配线电缆是架空敷设的情况，目前建筑内安装的交接箱一般均为落地式。

③ 架空式交接箱适用于主干电缆和配线电缆都是空中杆路架设的情况，它一般安装于电线杆上，300 对以下的交接箱一般用单杆安装，600 对以上的交接箱安装在 H 形杆上。

④ 壁龛式交接箱的安装是将其嵌入在墙体内的预留洞中，适用于主干电缆和配线电缆暗敷在墙内的场合。

⑤ 交接箱的主要指标是容量。交接箱的容量是指进、出接线端子的总对数，按行业标准规定，交接箱的容量系列（对）为 300、600、900、1200、1800、2400、3000、3600 等规格。

8. 分线箱与分线盒

分线箱与分线盒是电缆分线设备，一般用在配线电缆的分线点，配线电缆通过分线箱或分线盒与用户引入线相连。

分线箱与分线盒的主要区别在于：分线箱带有保险装置，而分线盒没有；分线盒内只装有接线板，而分线箱内还装有一块绝缘瓷板，瓷板上装有金属避雷器及熔丝管，每一回路线上各接 2 只，以防止雷电或其他高压电流进入用户引入线。分线箱的内部结构如图 4-11 所示。

9. 出线盒

用户出线盒是用户引入线与电话机所带的电话线的连接装置，其面

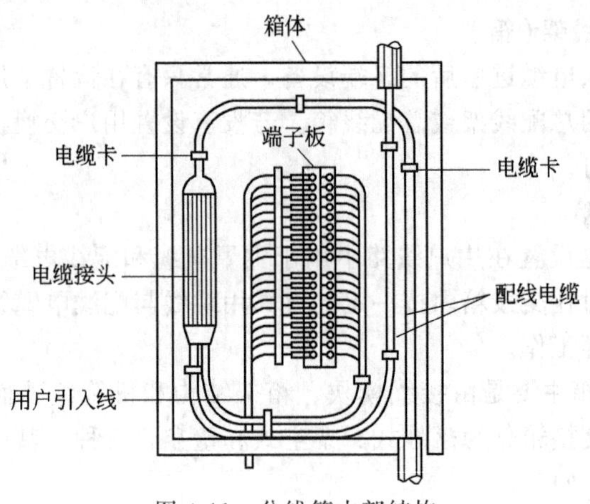

图 4-11　分线箱内部结构

板上有 RJ-45 插口，它由一个主话机插口和若干个副话机插口组成。用户出线盒一般暗装于墙内，其底边离地面高度通常为 300mm 或 1300mm。

10. 用户终端设备

用户终端设备最主要、最常见的就是电话机，它可以分为模拟电话机和数字电话机两种。模拟电话机传输的信号是模拟信号，在连续的时间内对语音进行处理，将其变为信号传递给对方，电话机的送话机就是对语音进行处理的设备。

第三节　电话通信系统安装

一、电话通信系统安装基本要求

1. 设备及材料要求

① 所有设备、材料应外观完整、附件齐全，不得有凹凸不平、漆膜脱落等现象。

② 所用设备及材料应符合设计及规范要求，产品应具有合格证和技术文件。

③ 电话电缆及电话导线的规格、型号应符合设计要求，并应有产

品合格证和相关技术文件。

④ 材料附件，如螺栓、垫圈等，应为镀锌材料。

2. 电话组线箱及分线盒的安装规定

① 电话线箱及分线盒的安装有明装和暗装，安装部位及安装高度应符合设计要求。明装电话线箱及分线盒一般距地 1.3～2.0m，暗装电话组线箱一般距地 0.5～1.3m，暗装电话分线盒一般距地 0.3m，潮湿场所一般距地 1.0～1.3m。

② 电话组线箱及分线盒无论明装、暗装，均应标记该箱的区线编号，箱盒的编号以及线序，应与图纸（样）上的编号一致，以便检修。电话分线盒安装与热力管及强电插座的安装距离应符合规范规定。

3. 电话系统线、管的布线规定

当采用通信线缆竖井敷设方式时，电话、数据以及光缆等通信线缆不应与水管、燃气管、热力管等管道共用同一竖井。建筑物内通信配线电缆保护管，在地下层、首层和潮湿场所宜采用壁厚 2mm 以上的金属导管；在其他楼层、墙内和干燥场所，宜采用壁厚不小于 1.5mm 的金属导管。管内穿放电缆直线管的管径利用率宜为 50%～60%，弯曲管的管径利用率宜为 40%～50%。建筑物内敷设的通信配线电缆或用户电话线宜采用金属线槽，线槽内不宜与其他线缆混合布放，其布线线缆的总截面利用率宜为 30%～50%。

建筑物内通信线缆与电力电缆的间距应符合表 4-11 规定。

建筑物内电缆易采用全塑、阻燃型电话通信电缆，光缆易采用阻燃型通信光缆。通信电缆不宜与用户电话线合穿一根导管；电缆配线导管内不得合穿其他非通信电缆。建筑物内用户电话线，宜采用铜芯线径为 0.5mm 或 0.6mm 的室内一对或多对电话线。

表 4-11 综合布线电缆与电力电缆的间距

类　别	与综合布线接近状况	最小净距/mm
380V 电力电缆 <2kV·A	与线缆平行敷设	130
	有一方在接地的金属线槽或钢管中	70
	双方都在接地的金属线槽或钢管中	10

续表

类　别	与综合布线接近状况	最小净距/mm
380V电力电缆 2～5kV·A	与线缆平行敷设	300
	有一方在接地的金属线槽或钢管中	150
	双方都在接地的金属线槽或钢管中	80
380V电力电缆 >5kV·A	与线缆平行敷设	600
	有一方在接地的金属线槽或钢管中	300
	双方都在接地的金属线槽或钢管中	150

注：1. 当380V电力电缆<2kV·A，双方都在接地的线槽中，且平行长度不大于10m时，最小间距可以是10mm。

2. 电话用户存在振铃电流时，不能与计算机网络在同一根对绞电缆中一起使用。

3. 双方都在接地的线槽中，系指两根在不同的线槽，也可以在同一线槽中用金属板隔开。

4. 通信管道安装规定

① 通信管道的路由和位置宜与高压电力管路、热力管、燃气管安排在不同路侧，并宜选择在建筑物多或通信业务需求量大的道路一侧。建筑群内地下通信管道的路由，宜选在人行道、人行道旁绿化带及车行道下。

② 各种材料的通信管道道顶至路面的埋深应符合表4-12的规定，并应符合下列要求。

a. 通信管道应符合道路改建可能引起路面高程变化时，不影响管道的最小埋深要求。

表4-12　通信管道最小埋深　　单位：m

管道类别	人行道下	车行道下
混凝土管、塑料管	0.5	0.7
钢管	0.2	0.4

b. 通信管道宜避免敷设在冻土层及可能发生翻浆的土层内；在地下水位高的地区宜浅埋。

③ 地下通信管道应有一定的坡度，以利于渗入管道内的水流向入(手)孔。管道坡度宜为3‰～4‰；当室外道路已有坡度时，可利用其地势布置。地下通信管道与其他各类管道及建筑物的最小净距应符合表

4-13 的规定。

表 4-13 通信管道和其他地下管道及建筑物的最小净距

<table>
<tr><th colspan="2">其他地下管道及建筑物名称</th><th>平等净距/m</th><th>交叉净距/m</th></tr>
<tr><td colspan="2">已有建筑物</td><td>2.00</td><td>—</td></tr>
<tr><td colspan="2">规划建筑物红线</td><td>1.50</td><td>—</td></tr>
<tr><td rowspan="3">给水管</td><td>直径为 300mm 以下</td><td>0.50</td><td rowspan="3">0.15</td></tr>
<tr><td>直径为 300～500mm</td><td>1.00</td></tr>
<tr><td>直径为 500mm 以上</td><td>1.50</td></tr>
<tr><td colspan="2">污水、排水管</td><td>1.00①</td><td>0.15②</td></tr>
<tr><td colspan="2">热力管</td><td>1.00</td><td>0.25</td></tr>
<tr><td rowspan="2">燃气管</td><td>压力≤300kPa(压力≤3kgf/cm²)</td><td>1.00</td><td rowspan="2">0.30③</td></tr>
<tr><td>300kPa<压力≤800kPa
(3kgf/cm²<压力≤8kgf/cm²)</td><td>2.00</td></tr>
<tr><td colspan="2">10kV 及以下电力电缆</td><td>0.50</td><td>0.50④</td></tr>
<tr><td colspan="2">其他通信电缆或通信管道</td><td>0.50</td><td>0.25</td></tr>
<tr><td rowspan="2">绿化</td><td>乔木</td><td>1.50</td><td>—</td></tr>
<tr><td>灌木</td><td>1.00</td><td>—</td></tr>
<tr><td colspan="2">地上杆柱</td><td>0.50～1.00</td><td>—</td></tr>
<tr><td colspan="2">马路边石</td><td>1.00</td><td>—</td></tr>
<tr><td colspan="2">沟渠(基础底)</td><td>—</td><td>0.50</td></tr>
<tr><td colspan="2">涵洞(基础底)</td><td>—</td><td>0.25</td></tr>
</table>

① 主干排水管后敷设时，其施工沟边与通信管道间的水平净距不宜小于 1.5m。

② 当通信管道在排水管下部穿越时，净距不宜小于 0.4m，通信管道应做包封，包封长度自排水管的两侧各加长 2.0m。

③ 与燃气管道交越处 2.0m 范围内，燃气管不应做接合装置和附属设备；如上述情况不能避免时，通信管道应做包封 2.0m。

④ 如电力电缆加保护管时，净距可减至 0.15m。

5. 通信电缆的敷设规定

① 一个管道内宜布放一根通信电缆，当采用多孔高强塑料管（梅花管、格栅管、蜂窝管）时，可在每个子管内敷设一根线缆。

② 室外直埋电缆的埋设深度宜为 0.7～0.9m，并应在电缆上方加设专用保护板和设置电缆标志；直埋电缆在穿越沟渠、车行道路时，应穿保护管。

③ 一般通信电缆宜采用铜芯线径为 0.4～0.5mm 的电缆，当有特殊通信要求时可采用铜芯线径为 0.6mm 的电缆。

④ 地下管道内敷设的通信电缆宜选用非填充型全塑电缆，不得采用金属铠装通信电缆。

⑤ 室外直埋通信电缆宜采用铜芯全塑填充型钢带铠装电缆，在坡度大于 30°或线缆可承受张力的地段，宜采用钢丝铠装电缆。

⑥ 直埋敷设的通信光缆，宜采用金属双层铠装护套通信光缆。

⑦ 一条通信光缆宜敷设在一个管道内；当管道直径远大于光缆外径时，应在原管道内一次敷足多根外径不小于 32mm 硅芯式塑料子管道；塑料子管道在各人（手）孔之间的管道内不应有接头，多根子管道的总外径不应超过原管道内径的 85%，子管道内径宜大于光缆外径的 1.5 倍。

⑧ 光缆的最小弯曲半径，敷设过程中不应小于光缆外径的 20 倍，敷设固定后不应小于光缆外径的 10 倍。

二、 电话通信室外管线的敷设

1. 管道式敷设

管道式是一种安全、隐蔽的电缆敷设方式。新建小区或其他形式的建筑物，以及无法挂墙敷设电缆的建筑物都应建设地下管道，敷设管道电缆，用出地管引出上升电缆，安装分线设备，安装方法如图 4-12 所示。

2. 挂墙式

挂墙式电缆线路一般选择在结构坚固、墙面比较平直的建筑物上，其敷设方法有卡钩式和吊线式两种。

卡钩式一般用于电缆拐弯或墙面要求不影响美观的地方。

在墙面凹凸不平、有障碍物或需在房屋之间跨越时，宜采用吊线式敷设。

挂墙式电缆敷设方式便于安排分线设备，施工速度快，维护方便，节约工程投资。室外电缆挂墙式敷设方式如图 4-13 所示。

三、 电话通信系统室内电缆敷设

1. 上升电缆的敷设

上升电缆系统是建筑物内电缆系统的主干部分，它的电缆一般经上

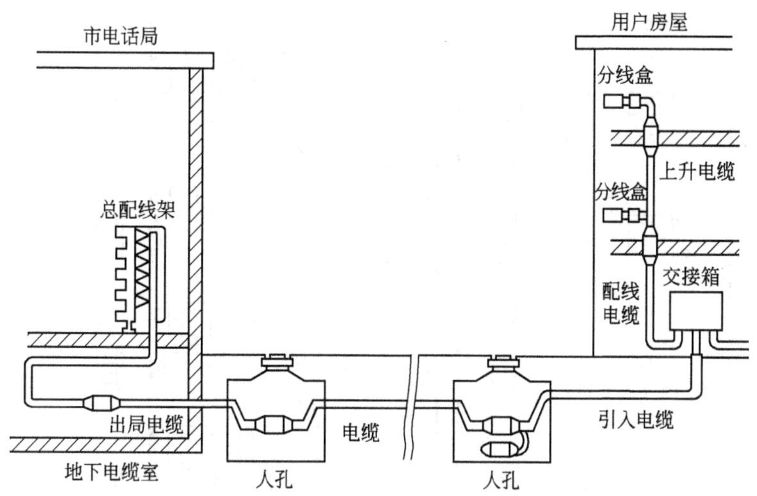

图 4-12 室外电缆地下敷设方式

升房或上升管路由底层上升至顶层。

上升管路在一般通信用户及电缆容量不大的建筑物中采用，上升管道一般设置在电缆竖井内。在通信系统容量大和使用要求高的大型智能建筑中，一般采用上升房的方式。

上升房的位置应结合房屋建筑设计的平面布置和结构综合考虑，通常设在用户密度大的中心处，穿过楼层面是最恰当的。上升房是由底层到顶层的一连串相邻房间组成，其大小由敷设电缆的容量、根数及装设的分线设备容量等决定。交接箱一般应安装在 1、2 层，若环境条件许可，也可设在地下层。

上升电缆管道布置如图 4-14 所示。

2. 电话通信系统在楼层中的布置

通常从上升房内分线设备分出来的就是用户引入线。大型建筑中，上升房内的分线设备接出来的是多对数电缆，电缆接到位于楼层内用户集中处的副分线设备上，再由副分线设备分接出用户引入线。

楼层电缆管道的布置取决于楼面的使用要求及性质、用户分布和建筑结构等情况，一般为放射式。典型 T 字形建筑的楼层管道布置如图 4-15 所示。

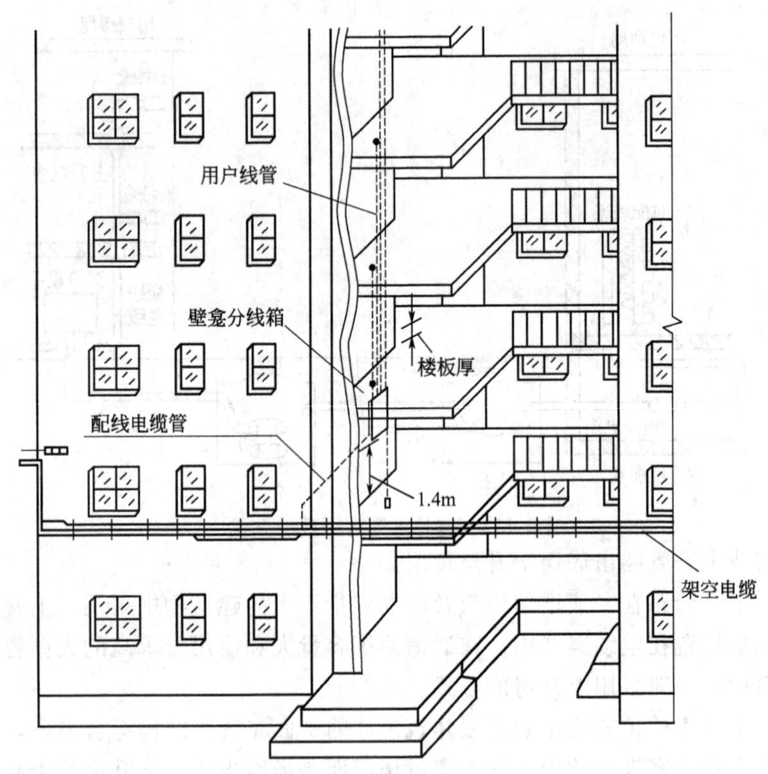

图 4-13 室外电缆挂墙式敷设方式

楼层电缆管道的敷设位置可以是楼层地坪下、吊顶内或墙体里，为便于施工和今后更改，一般敷设于吊顶内或地坪下。

楼层管道的路由应尽量避免穿越建筑物的伸缩缝和沉降缝。为了使暗管线网具有充分的灵活性，除当前需要穿放的电缆和电线外，应考虑今后调整和抽换的需要，设置一定数量的备用管。

四、 分线箱安装

在弱电竖井内装设的电话分线箱为明装挂墙方式；其他情况下的电话分线箱一般为墙上暗装方式（壁龛分线箱），以适应用户暗管的引入及美观要求。

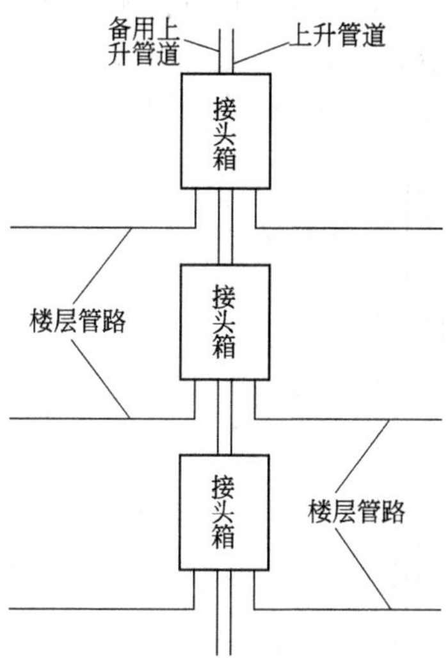

图 4-14　上升电缆管道布置示意图

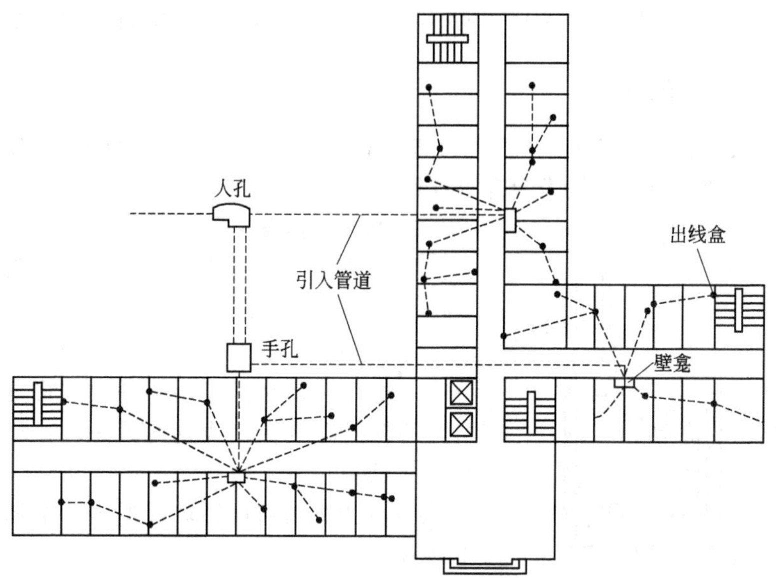

图 4-15　楼层管道布置示意图

暗装分线箱时，可在混凝土墙内预留洞，洞的尺寸为壁龛式分线箱嵌入墙内的各面向外增放 20mm。进入壁龛的电缆管立安在箱内一侧，其深入长度为 10～15mm，用管帽连接固定，如图 4-16 所示。

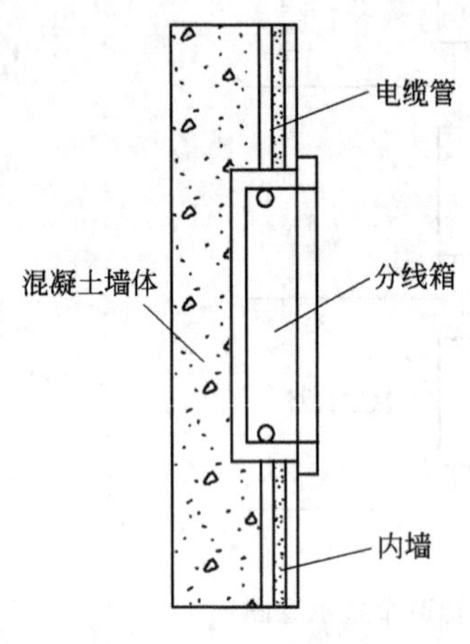

图 4-16　暗装式分线箱立面示意图

图 4-17　明装电话机接线盒

五、 接线盒

接线盒是连接电话机与分线箱的桥梁，它前端连接分线箱，后端连接电话机。电话机接线盒有明装和暗装两种方式。

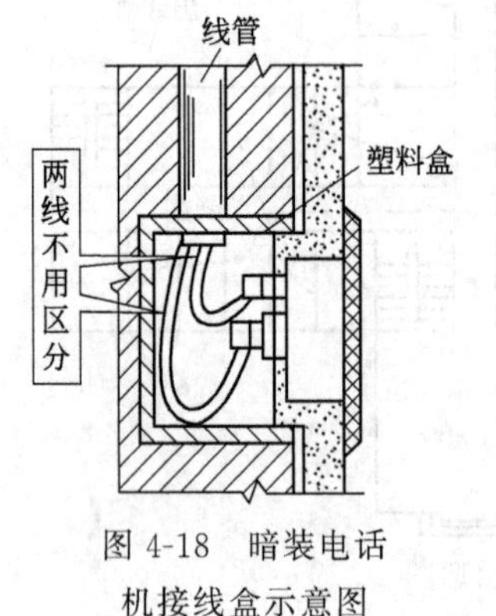

图 4-18　暗装电话机接线盒示意图

1. 明装接线盒

① 将电话入户线沿墙角固定好，固定方法与照明电路相似。

② 再将电话入户线分开、剪断，剥去一小段绝缘后接在接线盒的一端；将电话机上的软线绳接在接线盒的另一端，如图 4-17 所示。

③ 扣上外盖将电话软线的另一端插入电话机。

2. 暗装接线盒

如图 4-18 所示，电话机接线盒的暗装方法与普通两孔电源插座一样，用户使用电话机时，将话机线绳插到电话机的插座上即可。

应将接线盒固定在预留的位置，安装后应使接线盒盖与墙面在同一平面上。接线盒前端的入户线应穿管，且不能与市电进户线同管入户，以免电路被击穿，烧毁通信设施，危及人身安全。

第五章

共用电线、有线电视系统

第一节　共用天线电视系统图识读

图 5-1 及图 5-2 为某住宅楼共用天线电视系统控制图及平面图。从图 5-1 中可以看出，此住宅楼图中共用天线电视系统电缆从室外

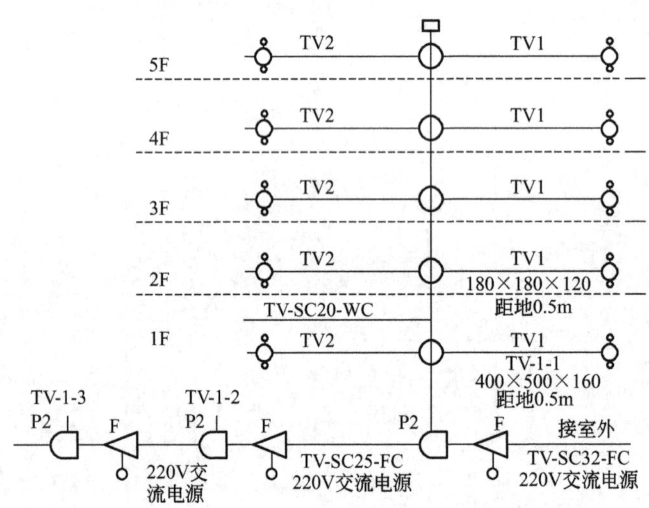

图 5-1　共用天线电视系统控制图

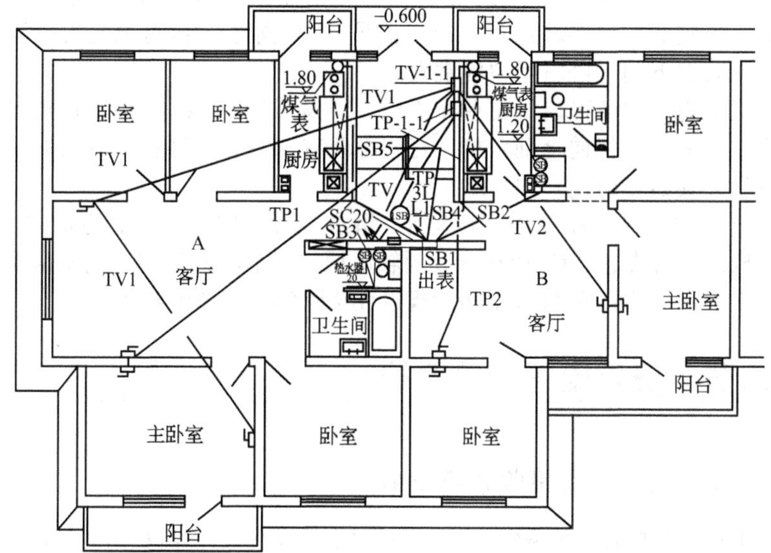

图 5-2 某住宅楼单元首层共用天线电视平面图

埋地引入，穿直径 32mm 的焊接钢管（TV-SC32-FC）。

可以看出此住宅楼的 3 个单元首层各有一只电视配电箱（TV-1-1/2/3），配电箱的尺寸为 400mm×500mm×160mm，安装高度距地 0.5m，且每只配电箱内装一只主放大器及电源和一只二分配器，电视信号在每个单元放大并向后传输，TV-1-3 箱中的信号如需要还可以继续向后面传输。

从系统控制图中还可以看出单元间的电缆也是穿焊接钢管埋地敷设（TV-SC25-FC）。每个单元为 5 层，每层两户，每个楼层使用一只二分支器，二分支器装在接线箱内，接线箱的尺寸为 180mm×180mm×120mm，安装高度距地 0.5m。

可以看出楼层间的电缆穿焊接钢管沿墙敷设（TC-SC20-WC）。每户内有两个房间有用户出线口，第一个房间内使用一只串接一分支单元盒，对电视信号进行分配，另一个房间内使用一只电视终端盒。

平面图 5-2 是与图 5-1 系统图对应的整个楼首层电气平面图。

从平面图中可以看出图中首层的二分支器装在 TV-1-1 箱中。从

TV-1-1 箱中分出的 B 户一路信号 TV2 向右下到起居室用户终端盒，隔墙是主卧室的用户终端盒。A 户一信号 TV1 向左下到起居室用户终端盒，再向右下到主卧室用户终端盒。

从平面图中还可以看出单元干线 TV 从 TV-1-1 箱向左下到楼梯对面墙，沿墙从一楼向上到六楼，每层都装有一只分支器箱，各层的用户电缆从分支器箱引向户内。

干线 TV 右侧有本单元配电箱，箱内 3L 线是 TV-1-1 箱电源线。

楼内使用的电缆是 SYV-75-5 同轴电缆。其中，SYV 表示同轴电缆类型，75 表示特性阻抗 75Ω，5 表示规格直径是 5mm（图中未标出）。

第二节　卫星电视接收系统

一、 卫星电视接收系统简介

卫星电视接收系统是由上行发送站（上行发射）、卫星星体（星载转发器）和地面接收（下行接收站）三大部分组成，如图5-3、图 5-4 所示。

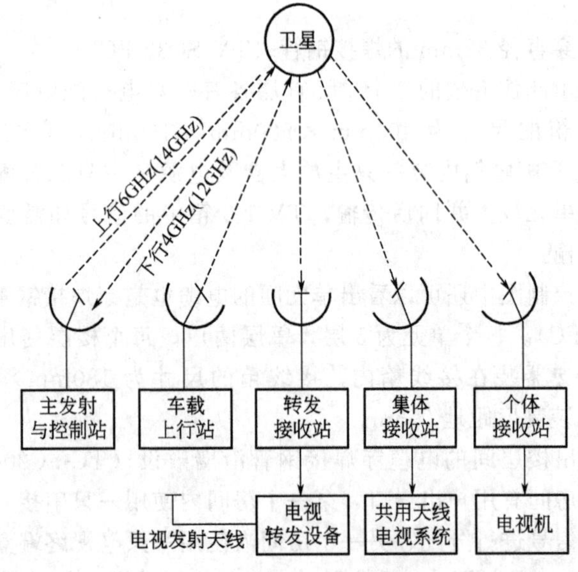

图 5-3　卫星电视广播系统图示

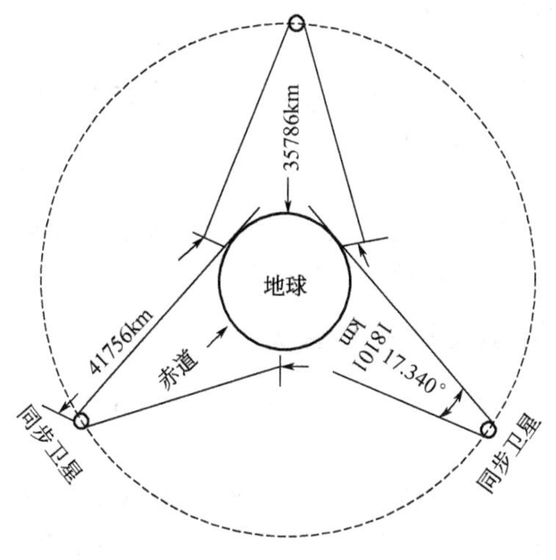

图 5-4　同步卫星图示

（1）电视天线

电视天线的作用是接收发射台的电磁波信号，供给电视机接收端使用。

（2）放大器

放大器分为天线放大器、频道放大器、干线放大器、分配放大器、线路延长放大器等。

① 天线放大器。天线放大器宜在磁场弱、距电台远的时候使用。它主要是将弱信号放大，所以也称为低电平放大器，用来提高接收的信号电平，减少杂波干扰。

② 干线放大器。用以补偿干线上的能量损耗，它具有自动增益控制及自动斜率控制的性能。

③ 线路延长放大器。它是用来补偿干线上分支器插入损耗及电缆损耗的放大器。

④ 频道放大器。它主要是用来放大某一频道全电视信号的放大器，它在系统的前端，增益较高。

⑤ 分配放大器。为了提高信号电平以满足分配器及分支器的需要而设置的放大器。

(3) 混合器或分波器

混合器把天线收到的若干个不同频道的电视信号合并为一个送到宽频带放大器进行放大，作用就是把几个信号合并为一路而又不产生相互影响，并能阻止其他信号通过。

(4) 分配网络

其功能是将前端提供的高频电视信号经过干线传输到分支器，再传送到终端分配器，供给用户电视机收视。

二、 卫星电视系统材料要求

① 各种铁件应全部采用热浸镀锌处理，不能镀锌的应进行防腐处理。

② 用户盒明装采用塑料盒，暗装有塑料盒和铁盒，并应有合格证。

③ 天线应采用屏蔽较好的聚氯乙烯外护套同轴电缆，并应有产品合格证。

④ 分配器、天线放大器、混合器、分支器、干线放大器、分支放大器、线路放大器、频道转换器、机箱、机柜等使用前应进行检查，并应有产品合格证。

⑤ 其他材料：热浸镀锌紧固件、焊条、防水弯头、焊锡、焊剂、接插件、绝缘材料、绝缘子等。

三、 安装基本要求

1. 选址

① 天线一般固定在屋顶或其他较高而又便于安装的地方，但要尽可能避开风大的风口，防止天线在强风作用下发生变形、位移，影响接收效果。

② 天线安装地点不易过远，所连接的馈线长度一般不要超过35m，太远会因传输线过长而造成信号损耗，影响接收效果。

③ 天线应朝向电视台，前面无遮挡物。在多雷地区，选址附近最好有带避雷装置的建筑物，否则应按照防雷要求设置好避雷保护装置，以防雷击损坏接收器材。

2. 安装固定形式

根据安装地所处的周围环境不同，卫星接收天线可以安装固定于户外、阳台、窗台等处。安装过程中要注意，不允许弧形反射面有任何碰伤或变形，以免影响接收质量，具体要求如下。

① 户外安装。户外安装是按接收信号的方向，将天线安装固定于开阔、无遮挡区域内，比如可用螺钉固定在楼顶四周的围墙或护栏上。

② 阳台安装。阳台安装一般应选择面向朝南的阳台，并使得天线能以最大接收面积接收卫星信号，以方便用户调整和减少强风对天线的影响。

③ 窗台安装。窗台安装应将天线安装在靠近窗子的位置，可以将天线直接固定在靠近窗台的外侧下方，还可自制一个支架，固定在窗台外侧附近，以方便使用者对天线进行调整。注意自制支架要牢固，以免天线坠落伤人。

3. 射频同轴电缆

射频同轴电缆如图 5-5 所示，作用是在电视系统中传输电视信号。它是由同轴的内外两个导体组成，内导体为单股实心导线，外导体为金属编织网，中间充有高频绝缘介质，外面有塑料保护层。

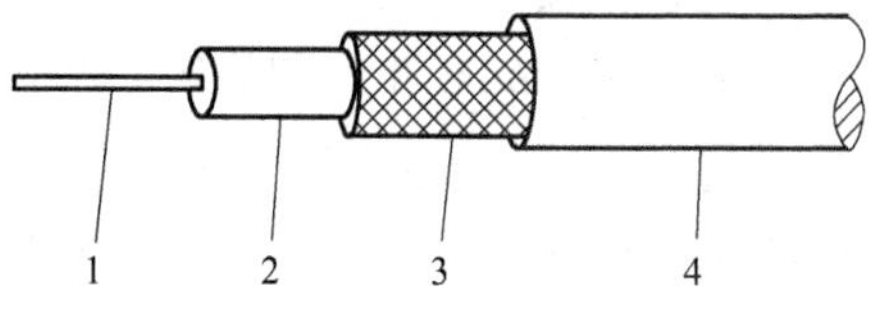

图 5-5 射频同轴电缆

1—单芯（或多芯）铜线；2—聚乙烯绝缘层；3—铜丝编织（即外导体屏蔽层）；4—绝缘保护层

常用型号有 SYV-75-9、SYV-75-5，还有 SBYEV-75-5、SDVC-75-5、SDVC-75-9、SYKV-75-9、SYKV-75-5 等，“-9”一般用于干线，“-5”用于支线，9、5 是指屏蔽网内径。

4. CATV 系统天线的要求

① 天线架设应选择电视信号场强较强、单波传播路径单一的地方，并应靠近前端箱，要有足够的机械强度和抗腐蚀能力。

② 天线应避开或远离干扰源，接收地点场强宜大于 54dBμV/m，天线与发射台之间不应有遮挡物和可能的信号反射，并宜远离电气化铁路及高压电力线路等。天线与机动车道的距离不宜小于 20m。

③ 天线一般架设在建筑物顶部，应有可靠的防雷接地系统。杆、塔的防雷引下线应与建筑物的防雷接地网做可靠连接，并不应少于 2

处。接地电阻应符合设计要求。

④ 共用天线系统对电源的要求：系统工作电源采用50Hz、220V电源；电视站采用50Hz、三相四线380V电源；电视站的站内配电，应按动力、一般照明、演播照明及设备用电分别设置供电回路。

5. 电视设备箱及有关设备

前端设备箱应设置在用户中心，并靠近节目源。欲使调频广播进入本系统，必须增加调频接收天线、调频放大器和混合器等。电视分配网络不变。终端必须使用分频器，使调频和电视分开输出。工业电视系统宜单点接地。当交流供电或交直流两用供电的工业电视设备的交流单相负荷不大于0.5kV·A时，接地电阻值应不大于10Ω；大于0.5kV·A时，应不大于4Ω。

6. 电视接收距离要求

电视信号接收距离L的确定，与发射台的高度h_1和接收天线的高度h_2有直接关系，通常按下式计算：$L=4.12\times(\sqrt{h_1}+\sqrt{h_2})$。当电视发射天线的高度确定后，接收天线越高，收视距离越远。场强划分及其距离的关系见表5-1所列。

表5-1 场强划分及其距离的关系

场强/dBμV		直视距离/km		
		10kW	5kW	3kW
强	$E>94$	≤10	≤7	≤3
中	$94\geqslant E>74$	≤30	≤21	≤10
弱	$74\geqslant E>54$	≤60	≤50	≤30
微	$E<54$	>70	>50	>30

表5-1中，直视距离是指共用电视天线与发射台间的直线距离；场强指VHF频段；10kW、5kW、3kW是指发射台辐射功率千瓦数，当频道发射机辐射功率大于10kW时，应以实际测量接收点场强为准。

7. 线路的敷设要求

① 电视电缆线路如遇有电力、仪表管线等综合隧道，可利用隧道敷设电缆。

② 电视电缆线路沿线有建筑物时，可采用沿墙壁敷设电缆。

③ 电视电缆敷设易受外界损伤的路段、穿越障碍较多而不适合直

埋、敷设易燃易爆装置时，应采取管路保护并应符合国家现行《爆炸和火灾危险环境电力装置设计规范》的规定。

④ 电视电缆线路如与通信管道平行敷设，可利用管道敷设电缆，但不宜和通信电缆共用管孔敷设。

⑤ 电视电缆线路如架空敷设，可与通信电缆同杆架设。

⑥ 如电缆需安全隐蔽，可采用埋式电缆线路敷设。

⑦ 有线电视系统的信号传输电缆，应采用特性阻抗为75Ω的同轴电缆。当选择光纤作为传输介质时，应符合广播电视短程光缆传输的相关规定。重要线路应考虑备用路由。

⑧ 在新建筑物内，电视电缆线路宜采用暗敷设方式。

⑨ 同轴电缆的敷设不得有死弯，一般规定同轴电缆的弯曲半径不应小于10倍的电缆直径，而且不得超过2个弯。

⑩ 室内线路的敷设应符合下列规定。

a. 新建或有内装饰的改建工程，应采用暗配管敷设方式；在已建建筑物内，可采用明敷设。

b. 在强场强区，应穿钢导管敷设，钢管宜背对电视发射台方向的墙面敷设。

四、 安装操作要点

1. 天线安装

① 大口径天线安装时可先将承座用螺钉固定。

② 然后将固定承座的螺钉对齐，固定好，再将反射面固定在承座上。

③ 对于选址位置在楼顶平台、阳台上，又不便在楼顶上、阳台上打孔固定时，可采用石块、水泥板等重物压在天线底盘上，如图5-6所示。

④ 大口径天线，在天线反射面与底座连接时，接头与底座的固定螺钉不要拧得太紧，安装后调整俯仰角调整机构或方位圆盘以达到良好的接收效果。

天线系统的调整如下。

① 天线安装完毕后，检查各接收频道安装位置是否正确。

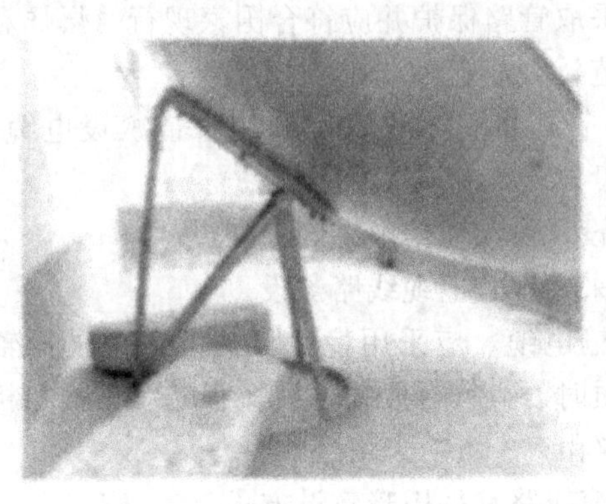

图 5-6　阳台上安装天线

② 各频道天线调整完毕后，方可接入公共天线系统的前端设备中。

③ 将天线输出用的 75Ω 同轴电缆接场强计输入端，测量信号电平大小，微调天线方向使场强计指示最大。如果转动天线时电平指示无变化，则天线安装、阻抗变换器有问题，应检查并排除故障。

④ 测量电平正常时，接电视机检查图像和伴音质量。有重影时，反复微调天线方向直至重影消失、图像清晰为止。

天线安装注意要点如下。

① 天线应水平安装，下层的天线距屋顶不小于 3m，每根天线杆可装 3～5 副天线，上、下天线间距不小于 1.5～2m，或不小于波长 λ_0 的 1/2。λ_0 是两组天线中低频道中心波长，两组天线水平距离不小于 5m，两组天线杆并排安装的间距不小于 10m。一般 U 段天线在杆上端，V 段天线在下端，场强弱的天线也可放在杆上端。

② 振子平行的天线架设构件与天线振子间的距离不应小于临近天线工作波长的 1/2，最小波长为 0.5m。应与大型金属物、电力线路保持足够距离，避开邻近频道的干扰。

③ 一般情况下，将天线最大接收方向朝向电视台。为了避开干扰可以灵活调整，应在不同的位置反复调整，甚至可以接收反射波，以求得最佳效果。

④ 天线基座一般随土建施工预留。在土建施工过程中，专业人员配合做好预留工作。预埋螺栓不应小于 ϕ25mm×250mm，接地引下线为直径不小于 ϕ8mm 的钢筋 2 根，暗敷设的圆钢直径不应小于 ϕ12mm，底板钢板厚度宜采用 10mm，预埋套管应为厚壁钢管，管径不小于 ϕ100mm，同时预埋好拉线地锚。

2. 馈线安装

天线组装完毕后，用万用表 $R\times1\mathrm{k}$ 挡测量电缆输入端，不应短路。绝缘电阻应近似于无限大。如果用 500Ω 绝缘电阻表测量，电阻应不小于 10Ω。振子和馈线连接处要接触牢固，电阻应为零。各层天线振子都要保持水平，而且之间的安装距离不应小于 1.5m。

电视馈线应与金属物体、导线、电力线保持一定距离，更不能贴在一起，以免造成信号损失和发生事故。馈线穿墙时，要穿管保护，但不要与强电共管，以免产生干扰。接线时，馈线稍微留一些余量即可，以便于移动，多余的馈线应剪去，否则过长的余量会卷绕在一起，影响信号质量。天线馈线应接在卫星电视接收机的信号输入端，卫星电视接收机的视频信号（Vudio）、音频信号（Aideo）输出端分别接到电视的视频、音频输入端，如图 5-7 所示。

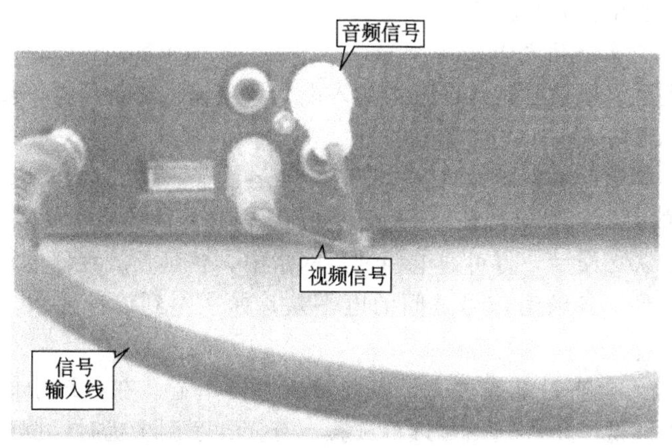

图 5-7　馈线安装

3. 天线放大器的安装

天线放大器安装在天线杆上，距离振子 1.5～2m 为宜。若距离振子太近，则容易产生回授；太远则电缆损耗电平会增大，信噪比变坏。

4. 分支器的安装

① 安装时，打开盒盖，将电缆线接在“入”、“分”相应的端子上，和分支器连接的同轴电缆穿孔（敲落相应的孔盖），紧压在压线夹上，

屏蔽铜线不得与线芯或接线柱短路。

② 将屏蔽层向上翻回一小段压线。

5. 前端设备箱的安装

前端设备箱的安装一般有落地安装和墙上安装。如采用落地安装，应按机柜尺寸先将基础槽钢稳装，然后将机柜稳装在基础槽钢上，并用螺栓加防松垫圈固定。按设计要求，将放大器、混合器、频道交换器等组装在机柜内。

(1) 机箱的安装

① 箱盘组装好后，将盘芯装进箱内固定，连接由天线引来的同轴电缆和传输干线。

② 接好 220V 交流电源。

③ 按系统图将各设备安装在前端设备箱板芯上，并用同轴电缆和 F 型插头正确连接各设备。

(2) 安装调整方法

各频道天线信号接入混合器输入端，调整输入端电位器，使输出电平差在 2dB 左右。

(3) 有源分配网络调试

① 放大器接入电源前，先用万用表检查分支线路有无短路和断路，经检查确认无误后，方可通电调试。网络中，各延长放大器的输入电平和输出电平、各频道信号之间的电平差，如达不到设计要求，需进行调整。

② 输入电平过低或过高，应调整放大器增益。在系统中的输入端送高、中、低三个频道信号进行试验，有交、互调干扰时，调整延长放大器的输入衰减或前端放大器的输出电平。低频道电平过高时，调整斜率控制线路，达到“全倾斜”或“半倾斜”方式。

③ 有源（或无源）分配系统调整完毕后，可接入干线射频电视信号进行调试。如果分配系统中含有调频广播信号，则应对较强的调频信号加以衰减，以免干扰电视信号。

6. 用户终端插座安装

管、线、盒的敷设工作如已完成，应清理导线及盒内杂物，整修或检查盒子是否安装平整、牢固，盒上固定孔是否完好。

结线压接：串接二分支器。

① 先将盒内电缆预留 100～150mm 的长度。

② 然后把 25mm 的电缆外绝缘层剥去，再把外线铜网套向回翻卷 10mm，留出 3mm 的绝缘台和 12mm 芯线，将芯线压在端子上，用 Ω 卡压牢铜网套处，如图 5-8 所示。

③ 固定电视插座。一般用户插孔的阻抗为 75Ω，同时可配 CT-75 型插头及 75-5 同轴电缆。

④ 把固定好电缆的面板固定在暗装盒的两个固定孔上，同时调整好面板的平正，再将面板固定牢固。

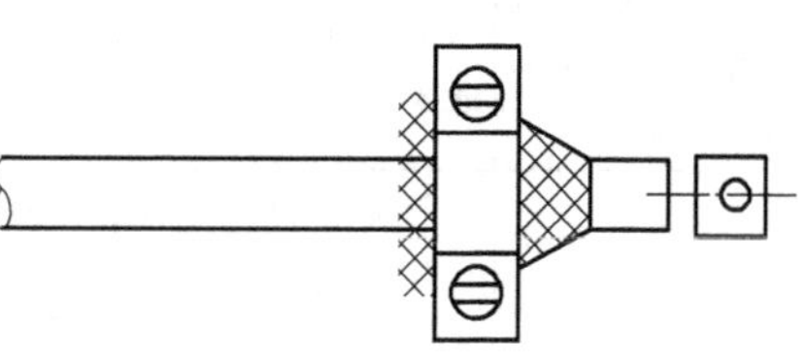

图 5-8　Ω 卡压牢铜网套

五、卫星电视接收系统安装常见问题及处理

卫星电视接收系统安装常见问题及处理见表 5-2。

表 5-2　卫星电视接收系统安装常见问题及处理

类　别	内　容
无信号	①前端的电源失效或设备失效。检查电源电压或测量输入信号。 ②天线系统故障。检查短路和开路传输线、插头变换器、天线放大器电源。 ③线路放大器的电源失效。检查输入插头是否开路，再检测电源，测量每只放大器的输出信号和稳压电源是否工作正常。 ④干线电缆故障。检查首端至各级放大器之间的电缆是否开路或短路，并检查各种连接插头
信号微弱，所有信号均有雪花	①分支器短路或前端设备故障。断开分支器分支信号，若信号电平正常，可能是馈线和引下线短路。 ②天线系统故障。检查天线放大器线路。 ③线路放大器故障。检查放大器的输出信号和稳压电源是否正常。 ④干线故障。检查电缆和线路放大器电平是否过低，是否开路或短路。 ⑤分支器短路，电缆损坏，放大器中间可能短路
只有一个频道的信号	①前端设备或天线系统故障，测量这段频道放大器输出。 ②单频道天线自身故障，广播终止。用电视机在前端连接判断

续表

类　别	内　容
一个或多个频道信号微弱，其余正常	线路、放大器故障或需调节，检查频率响应曲线
来自 CB 通信站的干扰仅一个或多个用户出现	由于用户接收机对谐波和寄生参量的接收，应在电视机天线终端接高通滤波器
CB 通信站干扰所有用户	前端有谐波和寄生参量的接收。在前端用可调接收机检查信号是否落在有干扰电视机的频道上。天线传输线终端接滤波器或安装高通滤波器，并检查是否开路或短路
在同一频道中同时收到两个频道(经常)的信号	来自远地方的信号跳跃传输。采用抗同频干扰天线来消除
图像失真	信号电平输出偏高。测量线路放大器和用户分支器的信号电平
重影(在所有引入线处)	天线引出线路放大器或干线故障。用便携式电视机检查天线系统质量和图像，或隔离故障电缆部分，并判断是否是放大器发生的故障
重影(同一分配器电缆转送到所有引下线处)	①桥接分配放大器或馈线电缆故障。桥接输出用电视机检查图像质量，并分析判断故障所在部位。 ②电缆终端故障。断开终端电阻，用电视机检查图像质量，若良好，更换终端电阻。 ③分支处故障。从线路每一端入手，一次用一部电话联系，同时用电视机检查图像质量

第三节　有线电视室内接线安装

一、同轴电缆连接

有线电视传输所用导线是同轴电缆（室内布线所用电缆主要是 75-5 型和 75-7 型两种）。在同等情况下，选择粗电缆好，如果同轴电缆太细，屏蔽网过稀，信号的泄漏和衰减就会增大，从而造成信号品质的下降。

1. 两根同轴电缆的连接

两根同轴电缆需要连接时，要使用专用的中间接头或直通接头。使用时，把电缆铜芯插入接头内，再把 F 型插头拧紧即可，如图 5-9 所示。

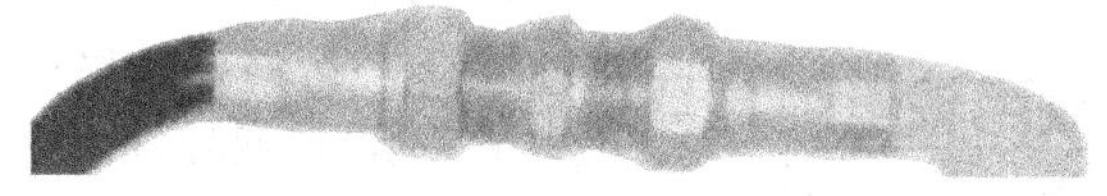

图 5-9　两根同轴电缆的连接

如果将同轴电缆的内导体与内导体绞接、外导体与外导体绞接，如图 5-10 所示，这样做虽然信号可以通过，但破坏了同轴电缆的特性阻抗，会造成电视重影和失真。

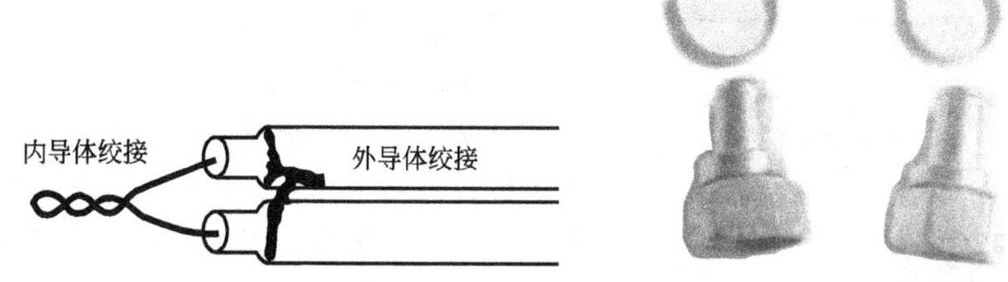

图 5-10　两根同轴电缆的错误连接方法　　图 5-11　卡环式 F 型插头的外形

若同轴电缆连接支线，或分支用户连接支线，要将同轴电缆与 F 型插头连接，再将 F 型插头拧紧在分支器或分配器上。

2. 同轴电缆的连接

同轴电缆与同轴电缆或同轴电缆与器件的连接通常用 F 型插头（这种插头叫工程用调频插头，也称 F 头），如图 5-11 所示。

实际上，这种插头是一个连接紧固螺母，按尺寸区分，有英制和公制两种，它们的口径和螺距不同。英制的口径小，用于卫星电视各种器材；公制的口径大，用于有线电视各种器材。

F 头的连接比较简单，如图 5-12 所示，具体操作如下。

① 将电缆外护套、屏蔽网、内绝缘层分别割去一些（外面多割些，

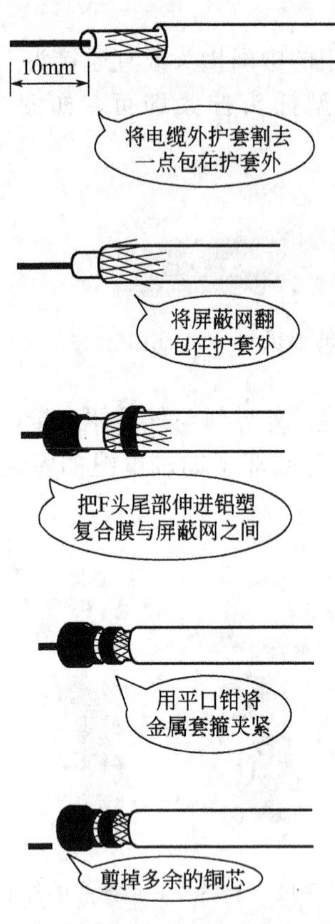

图 5-12　同轴电缆与 F 头的连接

内面割少些)，露出约 10mm 长的内导体芯线作为 F 头的插针。

② 将屏蔽网翻包在护套外，再把 F 头尾部伸进铝塑复合膜与屏蔽网之间。

③ 用平口钳将金属套箍夹紧（把卡环套在 F 头后面的电缆外护套上并用钳子夹紧)，使导线不会松脱。注意不要把屏蔽网顶到护套里面去，一定要把屏蔽网包在 F 头外面。最后剪掉多余的铜芯。

二、 有线电视室内布线

输入信号一般经过分支器分配信号，到了用户端，则用分配器均匀地分配信号，如图 5-13 所示。

1. 明线敷设

明装布线时应尽量采用白色外皮同轴电缆，沿墙地角线走线；布线要求排列整齐，横平竖直，固定可靠，路径安排要尽量短，电缆转弯和分支处应整齐，不得拐死弯，要有一定的弯曲半径。电缆卡之间的间距为 0.5m 左右，如图 5-14 所示。

应根据电缆的粗细选用线卡：例如 75-5 型电缆用 75-5 型线卡，75-

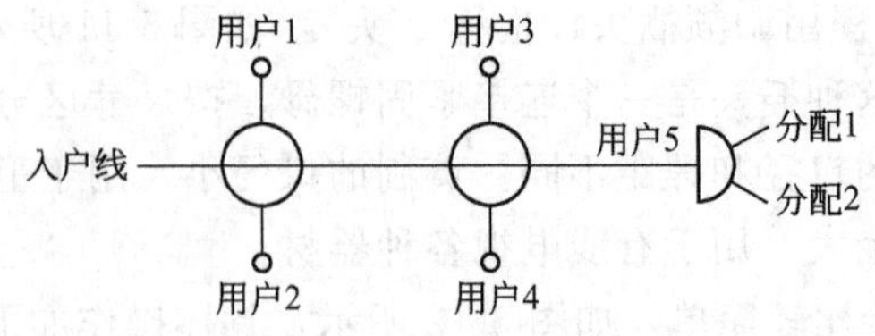

图 5-13　有线电视常用布线电路

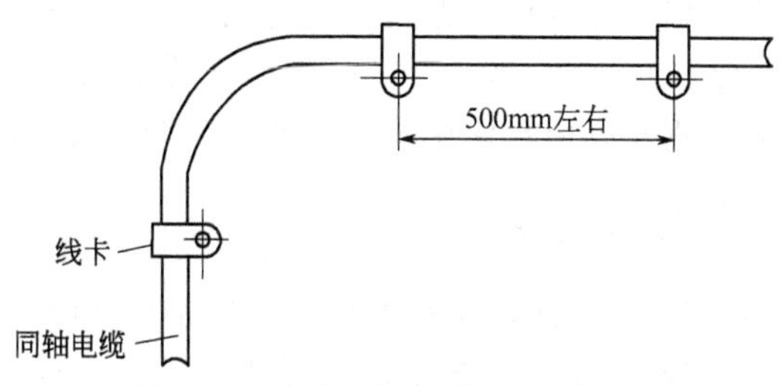

图 5-14 有线电视电缆的明线敷设

7 型电缆用 75-7 型线卡。固定线卡时，要防止钉尖扎破线芯。当电缆穿过墙或楼板时，需配装保护管，保护管两端在施工后应填堵。

2. 暗线敷设

暗线敷设是将同轴电缆穿在预埋的线管内，如图 5-15 所示。有线电视的管线设计应符合有关建筑设计标准。不同的房屋建筑其管线设计会不大相同：砖结构建筑的线管是在土建施工时预埋在墙中；大板结构建筑的线管应预埋后浇注在板墙内。

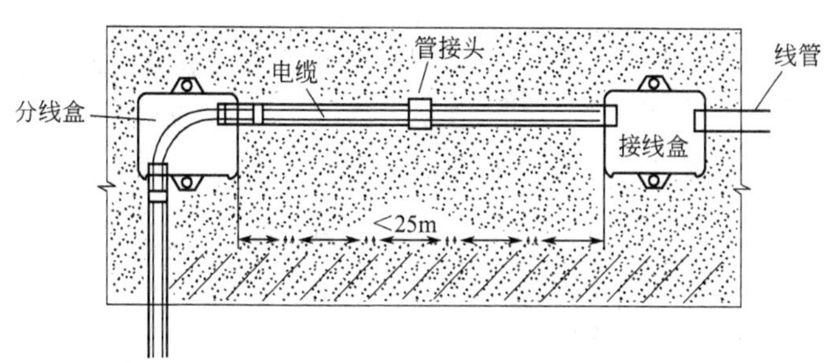

图 5-15 有线电视电缆的暗线敷设

室内布线时注意事项如下。

① 管子、接线盒预埋时，应在管道口、盒子内用废纸等软物堵上，以防土建施工时水泥、砂石或杂物进入管内。

② 管内电缆不准有接头，管内电缆截面积总和不宜超过管内截面积的 40%。

③ 管内电缆的两端要留有一定的余量，并要求在端口做上标记。

④ 强电电路应和有线电视电缆分开走线，通常强电电路在上，有

线电视电缆在下，以避免强电电路对有线电视信号的干扰。

⑤ 线管宜沿最近的路线敷设，并应减少弯曲；线管较长及转弯多时，在管道中间及拐角处应加装中间分线盒，以便于在管内穿电缆。

三、 分配器接线安装

分配器是将一路输入的信号大体均匀地分成几路传输到各分支中，且几路输出互不影响，其作用就好像多用插座一样。常用的有二分配器、三分配器和四分配器。标有“IN”的端口为入口端，标有“OUT”的端口为出口端。

分配器的敷设方式同开关、插座等元器件一样也有明敷和暗敷。暗敷施工时分配器直接固定于前端箱里，明敷施工时分配器与同轴电缆一起固定在楼道的墙上。分配信号时，进线电缆应接在输入端（IN），支线电缆应接在输出端（OUT）。

分配器的电路符号如图 5-16 所示。

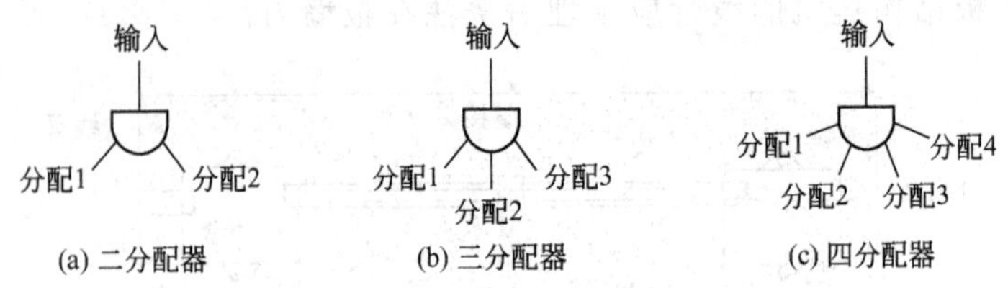

图 5-16 分配器的电路符号

四、 分支器接线安装

分支器也是一种把信号分开的连接器件，它将干线中传输的信号取出一部分送给电视。“IN”为输入端，“OUT”为主干输出端，“TAp”为分支输出端（有的分支输出端标的是“BR”）。按支路数的不同，分支器有一分支器、二分支器、三分支器和四分支器等多种。

分支器由一个主路输入端、一个主路输出端以及若干个分支输出端构成。分支器不是把信号分成相等的几路输出，而是从信号中分出一部分能量送到支路上或送给用户，分出的这部分信号比较小，主要输出端输出的信号仍占输入信号的大部分。

分配器与分支器的区分是："信号相同分配器，信号悬殊分支器"。

分支器的电路符号如图 5-17 所示。如图 5-18 所示为分支器的明装方法。

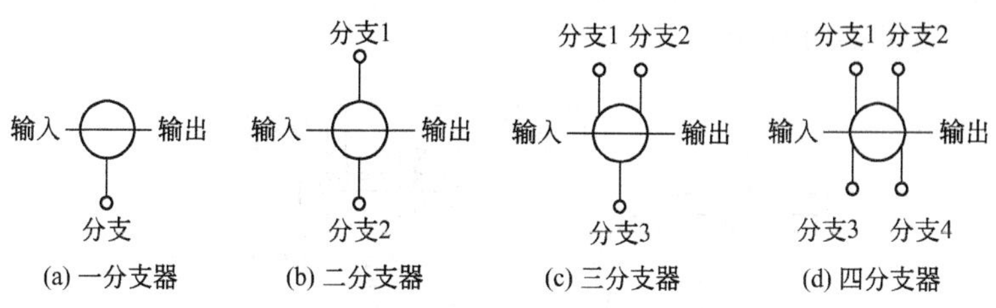

图 5-17 分支器的电路符号

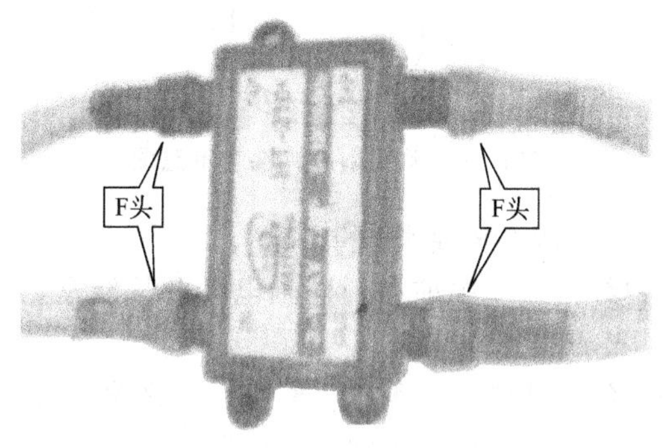

图 5-18 分支器的明装示意

五、 用户终端安装

1. 安装要求

（1） 明装用户终端盒的要求

① 用户电缆一般从门框上端进入住户，如果门框距电视太远，也可在靠近电视的墙上打孔引入，但电缆穿墙处要加塑料管。

② 入户线要用塑料钉、线卡钉牢，卡距应小于 0.4m，布线要横平竖直，转弯处要弯曲自然，不得松动、歪斜。安装时注意钉和线卡不要将电缆皮穿破，否则会导致信号短路。

③ 宾馆、饭店一般距地 0.2～0.3m，过高容易碰掉；住宅一般距地 1.2～1.5m。

④ 用户终端盒与同轴电缆连接时不得拐死弯，电缆转弯处应留有弧度，电缆在用户终端盒外面应留有余线，余线固定成 U 形，以方便维修，如图 5-19 所示。

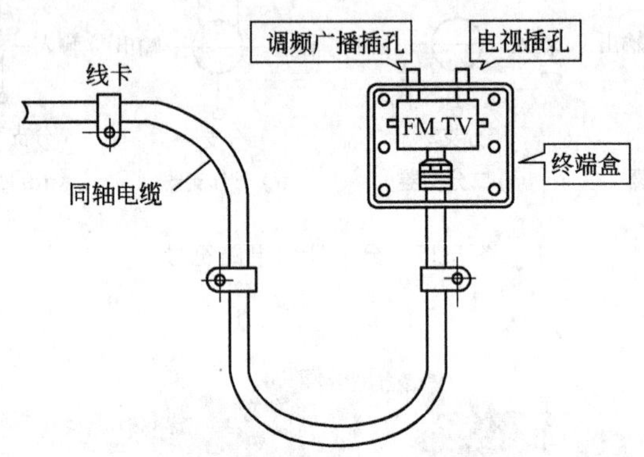

图 5-19 明装用户终端盒示意图

(2) 暗装用户终端盒的要求

① 暗装用户终端盒应提前预埋同轴电缆和接线盒，预埋同轴电缆要穿塑料管，不要直接埋在墙内。

② 预埋的接线盒要牢固，否则将影响用户终端盒的安装固定。

③ 同轴电缆暗敷布线时，中间不能使用接头。

④ 用户终端盒到电视的引线长度短点好，一般不要超过 5m。

⑤ 用户终端盒在室内要尽可能靠近用户线引入端安装，下缘距地面 30～150cm，安装要牢固。

2. 安装操作要点

① 先在墙上打孔塞入塑料胀管。

② 然后用四只木螺钉通过塑料胀管将塑料接线盒固定在墙上。也可用水泥钉直接钉在水泥墙上。

③ 剖剥好 75Ω 同轴电缆的绝缘层，将屏蔽层拧成一条辫子。

④ 直接将芯线用螺钉压接在标有“IN”的输入端，并用螺钉将电缆屏蔽辫子压接在接地极上。压接时要压紧，防止与线芯短路。

⑤ 扣上塑料盖板，拧上木螺钉。

⑥ 有的终端用户盒内套装有金属屏蔽盒，应将电缆芯线焊在印制电路板“IN”输入端，然后将电缆屏蔽辫子焊在印制电路板的接地极上，并与屏蔽盒的外壳焊连，最后扣上金属盖板，将塑料面板用螺钉固定在底盒上即可。

六、 用户终端盒与电视的连接

在有线电视系统中，用 75Ω 同轴电缆插头线可实现用户终端盒与电视的连接。

① 使用时，将 75Ω 同轴电缆一端插入用户终端盒，另一端插入电视信号输入端即可。

② 如果终端盒有电视（TV）和调频广播（FM）两个插孔，注意两插孔不要插错，插错会使信号变差或收不到信号，如图 5-20 所示。

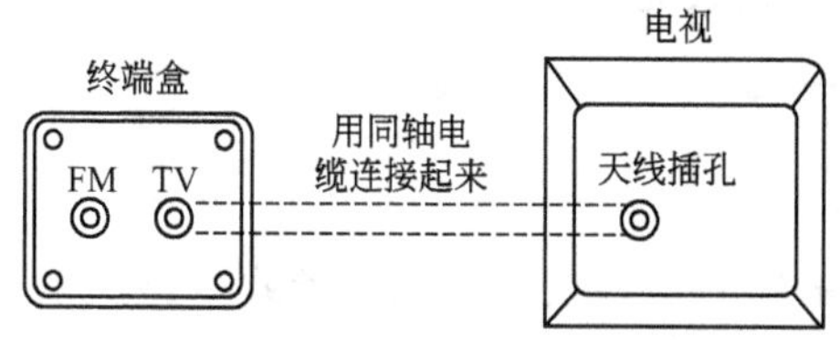

图 5-20　用户终端盒与电视的连接示意

第四节　某建筑卫星接收及有线电视系统安装指导书

一、 材料要求

应根据不同的接收频道、场强、接收环境以及设施规模来选择天线，以满足要求，并有产品合格证。电视接收天线材料要求如下。

① 各种铁件都应全部采用镀锌处理。不能镀锌的应进行防腐处理。

② 用户盒明装采用塑料盒，暗装有塑料盒和铁盒，并应有合格证。

③ 天线应采用屏蔽较好的聚氯乙烯外护套的同轴电缆，并应有产品合格证。

④ 分配器、天线放大器、混合器、分支器、干线放大器、分支放大器、线路放大器、频道转换器、机箱、机柜等使用前应进行检查，并应有产品合格证。

⑤ 其他材料：焊条、防水弯头、焊锡、焊剂、接插件、绝缘子等。

二、主要机具

① 手电钻、冲击钻、克丝钳、一字螺钉旋具、十字螺钉旋具、电工刀、尖嘴钳、扁口钳。

② 水平尺、线坠、大绳、高凳、工具袋等。

三、作业条件

① 随土建结构砌墙时，预埋管和用户盒、箱已完成。

② 土建内部装修油漆浆活全部施工完。

③ 同轴电缆已敷设完工。

四、操作工艺

1. 天线安装

选择好天线的位置、高度、方向；天线基座应随土建结构施工作好；天线竖杆与拉线的安装；对天线本身认真的检查和测试，然后组装在横担上，各部件组装好安装在预定的位置并固定好，并作好接地。天线与照明线及高压线间的距离应符合表 5-3 要求。

表 5-3 天线与架空线间距

电压	架空电线种类	与电视天线的距离/mm
低压架空线	裸线	1 以上
	低压绝缘电线或多芯电缆	0.6 以上
	高压绝缘电线或低压电源	0.3 以上
高压架空线	裸线	0.2 以上
	高压绝缘线	0.8 以上
	高压电源	0.4 以上

① 前端设备和机房设备的安装

a. 作业条件：机房内土建装修完成，基础槽钢做完；暗装的箱体、管路已安装好。

b. 操作工艺：先安装机房设备，再作机箱安装，作好接地。

② 传输分配部分安装

a. 干线放大器及延长放大器安装。

b. 分配器与分支器安装用户终端安装。电缆的明敷设与暗敷设。同轴电缆的架设及高度规定见表5-4；电缆埋设深度见表5-5。

表5-4 同轴电缆的架设及高度规定

地面的情况	必要的架设高度/m
路上	5.5以上
一般横过公路	5.5以上
在其他公路上	4.5以上
城市街道	3.0～4.5
横跨铁路	6.0以上
横跨河流	满足最大船只通行高度

表5-5 电缆埋设深度

埋设场所	埋设深度/m	要求
交通频繁地段	1.2	穿钢管敷设在电缆沟
交通量少地段	0.60	穿硬乙烯管
人行道	0.60	穿硬乙烯管
无垂直负荷段	0.60	直埋

2. 系统统调验收

① 调整天线系统；

② 前端设备调试；

③ 调试干线系统；

④ 调试分配系统。

五、质量标准

1. 保证项目

(1) 有线电视器件、盒、箱电缆、馈线等安装应牢固可靠。

(2) 防雷接地电阻应小于4Ω，设备金属外壳及器件屏蔽接地线截面应符合有关要求。接地端连接导体应牢固可靠。

(3) 电视接收天线的增益 G 应尽可能高，频带特性好，方向性敏锐、能够抑制干扰、消除重影，并保持合适的色度、良好的图像和伴音。

检验方法：观察检查或使用仪器设备进行测试检验。

2. 基本项目

① 有线电视的组装、竖杆，各种器件、设备的安装，盒、箱的安装应符合设计要求。

② 布局合理，排列整齐，导线连接正确，压接牢固。

③ 防雷接地线的截面和焊接倍数应符合规范要求。

④ 各用户电视机应能显示合适的色度、良好的图像和伴音，并能对本地区的频道有选择性。

检验方法：观察检查或使用仪器设备进行测试检验。

六、 成品保护

① 安装有线电视及其组件时，不得损坏建筑物，并注意保持墙面的整洁。

② 设置在吊顶内的容机箱、盒，在安装部件时，不应损坏龙骨和吊顶。

③ 修补浆活时，不得把器件表面弄脏，并防止水进入部件内。

④ 使用高凳或搬运物件时，不得碰撞墙面和门窗等。

七、 应注意的质量问题

参见表 5-2。

第六章

火灾自动报警及消防联动控制系统

第一节　火灾自动报警及消防联动控制系统图识读

如图 6-1、图 6-2 所示为某楼层火灾自动报警及联动控制系统图及控制平面图。

从图 6-1 中可看出，此火灾报警及消防联动控制系统由两部分构成。其中，火灾报警控制器是一种可现场编程的二总线制通用报警控制器，既可用作区域报警控制器，又可用作集中报警控制器。该控制器最多有 8 对输入总线，每对输入总线可带探测器和节点型信号 127 个。最多有两对输出总线，每对输出总线可带 32 台火灾显示盘。

图 6-1 中的火灾报警控制器是通过串行通信方式将报警信号送入联动控制器，以实现对建筑物内消防设备的自动、手动控制。

此系统通过另一串行通信接口与计算机连机，实现对建筑的平面图、着火部位等的彩色图形显示。每层设置一台重复显示屏，可作为区域报警控制器，显示屏可进行自检，内装有 4 个输出中间继电器，每个继电器有输出触点 4 对，可控制消防联动设备。

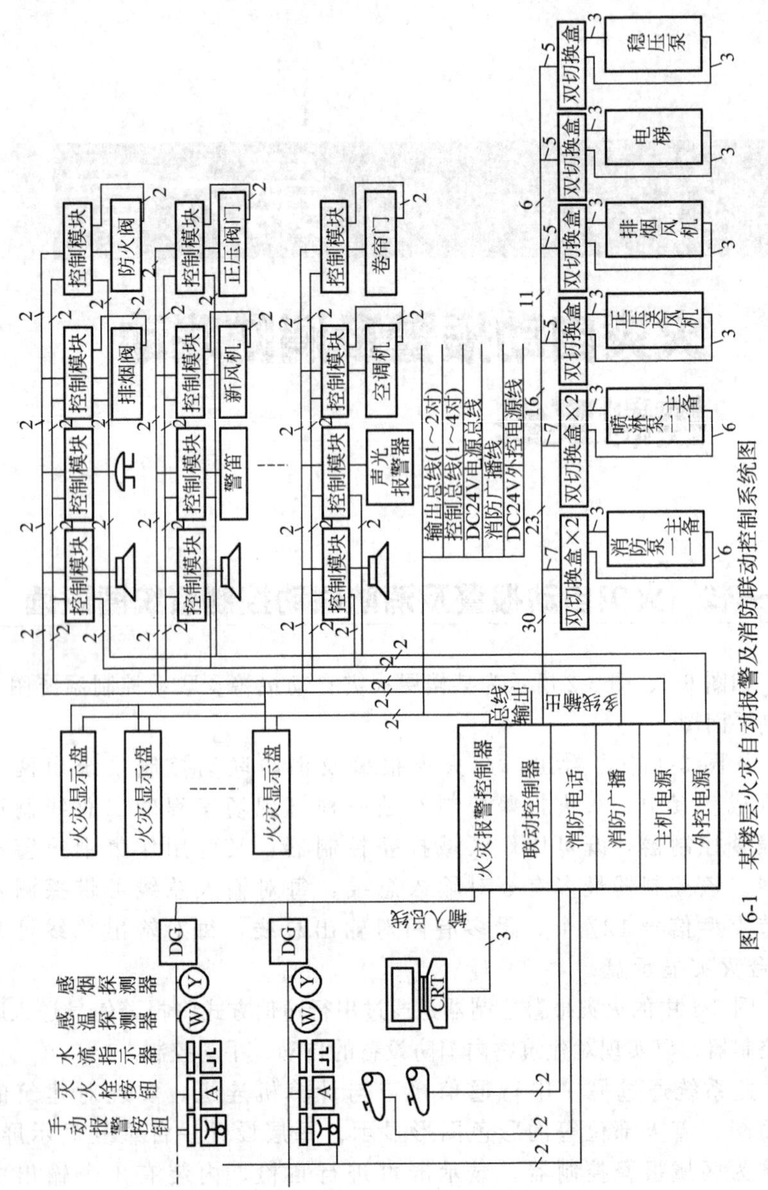

图 6-1　某楼层火灾自动报警及消防联动控制系统图

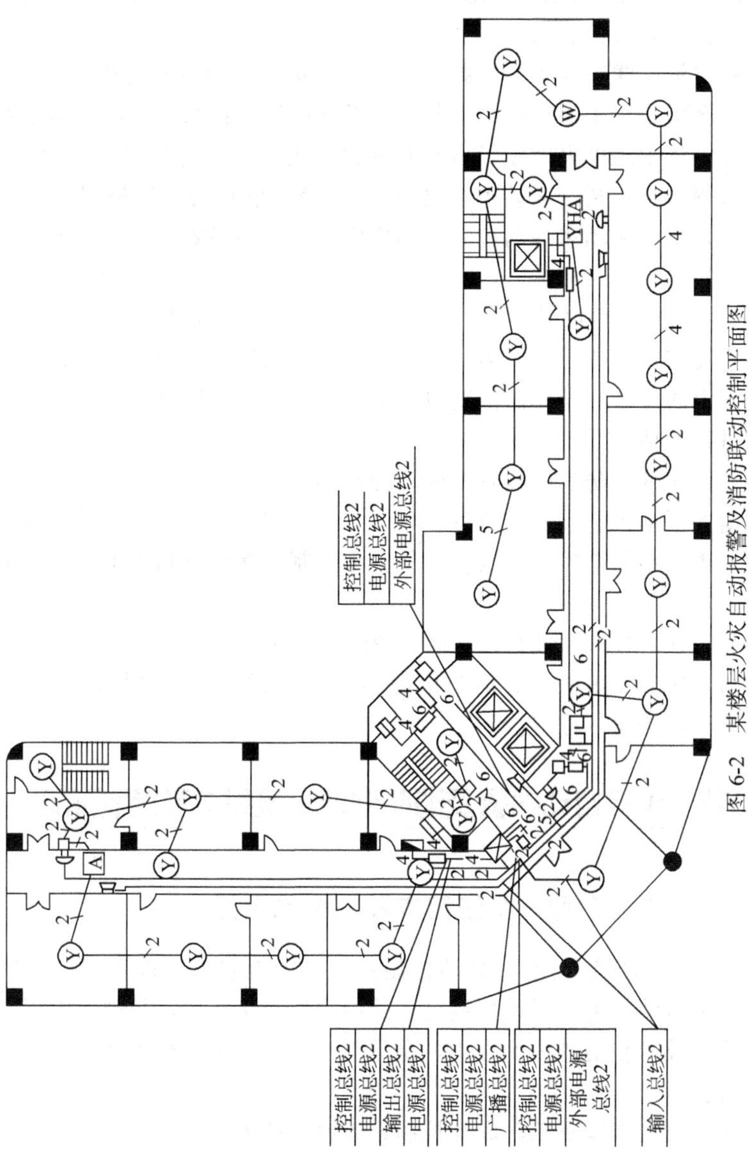

图 6-2 某楼层火灾自动报警及消防联动控制平面图

图 6-1 中的联动控制系统中，一对（最多 4 对）输出控制总线（即二总线控制）可控制 32 台火灾显示盘（或远程控制器）内的继电器来达到每层消防联动设备的控制。二总线可接 256 个信号模块；设有 128 个手动开关，用于手动控制重复显示屏（或远程控制箱）内的继电器。

此系统中的中央外控设备有喷淋泵、消防泵、电梯以及排烟风机、送风机等。可以利用联动控制器内 16 对控制触点去控制机器内的中间继电器，用于手动和自动控制上述集中设备（如消防泵、排烟风机、送风机等）。

从图 6-1 中可以看出，系统的消防电话连接两部直线电话，电话设置于手动报警按钮旁，只需将手提式电话机的插头插入电话插孔即可向总机（消防中心）通话。消防电话的分机可向总机报警，总机也可呼叫分机进行通话。

此系统的消防广播装置由联动控制器实施着火层及其上、下层的紧急广播的联动控制。当有背景音乐（与火灾事故广播兼用）的场所有火警时，由联动控制器通过其执行件实现强制广播切换到火灾事故广播的状态。

从图 6-2 的平面图上可以很清楚地看出此系统的火灾探测器、火灾显示盘、警铃、喇叭、非消防电源箱、水流指示器、排烟风机、送风机、消火栓按钮的位置。

第二节 火灾自动报警及消防联动系统组成及控制原理

一、 消防自动化系统组成及总控制原理

火灾自动报警及消防联动控制系统是智能建筑必须设置的系统之一。火灾自动报警及联动控制是一项综合性消防技术，是现代电子工程和计算机技术在消防中的应用，也是消防系统的重要组成部分和新兴技术学科。

火灾自动报警及消防联动控制系统原理如下。

通过布置在现场的火灾探测器自动监测火灾发生时产生的烟雾或火光、热气等火灾信号，联动有关消防设备，实现监测报警、控制灭火的

自动化。火灾自动报警及联动控制的主要内容是：火灾参数的检测系统，火灾信息的处理与自动报警系统，消防设备联动与协调控制系统，消防系统的计算机管理等。

在这个系统中，火灾报警控制器是火灾报警系统的心脏，是分析、判断、记录和显示火灾的部件，它通过火灾探测器（感烟、感温）不断向监视现场发出巡测信号，监视现场的烟雾浓度、温度等。探测器将烟雾浓度或温度转换成电信号，反馈给报警控制器，报警控制器收到的电信号与控制器内存储的整定值进行比较，判断确认是否发生火灾。当确认发生火灾，在控制器上发出声光报警，现场发出火灾报警，显示火灾区域或楼层房号的地址编码，并打印报警时间、地址，同时通过消防广播向火灾现场发出火灾报警信号，指示疏散路线，在火灾区域相邻的楼层或区域通过消防广播、火灾显示盘显示火灾区域，指示人员朝安全的区域避难。

火灾自动报警及消防控制系统框图如图 6-3 所示。

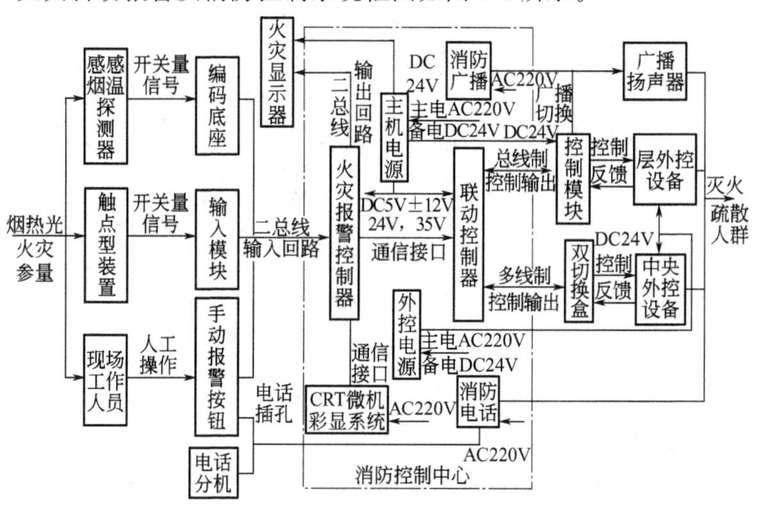

图 6-3　火灾自动报警及消防控制系统框图

二、 火灾自动报警系统及主要配套设备

火灾自动报警系统传统型方式有三种：区域报警系统、集中报警系

统、控制中心报警系统。

现代型火灾自动报警系统是以计算机技术的应用为基础发展起来的，具有能够识别探测器位置（地址编码）及探测器类型、系统可靠性高、使用方便、维修成本低等特点。现代型火灾自动报警系统主要有可寻址开关量报警系统、模拟量报警系统和智能火灾自动报警系统等几种类型。

现代型火灾自动报警系统类型如图 6-4 所示。

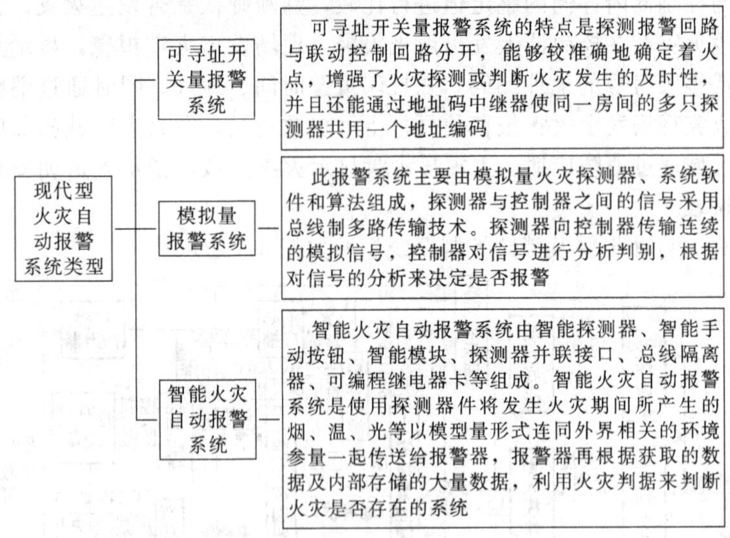

图 6-4　现代型火灾自动报警系统类型

火灾自动报警系统实物接线图如图 6-5 所示。

火灾自动报警系统的主要配套设备如下。

1. 火灾探测器

火灾探测器是火灾自动报警系统的传感部分，能产生并在现场发出火灾报警信号，或向控制和指示设备发出现场火灾状态信号。火灾的探测是以捕捉物质燃烧过程中产生的各种信号为依据，来实现早期发现的。

火灾探测器按其探测火灾不同的理化现象而分为四大类：感烟探测器、感温探测器、感光探测器、可燃性气体探测器。

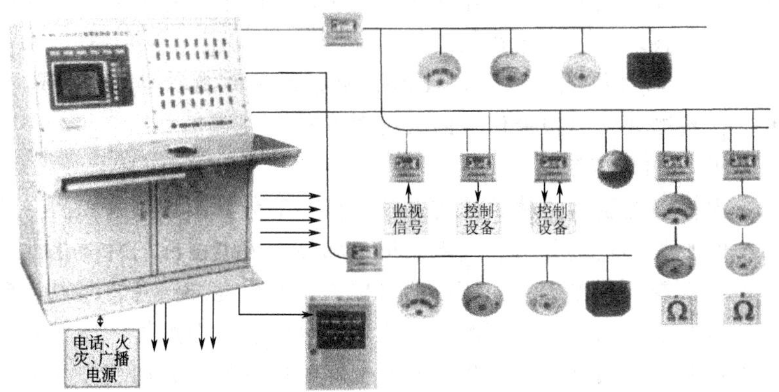

图 6-5 火灾自动报警系统实物接线图

① 感烟探测器。对燃烧或热解产生的固体或液体微粒予以响应，可以探测物质初期燃烧所产生的气溶胶（直径为 0.01～0.1μm 的微粒）或烟粒子浓度。因感烟探测器对火灾前期及早期报警很有效，应用最广泛。常用的感烟探测器有离子感烟探测器、光电感烟探测器及红外光束线型感烟探测器。

② 感温探测器。在发生火灾时，对空气温度参数响应的火灾探测器称为感温探测器。按其动作原理可分为定温式、差温式和差定温式三种。感温式探测器外形如图 6-6 所示。

③ 感光探测器。感光探测器又称火焰探测器，可对火焰辐射出的紫外光、红外光、可见光予以响应。这种探测器对快速发生的火灾或爆炸能够及时响应。紫外光火焰探测器是应用紫外光敏管来探测由火灾引起的紫外光辐射，多用于油品或电力装置火灾检测。红外光火焰探测器是利用红外光敏元件来探测低温产生的红外辐射，由于自然界中物体高于绝对零度都会产生红

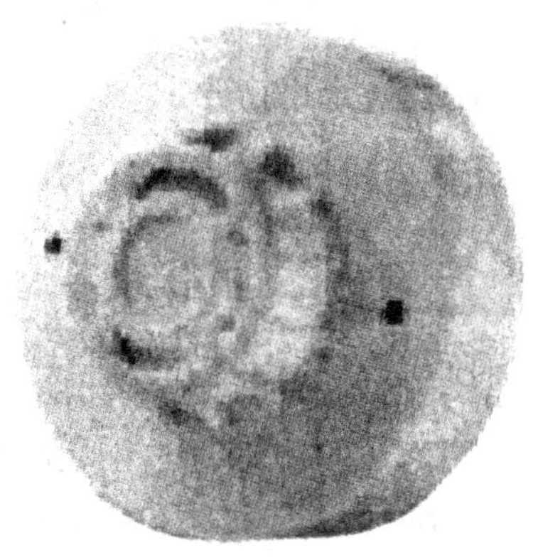

图 6-6 感温式探测器外形

外辐射，用红外光火焰探测器探测火灾时，一般还要考虑火焰间歇性形成的闪烁形象，以区别于背景红外光辐射。

④ 可燃气体探测器。可燃气体探测器是一种能对空气中可燃气体浓度进行检测并发出报警信号的火灾探测器。

2. 火灾报警控制器

火灾报警控制器是建筑消防系统的核心部分。火灾报警控制器是整个系统的心脏，它是分析、判断、记录和显示火灾情况的智能化设备。

火灾报警控制器不断向探测器（探头）发出巡测信号，监视被控区域的烟雾浓度、温度等，探测器将代表烟雾浓度、温度等的电信号反馈给报警控制器，报警控制器将这些反馈回来的信号与其内存中存储的各区域正常整定值进行比较分析，判断是否有火灾发生。

当确认出现火灾时，火灾报警控制器首先发出声光报警，提示值守人员。在控制器中，还将显示探测出的烟雾浓度、温度等值及火灾区域或楼层房号的地址编码，并把这些值以及火灾发生的时间等记录下来，同时向火灾现场以及相邻楼层发出声光报警信号。

火灾报警控制器大体上可以分成总线制区域火灾报警控制器、集中火灾报警控制器两类。

(1) 1501 系列火灾报警控制器

如图 6-7 所示为 1501 系列火灾报警控制器原理接线图。

本系列控制器为二总线通用型火灾报警控制器，采用 80C31 单片机 CMOS 电路组成自动报警系统，其特点是监控电流小、可现场编程、使用方便。

本系列控制器的功能如下。

① 能直接接收来自火灾探测器的火灾报警信号。

a. 左四位 LED 显示第一报警地址（层房号），右四位 LED 显示后续报警地址（房屋号），多点报警时，右四位交替显示报警地址。

b. 预警灯亮，发预警声。

c. 打印机自动打印预警地址及时间。

d. 预警 30s 延时时，确认为火警，发火警声。可消声（但消声指示灯不亮）。

e. 打印机自动打印火警地址及时间。

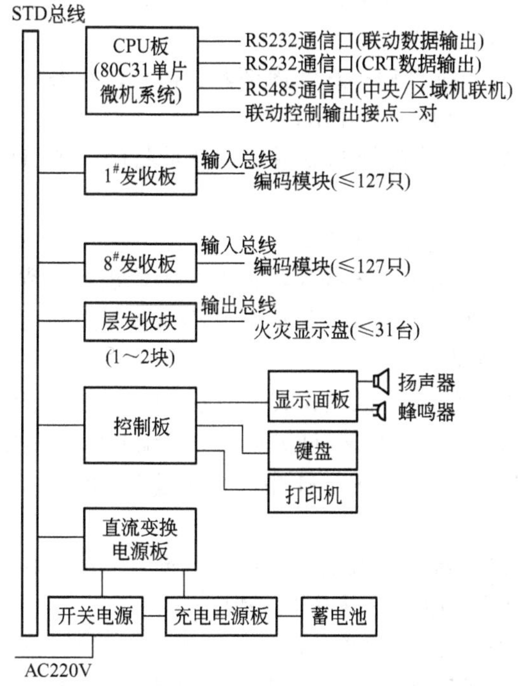

图 6-7 1501 系列火灾报警控制器原理接线图

f. 可通过输出回路中的火灾显示盘重复显示火警发生部位。

② 能发出探测点的断线故障信号。

a. 故障灯亮。

b. 右四位 LED 显示故障地址（房屋号）。

c. 蜂鸣器发出故障声，可消音，同时消声指示灯亮。

d. 打印机自动打印故障发生的地址及时间。

e. 故障期间，非故障探测点有火警信号输入时，仍能报警。

f. 有本机自检功能：右四位 LED 能显示故障类别和发生部位。有键盘操作功能。

g. 可对探测点的编码地址与对应的层、房号现场编程。

h. 可对探测点的编码地址与对应的火灾显示盘的灯序号现场编程。

i. 可进行系统复位，重复进入正常监控状态操作。

j. 可调看报警地址（编码地址）和时间、断线故障地址（编码地址）；可调整日期和时间。

k. 可进行打印机自检；查看内部软件时钟；对各回路探测点运行状态进行单步检查和声、光显示自检。

l. 可进行发生故障的探测点封闭以及被封闭探测点修复后释放的操作。

(2) 中央/区域火灾报警系统

如果一台1501火灾报警控制器的容量不能满足工程需要时，可采用中央/区域联机通信的方式，组成中央/区域火灾报警系统，报警点容量可达1016×8个点。

如图6-8所示为中央/区域火灾报警系统的控制系统图。

图6-8所示类型的中央/区域火灾报警系统的技术数据及功能如下。

① 一台JB-JG (JT)-DF1501中央机通过RS485通信接口可连接8台1501区域机。

② 中央机只能与区域机通信，但没有输入总线和输出总线，不能直接连接探测器编码模块和火灾显示盘。

③ 中央机可通过RS232通信接口（Ⅰ）与联动控制器连接通信，通过RS232通信接口（Ⅱ）与CRT微机彩显系统连接。

④ 中央机柜（台）式机机箱内可配装HJ-1756消防电话、HJ-1757消防广播和外控电源（即HJ-1752集中供电电源）。

⑤ 区域机柜（台）式机机箱内自备主机电源。

3. 火灾显示盘

通常，火灾显示盘设置在每个楼层或消防分区内，用以显示本区域内各探测点的报警和故障情况。在火灾发生时，指示人员疏散方向，火灾所处位置、范围等。

这里以JB-BL-32/64火灾显示盘为例介绍其显示原理及控制接线图。JB-BL-32/64火灾显示盘（重复显示屏）是1501系列火灾报警控制器的配套产品，图6-9为其外形，如图6-10为其原理图。

火灾显示盘的技术参数如下。

① 容量：表格式有32点、64点；模拟图式≤96点。

② 工作电压：DC24V（由报警控制器主机电源供给）。

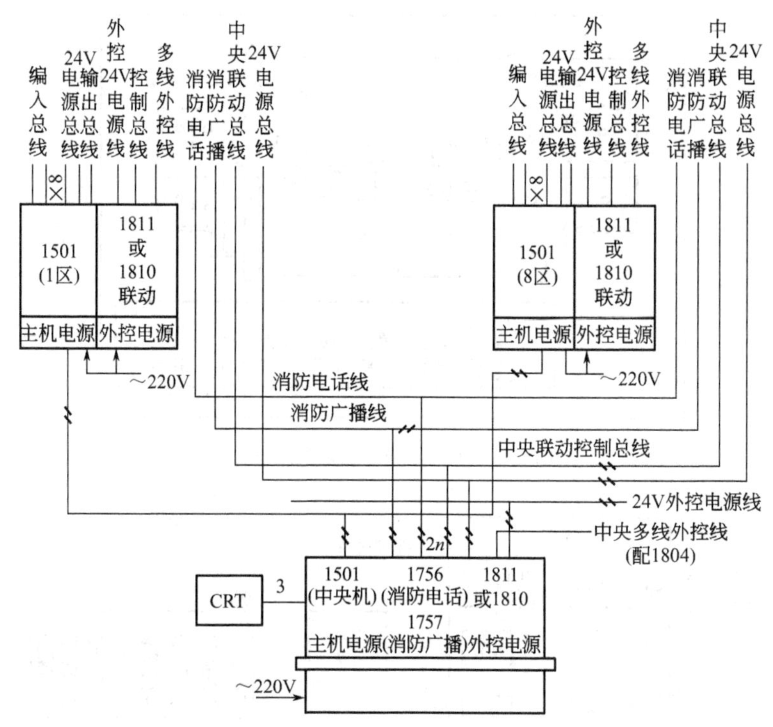

图 6-8　中央/区域火灾报警系统的控制系统图

③ 监控电流≤10mA；报警（故障）显示状态工作电流≤250mA。

④ 外形参数：32 点为 540mm×360mm×80mm；64 点为 600mm×400mm×80mm；模拟图式为 600mm×400mm×80mm；颜色为乳白色箱形、黑色面膜；质量为 8.0kg（32 点）、9.0kg（64 点）。

⑤ 总线长度：≤1500m。

⑥ 使用环境：温度 －10～50℃；相对湿度≤95% RH（40℃±2℃）。

如图 6-10 所示为此型号火灾显示盘的机号、点数设置：前 5 位（D_0～D_4）设置机号，后 3 位决定点数，即前 5 位按二进制编码计数（ON 方向为 0，反向为 2^n-1）。机号最大容量 $2^5-1=31$，即 1501 一对输出总线上能识别 31 台火灾显示盘；后 3 位见表 6-1。

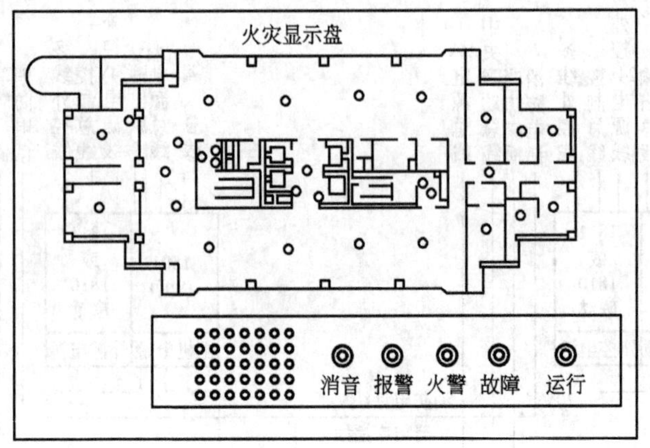

图 6-9 JB-BL-32/64 火灾显示盘

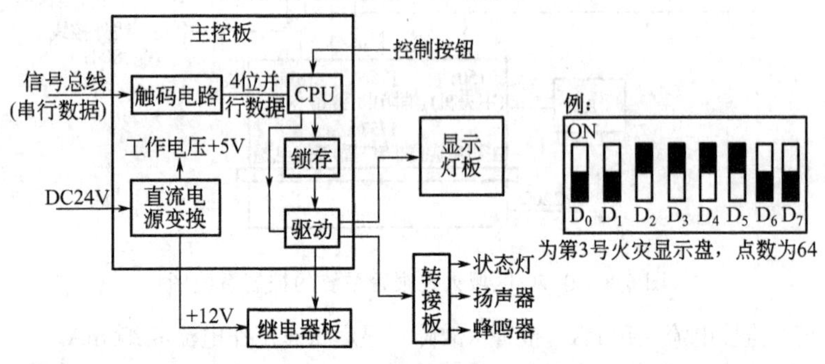

图 6-10 显示盘原理图

表 6-1 火灾显示盘后 3 位设置点数

6 位	7 位	8 位	总数
OFF	OFF	OFF	32
ON	OFF	OFF	64
ON	ON	OFF	96

4. 联动控制器

联动控制器是基于微机的消防联动设备总线控制器。其经逻辑处理后自动（或经手动，或经确认）通过总线控制联动控制模块发出命令去动作相关的联动设备。联动设备动作后，其回答信号再经总线返回总线联动控制器，显示设备工作状态。

通常，1811 可编程联动控制器与 1501 系列火灾报警控制器配合，可联动控制各种外控消防设备。其控制点有两类：128 个总线控制模块，用于控制区域外控设备；16 组多线制输出，用于控制中央外控设备。

(1) 工作原理

此联动装置是以控制模块取代远程控制器，取消返回信号总线，实现真正的总线制（控制、返回集中在一对总线上）；增加 16 组多线制可编程输出；增加“二次编程逻辑”，对被控制对象的启停状态（也称为特殊的报警数据）进行处理，其原理如图 6-11 所示。

(2) 技术数据

① 容量：1811/64 为配接 64 个控制模块，16 个双切换盒；1811/128 为配接 128 个控制模块，16 个双切换盒。

② 工作电压：由主机电源供所需工作电压＋5V、±12V、＋35V、＋24V。

③ 主机电源供电方式：交流电源（主机）为 $AC220V^{+10\%}_{-15\%}$，50Hz±1Hz；直流备电为（全密封蓄电池）DC24V，20A·h。

④ 监控功率：≤20W。

⑤ 使用环境：温度 －10～50℃；相对湿度 ≤95% RH (40℃±2℃)。

(3) 系统配线

图 6-12 为 HJ-1811 联动控制器的系统配线图。

(4) 接线

图 6-13、图 6-14 为 HJ-1811 联动控制器的接线图。

(5) HJ-1811 联动控制器的功能

① 可通过 RS232 通信接口接收来自 1501 火灾报警控制器的报警点数据，再根据已编入的控制逻辑数据，对报警点数据进行分析，对外控消防设备实施总线输出与多线输出两类控制方式。

② 有自动/手动控制转换功能。

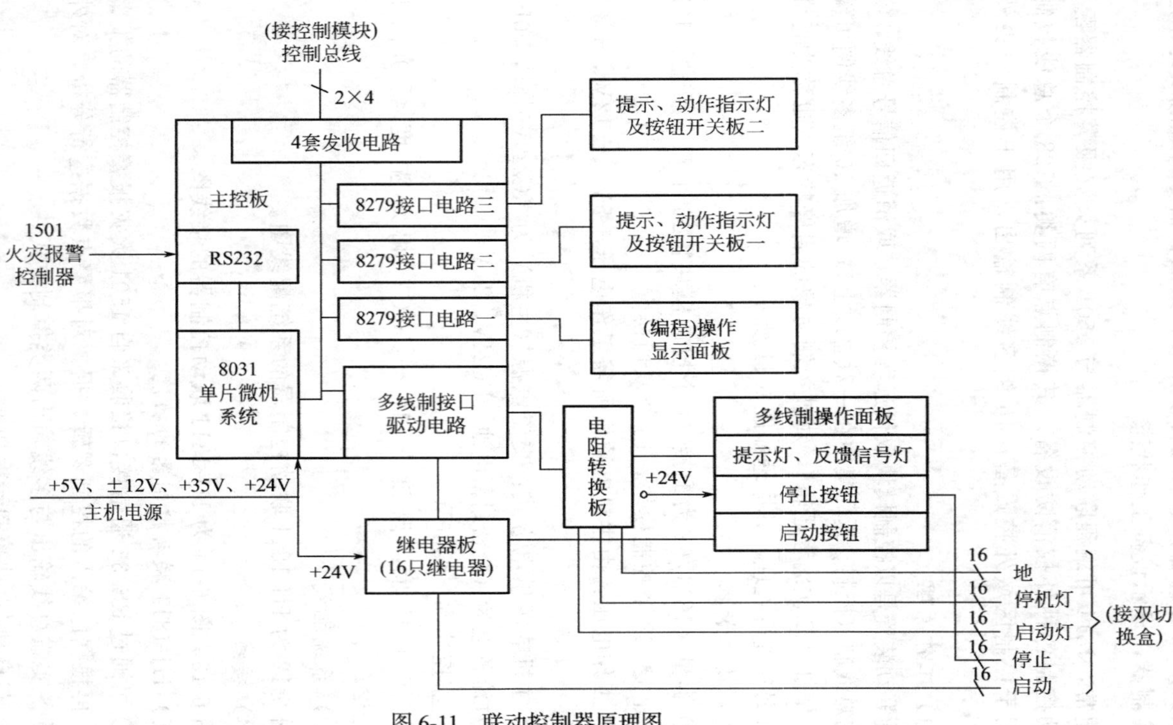

图 6-11　联动控制器原理图

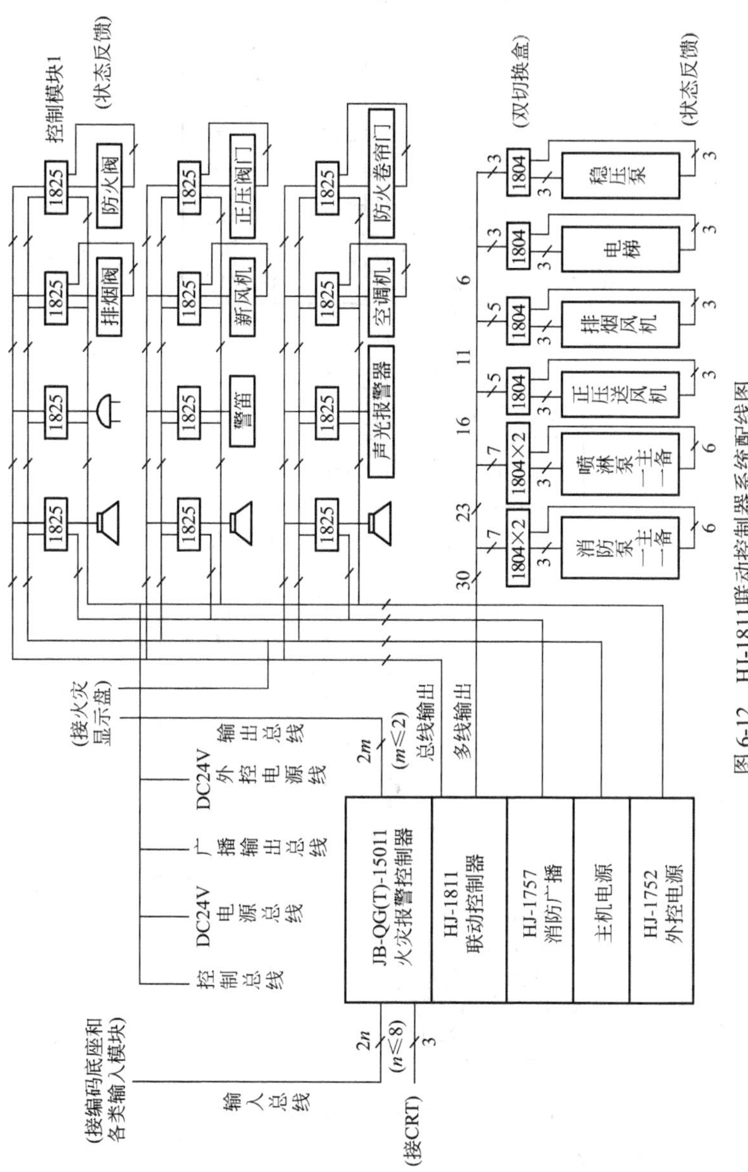

图 6-12　HJ-1811联动控制器系统配线图

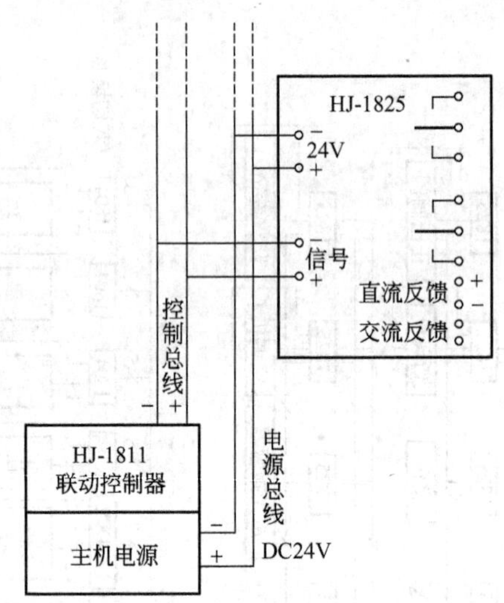

图 6-13　总线输出控制模块接线图

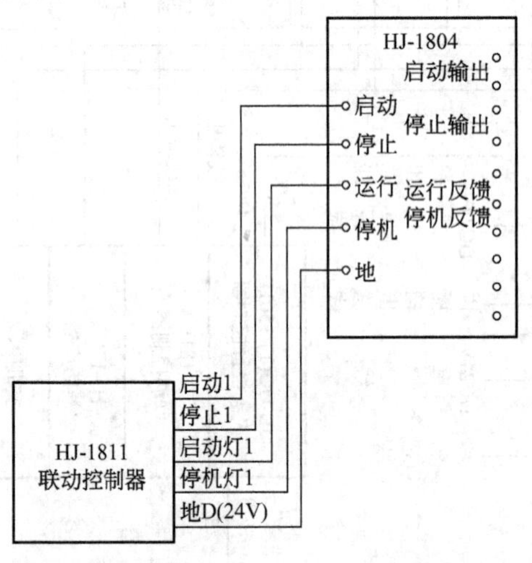

图 6-14　多线输出双切换盒接线图

③ 现场可编程功能。

④ 系统检查、系统测试与面板测试功能。

⑤ 当控制回路有开路、短路或断线时，能显示声、光故障信号（声信号可消音）等数码管故障信息。

三、 消防联动控制系统及其主要配套设备

消防联动控制是在对火灾确认后向消防设备、非消防设备发出控制信号的处理单元。作为消防控制系统的关键部分，它的可靠性尤为重要。其控制方式一般分两种，即集中控制方式和分散与集中相结合方式。消防联动控制设备有消防水泵、防排烟设施、防火卷帘、防火门、喷淋水泵、正压送风机、气体自动灭火机、电梯、非消防电源等。

1. 灭火设备联动控制

(1) 水流指示器及水力报警器

① 水流指示器。水流指示器一般装在配水干管上，作为分区报警，它靠管内的压力水流动的推力推动水流指示器的桨片，带动操作杆使内部延时电路接通，2～3s 后使微型继电器动作，输出电信号供报警及控制用。图 6-15 为水流指示器的外部接线图。

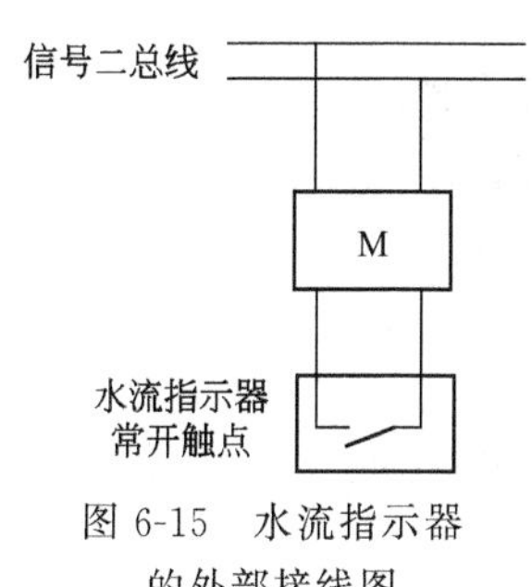

图 6-15 水流指示器的外部接线图

② 水力报警器。水力报警器包括水力警铃和压力开关。其中，水力警铃装在湿式报警阀的延迟器后，当系统侧排水口放水后，利用水力驱动警铃，使之发出报警声。它也可用于干式、干湿两用式、雨淋及预作用自动喷水灭火系统中。压力开关是装在延迟器上部的水-电转换器，其功能是将管网水压力信号转变成电信号，以实现自动报警及启动消火栓泵的功能。

(2) 消火栓按钮及手动报警按钮

① 消火栓按钮。消火栓按钮是消火栓灭火系统中的主要报警元件。按钮内部有一组常开触点、一组常闭触点及一只指示灯，按钮表面为薄玻璃或半硬塑料片。火灾时打碎按钮表面玻璃或用力压下塑料面，按钮即可动作。

消火栓按钮在电气控制线路中的连接形式有串联、并联及通过模块与总线相连三种，如图 6-16 所示。

图 6-16(a) 中消火栓按钮的常开触点在正常监控时均为闭合状态。

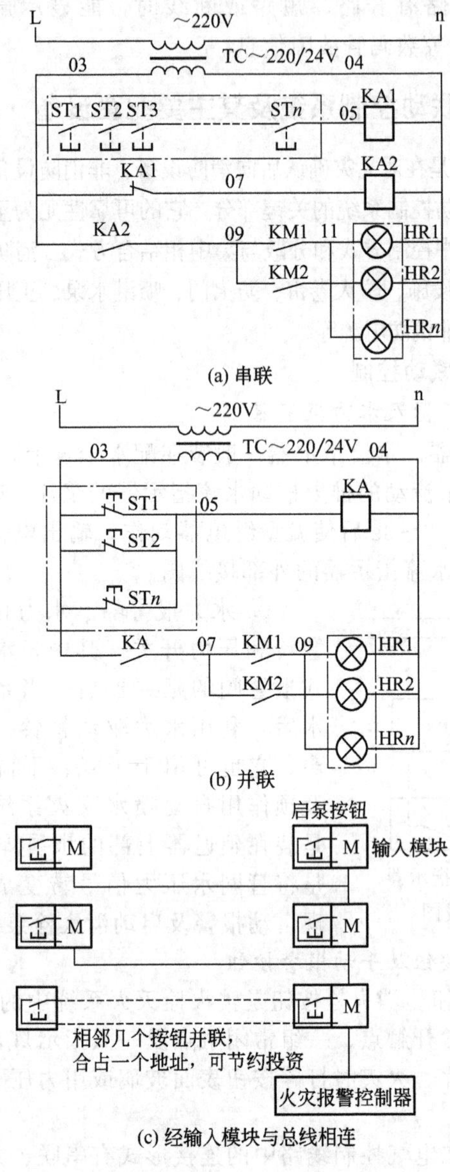

(a) 串联

(b) 并联

(c) 经输入模块与总线相连

图 6-16　消火栓按钮控制电路图

中间继电器 KA1 正常时通电，当任一消火栓按钮动作时，KA1 线圈失电，中间继电器 KA2 线圈得电，其常开触点闭合，启动消火栓泵，所有消火栓按钮上的指示灯燃亮。

图 6-16(b) 为消火栓按钮并联电路，图中消火栓按钮的常闭触点在正常监控时是断开的，中间继电器 KA 不得电，火灾发生时，当任一消火栓按钮动作时，KA 即通电，启动消火栓泵，当消火栓泵运行时，其运行接触器常开触点 KM1（或 KM2）闭合，所有消火栓按钮上的指示灯燃亮，显示消火栓泵已启动。

图 6-16(c) 为大型工程建筑项目中所用的控制电路方式。这种系统接线简单、灵活（输入模块的确认灯可作为间接的消火栓泵启动反馈信号）。火灾报警控制器一定要保证常年正常运行且常置于自动联锁状态，否则会影响启泵。

② 手动报警按钮。它与自动报警控制器相连，用手动方式产生火灾报警信号，启动火灾自动报警系统的器件，接线电路如图 6-17 所示。

(3) 消防泵、喷淋泵及增压泵的控制

消防泵、喷淋泵分别为消火栓系统及水喷淋系统的主要供水设备。增压泵是为防止充水管网泄漏等原因导致水压下降而设的增压装置。消防泵、喷淋泵在火灾报警后自动或手动启动，增压泵则在管网水压下降到一定位置时由压力继电器自动启动及停止。

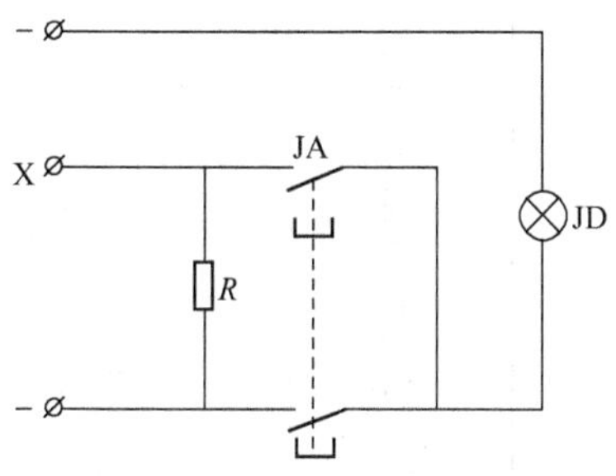

图 6-17 手动报警按钮接线电路图

① 消火栓用消防泵。

当城市公用管网的水压或流量不够时，应设置消火栓用消防泵。每个消火栓箱都配有消火栓报警按钮。当发现并确认火灾后，手动按下消火栓报警开关，向消防控制室发出报警信号，并启动消防泵。此时，所有消火栓按钮的启泵显示灯全部点亮，显示消防已经启动。

图 6-18 为消火栓消防泵控制原理电路图。

图 6-18 中，SE1，…，SEn 为设在消火栓箱内的消防泵专用控制按钮，按钮上带有水泵运行指示灯。

火灾发生时，击碎消火栓箱内消防专用按钮的玻璃，使该按钮的常

开触点复位到断开位置，中间继电器 KA4 的线圈断电，常闭触点闭合，

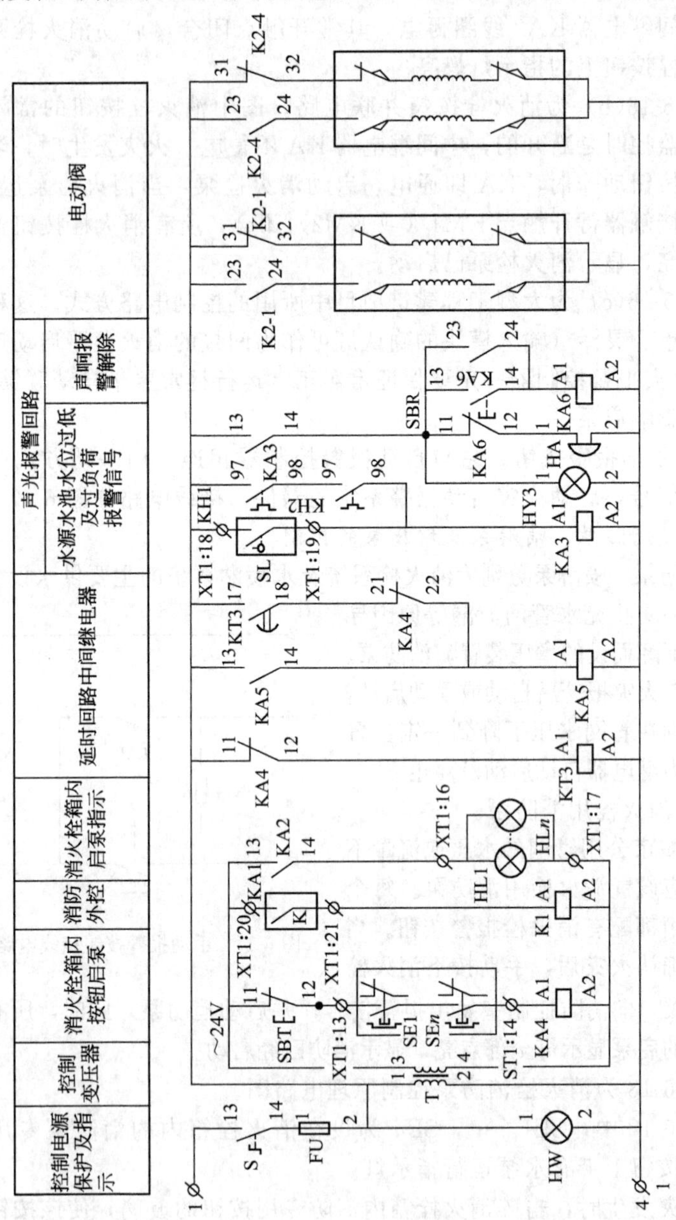

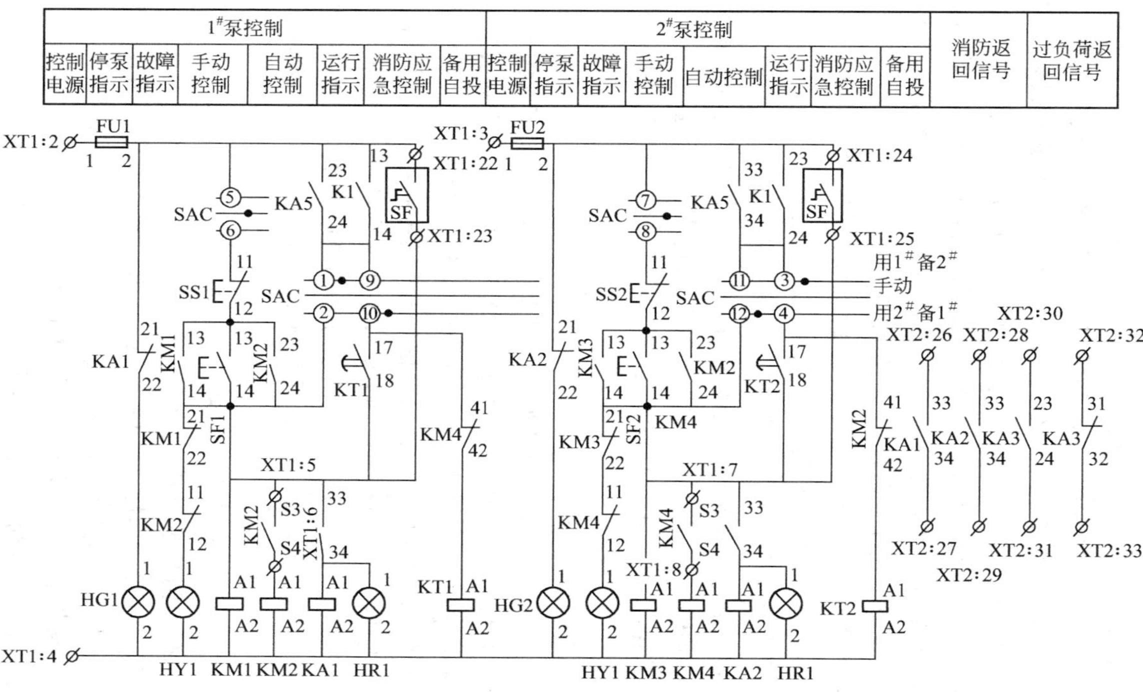

图 6-18 消火栓消防泵控制原理电路图

中间继电器 KT3 的线圈通电，经延时后，延时闭合的常开触点闭合，使中间继电器 KA5 的线圈通电吸合，并自动保持。

同时，若选择开关 SAC 置于 1# 泵工作、2# 泵备用的位置时，1# 泵的接触器 KM1 线圈通电，KM1 常开触点闭合，1# 泵经软启动器启动后，软启动器上的 S3、S4 端点闭合，KM2 线圈通电，旁路常开触点 KM2 闭合，1# 泵运行，如果 1# 泵发生故障，接触器 KM1、KM2 跳闸，时间继电器 KT2 线圈通电，KT2 常开触点延时闭合，接触器 KM3 线圈通电吸合，作为备用的 2# 泵启动。

当选择开关 SAC 置于 2# 泵工作、1# 泵备用的位置时，2# 泵先工作，1# 泵备用，其动作过程与选择 1# 泵工作类似。

当 1# 泵、2# 泵均发生过负荷时，热继电器 KH1、KH2 闭合，中间继电器 KA3 通电，发出声、光报警信号。如果水源水池无水时，安装在水源水池内的液位计 SL 接通，使中间继电器 KA3 通电吸合，其常开触点闭合，发出声、光报警信号。可通过复位按钮 SBR 关闭警铃。

②自动喷淋用消防泵。

自动喷淋用消防泵工作原理如下。当火灾发生时，随着火灾部位温度的升高，自动喷淋系统喷头上的玻璃球破碎（或易熔合金喷头上的易熔合金片脱落），喷头开启喷水，水管内的水流推动水流指示器的桨片使其电触点闭合，接触电路，输出电信号至消防控制室。与此同时，设在主干水管上的报警水阀被水流冲开，向洒水喷头供水，经过报警阀流入延迟器，经延迟后，再流入压力开关使压力继电器动作接通，喷淋用消防泵启动。而压力继电器动作的同时，启动水力警铃，发出报警信号。

图 6-19 为湿式自动喷水消防泵工作原理图。

③ 自动喷淋消防泵控制原理图。

自动喷淋消防泵一般设计为两台泵，一用一备，互为备用，当工作泵故障时，备用泵自动延时投入运行。

图 6-20 为自动喷淋消防泵控制原理电路图。

图 6-20 所示的自动喷淋消防泵控制原理电路中，有水泵工作状态选择开关 SAC，可使两台泵分别处于 1# 泵用、2# 泵备，2# 泵用、1# 泵备，或两台泵均为手动的工作状态。

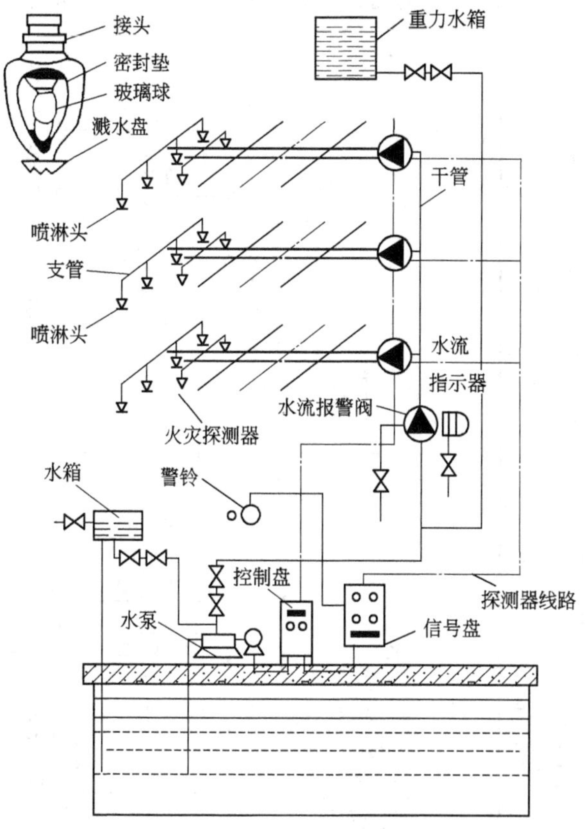

图 6-19　湿式自动喷水消防泵工作原理图

发生火灾时，喷淋系统的喷淋头自动喷水，设在主立管或水平干管的水流继电器 SP 接通，时间继电器 KT3 线圈通电，延时常开触点经延时后闭合，中间继电器 KA4 通电吸合，时间继电器 KT4 通电。

这时，若选开关 SAC 置于 1# 泵用、2# 泵备的位置，则 1# 泵的接触器 KM1 通电吸合，经软启动器，1# 泵启动，当 1# 泵启动后达到稳定状态，软启动器上的 S3、S4 触点闭合，旁路接触器 KM2 通电，1# 泵正常运行，向系统供水。若此时 1# 泵发生故障，接触器 KM2 跳闸，使 2# 泵控制回路中的时间继电器 KT2 通电，经延时吸合，使接触器

KM3 通电吸合，2# 泵作为备用泵启动向自动喷淋系统供水。根据消防

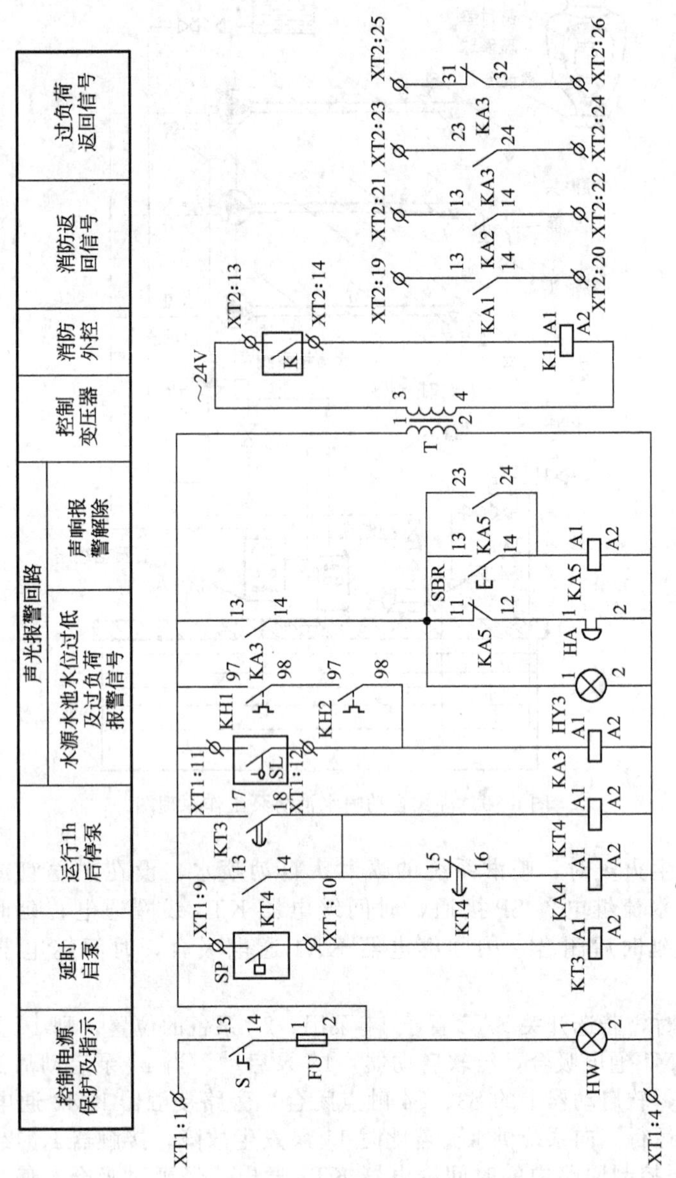

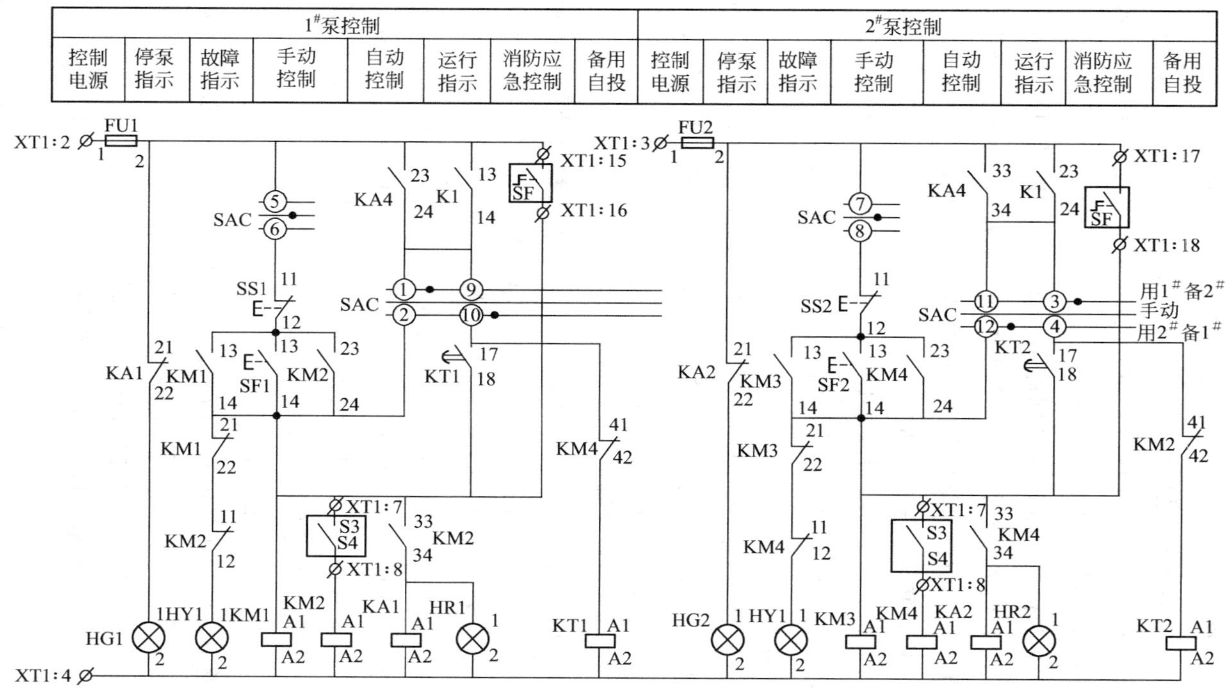

图 6-20　自动喷淋消防泵控制原理电路图

规范的规定，火灾时喷淋泵启动后运转时间为1h，即1h后自动停泵。因此，时间继电器KT4延时时间整定为1h，当KT4通电1h后吸合，其延时常闭触点打开，中间继电器KA4断电释放，使正在运行的喷淋泵控制回路断电，水泵自动停止运行。

通常，在两台泵的自动控制回路中，常开触点K的引出线接在消防控制模块上，由消防控制室集中控制水泵的启停。启动按钮SF引出线为水泵硬接线，引至消防控制室，作为消防应急控制。

2. 防火门及防火卷帘的控制

防火门及防火卷帘都是防火分隔物，有隔火、阻火、防止火势蔓延的作用。在消防工程应用中，防火门及防火卷帘的动作通常都是与火灾监控系统联锁的。

通常，防火门的控制可用手动控制或电动控制（即现场感烟、感温探测器控制，或由消防控制中心控制）。当采用电动控制时，需要在防火门上配有相应的闭门器及释放开关。

防火门有以下两种工作方式。

① 平时通电、火灾时断电关闭方式。即防火门释放开关平时通电吸合，使防火门处于开启状态，火灾时通过联动装置自动控制加手动控制切断电源，装在防火门上的闭门器使之关闭。

② 平时不通电、火灾时通电关闭方式。即通常将电磁铁、油压泵和弹簧制成一个整体装置，平时不通电，防火门被固定销扣住呈现开启状态，火灾时受联锁信号控制，电磁铁通电将销子拔出，防火门靠油压泵的压力或弹簧力作用而慢慢关闭。

防火门的外形结构如图6-21所示。

防火卷帘是设置在建筑物中防火分区通道口处的可形成门帘或防火分隔的消防设备。图6-22为防火卷帘控制电路图。

下面结合图6-22来分析防火卷帘的控制工作原理。

通常，不工作时卷帘卷起，并锁住；发生火灾时，分两步下放。

(1) 第一步

当火灾初期产生烟雾时，来自消防中心的联动信号（感烟探测器报

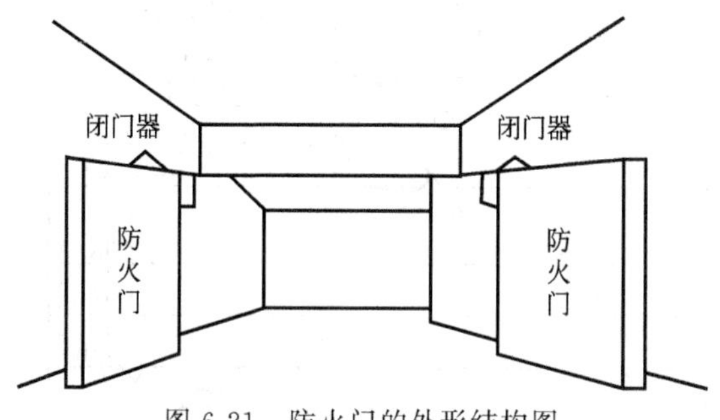

图 6-21 防火门的外形结构图

警所致）使触点 1KA（在消防中心控制器上的继电器因感烟报警而动作）闭合，中间继电器 KA1 线圈通电动作，同时联动。

① 信号灯 HL 亮，发出报警信号。

② 电警笛 HA 响，并发出声音报警信息。

③ KA1 11-12 号触点闭合，给消防中心一个卷帘启动的信号（即 KA1 11-12 号触点与消防中心信号灯相接）。

④ 将开关 QS1 的常开触点短接，全部电路通以直流电。

⑤ 电磁铁 YA 线圈通电，打开锁头，为卷帘下降做准备。

⑥ 中间继电器 KA5 线圈通电，同时将接触器 KM2 线圈接通，KM2 触点动作，门电动机反转使卷帘下降，当卷帘下降到距地 1.2～1.8m 定点时，位置开关 SQ2 受碰撞而动作，使 KA5 线圈失电，KM2 线圈失电，门电动机停转，卷帘停止下放（现场中常称中停），从而隔断火灾初期的烟雾，方便人员逃生和灭火。

（2）第二步

① 如果火势逐渐增大、温度上升时，消防中心的联动信号接点 2KA（在安全消防中心控制器上，且与感温探测器联动）闭合，中间继电器 KA2 线圈通电，触点动作，时间继电器 KT 线圈通电。经延时 30s 后触点闭合，使 KA5 线圈通电，KM2 又重新通电，门电动机又反转，卷帘继续下放。

② 当卷帘落地时，碰撞位置开关 SQ3 使其触点动作，中间继电器

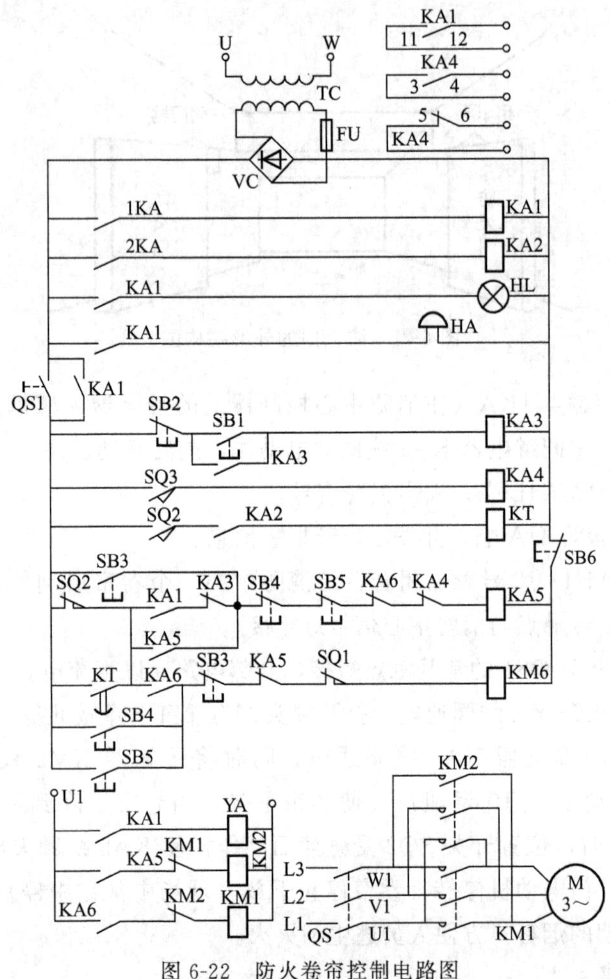

图 6-22 防火卷帘控制电路图

KA4 线圈通电，常闭触点断开，使 KA5 失电释放，又使 KM2 线圈失电，门电动机停止。同时，KA4 3-4 号、5-6 号触头将卷帘完全关闭信号（或称落地信号）反馈给消防中心。

当火被扑灭后，按下消防中心的帘卷卷起按钮 SB4 或现场就地卷起按钮 SB5，均可使中间继电器 KA6 线圈通电，使接触器 KM1 线圈通电，门电动机正转，卷帘上升，当上升到顶端时，碰撞位置开关 SQ1 使之动作，使 KA6 失电释放，KM1 失电，门电动机停止，上升结束。

3. 防排烟设备控制

防烟设备的作用是防止烟气侵入疏散通道；而排烟设备的作用是消除烟气大量积累并防止烟气扩散到疏散通道。

图 6-23 为防排烟系统控制图。

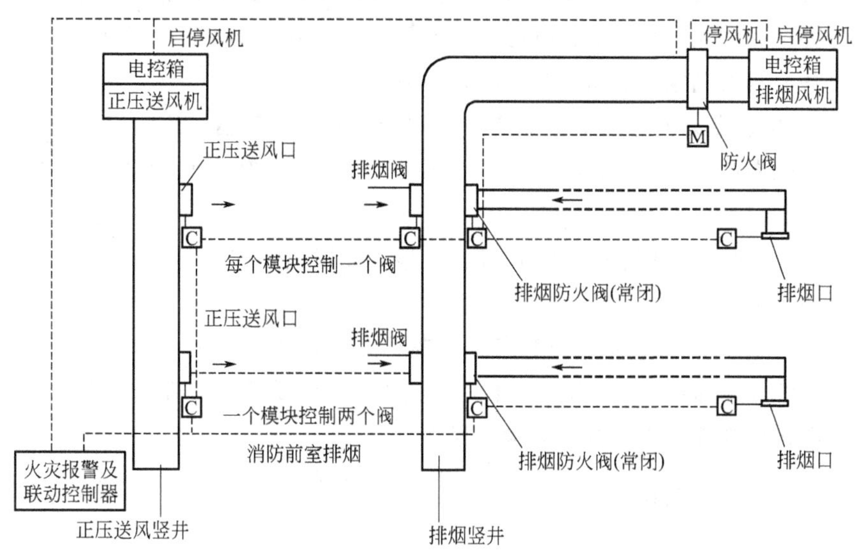

图 6-23 防排烟系统控制图

在排烟系统中，风机的控制应按防排烟系统的组成进行设计，其控制系统通常可由消防控制室、排烟口及就地控制等装置组成。就地控制是将转换开关打到手动位置，通过按钮启动或停止排烟风机，可用于检修。

排烟风机可由消防联动模块控制或就地控制。

联动模块控制时，通过联锁触点启动排烟风机。当排烟风道内温度超过 280℃时，防火阀自动关闭，通过联锁接点使排烟风机自动停止。

第三节 火灾自动报警及消防联动系统安装

一、材料要求

① 施工前应对采用的系统组件、管件及其他设备、材料进行现场检查，并应符合下列要求：系统组件、管件及其他设备、材料应符合设计要求和国家现行有关标准的规定，并应具有出厂合格证。其中，消防设备要具有国家主管机关签发的合格证。

② 各类火灾探测器，如离子探测器、光电探测器、线性感烟探测器、感温探测器等设备的材质、规格、型号应符合设计及规范的规定。

③ 设备及材料表面应光滑、完整，无脱落、夹渣、裂纹、气泡、折叠等缺陷。

④ 所用设备、材料应有产品合格证及相关技术文件。

⑤ 探测器、各类缆线、管材、联动装置等设备均应在进场前对其各项进行功能检测，并出具检测报告。

二、设备要求

1. 探测器

① 对火灾形成特征不可预料的场所，可根据模拟试验的结果选择探测器。

② 对使用、产生或集聚可燃气体或可燃液态蒸气的场所，应选择可燃气体探测器。

③ 对火灾发生迅速，可产生大量的热、烟和火焰辐射的场所，可选择感温探测器、感烟探测器、火焰探测器或其组合。

④ 对火灾发展迅速，有强烈的火焰辐射和少量的烟、热的场所，应选择火焰探测器。

⑤ 对火灾初期有阴燃阶段，产生大量的烟和少量的热，很少或没

有火焰辐射的场所，应选择感烟探测器。

⑥ 对大空间或有特殊要求的场所，宜选用红外光束感烟探测器。

2. 对火灾自动报警设备要求

① 区域报警系统宜用于二级保护对象。

② 集中报警系统宜用于一级和二级保护对象。

③ 控制中心报警系统宜用于特级和一级保护对象。

三、 管线敷设及布线要求

1. 电线管敷设

① 消防控制、通信和报警线路采用暗敷设时，应穿管并应敷设在不燃烧体结构内且保护层厚度不应小于 30mm。明敷时（包括吊顶内），应穿金属管或封闭式金属线槽，并应在金属管或金属线槽上采取防火保护措施。

② 火灾自动报警系统的传输线路应采用穿金属管、封闭式线槽，并应采取防火保护措施。

③ 穿线钢管采用低压流体输送用 ϕ20mm 的镀锌钢管，明敷设的钢管应采用螺纹连接的形式，暗配穿线钢管采用套管连接。

④ 管路之间不得采用倒扣连接。在穿线管与感温、感烟探头，手动报警按钮等设备连接时应采用金属蛇皮管。金属蛇皮管应无裂纹、孔洞、机械损伤、变形等缺陷。安装时应符合下列要求：在不同的使用环境条件下，应采用相应材质的挠性金属蛇皮管。弯曲半径不应小于管外径的 5 倍。接线盒上多余的孔，应采用丝堵堵塞严密。

⑤ 管路超过下列长度时，应在便于接线处安装接线盒。

a. 管子长度每超过 20m，有 2 个弯曲时。

b. 管子长度每超过 30m，有 1 个弯曲时。

c. 管子长度每超过 12m，有 3 个弯曲时。

d. 管子长度每超过 45m，无弯曲时。

⑥ 管子入盒时，盒外侧应套锁母，内侧应装护口。在吊顶内敷设时，盒的内外侧均应套锁母。在吊顶内敷设各类管路，宜采用单独的卡具吊装。

2. 管内穿线及电缆敷设

① 当采用阻燃或耐火电缆时，敷设在电缆井、电缆沟内可不采取防火保护措施。当采用矿物质绝缘类不燃性电缆时，可直接明敷。

② 管内穿线应在建筑抹灰及地面工程结束后进行。在穿线前，应将管内的积水及杂物清除干净。不同系统、不同电压等级、不同电流类别的线路，不应穿在同一管内。导线在管内不应有接头或扭结。导线的接头应在接线盒内焊接或与端子连接。火灾自动报警系统导线敷设前，应对每回路的导线用500V的兆欧表测量绝缘电阻，其对地绝缘电阻值不应小于20MΩ。

③ 火灾自动报警系统用电缆竖井，宜与电力、照明用的低压电缆竖井分别设置。如受条件限制必须合用时，两种电缆应分别设置在竖井两侧。

④ 电缆设备处采用金属软管连接，金属软管安装完毕后需用卡子固定牢靠。

⑤ 选择不同颜色的导线区分导线的用途，但同一工程中相同线别的绝缘导线颜色应一致。

⑥ 导线或电缆在管内不准有接头，管内导线的总截面不应超过管子截面的40%。

⑦ 配合吊顶施工的部分，在吊顶封闭之前，电缆或导线应敷设完毕。

⑧ 合股导线在接线时要压接端子或挂锡，导线连接采用压接管进行连接并且压接管型号要与导线规格配套。

3. 传输

① 火灾探测器的传输线路宜选择不同颜色的绝缘导线或电缆。正极“+”线应为红色，负极“—”线应为蓝色。同一工程中，相同用途的导线颜色应一致，接线端子应有标号。

② 火灾自动报警系统的传输网络不应与其他系统的传输网络合用。

四、 设备安装要点

① 点型火灾探测器的安装位置应符合下列要求。

a. 探测器周围0.5m内不应有遮挡物。

b. 在宽度小于 3m 的内走道顶棚上设置探测器时，宜居中布置；感温探测器的安装间距不应超过 10m；感烟探测器的安装间距不应超过 15m；探测器距端墙的距离不应大于探测器安装间距的一半。

c. 探测器至墙壁、梁边的水平距离不应小于 0.5m。

d. 探测器至空调送风口边的水平距离不应小于 1.5m。

e. 探测器宜水平安装，当必须倾斜安装时，倾斜角不应大于 45°。

② 线型探测器的设置：当采用红外光束感烟探测器时，光束轴线至顶棚的垂直距离宜为 0.3～1.0m，距地高度不宜超过 2.0m；相邻两组红外光束感烟探测器的水平距离不应大于 14m；探测器至侧墙水平距离不应大于 7m，且不应小于 0.5m；探测器的发射器和接收器之间的距离不宜超过 100m。

探测器底座固定牢靠，其导线连接必须可靠压接或焊接。当采用焊接时，不得使用带腐蚀性的助焊剂。探测器的“＋”线为红色，“－”线为蓝色，其余线应根据不同用途采用其他颜色区分，但同一工程中相同用途的导线颜色应一致。探测器底座的外接导线应留有不小于 15cm 的余量，入端处应有明显标志。探测器底座的穿线孔宜封堵，安装完毕后的探测器底座应采取保护措施。

③ 缆式线型定温探测器在电缆桥架或支架上设置时，宜采用接触式布置；在各种皮带输送装置上设置时，宜设置在装置的过热点附近。设置在顶棚下方的空气管式线型温差探测器，至顶棚的距离宜为 0.1m。相邻管路之间的水平距离不宜大于 5m；管路至墙壁的距离宜为 1～1.5m。

探测器的确认灯应面向便于人员观察的主要入口方向。

探测器的底座应安装牢固，其导线连接应靠压接或焊接。

探测器底座的穿线孔宜封堵，安装完成后探测器底座应采取保护措施。

探测器在即将调试时方可安装，在安装前应妥善保管，并做好防尘、防潮、防腐蚀措施。

五、 手动火灾报警按钮安装

① 手动火灾报警按钮应设置在明显的和便于操作的部位。当安装

在墙上时，其底边距地高度宜在1.5m处。

② 手动火灾报警按钮的外接导线，应留有不小于10cm的余度，且在其端部应有明显标志。

③ 每个防火分区应至少设置一个手动火灾报警按钮。从一个防火分区内的任何位置到最邻近的一个手动火灾报警按钮的距离不应大于30m。手动火灾报警按钮宜设置在公共活动场所的出入口处。

④ 手动火灾报警按钮应安装牢固、平正，不得倾斜。

六、 火灾报警控制器的安装

火灾报警控制器落地安装时，其底面宜高出地坪0.1～0.2m。控制器应安装牢固，不得倾斜。引入控制器的电缆和导线应符合下列要求。

① 电缆芯线和导线应留有不小于20cm的余量。

② 导线穿线后，在进线管处应封堵。

③ 电缆芯线和所配导线的端部均应标明编号，并与图纸一致，字迹清晰不易褪色。

④ 配线应整齐，避免交叉，并应固定牢固。

⑤ 接线箱内的端子板，每个端子上的接线不得超过2根。

⑥ 控制器的主电源引入线，应直接与消防电源连接，严禁使用电源插头，主电源应有明显标志。控制器的接地应牢固，并有明显标志。

⑦ 导线应绑扎成束。

七、 消防控制设备的安装

① 消防控制设备在安装前，应进行功能检查，不合格者不能安装。

② 消防控制设备的外接导线，当采用金属软管作套管时，其长度不宜大于2m，且应采用管卡固定，其固定点间距不应大于0.5m。

③ 金属软管与消防控制设备的接线盒，应采用锁母固定，并应根据配管规定接地。消防控制设备外接导线的端部应有明显标志。

八、 系统接地装置的安装

① 专用接地干线应采用铜芯绝缘线，其线芯截面面积不应小于

$25mm^2$。工作接地线与保护线必须分开。

② 接地装置施工完毕后，应及时做隐蔽工程验收，测量接地电阻值，并应符合设计要求。

③ 火灾自动报警系统应设专用接地线，并应在消防控制室设置专用接地板。专用接地线从消防控制室引至室外接地板。在通过墙壁时，要穿入钢管保护。

九、 火灾自动报警系统对电源的要求

火灾自动报警系统应有自主电源和直流备用电源。火灾自动报警系统的自主电源应采用消防电源，直流备用电源宜采用火灾报警控制器的专用蓄电池或集中设置的蓄电池。当直流备用电源采用消防系统集中设置的蓄电池时，火灾报警控制器应采用单独的供电回路，并应保证在消防系统处于最大负载状态下正常工作。

第四节 某医院防盗报警系统安装方案

一、 设计依据

① 智能建筑设计标准；

② 建筑智能化系统工程设计管理暂行规定；

③ 安全防范工程程序与要求；

④ 现行《智能建筑设计标准》；

⑤ 中华人民共和国公共安全行业标准《安全防范系统通用图形符号》；

⑥ 现行《安全防范工程建设与维护保养费用预算编制方法》；

⑦ 现行《入侵报警系统技术要求》；

⑧ 现行《防盗报警控制器通用技术条件》。

二、 项目简介

医院是特殊的社会性行业，具有开放性，是一个相对复杂的环境；内部机构繁多，门诊部、住院部、制药制剂车间、蒸馏发酵车间，药

房、药库、电力设备室、锅炉房、车库及车辆调度、各级各类科室、检查室、管理室、医院管理机构办公室等，具有复杂性、综合性、安全性。

某医院总线制联网报警系统针对该医院的实际情况进行了合理而科学的设计，可以在该医院建立一个快速的、经济实用的智能联网报警系统，既安全又美观。该系统建成后，呈现在指挥中心的是一个带有液晶显示的中心接警机，通过接口和电脑连接，正前方的墙面上挂着医院的平面图，当出现警情时，在一秒钟之内电子地图上会显示出××栋楼××号病房的警情；医院任何一条线，任何一个终端（红外、紧急按钮、门磁等防区），任何一个电源开路、短路、停电、尽显中心，每个科室的任何布防，撤防、密码三次输错尽报中心，而不用花任何通信费用，其高可靠性和闭环（上行报警下行巡检）结构更是电话拨号和无线报警所不能比拟的，医院总线制联网报警系统可以实时监控医院的安全情况。该系统可将医院的安全信息全部数字化，是现代智能医院必备的一套完善的智能报警系统。

三、 医院防盗报警系统结构及功能特点

1. 需求分析

① 系统中心设置于公安科内，门诊楼和住院楼作为该系统的前端检测点，不设分中心。

② 两个楼栋之间的通信总线由住院楼 2 层的楼栋弱电桥架直接送到门诊楼 2 层的配电间。

③ 由于楼栋、分布的复杂，通信总线不易实现单一的串行连接模式，应采用星、串结合的模式，所以选用总线扩展 8 防区模块的解决方案，如图 6-24 所示。

④ 在住院楼 1 层弱电间，配备一个 6 端口的总线集线器，分别为 1、2、6、16（含 7、13 层）层提供四条总线，其中 2 层总线直接送达门诊楼 2 层电气间；在门诊楼 2 层电气间，配备一个 4 端口总线集线

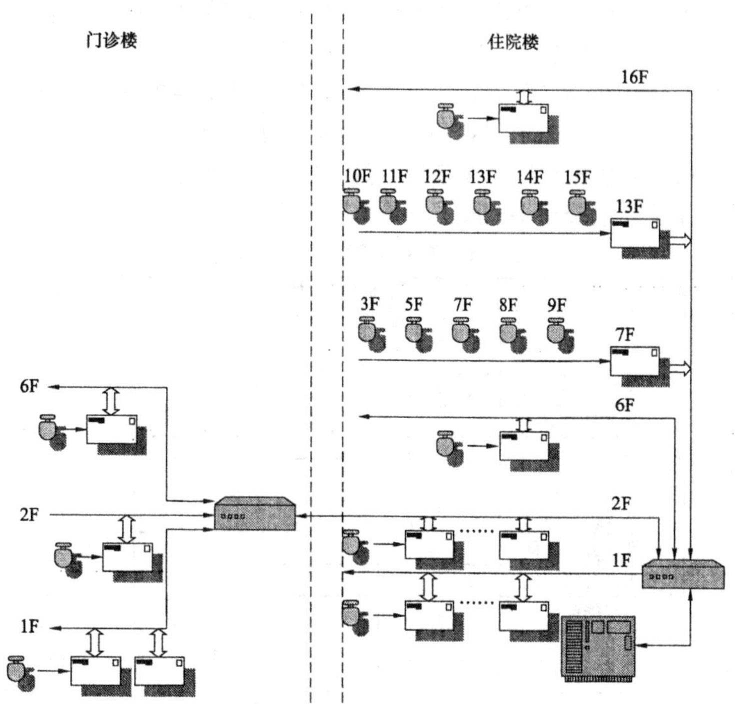

图 6-24 某医院报警系统总线连接示意图

器，再分出三条总线分别送 1、2、6 层楼。

⑤ 住院楼 1 层有部分探测器划为公共防区点，直接接入监控室的报警主机的防区端口；其余全部由 8 防区总线扩展防区接入。

⑥ 由于上下班时间难以一致，撤防、布防难以统一进行，所以采用划分成若干独立防区和少量公共防区相结合的模式。有独立防区的分布情况见表 6-2。

表 6-2 独立分区

楼 栋	门诊楼			住院楼					
楼层	1F	2F	6F	1F	2F	5F	6F	7～15F	16F
独立防区数	2	1	1	3	3	0	1	0	1
公共防区点数	0	0	0	5	0	2	0	9	0

⑦ 独立防区，需配备可撤防、布防的控制键盘；公共防区点工作状态，由报警主机进行设置控制。

⑧ 3、5、7、8、9 层共用一个扩展防区模块，模块安装于 7 层；10～15层共用一个扩展防区模块，模块安装于 13 层。

⑨ 所有紧急按钮防区全部设置为 24 小时监控防区模式。

⑩ 住院楼报警设备分布点（参考）见表 6-3。

表 6-3　住院楼报警设备分布点

楼层	位　　置	双鉴探测器	紧急按钮	玻璃破碎探测器	独立防区键盘	防区扩展模块	六端口总线集线器
	值班室		1				
	出入院处、办公室	1	2	1	1	1	
	库房	1					
一层	食品超市	2	1	2	1	1	1
	鲜花书刊	1	1	1	1	1	
	东侧办公室 4 间		4				
	东侧办公室 4 间	4				1	
	西侧办公室 1 间	1					
	智能间	2	1		1	1	
	机房办公室	1	1				
	中心药房	2	1	1			
	药房办公室		1		1	1	
二层	二级库		1				
	供应科办公室	1	1				
	器械仓库 1						
	敷料仓库	1			1	1	
	一次性药品库房	1					
三层	学术活动中心	1					
五层	学术活动中心	1					
	器械存放室	1					
	库房	1					
	标本	1					
	护士站		1				
六层	药品	1			1	1	
	仪器	1					
	主任办公室		1				
	会议室	1					

续表

<table>
<tr><th>楼层</th><th>位置</th><th>双鉴探测器</th><th>紧急按钮</th><th>玻璃破碎探测器</th><th>独立防区键盘</th><th>防区扩展模块</th><th>六端口总线集线器</th></tr>
<tr><td>七层</td><td>学术活动中心</td><td>1</td><td></td><td></td><td rowspan="3"></td><td rowspan="3">1</td><td></td></tr>
<tr><td>八层</td><td>学术活动中心</td><td>1</td><td></td><td></td><td></td></tr>
<tr><td>九层</td><td>学术活动中心</td><td>1</td><td></td><td></td><td></td></tr>
<tr><td>十层</td><td>学术活动中心</td><td>1</td><td></td><td></td><td rowspan="6"></td><td rowspan="6">1</td><td></td></tr>
<tr><td>十一层</td><td>学术活动中心</td><td>1</td><td></td><td></td><td></td></tr>
<tr><td>十二层</td><td>学术活动中心</td><td>1</td><td></td><td></td><td></td></tr>
<tr><td>十三层</td><td>学术活动中心</td><td>1</td><td></td><td></td><td></td></tr>
<tr><td>十四层</td><td>学术活动中心</td><td>1</td><td></td><td></td><td></td></tr>
<tr><td>十五层</td><td>学术活动中心</td><td>1</td><td></td><td></td><td></td></tr>
<tr><td rowspan="5">十六层</td><td>会议室 2 间</td><td>2</td><td></td><td></td><td rowspan="5">1</td><td rowspan="5">1</td><td></td></tr>
<tr><td>图书库</td><td>2</td><td></td><td></td><td></td></tr>
<tr><td>期刊阅览室</td><td>1</td><td></td><td></td><td></td></tr>
<tr><td>病案统计办公室</td><td></td><td>1</td><td></td><td></td></tr>
<tr><td>病案库</td><td>2</td><td></td><td></td><td></td></tr>
<tr><td>合计</td><td></td><td>44</td><td>17</td><td>5</td><td>8</td><td>10</td><td>1</td></tr>
</table>

⑪ 门诊楼报警设备分布点见表 6-4。

表 6-4 门诊楼报警设备分布点

<table>
<tr><th>楼层</th><th>位置</th><th>双鉴探测器</th><th>紧急按钮</th><th>玻璃破碎探测器</th><th>防区独立键盘</th><th>防区扩展模块</th><th>六端口总线集线器</th></tr>
<tr><td rowspan="7">一层</td><td>值班</td><td></td><td>1</td><td></td><td rowspan="3">1</td><td rowspan="3">1</td><td></td></tr>
<tr><td>收费</td><td>1</td><td>2</td><td>1</td><td></td></tr>
<tr><td>挂号</td><td>1</td><td>1</td><td>1</td><td></td></tr>
<tr><td>西药房</td><td>2</td><td>1</td><td>2</td><td rowspan="4">1</td><td rowspan="4">1</td><td></td></tr>
<tr><td>办公室</td><td></td><td>1</td><td></td><td></td></tr>
<tr><td>值班室</td><td></td><td>1</td><td></td><td></td></tr>
<tr><td>二级库</td><td>1</td><td></td><td></td><td></td></tr>
</table>

续表

楼层	位　　置	双鉴探测器	紧急按钮	玻璃破碎探测器	防区独立键盘	防区扩展模块	六端口总线集线器
二层	二级库	1					
	中药房	1	1	1	1	1	1
	更衣、办公		1				
六层	库房	1					
	卫材仓库	2			1	1	
	文柜室	1					
	办公室		1				
合计		11	10	5	4	4	1

2. 系统的可靠性

① 广泛性。将医院的科室报警系统与病房报警系统融为一体,要求医院内每个病房都能得到保护。

② 实用性。要求每个科室的防范系统能在实际可能发生受侵害的情况下及时报警。并要求操作简便,环节少,易学。

③ 系统性。要求每个科室的防范系统在案情发生时,除能自身报警外,必须及时传到保卫部门,并同时上报当地公安报警中心。

④ 可靠性。要求系统所设计的结构合理,产品经久耐用,系统可靠。

⑤ 可行性。要求系统投资或造价能控制在医院科室能承受的范围之内。

由此可见,总线制住宅医院联网报警系统是较为先进、实用的系统,是目前普遍采用的方案。

3. 主要特点

① 快速:从发现警情到报警中心收到警讯全过程不超过 1s。

② 准确:报警全过程通过计算机控制,不需人工操作,有效避免了疏忽大意和误操作。

③ 容量大:主控计算机容量大,可储存大量住户资料,因而能够向联网用户提供多种报警服务,并可建立医院居民档案。

④ 双工传输、自检:中心可以通过控制台随时检测各用户报警器性

能，解除误报警。

⑤ 防破坏性能：系统任何一根线路发生断路、短路即可报警。

⑥ 防断电性能：当医院停电或住户电路遭破坏时，后备电源可支持系统继续工作（不少于 24 小时）；如后备电源不工作了，中心在 1s 立即报出哪一路停电。

⑦ 抗干扰：系统通过了邮电各项指标（雷击、电磁辐射等试验）。无线传输采用软件判码，防止不同用户之间的操作误报，抗干扰强。

⑧ 多种布防方式：系统具有“在家布防”和“外出布防”设置，并上传中心计算机。

⑨ 紧急按钮可随时传送到指挥中心。

⑩ 系统以积木结构设计为主，具有良好的开放性，每户可有多路警情（盗情、劫情、红外、煤气、阳台、门磁）传输到中心。

⑪ 系统采用创新的总线制布线，结构科学合理，系统的可靠性及稳定性更高，可使施工更方便快捷。

⑫ 系统属全开放式结构，预留接口支持室内报警系统自动撤防、门厅灯等联动需要。

⑬ 采用高性能开关电源集中供电，有效防止雷击、短路、断路、超负荷运作，并带有大容量蓄电池浮充功能，有过充、过放保护。

⑭ 有线无线兼容。

4. 系统结构图及组成部分

该系统主要由医院总线控制报警通信管理系统组成。医院报警系统使用大型报警主机 PTK-7464，利用分布安装于每层楼的 8 防区报警模块与各个科室连接起来，给每个科室分配一个到二个防区连接紧急按钮和双鉴红外探测器，一个 PTK-7432 可以供 4～8 个房间共同使用，最后通过一根总线汇总到医院公安科，起到集中监控的目的。而在医院保安中心，还可使用计算机及专用软件进行监控，更加直观。

每台 PTK-7464 接警主机可通过两芯总线连接 64 个设备，该设备可以是单防区模块、8 防区模块，也可以是 8 防区报警主机，所以系统最多可以扩展到 500 个防区。

管理中心是 PTK-7464 中央接警主机接收总线信号，再通过串行接

口把防区的状态信息传送到PC。由软件完成所有事件的监控和管理,并可连接32路继电器模块进行联动处理。具有以下功能:

① 接收显示周界报警信息。

② 可接收科室的布/撤防及不同防区的报警信息。

③ 管理所有用户资料。

④ 实时监控系统线路安全状态。

⑤ 查询历史报警事件。

⑥ 多媒体工作方式,当收到报警信号时,可用语音提示警情。

⑦ 提供二次开发接口及联动输出口。

四、设备选型

1. 总线报警设备选型

(1)监控中心报警主机(PTK-7464)

图6-25是PTK-7464报警主机,既可单独使用,也可以连接到电力指挥中心联网系统的报警系统中,适用于电力无人站的独立用户,自带8个有线防区,并可通过总线扩展到64个防区,支持总线、电话网、局域网三种通信联网方式。

系统工作方式:当发生警情时,首先触发探测器部分,或出现紧急情况而按动求救按钮,报警控制主机接收到并确认为警情后,马上通过总线网络上传到省市监控中心的中央接警机,监控中心在收到报警信号后,向报警控制主机回传应答信号,确认握手无误后即进行处理。电子计算机进行一系列的处理后,调用数据库里的资料并向显示终端、打印机等设备输出,同时在大屏幕上显示警情的性质、发案地点、时间、电力无人站现场平面图等全部资料。在处理警情中,监控中心根据附近地区保安员力量分布情况调动

图6-25 监控中心报警主机

警力，快速有效打击犯罪活动，保护人民群众的生命财产安全。

主要功能：

① 最多可接 64 个防区：自身带有 8 个有线，通过通讯接口可以外接最多 64 个报警模块或者 PTK 系列总线通讯主机，每个输入设备最多可接 8 个防区。

② 所有防区以分区的形式管理，最多有 65 个分区：自身带有的 8 个防区，为第 64 分区；外接的接警设备（报警模块或主机）从第 00 分区开始，按照地址码的顺序，每一个设备为 1 个独立分区。每个键盘可以拥有其中的 1 个或多个分区，各键盘分别对自己的所管辖的所有分区独立同时进行布防、撤防等操作；主键盘可以对单个分区、防区独立进行布防、撤防操作。

③ 可最多接入 8 个键盘，独立操作，汉字界面。其中 1 个主键盘、7 个从键盘，通过主键盘编程可以让任意键盘跟随所有报警并显示报警信息。

④ 挂在通信总线上的设备都可以带有 1～64 个输出，其中报警模块最多带有 1 个输出，32 路指示灯最多可带 8 块指示灯板 256 路输出。每个防区可以联动最多 3 个输出，联动包括：防区报警联动、防区布撤防联动、防区异常联动。可以达到电子地图、DVR 报警输入、就地报警等功能。

⑤ 有 3 个密码权限，包括管理、编程、操作。

⑥ 可实现与中心计算机连接。

⑦ 可通过电话线与报警中心通过 Contact ID 协议连接，并可电话通知用户。

⑧ 通过键盘密码、遥控器、中心计算机、电话进行撤/布防。

⑨ 通过管理密码或者对主键盘（键盘地址位 0，挂接在键盘总线上）的撤布防，同时对所有键盘进行撤布防。

⑩ 通过主键盘对单个分区、防区进行布撤防。

⑪ 通过主键盘对联动设备单个或全部进行操作。

⑫ 通过计算机进行编程和配置。

⑬ 输入电源：AC16.5V。

⑭ 主机板耗电静态：300mA。

⑮ 报警状态:850mA。

⑯ 输出电源:DC13.8V。

⑰ 报警输出口:DC14V 800mA。

⑱ 外观尺寸:264mm×217mm×46mm。

⑲ 键盘端口总线总长度不得大于1200m。

⑳ 通信端口总线总长度每个接口不得大于1200m,两个接口最多可达2400m。

(2)八防区总线接入报警模块(PTK-7532)(图6-26)

① PTK-7532八防区扩展模块是具有总线通信功能的报警设备,可与PTK-7416,PTK-7432,PTK-7464,PTK-7500等多种报警主机配合使用。

图6-26 报警模块

② PTK-7532:接入8个常开NO或常闭NC有线防区。

③ 采用总线通信方式,可与PTK-7416,PTK-7432,PTK-7464,PTK-7500等报警主机配合使用,具有警号输出接口。

(3)防盗报警专用UPS开关稳压后备电源(PTK-450)

① 全自动不间断直流稳压电源是专为总线制报警系统设计的高可靠性的直流稳压电源,主要用于总线制报警系统的各个设备及各种防区探测器中需要直流12V供电的地方,其输出电压为0~24V可调节,最大输出电流分别为5A。在接7AH/12V的后备电池,负载电流为0.5A时,交流断电后可以提供最少12h的后备工作时间(具体时间与负载电流和后备电池的容量有关)。

② 输出电压稳定,耐雷击电压高。

③ 噪声低,纹波系数低,负载调整率低。

④ 输出电压过热保护,短路保护,反向放电保护。

⑤ 后备电池过放电保护、反接保护和自动充放电保护。

⑥ 免维护型电源,方便用户使用。

(4)模拟电子地图联动输出模块(PTK-32C)(图 6-27)

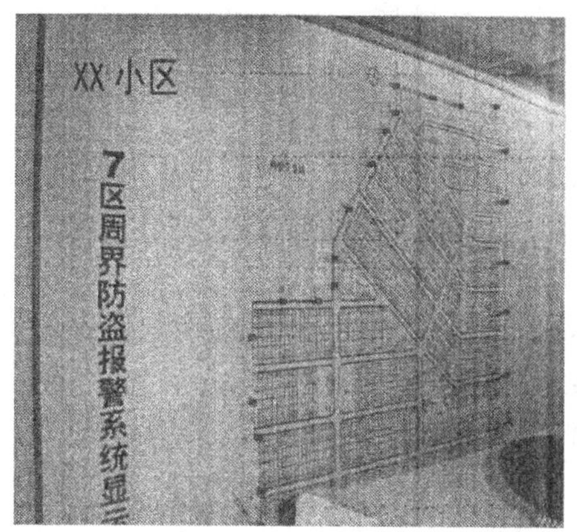

图 6-27 模拟电子地图联动输出模块

① 32 路继电器输出接口、32 路 LED 指示灯。

② 直接输出接口、用于联动医院模拟电子地图。

2. 红外探测器(可选)

(1)壁挂双元红外探测器(PA-476)(图 6-28)

图 6-28 壁挂双元红外探测器

①普及型室内挂壁被动红外线移动探测器,尤其适合医院防盗使用,外形时尚精致,线条流畅,适合任何装饰环境。

②自动温度补偿,Lodif 段式 Fresnel 镜片,可选用各种功能镜片,高密度,面贴片设计,阻燃外壳。

壁挂双元红外探测器的技术规格如下。

传感器:低噪声高灵敏度双元矩形红外。

处理器:二级自动脉冲,自动温度补偿。

启动时间:通电 60s。

检测速度:0.2～7m/s。

灵敏度:二级可调。

工作温度:-10～50℃。

电源输入:DC9～16V,候命18mA,警报20mA。

镜片:第二代Fresnel镜片。

抗白光:抗白光干扰。

保护范围:12m,110°。

金属护罩:抗射频干扰。

区域:9+5+5+3=22。

安装高度:1.1～3.1m可调。

警报指示:绿色LED亮保持3s(可关闭)。

警报输出:常闭,DC28V 0.15A。

防拆开关:常闭,盖被拆除开路,0.15A,DC28V。

工作湿度:95%。

质量:80g。

尺寸:66mm×93mm×52mm(宽×高×深)。

(2)吸顶红外探测器(PA-465)(图6-29)

适合天花安装,二级自动脉冲数调节,自动温度补偿阻燃外壳。

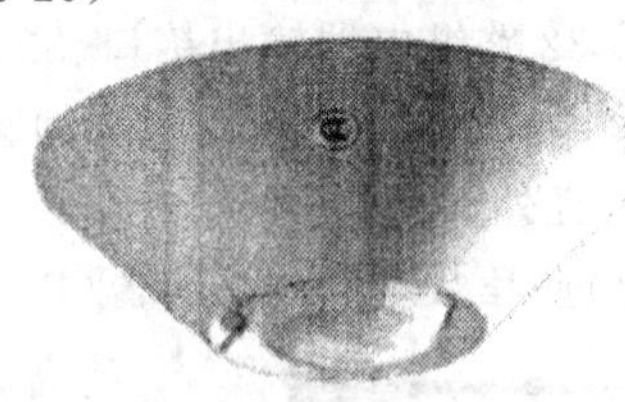

图6-29 吸顶红外探测器

吸顶红外探测器的技术规格如下:

传感器:低噪声高灵敏度双元矩形红外。

处理器:二级自动脉冲数调节,自动温度补偿。

启动时间:通电60s。

检测速度:0.2～7m/s。

灵敏度:二级可调。

工作温度:-10～50℃。

电源输入:DC9～16V,18MA。

镜片:Fresnel立体镜片。

保护范围:7.5m×6m(安装高度2.4m)。

金属护罩:抗射频干扰。

区域:(12+12+12+12+6+1)=55。

安装高度:2.2～4.5m。

警报显示:红色 LED 亮保持 3s(可关闭)。

警报输出:常闭,DC28V,0.15A 防拆开关常闭,盖被拆除开路,0.15A,DC28V。

工作湿度:95%,重量 75g,尺寸 ϕ108×35mm。

(3)幕帘双元红外探测器(PA-461)(图 6-30)

探测器的监测范围为一整个房间(与窗户多少无关)。同时它的灵敏度连续可调,保证可以根据环境情况设定一个最佳工作点——防误报而不减灵敏度。适合门、窗、阳台及天花保护之红外探头垂直或水平感应,高灵敏度,阻燃外壳。

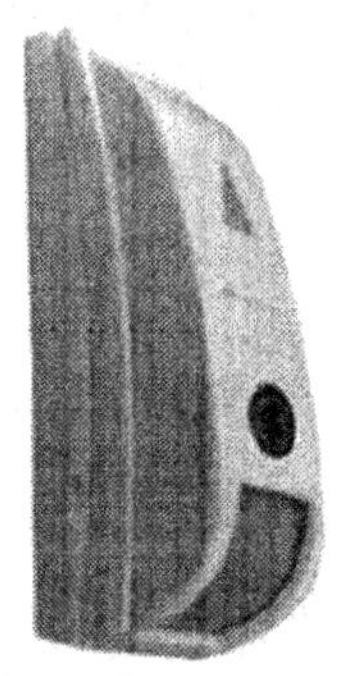

图 6-30　幕帘双元红外探测器

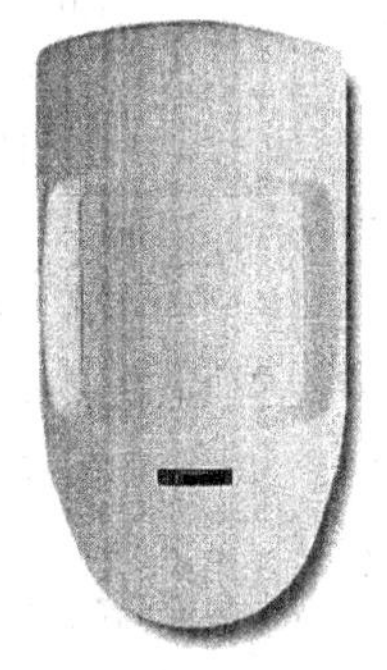

图 6-31　以色列 EL 双源红外探测器

PA-461 的技术规格如下:

传感器:低噪声高灵敏度双元矩形红外。

检测速度:0.2～7m/s。

工作温度:-10～50℃。

电源输入:DC10～16V,12.5mA。

镜片:Fresnel 垂直保护镜片。

保护范围:距离 6m。

垂直:3.6m。

安装高度:最高 3.6m。

安装位置:挂壁或吸顶。

抗射频干扰:>20V/m,10~1000MHz。

警报显示:红色 LED 亮。

警报时间:3s。

警报输出:常闭,DC24V,0.1A。

防拆开关:常闭,盖被拆除开路,0.1A,DC24V。

尺寸:28mm×70mm×25mm(宽×高×深)。

(4)EL 双源红外探测器(EL-55)

EL 双源红外探测器 EL-55 如图 6-31 所示,采用新颖的流线型设计,保护范围为 14m×14m,有出色的抗干扰能力,可以达到 30V/m 从 30~1000MHz。完全被保护和密封的光学镜头,防蚊虫干扰。带有简易安装锁,便于施工。可以自动间隔脉冲计数,ESD、抗电击和手机干扰能力,低电流消耗(<10mA 待机,17mA 报警),可选脉冲计数(1,2 或 3),并可配有各种镜片(幕帘、防宠物、长距离)。

① EL-55(S)标准型

适合环境:防护较整洁的环境。

最佳安装位置和方式:2.3m 高,刻度为“0”(刻度调到“-10”的时候距离最短),壁挂带支架安装,离窗 30cm。

② EL-55(C)幕帘型

适合环境:防护卧室和客厅,防止家里有人时的非法闯入。

不适合环境:气流较大的厨房、厕所窗边,室内紧靠窗帘之处。

最佳安装位置和方式:2.1m 高,壁挂,离窗帘 20~30cm,较长探测距离时需贴窄菲涅耳镜片。

(5)EL 幕帘式双源红外探测器(ARROW C)(图 6-32)

① 9m 探测范围,纯幕帘监测。

② 可吸顶、壁挂安装。

③ 自动温度补偿,脉冲计数可调。

④ 强力抗 RFI/EMI 干扰。

⑤ 尺寸:9cm×5cm×4cm。

⑥ 适合环境:防护卧室和客厅安装高度为 2.2~2.6m。

⑦ 不适合环境:室内紧靠窗帘之处。

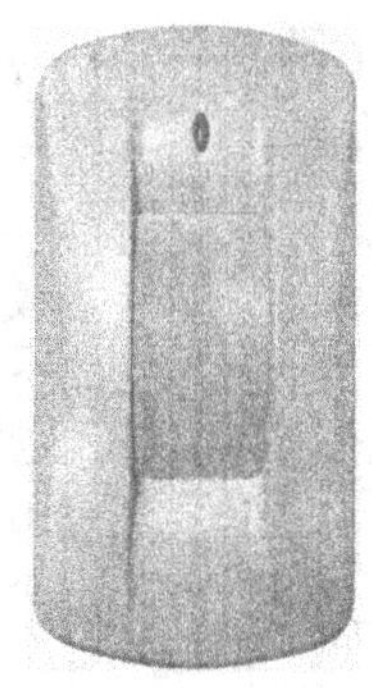

图 6-32　以色列
EL 幕帘探测器

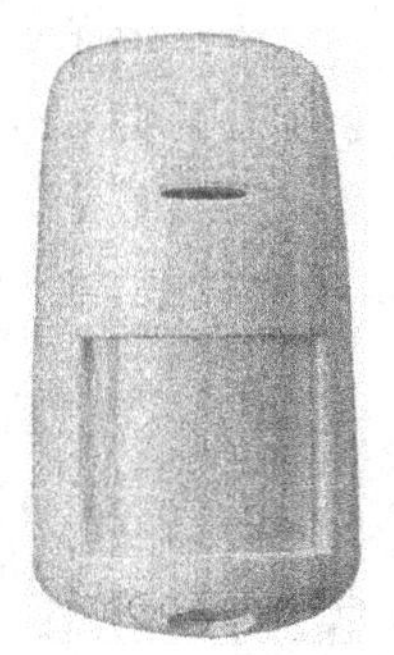

图 6-33　以色列
EL 防宠物红外探测器

⑧ 最佳安装位置和方式：窗框处，窗帘和窗户之间，吸顶安装或壁挂安装。

(6)EL 防宠物红外探测器(EL-5000)(图 6-33)

① 抗 10kg 以下宠物/抗 12kg 以下宠物。

② 10.7m×10.7m 范围。

③ 全区域探测，共 44 段 88 个区。

④ 简易安装系统。

⑤ 热敏抗干扰保护。

⑥ 微处理器分析宠物信号。

⑦ 抗 RFI/EMI 干扰、抗 ESD 和电击保护。

⑧ 自检测电路。

⑨ 自动温度补偿。

⑩ 自动间隔脉冲计数。

⑪ 适合环境：适合科室和标准办公室的安装使用。

⑫ 不适合环境：防护距离需 9～10m 以上的区域。

⑬ 最佳安装位置和方式：2m 高，刻度为－4，壁挂。

2.1m 高，刻度为－5；2.4m 高，刻度为－6。

3. 监控中心及公共设备选型(图 6-34)

(1)监控中心接警机及接警软件

监控中心是系统的核心部分，由中央接警站、计算机、打印机、不间断

图 6-34　监控中心

电源和中心操作平台等组成。监控中心通过中央接警站,适时处理来自PTK系统的报警控制主机传来的报警信号,并经计算机调集数据库信息,将案发时间、地点、警情类别、户主姓名、电话、工作单位和现场平面图在电子地图上显现出来,打印机则都能同时打印。为了确保能及时正确处理报警信息,保证设备长时间不间断运行。监控中心,采用了多线制与设备备份工作相结合的方式,使用总线传输报警信号,并同时开通多台设备,以保证在同一时点发生两起以上警情同时报警,也能将信号无遗漏地显示与处理。

(2)技术参数

1)符合防盗报警相关规定。

① 系统主要技术指标:符合国家公安部、邮政局、无委会各项技术指标。

② 系统容量:8 万户(可扩充)。

③ 响应时间:不大于 15s(市话网络符合国际标准)。

④ 并行处理信息数:30 户。

⑤ 系统误报率:≤1%。

⑥ 系统漏报率：≤1.8%（网络站设备造成的）。

⑦ 平均无故障时间：50000h 最高至 80000h（单件）。

⑧ 工作温度工作：－20～＋60℃。

⑨ 储存温度：－40～＋70℃。

⑩ 工作电压：交流 187～242V。

⑪ 防护等级：三级。

2）其他指标已通过公安部标准。

① 适用于中小型报警联网中心。

② 运行于 Microsoft Windows 2000 操作系统。

③ 每张卡最多可支持 1000 用户。

④ 兼容目前流行的各种通信协议，如 CSFK、Ademco Contact ID、Ademco 4＋2 express 等。

⑤ 采用微软公司的 ACCESS 数据库产品作为中心用户资料和报警信息记录的数据库平台，具有操作速度快，运行稳定的特点。

⑥ 实时自动分类显示报警信息，操作简单直观。

⑦ 支持 6 位 16 进制的用户账号，用户资料管理功能强大。

⑧ 安全性高，系统管理员可以按照多种分级自定义权限。

⑨ 强大的统计报表功能，综合条件查询和打印需要的数据报表非常方便，如用户资料、事件报告、系统日志和出警单等。

⑩ 多级地图功能，用户可自行绘制防区图，自由设置不同的报警热点图标，自由设置是否跟随报警信息弹出下一级用户地图。

4. 软件主要特点

① 超强的系统安全性：具有分级别、不同权限的操作；

② 详尽的日志管理：记录对系统软件的所有使用、编辑的完整信息记录；

③ 特殊的来电显示功能：有利于查获恶意或无意阻塞接警中心通信的行为，锁定通信失败、信息不全、资料变化的用户；

④ 直观的通信监控：通过软件界面，可以实时直接监控计算机同接

警卡是否通信正常;

⑤ 用户信息迅捷锁定:简易浏览用户信息,无须繁杂操作;

⑥ 支持多协议:兼容 DS、DSC、ADEMECO 等系列数码接收取接收机(VER60);

⑦ 支持同时多串口通信:可以同时兼容多台接收机报警(VER60);

⑧ 强大的管理功能:可以对全部维修、处警等记录进行动态管理;

⑨ 丰富的查询功能:支持模糊逻辑查询,可以灵活、快速定位需求信息;

⑩ 支持多种文本(WORD、EXCEL、文本)输出,方便对资料的备份、编辑;

⑪ 超强的系统兼容性:可以根据实际需求,自定义不同的报警编码方案,最大程度满足前端不同的报警主机的要求;

⑫ 多级电子地图功能:并可以针对地域、用户、防区报警点进行准确热点显示,可以对报警点实现直观准确定位;

⑬ 报警转发功能:可以实现多中心信息共享、分中心管理等;

⑭ 专业化设计的应用界面:可以定制显示,内容全面,美观简洁,显示直观;

⑮ 警情分区提示显示:报警内容可以分类分区域独立显示,特殊的新到信息提醒指示功能,方便接处警;

⑯ 显示内容灵活:可以根据实际需求,任意自定义显示内容,量身定制;

⑰ 超强、稳定的数据库管理:自动、手工对数据进行恢复及对数据库的优化管理;

⑱ 升级方便:利用专用的资料导入工具,方便原有 VICOM 报警中心的升级,无须庞大资料录入工作,提高效率。

五、系统接线示意图

系统接线示意如图 6-35 所示。

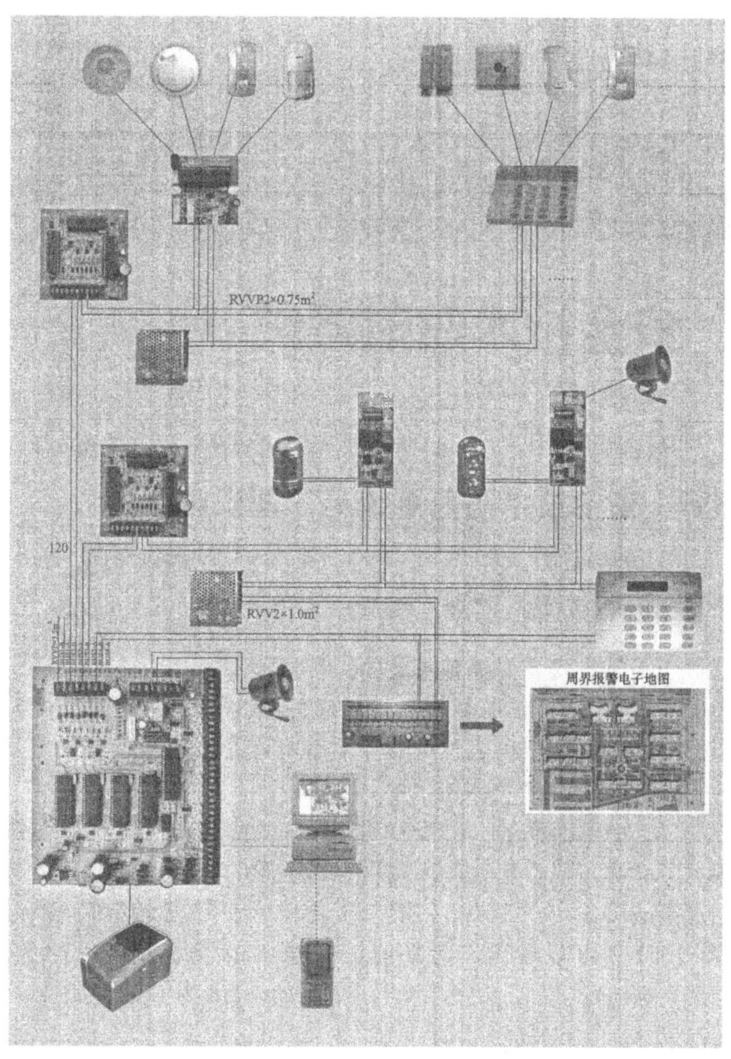

图 6-35 系统接线示意

第七章

安全技术防范系统

第一节　安全技术防范系统施工图识读

一、 防盗报警系统施工图

图 7-1 为某大楼入侵报警系统图。

在图 7-1 中，IR/M 探测器（被动红外/微波双鉴探测器）共 18 个点。其中，在 1 层两个出入口内侧左右各有 1 个，在两个出入口共有 4 个；在 2～8 层走廊两头各装有 1 个，共 14 个。

从图 7-1 中可以看出，在 2～8 层中，每层各装有 4 个紧急按钮。

从图 7-1 中可以看出，此入侵报警系统图的配线为总线制，施工中敷线注意隐蔽。

从图 7-1 中可以看出，此系统扩展器 4208 为总线制 8 区扩展器（提供 8 个地址），每层 1 个。其中，1 层的 4208 为 4 区扩展器，3～8 层的 4208 为 6 区扩展器。

此系统的主机 4140XMPT2 为 ADEMCO 公司的大型多功能主机。该主机有 9 个基本接线防区，采用总线式结构，扩充防区十分方便，并具有多重密码、布防时间设定、自动拨号以及“黑匣子”记录功能。

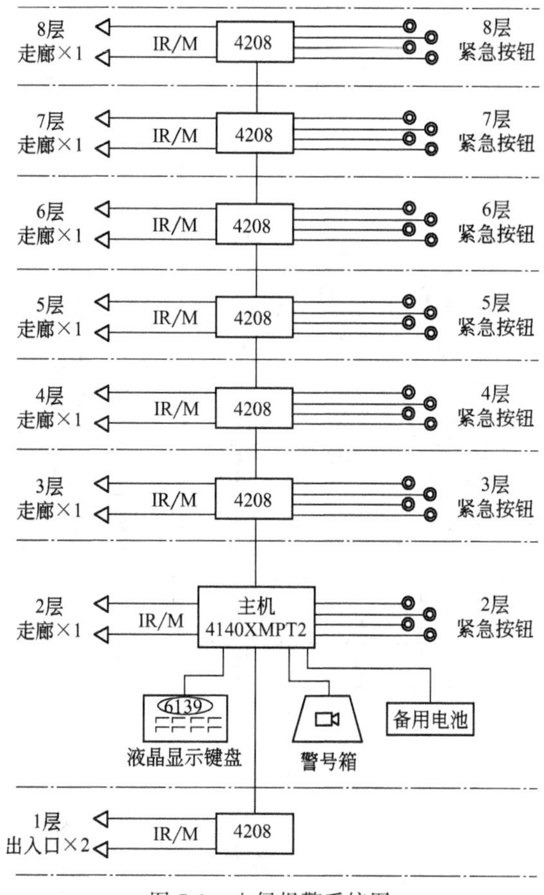

图 7-1 入侵报警系统图

二、 电视监控系统施工图

图 7-2 及图 7-3 分别为某六层建筑物电视监控系统图及平面布置图。

如图 7-2 所示电视监控系统图可以看出，此建筑物的监控中心设置在首层，1 层监控中心安装有摄像机、监视机及所需电源，并设有监控室操作通断。

由图可以看出，1 层建筑物里安装有 13 台摄像机，2 层安装有 6 台

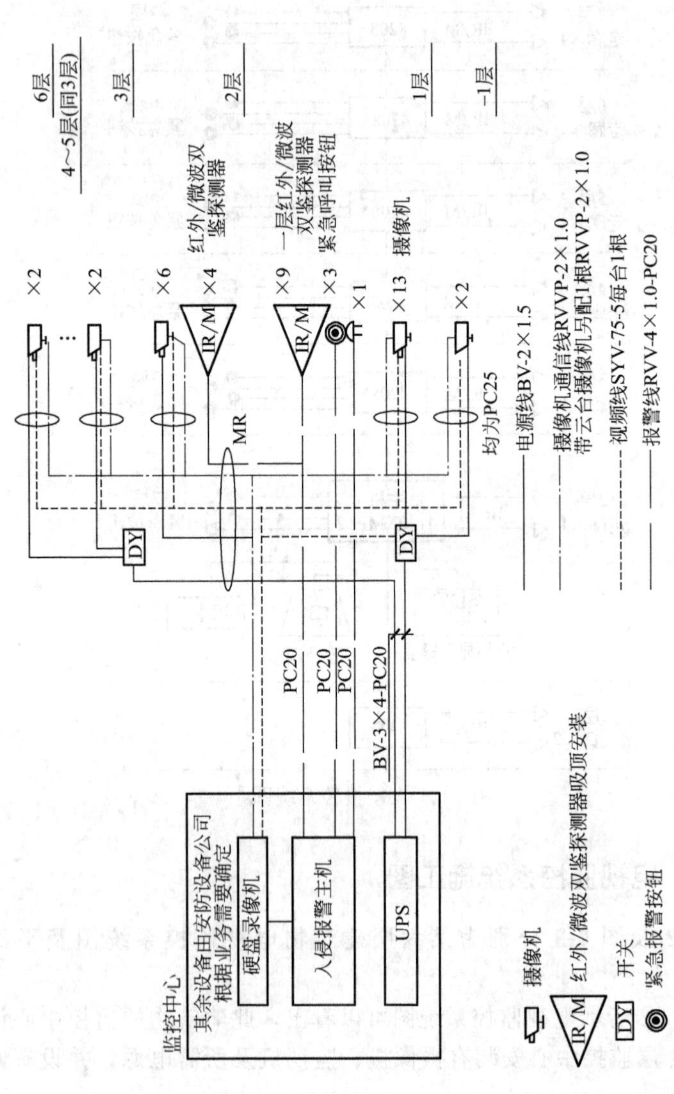

图 7-2 某六层建筑物电视监控系统图

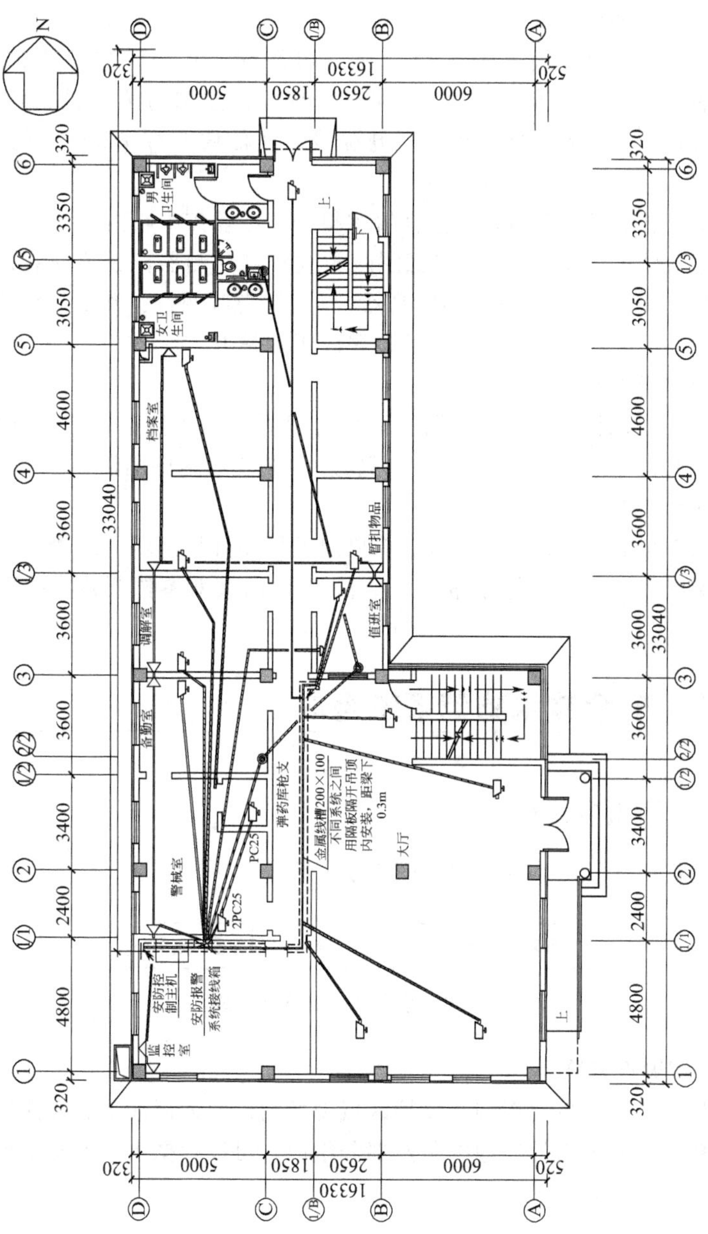

图 7-3 某六层建筑物首层电视监控平面图

摄像机，其余楼层各安装 2 台摄像机。

图 7-2 中的视频线采用 SYV-75-5，电源线采用 BV-2×1.5mm²，摄像机通信线采用 RVVP-2×1.0mm²（带云台控制另配一根 RVVP-2×1.0mm²）。系统中的视频线、电源线、通信线共穿 ϕ25mm 的 PC 管暗敷设。

从图 7-2 中可以看出，入侵报警主机安装在监控中心内。

在建筑物的 2 层安装了 4 只红外/微波双鉴探测器，吸顶安装；在 1 层安装了 9 只红外/微波双鉴探测器、3 只紧急呼叫按钮和 1 只警铃。

从图 7-2 中可以看出，系统的报警线用的是 RVV-4×1.0mm² 线穿 ϕ20mm PC 管暗敷设。

从图 7-3 的电视监控平面图中同样可以看出，监控室设置在首层，在这一层共设置了 13 台摄像机、9 只红外/微波双鉴探测器、3 只紧急呼叫按钮和 1 个警铃。

从图 7-3 中可以看出，每台摄像机附近吊顶排管经弱电线槽接到安防报警接线箱；紧急报警按钮、警铃和红外/微波双鉴探测器直接引至接线箱。

第二节 安全技术防范系统组成

一、防盗报警系统

防盗报警系统的基本组成如图 7-4 所示。

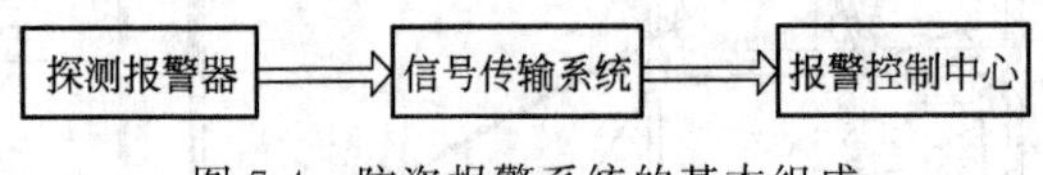

图 7-4 防盗报警系统的基本组成

1. 探测报警器

探测报警器是负责探测受保护区域现场的任何入侵活动。探测报警器由传感器和前置信号处理电路两部分组成。可以根据不同的防范场所来选用不同的探测报警器。

2. 信号传输系统

信号传输系统负责将探测器所探测到的信息传送到报警控制中心。它有以下两种传送方式。

① 有线传输。是利用双绞线、电话线、电力线、电缆或光缆等有线介质传输信息。

② 无线传输。是将探测到的信号经过处理后，用无线电波进行传输，需要发射和接收装置。

3. 报警控制中心

报警控制中心由信号处理器和报警装置等设备组成，负责处理从各保护区域送来的现场探测信息。若有情况，控制器就控制报警装置，以声、光形式报警，并可在屏幕上显示。

对于较复杂的报警系统，还要求对报警信号进行复核，以检验报警的准确性。报警控制中心通常设置在保安人员工作的地方，还要与公安部门进行联网。当出现报警信号后，保安人员应迅速出动赶往报警地点，抓获入侵者。同时，还要与其他系统联动，形成统一、协调的安全防范体系。

二、电视监控系统

电视监控系统的组成可由图 7-5 来表示。

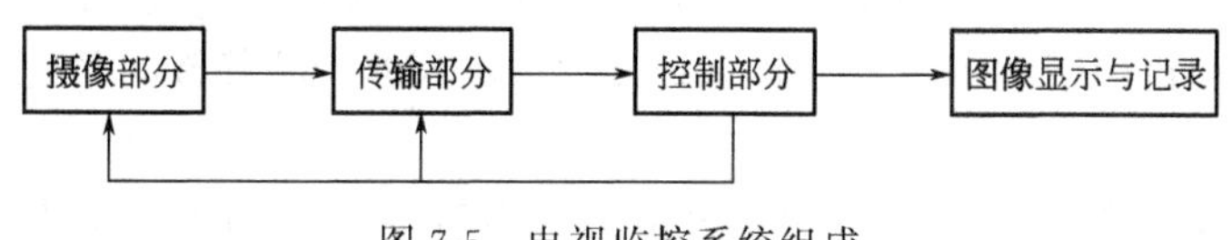

图 7-5　电视监控系统组成

1. 摄像部分

摄像部分由摄像机、镜头、摄像机防护罩和云台等设备构成，其中摄像机是核心设备。

① 摄像机。摄像机是电视监控系统中最基本的前端设备，其作用是将被摄物体的光图像转变为电信号，为系统提供信号源。按摄像器件的类型，摄像机分为电真空摄像机和固体摄像器件两大类。其中，固体摄像器件（如 CCD 器件）是近年发展起来的一类新型摄像器件，具有

寿命长、重量轻、不受磁干扰、抗振性好、无残像和不怕靶面灼烧等优点，随着其技术的不断完善和价格的逐渐降低，已经逐渐取代了电真空摄像机。

摄像机的外形如图 7-6 所示。

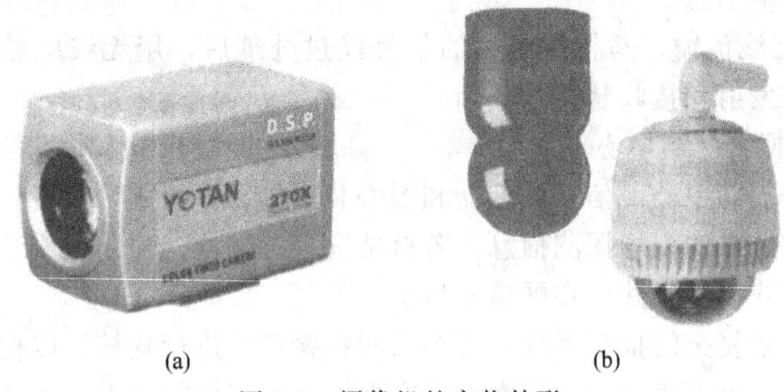

(a)　　(b)

图 7-6　摄像机的实物外形

② 镜头。摄像机镜头是电视监控系统中不可缺少的部件，它的质量（指标）优劣直接影响摄像机的整机指标。摄像机镜头按其功能和操作方法分为定焦距镜头、变焦距镜头和特殊镜头三大类。

③ 云台。云台是一种用来安装摄像机的工作台，分为手动和电动两种。手动云台由螺栓固定在支撑物上，摄像机方向的调节有一定范围，一般水平方向可调 15°～30°，垂直方向可调±45°；电动云台是在微型电动机的带动下做水平和垂直转动，不同的产品其转动角度也各不相同。

④ 防护罩。为了使摄像部分能够在各种环境下都能正常工作，需要使用防护罩来进行保护。防护罩的种类有很多，主要分为室内、室外和特殊类型等几种。室内防护罩主要以装饰性、隐蔽性和防尘为主要目标。而室外型因属全天候应用，需适应不同的使用环境。

2. 传输部分

传输部分主要完成整个系统的数据的传输，包括电视信号和控制信号。电视信号从系统前端的摄像机流向电视监控系统的控制中心，控制信号从控制中心流向前端的摄像机等受控对象。

电视监控系统中，传输方式主要根据传输距离的远近、摄像机的多少来定。传输距离较近时，采用视频传输方式；传输距离较远时，采用射频有线传输方式或光缆传输方式。

3. 控制部分

控制部分是电视监控系统的中心，它包括主控器（主控键盘）、分控器（分控键盘）、视频矩阵切换器、音频矩阵切换器、报警控制器及解码器等。其中，主控器和视频矩阵切换器是系统中必须具有的设备，通常将它们集中为一体（控制台），结构图如图 7-7所示。

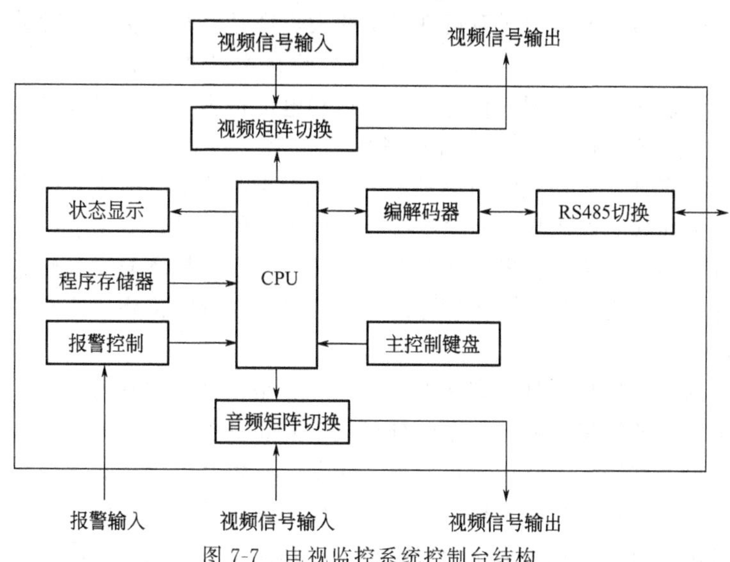

图 7-7　电视监控系统控制台结构

三、 楼宇对讲系统

1. 对讲系统组成

可视对讲系统是一套现代化的小区住宅服务措施，提供访客与住户之间双向可视通话，达到图像、语音双重识别从而增加安全可靠性，同时节省大量的时间，提高了工作效率。更重要的是，一旦住户家内所安装的门磁开关、红外报警探测器、烟雾探测器、瓦斯报警器等设备连接到可视对讲系统的保全型室内机上以后，可视对讲系统就升级为一个安全技术防范网络，它可以与住宅小区物业管理中心或小区警卫有线或无线通讯，从而起到防盗、防灾、防煤气泄漏等安全保护作用，为屋主的生命财产安全提供最大程度的保障。它可提高住宅的整体管理和服务水平，创造安全社区居住环境，因此逐步成为小康住宅不可缺少的配套设备。

可视对讲系统主要有门口机（住户门口机)、室内机、管理员机等组成。

（1）室内分机

室内分机主要有对讲及可视对讲两大类产品，基本功能为对讲（可视对讲)、开锁。随着产品的不断丰富，许多产品还具备了监控、安防报警及设撤防、户户通、信息接收、远程电话报警、留影留言提取、家电控制等功能。可视对讲分机有彩色液晶及黑白 CRT 显示器两大类。现在，许多技术应用到室内分机上，如无线接收技术、视频字符叠加技术等。无线接收技术用于室内机接收报警探头的信号，适用于难以布线的场合。但是，无线报警方式存在重大漏洞，如同频率的发射源连续发射会造成主机无法接收探头发送的报警信号。视频字符叠加技术用于接收管理中心发布的短消息。

室内机在原理设计上有两大类型，一类是带编码的室内分机，其分支器可以做的简单一些，但室内分机成本要高一些；另一类编码由门口主机或分支器完成，室内分机做得很简单。彩色室内分机的液晶屏成本较高，这是制约彩色可视楼宇对讲系统应用的瓶颈。

对讲分机的外观类似于面包电话机，趋向于多样化。可视分机方面趋向于超薄免提壁挂，但流行最多的仍是壁挂式黑白可视分机。室内分机在楼宇对讲系统中占据成本较大，从发展来看，以带安防报警、信息发布的彩色分机在高档楼盘中应用较多，中档以黑白可视对讲分机居多，低档配套为对讲分机。

（2）门口主机

目前无论是采用可视室内分机或对讲室内分机，用户大都要求采用可视门口主机，以便用户选用。门口主机是楼宇对讲系统的关键设备，因此，在外观、功能、稳定性上是厂家竞争的要点。门口主机材料有铝合金挤出型材、压铸或不锈钢外壳冲压成型三大类，从效果上讲，铝合金挤出型材占有优势。门口主机显示界面有液晶及数码管两种，液晶显示成本高一些，但显示内容更丰富，特别是接收短消息不可缺少的组成部分。门口主机除呼叫住户的基本功能外还需具备呼叫管理中心的功能，红外辅助光源、夜间辅助键盘背光等是门口主机必须具备的功能。ID卡技术及读头成本降低使得感应卡门禁技术被应用在门口主机上以实现刷卡开锁功能，另外为使用方便，许多产品还提供回铃音提示，键音提示、呼叫提示以及各种语音提示等功能，使得门口主机性能日趋完善。

（3）管理中心机

管理中心机一般具有呼叫、报警接收的基本功能，是小区联网系统的基本设备。使用电脑作为管理中心机极大地扩展了楼宇对讲系统的功能，很多厂家不惜余力在管理机软件上下工夫使其集成如三表、巡更等系统。配合系统硬件，用电脑来连接的管理中心，可以实现信息发布、小区信息查询、物业服务、呼叫及报警记录查询功能、设撤防记录查询功能等。

2. 对讲系统原理

可视楼宇对讲系统，具有叫门、摄像、对讲、室内监视室外、室内遥控开锁、夜视等全部功能；住户在室内与访客进行对话的同时可以在室内机的超薄扁平显示器看见来访者影像并通过开锁按钮控制铁门开启，达到阻止陌生人进入大楼的目的，有很高的安全性。

可视楼宇对讲系统，防止外来人员的入侵，确保家居的安全，起到了可靠的防范作用。可视楼宇对讲系统不管白天夜晚，都能清楚地看见室外的来访人员。

可视楼宇对讲系统是由门口主机、室内可视分机、不间断电源、电控锁、闭门器等基本部件构成的连接每个住户室内和楼梯道口大门主机的装置，在对讲系统的基础上增加了影像传输功能。

住户在楼下可以通过感应卡、密码、钥匙、对讲开锁；可视楼宇对讲系统包括独户型、别墅型、大厦型，多幢大楼联网型。可视楼宇对讲系统能对进出人员进行监视和录像；室内分机可以任意选择可视或不可视；无应答，室内机图像在延时时间过后会自动消失；另外加装单户室外对讲门铃，便于楼内住户内部联系；备有防停电后备电源。

楼宇可视对讲系统，一般包括可视对讲型和联网报警智能型，能满足单户、别墅、普通住宅、高层建筑及社会化住宅小区等不同场合的不同需求。

3. 对讲系统类型

(1) 单幢普通对讲系统

该系统适合高层、多层建筑只要求对讲及电控开锁且不需要联网的情况。由门口主机、用户分机、不间断电源、电控锁组成。采用总线结构，主干线为三芯线，经层间分配器转接到用户为两芯无极性线连接。总线至用户分机采用层间分配器，对总线起到隔离保护作用，使任何分机故障或分机线路短路均不影响系统的正常工作，极大地提高系统的可靠性和稳定性。用户分机必须编码、分机通用互换方便售后服务，该系统还有直呼式、数码式可供选择。

(2) 联网报警智能系统

联网型报警智能系统由管理中心、小区入口主机、梯口主机、用户分机、层间分配器及用户分机附带各类报警器组成。该系统采用总线结构，主干线为四芯线，加一根视频线，梯口主机经层间分配器到用户分机均为四芯线外加一根视频线。

此楼宇联网系统均可设置多个小区入口主机，并由四芯线（可视系统的另加一根视频线）采用总线式环形结构与各幢梯口转换器相联。

该系统根据配置具有可视对讲、图像监视、紧急报警、自动报警、保安巡逻打卡、IC卡门禁等多种功能，可通过计算机对小区进行智能化的综合管理。每幢楼设置一个梯口主机（有多个出入口时，可以扩展多个副梯口机），梯口主机配有四位大型 LED 显示器，平时持机显示该梯口栋号、单元号。仿客呼叫住户时则显示住户房号。每次对住户的访问管理中心均有记录。

可视主机采用低照度高清晰度摄像机，夜间具有红外线补偿，使住户在夜间也能清晰看清访客的图像。

在小区中每个主机还可起到巡更打卡功能。每个主机还可选择配接触式 IC 卡或免接触式 IC 卡，住户可用 IC 卡来开启电控门锁，带有免接触式 IC 卡功能的梯口主机，平时单元机可贮储上千条 IC 卡使用信息，需要时通过管理中心“一卡通”管理模块读取信息。

用户分机都可配接红外防盗探测器、门磁开关、烟感探头、火警探测器、紧急按钮、门铃。用户分机盗警的拆防与布防有三种方式：分机附配遥控器、梯口主机配备的 IC 卡、密码。遥控器也可作为紧急求助的紧急按钮，无论在室内的任何地方，用户均可得到及时的求助。紧急求助时不会打断系统中原有的通话。

管理中心能接受处理住户报警等信息及管理呼叫、保安巡逻打卡、单元电控门异常、开启报警、各级别 IC 卡门禁系统，能记录最近 32 项信息，接驳物业管理计算机，通过物业管理软件对各种信息实时记录、查询、打印。同时可视系统中，管理中心能编程在空闲时实现对小区各梯口进行轮回监视，原则上已涵盖了小区监控系统的部分功能。

总之，用户在选择楼宇可视对讲系统时，首先应确定自己的功能需求，再来选择具体的系统。在自己所需系统确定之后，接着就应查找生产该产品的生产厂家。用户应对生产厂商有一详细了解，是否具备技防生产许可证？是否通过了公安部门或国家有关单位的检测？生产商的质保体系完整否？售后服务体系的完善？技术的支持？以及成功应用的示范工程等。

尤其是联网报警型智能小区的系统工程，更应该慎重选择。生产商确定以后，用户还应对厂商的系统进行横向对比，重点转向系统工程安装方面的考虑，如布线、安装、调试等等。值得一提的是：用户分机是否隔离应作为选择的一个重要因素。

4. 可视对讲应用案例（Ⅰ）

由于人们生活水平的不断提高，越来越重视住宅小区的质量、安全性以及信息的获取和管理，这又大大促进了楼宇可视对讲系统的发展。本文将在以下内容以某小区楼盘为例，解读某可视对讲系统的有关功能在高端楼盘中的应用状况。

楼盘概述：小区总建筑面积约 50 万平方米，占地面积约 19 万平方米。小区分三期开发，一期位于地块的西南侧，由 9～33 层的小高层、高层组成，共 18 栋，二期为排屋区，三期是位于地块东北面的 30 栋全江景多层住宅及 2 栋高层住宅组成。通过隔合排屋、小高层、高层的完美规划，构筑东部低密度、现代化、国际化、原生态的滨江人文景观社区代表。楼盘共有 20 栋高层住宅、30 栋多层住宅、25 栋独立别墅、209 户联排别墅，4 个小区入口，总住户数达 3000 多户。小区规模大，楼盘设计为高档社区，高层住宅具有越层户型。

(1) 系统功能需求

① 住户可通过室内分机与来访者实现呼叫、视频、对讲、开锁，也可通过室内分机实现呼叫和报警至小区管理中心；

② 小区管理人员可通过管理主机接收住户室内分机的呼叫、报警和各种警情的报警信号，并可查询相应的房号，同时管理主机自动储存报警记录；

③ 住户分机为可视对讲与家庭安防系统、信息发布系统成套的一体化产品。可视对讲与家庭安防系统、信息发布系统功能（能满足10户以上同时查看信息）要求，采用视频方式传输，音频采用调制解调方式传输，单元组网采用数字化总线，单元内采用总线方式或采用三路通话、双向视频布线方式；

④ 系统应有多通道技术；

⑤ 分机独立保护，线路短路或故障时仅影响本分机，对系统其他用户不产生影响，自动显示故障，能自动巡检；

⑥ 小区管理人员可通过管理机随时监看（听）单元门口的情况，可通过管理主机对所有的单元门口机及室内住户分机实现呼叫与被呼叫，并自动存储呼叫记录；

⑦ 门口主机需有摄像功能，当访客在门口主机呼叫住户时，如无应答，主机可自动对访客进行摄像，以便住户查询；

⑧ 室内分机具有瓦斯、红外、门磁、紧急按钮等八防区以上，可在室内安装紧急按钮、门磁开关、红外探测器等联入分机，并可升级为无线报警功能；

⑨ 可实现系统设备的定期自检，自检周期由管理中心自行设定，当某一设备出现问题时，会显示设备名称以及编号。

(2) 系统设计要点

① 高层和多层住宅楼每个单元主入口设置彩色门口主机，每单元的其他入口设置彩色门口副机；

② 高层和多层住宅楼以及别墅每户设置彩色室内分机，通过增加智能家居模块，可以实现家电控制、家居环境设置、三表远传等扩展功能；

③ 别墅型住户每户门前设置彩色可视门前铃，对于具有两个以上入口的别墅可以设置多个彩色可视门前铃；

④ 小区各个入口设置彩色可视小区门口主机；

⑤ 根据分机和门口主机分布情况设置各类分配器；

⑥ 根据门口主机、别墅、小区门口机的分布设置联网器；

⑦ 在小区管理中心设置矩阵切换器，实现小区的可视对讲网络的星形分布；

⑧ 在小区管理中心设置管理中心机，实现对讲系统管理功能；在管理中心设置管理上位机实现报警管理、信息发布、门禁管理等诸多功能。可与小区周界报警、公共设备、物业等实现网络和软件集成；系统布线全部采用4＋1线制，标准统一，布线结构灵活，适用于多分支结构情况。

通过以上介绍，可以清楚看到该可视对讲系统不仅是一个成熟稳定的系统，而且系统数字化总线技术具有很强的扩容能力。它采用功能模块化设计，为日后的系统功能变更、扩容、设备的更换打下了良好的基础；其外网采用CAN总线联网，4＋1线制。

5. 可视对讲应用案例（Ⅱ）

现在小区规模越来越大多，它们往往占地面积大，楼层高，户数多，景观多，工程走线复杂，距离远，出入口多，开发商对系统的稳定性和成本更为重视。而Shidean2000系统恰恰解决了以上问题。下面以就杭州某小区来详细介绍这个系统。×××小区位于×××区行政中心区域占地161亩，总建筑面积32万多平方米，总户数为2128户，其中一期为829户，14个单元，都为18层左右的高层，二期1299户，14个单元为31层左右的高层，要求户彩色可视对讲门禁联网系统。

（1）系统构成

单元内采用980系统总线控制方式，户内分机为最新款5.6英寸超薄980RY36系列可视分机，每层配有保护器使系统更加稳定，转换器把单元内总线转换成小区联网总线系统，可视对讲服务器把小区联网总线转换成TCP/IP信号，管理中心由多媒体电脑代替，管理员所有操作均在电脑上完成，管理中心电脑通过网络交换机直接接入以太网络。

入户线和主干线都是6芯线加视频，联网总线为4芯加视频（在此案中也就是指从转换器到可视对讲服务器之间)；从可视对讲服务器至中心是 4 芯单模光纤。可视对讲系统和门禁系统共用一个以太网络——可视对讲服务器和门禁服务器共用一个网络交换机和光纤收发器，五类网线直接到管理中心总的网络交换机。

(2) 系统特点

小区大概是个长方形状，而控制中心在整个小区的中央位置，所以以太网组网采用并联的方式：多个单元用一个我可视对讲服务器，它体积小（180mm×160mm×30mm）且自带 IP 地址，标准的 RJ45 接口，每个可视对讲服务器旁边配置一个网络交换机，门禁系统每个单元也是采用的传统 485 加 TCP/IP 服务器的方式，对讲和门禁的服务器出来的都是标准的 TCP/IP 信号和 RJ45 接口，不存在兼容性和以往对讲和门禁相互干扰影响的问题，流量带宽也足够了。

采用数字信号传输，无信号衰减（无需信号放大），抗干扰能力强，应长距离传输，用五类线时达 100m，光纤传输≥30km，音频、视频控制共用网路，网络布线简单，线路可靠性强，可多条通道独立传输，解决占线问题。

6. 可视对讲应用案例(Ⅲ)

本工程是一幢现代化高级公寓，共计 28 层，其中地下 2 层，地上 26 层。1～3 层为商住混合，4～26 层完全是住宅，共计 126 套住宅。

(1) 设备选型

根据甲方的要求，结合工程的具体情况，选用日本 NEC 可视对讲系统。

这套可视对讲系统具有许多特色。

① 设计规划方面

a. 系统平台架构完整，可扩充符合任何大楼和社区系统整合需求；

b. 数位式模组化设计，简捷明确，容易规划和扩充。

② 施工安装方面

a. 从头至尾四芯线加一根视频线，穿线容易；

b. 从室内机、门口机到所有周边设备均提供接线端子背板；

c. 室内机内码以数位方式设定，方便不易出错；

d. 系统测试方便，除错方便，日常维修方便。

③ 使用者方面

a. 人性化智慧型设计，大人小孩都能轻易正确使用；

b. 社区机能运作容易，管理方便安全有保障；

c. 数位式系统架构，日后扩充调整容易，不影响原有使用习惯。

(2) 系统组成

① 室内对讲机室内对讲机的作用是：通过室内对讲机，屋主可以看到访客或警卫的影像并实现双向对讲。本系统中所选用的门口机具有以下特色：

a. 可自动对应至20个门口机，或20道门禁控制；

b. 可自动对应至10个警卫机，或10层安全控制；

c. 可双向主/被动与任何门口机或警卫机连线可视对讲；

d. 各户可加装可视小门口机并且可控制各户电所；

e. 各户可加装室内分机并可室内对讲；室内对讲机又可分为保全型和非保全型，保全型室内机可以连接各种报警探测设备及报警设备，如红外线报警探测器、煤气泄漏报警器、门磁开关、紧急按钮、警灯、警号等，从而构成一个完整的智能家居报警网路，并可以通过可视对讲网路与管理中心或警卫室相连，随时保持紧密联系，从而给予户主最大的安全感。

② 门口机。门口机的作用是：摄录访客的影像并通过信号线分配至住户或警卫端。本系统选用的门口机特色为：

a. 适合安装于多重社区入口/大楼入口/警卫室或社区范围内供居民、警卫或访客使用；

b. 门口机对住户室内机呼叫采用1至7数编码，可依区内门号、楼别、室别编成，直接呼叫、操作方便不需对照表；

c. 门口机可设定寻呼范围，方便区内多重门禁安全管制；

d. 访客可于任何门口机上单键直呼警卫；

e. 数位式系统扩充方便，有利社区规划。

③ 中继箱。中继箱的作用是：将门口机摄录下的声音和图像分配放大，传送至各住户或警卫室。本系统选用的中继箱其特点是：

a. 每台中继箱可分配连接4台可视室内对讲机；

b. 中继箱提供所有接线端子以及影像处理分配放大功能；

c. 中继箱提供对备用电池充电电路及自动切换功能；

d. 采用交换式电源供应器输出稳定并有过载自动保护功能。

(3) 设备分布及数量

工程共设置门口机2部，室内机127部。

① 警卫室：设置可视对讲门口机1部，室内机1部，报警处理盘1个，报警打印机1台。平时，警卫可以非常方便地与访客和住户随时通话，当住户不在家时，如果发生警情，报警探险测器报警，报警处理盘应报警，报警打印机自动打印，警卫根据情况及时做出处理，从而达到全天候监控公寓安全的目的。

② 大门：在一层公寓入口处设计电控门，电控制门上设置电磁门锁、自动闭门器、可视对讲门口机，门口机上有按钮盘以实现访客对户主的呼叫或访客、警卫、警卫间的通话。

③ 居室：每户住宅内社保全型室内机1部，共计126部，另设红外报警探测器1只，煤气泄漏报警器1只，门磁开关2只。室内机上有监视屏和话机，通过监视屏户主可以清晰地看到访客，并可通过话机实现双向对讲。在确认访客身份后，户主即可通过室内机上的开门按钮开启公寓电子门将访客请入；通过室内机户主也可以随时与警卫保持联络。发生情况时，通过线路报警信息可以及时传送到警卫室，以便警卫及时做出处理，将损失减到最低限度。

四、停车场管理系统

停车场管理系统由车辆自动识别系统、收费系统、保安监控系统组成，通常包括控制计算机、自动识别装置、临时发票发放及检查装置、挡车器、车辆探测器、监控摄像机、车位提示牌等设备。

停车场管理系统基本组成如图7-8所示。

1. 停车场自动出入管理系统主要设备

① 挡车器。挡车器也称道闸，是停车场的关键设备。挡车器的电气特性：通常，挡车器采用磁感应霍尔器件进行行程控制，非接触工作，永无磨损偏移；采用光电耦合、无触点、过零导通技术，主控板无火花干扰，可靠工作；采用升降超时与电动机过热保护，防止电开关非正常损坏；用双重机械行程开关进行总保护；采用光隔离串行通信接

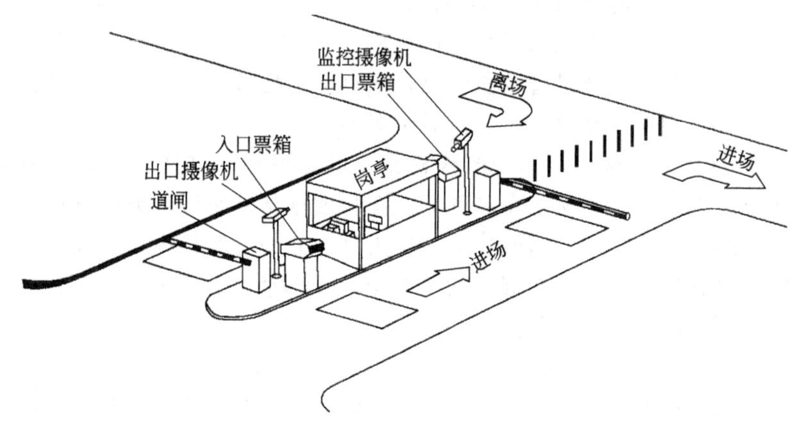

图 7-8　停车场管理系统基本组成图

口，隔离电压大于1500V，确保上位机安全，实现抗汽车电火花等强电磁干扰的高可靠通信。

② 车辆检测器及地感线圈。通常，为了能够自动探测到车辆的位置和到达情况，需要在路面下安装（埋）地感线圈以便感应正上方的车辆。当汽车经过地感线圈的上方时，地感线圈产生的感应电流传送给车辆检测器，车辆检测器输出控制信号给挡车器或主控制器。

③ 车辆的自动识别装置。停车场自动管理的核心技术是车辆自动识别。车辆自动识别装置一般采用卡识别技术，现在大多使用非接触型卡，从而提高了识别速度。

④ 控制计算机。控制计算机配备相应的停车场管理软件，实现日常运营管理，如计时、计费管理，收费显示，车位统计，图像存储、显示、对比等运营管理，设备运行状态监控显示等；系统信息管理，如报表统计、存储、打印，财务管理，费率调整，年卡、月卡发放管理，系统操作权限管理等。系统具有通信接口，通过网络与其他系统通信和联动。

2. 停车场出入管理系统工作原理

停车场出入管理系统工作原理如下。

① 当车辆驶近入口时，可看到停车场指示信息标志，标志显示入

口方向与停车场内空余车位的情况。若停车场停车满额，则车满灯亮，拒绝车辆入内；若车位未满，允许车辆进入，但驾车人必须购买停车票卡或专用停车卡，通过验读机认可，入口电动栏杆升起放行，车辆驶过栏杆门后，栏杆自动放下，阻挡后续车辆进入。

② 进入的车辆可由车牌摄像机将车牌影像摄入并送至车牌图像识别器形成当时驶入车辆的车牌数据。车牌数据与停车凭证数据（凭证类型、编码、进库日期、时间）一齐存入管理系统计算机内。进场的车辆在停车引导灯指引下停在规定的位置上，此时管理系统中的CRT上即显示该车位已被占用的信息。

③ 车辆离开时，汽车驶近出口电动栏杆处，出示停车凭证并经验读机识别出行的车辆停车编号与出库时间。出口车辆摄像识别器提供的车牌数据与阅读机读出的数据一起送入管理系统，进行核对与计费。若需当场核收费用，由出口收费器（员）收取。

④ 手续完毕后，出口电动栏杆升起放行。放行后电动栏杆落下，停车场停车数减一，入口指示信息标志中的停车状态刷新一次。

五、 电子巡更系统

现代化大型楼宇中，出入口很多，来往人员复杂，必须有专人巡逻，较重要的场所应设巡更站，定期进行巡更。巡更系统分为有线式和无线式两种。

其中，有线巡更系统由计算机、网络收发器、前端控制器、巡更点等设备组成。保安人员到达巡更点并触发巡更点开关PT，巡更点将信号通过前端控制器及网络收发器送到计算机。巡更点主要设置在各主要出入口、主要通道、各紧急出入口、主要部门等处。该系统图及巡更点设置示意图如图7-9所示。

无线巡更系统由计算机、传送单元、手持读取器、编码片等设备组成。其中，编码片安装在巡更点处代替巡更点，保安人员巡更时手持读取器读取巡更点上的编码片资料，巡更结束后将手持读取器插入传送单元，使其存储的所有信息输入到计算机，记录各种巡更信息并可打印各种巡更记录。

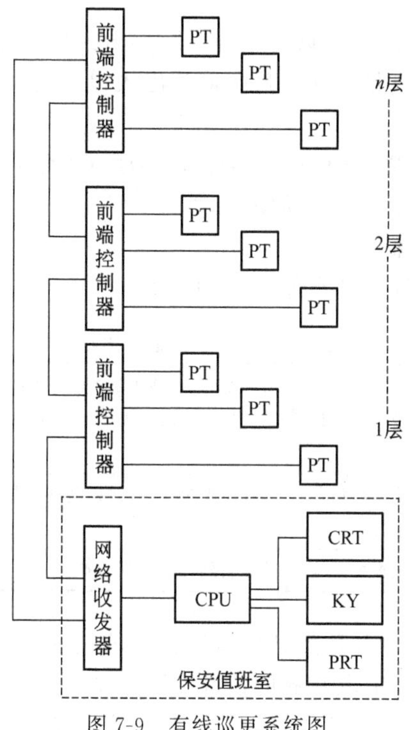

图 7-9　有线巡更系统图

第三节　安全技术防范系统的安装

一、安装基本要求

1. 安全防范系统的设防区域及部位设置

① 周界。包括建筑物、建筑群外层周界、楼外广场、建筑物周边外墙、建筑物地面层、建筑物顶层等。

② 公共区域。包括会客厅、商务中心、购物中心、会议厅、酒吧、咖啡厅、功能转换层、避难层、停车库（场）等。

③ 重要部位。包括工作室、重要厨房、财务出纳室、集中收款处、建筑设备监控中心、信息机房、重要物品仓库、监控中心、管理中

心等。

④ 出入口。包括建筑物、建筑群周界出入口，建筑物地面层出入口，办公室门，建筑物内和楼群间通道出入口，安全出口，疏散出口，停车场出入口等。

⑤ 通道。包括周界内的主要通道，门厅（大堂）、楼内各楼层内部通道，各楼层电梯厅门，自动扶梯口等。

2. 防盗报警器材

防盗报警器材通常分类如表 7-1 所示。

表 7-1　防盗报警器材种类

按传感器种类	开关报警器、振动报警器、超声波报警器、次声波报警器、主动与被动红外报警器、微波报警器、激光报警器、视频运动报警器、多种技术复合报警器等
按警戒区域	点控制型报警器、面控制型报警器、线控制型报警器，也可分为户内和户外型报警器
按传输方式	本机报警系统、有线报警器和无线报警器

① 选型首先要对各种类型防盗报警器的技术指标有所了解，不同种类的防盗报警器都有其特有的技术性能指标。

② 大致能对报警器的质量、效率及经济性诸方面做出一定评价的一般报警器比较通用的技术性能指标如下：探测率及误报率、警戒范围、报警传递方式和最大传输距离、工作时间、探测灵敏度、功耗、工作电压、工作电流和环境温度。

③ 防盗报警系统可简可繁，因功能不同，系统的价格、设计与安装相差很大。防盗器材最重要的部分是探测器，其灵敏度与稳定性决定系统是否能及时报警却又不发生误报，有的只能在室内一般条件下使用，有的能在室外严酷条件下工作，要根据防范要求、工作环境选择不同类型、不同级别的入侵探测器。

3. 探测器

① 应有出厂产品合格证，安装前确定设备型号、规格是否与图纸相符。

② 设备进场前由施工单位或建设单位委托鉴定单位对其设备性能

进行检测，并出具检测报告。

③ 设备外观检查应完好无损，无起泡、腐蚀、缺口、毛刺、涂层脱落现象。

④ 确定设备是否具有防拆保护，当探测器壳体被打开到足以触及其中的任何控制部件或机械固定的调节器时，应产生报警状态。

⑤ 安装前确认安装位置是否满足安装要求。

4. 无线报警系统

① 无线报警的发射装置应具有防拆报警功能和防止人为破坏的实体保护壳体。

② 以无线报警组网方式为主的安防系统，应有自检和使用信道监视及报警功能。

③ 安全技术防范系统中，当不宜采用有线传输方式或需要以多种手段进行报警时，可采用无线传输方式。

5. 建筑物视频安防监控系统

① 重要通道、各楼层通道宜设置监控摄像机；电梯厅和自动扶梯口宜预留视频监控系统管线和接口。

② 集中收款处、重要物品库房、重要设备机房应设置监控摄像机。

③ 重要建筑物周界宜设置摄像机。

④ 地层出入口、电梯轿厢、停车库（场）出入口和停车库（场）内宜设置摄像机。

6. 摄像机的选择与设置

① 应根据摄像机所安装的环境、监视要求配置云台、防护罩。安装在室外的摄像机必须加装适当功能的防护罩。

② 摄像机需要隐蔽安装时，可设置在顶棚和墙壁内。电梯轿厢内设置摄像机，应安装在电梯厢门左侧或右侧上角。

③ 摄像机安装高度，在室内距地面宜为 2.2～5m，在室外距地面宜为 3.5～10m。

④ 设置在室外或环境照度较低的彩色摄像机，其灵敏度不应大于 1.0lx，或选用在低照度时能自动转换为黑白图像的彩色摄像机。

⑤ 电磁轿厢内设置摄像机时，视频信号电缆应先用屏蔽性能好的电梯专用电缆。

⑥ 应选用CCD摄像机，彩色摄像机的水平清晰度应在330TVL以上，黑白摄像机的水平清晰度应在420TVL以上。

⑦ 监视场所的最低环境照度应高于摄像机要求最低照度（灵敏度）的10倍。

⑧ 摄像机应安装在监视目标附近，且不易受外界损伤的地方。摄像机镜头应避免强光直射，宜顺光源方向对准监视目标。

⑨ 摄像机的信噪比不应低于46dB。

⑩ 被监视场所照度低于所采用摄像机要求的最低照度时，宜在摄像机防护罩上或附近加装辅助照明设施。室外安装摄像机宜加装对大雾透射力强的灯具。

⑪ 宜优先选用定焦距、定方向、固定安装的摄像机，必要时可采用变焦镜头摄像机。

7. 控制箱

① 控制箱的主要技术指标及其功能应符合设计和使用要求。

② 控制箱应对探头起管理作用，还能起供电作用，可直接报警输出，并内含有备用电池，能分辨报警信号真伪，有显示报警和报警作用。

③ 应有出厂合格证。安装前要确保外形尺寸及型号与图纸相符，控制机构应灵活，标志应清晰。

④ 外观表面应无裂痕、褪色及永久性污渍，亦无明显变形、划痕。

⑤ 设备进场要由鉴定单位对其检测，并出具检测报告。

8. 系统的信号传输

① 信号传输线缆应敷设在接地良好的金属导管或金属线槽内。

② 传输方式的选择应根据系统规模、系统功能、现场环境和管理方式综合考虑；宜采用专用有线传输方式。

③ 控制信号电缆应采用铜芯，其芯线的截面面积在满足技术要求的前提下，不应小于0.5mm^2；穿导管敷设的电缆，芯线截面面积应不小于0.75mm^2。

④ 电源线所采用的绝缘铜芯电缆、电线芯线截面面积不应小于1.0mm^2，耐压不低于300V/500V。

9. 控制、显示记录

① 现场报警控制器宜安装在具有安全防护的弱电间内，应配备可靠电源。

② 系统应具有自检功能及设备防拆报警和故障报警功能。

③ 在探测器防护区域内发生入侵事件时，系统不应产生漏报警，平时宜避免误报警。

④ 系统宜按时间、区域、部位任意编程设防和撤防。

⑤ 系统应显示和记录发生的入侵事件、时间和地点；重要部位报警时，系统应对报警现场进行声音和图像复核。

二、安装操作要点

1. 探测器安装

(1) 主动红外探测器

主动红外探测器是由收、发装置两部分组成，发射装置发射一束红外光，接收装置接收红外光。

当有目标遮挡时，接收装置即发出报警信号，因此它也是阻挡式探测器。主动红外探测器按红外光束的数量又有单光束、双光束、四光束之分；按警戒距离又分为 25、50、100、150、200、250（m）。

主动红外探测器的安装如图 7-10 所示。

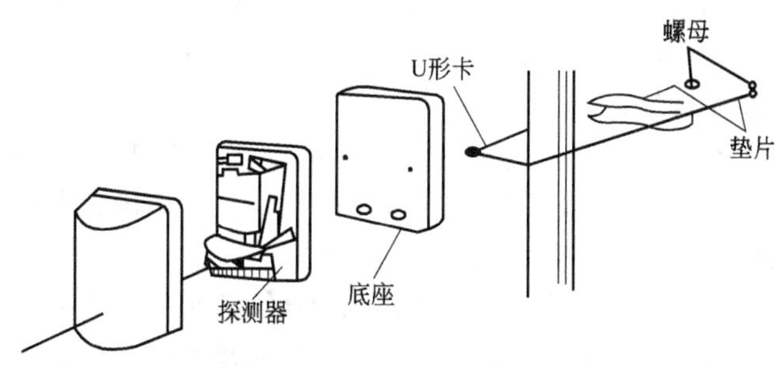

图 7-10　主动红外探测器安装示意图

管线敷设应暗配，可选用 DG20 电线钢管及接线盒，穿 RVS-2×1.0mm^2+BV-2×1.0mm^2。

(2) 被动红外探测器

有壁挂式和吸顶式两种安装方式，其中壁挂式如图 7-11 所示。

探测器对横向切割（垂直于）探测器方向的人体运动最敏感，所以探测器布置时应尽量利用此特性。

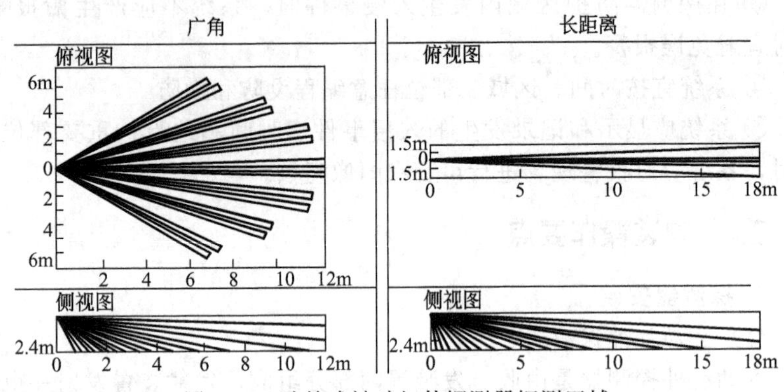

图 7-11 壁挂式被动红外探测器探测区域

室内被动红外探测器一般安装在墙面或墙角，安装在墙角比安装在墙面效果好，安装高度通常为 2.5～3m。被动红外探测器有 6 个接线端子，2 个接电源线，2 个为防拆接口，2 个为报警接口。一个防区接有多个探测器时要注意报警方式。动合报警与动断报警有不同的接法，必须引起重视，否则会产生误报。管线敷设应暗配，可选用 DG20 电线钢管及接线盒，穿 RVS-2×1.0mm^2 +BV-2×1.0mm^2。

2. 报警控制器安装

① 控制器应设在保安值班室或相应的安全保卫部门，24h 均有人值班。控制器的操作、显示面板应避开阳光直射，房内无高温、高湿、尘土、腐蚀气体，不受振动、冲击等影响。

② 控制器在墙上安装时，其底边距地面不应小于 1.5m。

③ 控制器安在墙上时，靠近打开的门边距离不应小于 0.5m，正面操作距离不应小于 1.2m。靠墙安装时，距墙不应小于 1m，在值班室人员经常工作的一面，控制器距墙不应小于 3m。控制器应安装牢固，不得倾斜，安装在轻质隔墙上时，应采取加固措施。

④ 控制器的主电源引入线应直接与电源连接，严禁用电源插头，

主电源应有明显标志。

⑤ 防盗报警控制器的接地电阻应符合以下要求。

a. 控制器的工作接地电阻应小于4Ω。

b. 采用联合接地时，接地电阻应小于1Ω。

⑥ 控制器的接地牢固，并有明显标志。

⑦ 当采用联合接地时，应使用专用的接地线，由控制室引到接地体。专用接地干线应用铜芯绝缘电线或电缆，其芯线面积不应小于$25mm^2$；工作接地线应采用铜芯绝缘线或电缆，不得用镀锌扁钢或金属软管。

⑧ 工作接地线应与保护接地线分开，保护接地导线不得利用金属软管。接地装置施工完毕，应及时做隐蔽工程验收。接地电阻大于规定值时，需降低接地电阻或增加接地体。

⑨ 由控制室引到其他各防盗设备的接地线应选用铜芯绝缘软线，其芯线截面面积不应小于$4mm^2$。由控制室引到其他各防盗设备的接地线在通过墙壁时应穿钢管或其他坚硬的保护管。接地线跨越建筑物伸缩缝、沉降缝处，应加设补偿器，补偿器可由接地线本身弯成弧状代替。

另外，还有一种双技术报警器，又称双鉴器或复合式报警器。它是将两种探测技术结合在一起，以“相与”的关系来触发报警器，即只有当两种探测器同时或在短时间内相继探测到目标时，才发出报警信号。

在安装这种探测器时应尽量使两种探测器都处于最佳工作状态，但这往往很难做到，而只能兼顾。例如，微波探测器对纵向移动的物体最敏感，而被动红外探测器对横向移动的物体反应最快，所以在安装被动红外/微波双鉴器的探头时，就应使其正前方向与入侵者最有可能穿越的方向成45°。

为了进一步提高探测率和灵敏度，一部分双鉴器把两种探测器制作在两个外壳体内，并分别设置在不同位置，再将两个探测器输出的信号送到与门电路，这样就构成了所谓的分体式双鉴器。

3. 电视监视器系统安装

（1）摄像机安装

① 摄像机宜安装在监视目标附近不易受外界损伤的地方，安装位置不应影响现场设备运行和人员正常活动。

② 安装的高度，室内宜距地面 2.5～5m 或吊顶下 0.2m 处；室外应距地面 3.5～10m，并不得低于 3.5m。

③ 摄像机墙上安装时应有固定支架支承，支架安装牢固，不应晃动。

④ 支架应能承受摄像机、防护罩、电动云台等设备的重量。电动云台运动时，支架不应有晃动。

⑤ 摄像机吊顶上吸顶安装时，应用吊顶、吊杆，尽量避免利用吊顶龙骨安装。吊顶、吊杆固定在顶板上。如图 7-12 所示。

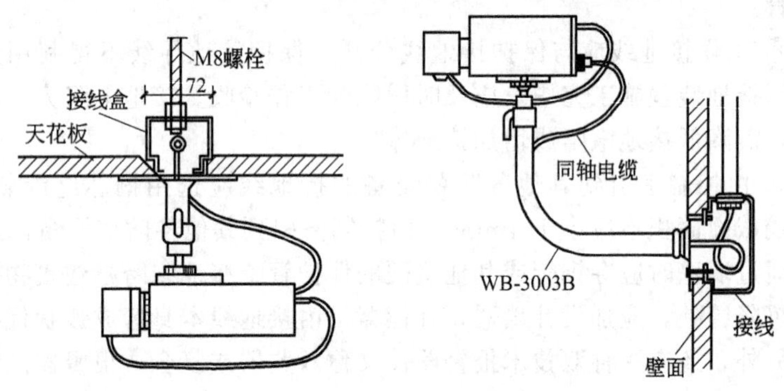

图 7-12　摄像机在吊顶上安装

(2) 镜头安装

① 镜头安装要注意安装方式：镜头与摄像机大部分采用“C”、“CS”安装座连接，“C”型接口从镜头安装基准面到焦点的距离是 17.52mm。

② “C”型接口为 1in 32 牙螺纹座，镜头安装部位的直径是 25.4mm。

③ “CS”型接口的装座距离为 12.52mm。C 座镜头通过接圈可以安装在 CS 座的摄像机上，反之则不行。

④ 镜头安装要注意镜头规格应和摄像机规格（靶面大小）相对应，一般有 2.5cm（1in)、1.7cm（2/3in)、1.3cm（1/2in)、0.8cm（1/3in）几种。

(3) 防护罩安装

① 应根据摄像机的工作环境和摄像机配用的不同镜头选择不同的

防护罩。室内型防护罩通常用于防尘和隐蔽作用。室外型防护罩主要为了防晒、防雨、防尘、防冻、防结露等。防护罩的附属设备包括雨刷器、防霜器、加热器和风扇等。

② 为了隐蔽和美观的要求，经常采用球形和半球形的防护罩。如图 7-13 所示。

(4) 云台安装

① 手动云台在摄像机安装时调整好角度，然后加以固定。

② 电动云台分单向电动云台（水平）和双向（水平、垂直）电动云台。云台选用要考虑的参数有：承重、转动角度、转动速度及供电电压等。

(5) 解码器安装

① 解码器通常安装在现场摄像机附近，安装在吊顶内，要预留检修口。

② 室外安装时要选用具有良好的密封防水性能的室外解码器。

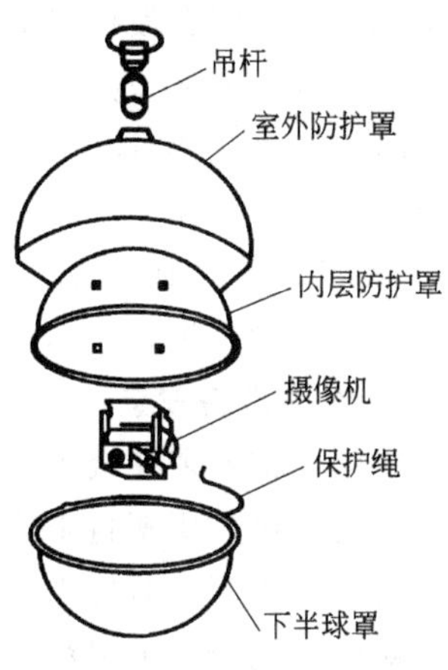

图 7-13 摄像机防护罩的安装示意图

③ 解码器通过总线实现云台旋转，镜头变焦、聚焦、光圈调整，灯光、摄像机开关，防护罩清洗器、雨刷操作，辅助功能输入，位置预置等功能。

④ 解码器一般多为 220V、50Hz 输入，DC 6～12V 输出，供聚焦、变焦和改变光圈速度。另有电源输出供给云台，为 AC 24V、50Hz 标准云台。

(6) 监控器机架安装

① 监控器机架的底座应与地面固定；有防静电地板的控制室，监控器机架通过地板下的角钢支架与地面固定。

② 机架安装应竖直平稳，垂直偏差不得超过 1‰。几个机架并排在一起，面板应在同一平面上并与基准线平行，前后偏差不得大于 3mm；机架之间用固定螺栓固定，两个机架中间缝隙不得大于 3mm。

③ 监视器装在固定的机架或台上，监视器的安装位置应使屏幕不受外来光直射。

④ 监视器的外部可调节部分应暴露在便于操作的位置，并可加盖保护。

(7) 控制台安装

① 控制台底座应与地面固定；有防静电地板的控制室控制台底座通过地板下的角钢支架与地面固定。控制台应安放竖直，台面水平；内部接线牢靠，符合设计要求。

② 所有连接线缆应从机架、控制台底部引入，线路离开机架和控制台时，应在距拐弯点 10mm 处成束捆绑，根据线路的数量应每隔 100～200mm 捆绑一次。

③ 当为活动地板时，线路在地板下可灵活布放，并应理直，线路两端应留适度余量，并标示明显的永久性标记。

4. 对讲设备安装

主机通常安装在楼宇入口处的墙或防盗门上，分机则分别安装在住户内，对讲机可用塑料胀管及螺钉或膨胀螺栓等进行安装。可视对讲机的安装高度为镜头对地距离，为 1.5m。

对讲系统分为可视对讲和非可视对讲。各个厂家生产的产品又不完全相同，如传输系统有二总线制、四线制、多线制等，所以对讲系统的布线、安装应按厂家提供的技术资料进行。

5. 停车场管理系统

(1) 车位显示器安装

连接到控制主机。预埋两根 ϕ20mm 钢管到收费亭。安装调试时穿 2BV-3×2.5mm^2 铜芯塑料线。

(2) 自动出票机安装

出票机通常与入口读卡机同机。不同系统有不同类型的读卡机。常用 2（RVS-2×1.5mm^2 + RVVP-2×1.0mm^2）穿 ϕ20mm 钢管到收费亭。

出口读卡机与入口读卡机安装相同。

(3) 进、出自动道闸机安装

用穿 BV-3×2.5mm^2 铜芯塑料线和多芯控制电缆到收费亭，需预埋 ϕ20mm、ϕ25mm 钢管各一根。

(4) 图像识别摄像机的安装

① 图像识别摄像机距地 2.5～3m 安装。

② 摄像机调准对向进、出车辆，以摄取车辆和车牌号。

③ 穿 RVS-2×1.0mm^2 铜芯塑料线和 SYV-75-5 同轴电缆到收费亭，需预埋 ϕ20mm 钢管 2 根。

6. 电子巡更系统安装

① 在线式电子巡更系统的安装在土建施工时，应同步进行。每个电子巡更站点需穿 RVS-4×0.75mm^2 铜芯塑料线。

② 巡更站距地 1.4m 安装。离线式电子巡更系统不需穿线布管，系统设置灵活方便。每个电子巡更站点设置一个信息钮。

③ 信息钮有其唯一的地址信息。设有门禁系统的安防系统，通常可用门禁读卡器作为电子巡更站点。

第四节　安全技术防范系统安装案例

一、 某商厦安全防护系统

1. 概况

“××大楼”集百货、商业等为一体的综合性商厦。整个商厦共有×层（地下×层、地上×层）。为了加强商厦安全防卫，便于安防管理，更好地为客户服务，建立一套安全防范系统是一项迫在眉睫的举措。

×××公司是一家专门从事安全防范工程的二级设计、施工资格单位。根据甲方的要求，公司对该大厦进行安防深化设计，包括电视监控系统、防盗报警系统 2 个子系统。在选用器材设备上，采用国外处于领先地位的新技术、新设备；设计上力求充分发挥所选设备的功能，并做到相互联动，使之成为统一的整体。

2. 系统技术指标

① 图像水平清晰度，彩色不低于 270 电视线，黑白不低于 400 电视线；

② 图像画面的灰度不低于 8 级；

③ 系统的各路视频信号，在监视器输入端的电平值为 1VP-P±

3dBVBS；

④ 系统在低照度使用时，监视画面达到可用图像，其系统信噪比不低于25dB。

⑤ 综合评估：

a. 系统图像质量的随机信噪比不低于37dB；

b. 图像质量按五级损伤制评定，图像质量不低于4分；

⑥ 直接连入主机的探测器报警响应时间小于1s，总线探测器报警响应时间小于3s。

3. 系统组成

本弱电系统由电视监控子系统、防盗报警子系统和背景音响子系统组成。

电视监控子系统用以对商场内的客流量和工作量内部进行监控，既用于对商场的管理，又便于商店自身的工作管理，主机采用微机矩阵切换系统，具有编程控制功能，采取总线集中控制的方式。主机本身具有计算机通信接口与PC机相联，实现多媒体控制方式。

中心录像体系采取全录像的方式，即所有录像点均通过十六画面进行抽帧录像，便于操作人员发现情况后能及时将画面调入录像机进行回放。另加一台实时录像机进行定点录像，以达到实时录像的目的。

摄像机的基本布点情况：

① 各楼楼面商场内的自动扶梯的消防梯、电梯厅的出入口均安装固定摄像机。

② 商场内的主通道安装云台一体机，便于巡回监视现场的人员，也可以用来跟踪被怀疑的对象。

③ 由于总办区域的具体布局尚未定出，其服务台和消防通道均应采用固定摄像机定点监视，现金保管室是重点防护单位，其内用摄像机从不同角度进行监视，以便从多方位观察现金和人员的出入情况。

④ 各收银点采用固定摄像机对收银情况进行定点监控。

防盗报警系统是针对商场内无人或发生紧急情况时进行的防护，主机采用1台238C Plus，采取总线报警模式，很大程度上避免了因布线而引起的麻烦，本子系统自身既独立工作又与其他系统相互联动，控制界面采用液晶键盘模式，系统情况均可显示出来，包括报警的防区和各防区的状态。

系统在商场内各主要收银台设有紧急按钮，便于发生紧急事态时及时向控制中心传输报警信号。

红外/微波双鉴式探测器，主要安放在自动扶梯出入口，以及卖场与大楼自身通道出入口，用于防范非法闯入者。

报警系统收到报警信号后，除了自身产生报警之外，还将信号送至矩阵以及多画面处理器，启动录像，及时将警情录像取证。

应用多媒体控制软件，可以直观地将报警信号和防区状态显示在模拟地图上，当发生报警时，系统会自动跳出出事地点的楼层并加以闪烁提示。

考虑到系统的可扩展性，本系统中电视监控子系统可以通过更换或增加多画面处理器和添加输入扩展板扩展；防盗报警子系统可以通过增加报警主机实现由 PC 统一管理的功能。

4. 系统功能

(1) 监控系统框图（图 7-14）

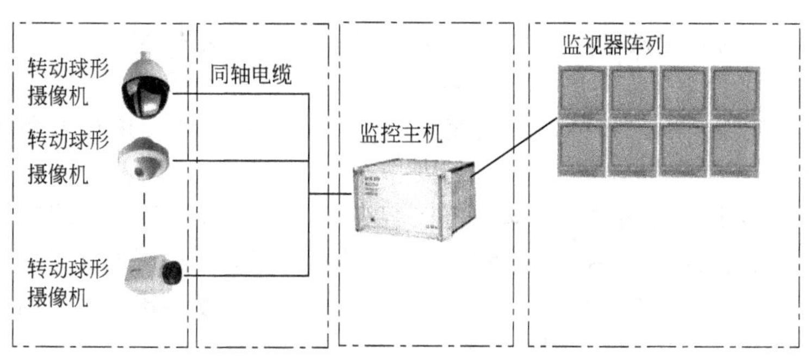

图 7-14 监控系统

(2) 防盗系统框图（图 7-15）

(3) 系统总体功能

① 摄像机（一体化球机，固定摄像机）均对应控制中心监视器上和 1 台电脑显示器上，所有监视点可以同时显示出来，并且可以根据需要调取任意画面。

② 报警信号可以输入监控主机，由主机发出联动信号，切换相应

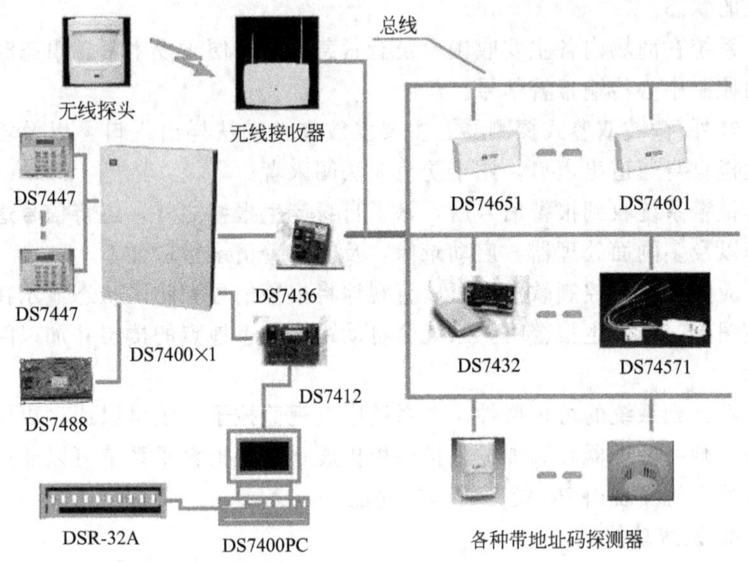

图 7-15 防盗系统

画面，启动录像机自动录像，并同时发出蜂鸣声提示操作人员。

③ 副控单元安排在总经理室和管理部以及财务部内，可以随时调用现场的摄像机，并可以根据使用的需求安排各自的使用权限和优先级别。

④ 控制中心的多媒体应用可以将商场内的地形图和布点情况显示在电脑显示屏上，并可以调阅任意一幅监视画面，每副画面都可以自由放大或缩小；如果监视的是一体机图像，系统会自动跳出云台控制小键盘，便于操作人员实行对一体机的控制。

⑤ 背景音响广播，可对不同的区域播放不同的音乐，一旦输入消防信号，系统立即转为消防广播状态，可对已预设的不同层面进行消防疏散广播。

⑥ 电视监控系统和防盗系统均采用大楼 UPS 供电系统，可以保障短时间内在电力故障时，整个系统能够正常运行。

⑦ 所有系统实行接地措施，外部管线实施必要的抗干扰、防水、防静电措施，使系统具有较好的抗干扰性能。

⑧ 防盗报警系统各防区均显示在对应的平面图上，地理位置形象直观，发生报警时系统会自动显示被触发的防区。

(4) 各分系统功能及相关设备的联动功能

通过防盗探测主机给出的联动信号与电视监控矩阵的报警模块实现了两者之间的信号联动，当商场内的红外探测器被触发时，旁边的摄像机在矩阵中马上被选择到监视器上，并打开定点录像机实现录像功能。当发生火灾时，利用消防信号将卖场内的背景广播变成紧急消防广播。

① 电视监控系统：整个工程输入点定为多台摄像机，主控设备选用冠林 GL-SX650 视频矩阵控制器系统，中心设 1 个主控键盘、办公室设多台分控键盘，财务室设多台分控键盘和多台多画面处理器；所有图像通过十六画面处理器合并成多画面显示在中心的监视器上，每台十六画面处理器通过一台长时间录像机，可对所有监视点进行录像，其中专业录像机采用的是抽帧录像方式，最大程度地节约了录像界质，非常便于管理。另配一台定点录像机对定点场所进行录像。画面同步采用独有的 VD2 同步方式，易于施工和操作；由于财务室设有金库，本系统专门设计了 1 台分控键盘和 1 台监视器，用于切换财务室所有摄像机，同时在财务室的保安处设多画面处理器和监视器，用于财务室的独立保卫工作。

彩色十六画面处理器选用日本松下彩色双工十六路场开关切换器 WJ-FS616；它能以场切换方式合并 16 路以供记录使用，这样，每路摄像机可以得到几乎连续的图像重放，每路图像上均叠加有地址和年月、日、时、分、秒。每幅图像展现何处的信息一目了然。16 路摄像机输入信号也可以用 4 画面、9 画面、16 画面或单画面方式显示图像，场冻结功能可以清晰显示任何一个分画面或全屏幕画面。

本系统还具有与防盗报警系统联动功能。当防区一旦发生报警，闭路电视监控系统与防盗报警系统联动，报警信号可以输入监控主机，由主机发出联动信号，相应的画面将闪烁报警字符，并使相关录像机由长时间录像切换到实时录像状态，同时发出蜂鸣声提示操作人员。让操作人员及时报警。

电视监控系统共配置××个摄像机，分别监视：

地下一楼卸货区、出入口、收银台、卖场走道、超市区、管理部走道；

地下一楼夹层楼梯口；

一楼出入口、收银台、卖场走道；

二楼出入口、收银台、卖场走道；

三楼出入口、收银台、卖场走道；

四楼出入口、收银台、卖场走道；

五楼出入口、收银台、卖场走道；

六楼出入口、收银台、卖场走道；

顶楼楼梯口。

所有出入口、收银台、管理部走道、总办走道、现金保管室采用定点摄像，卖场走道一体机巡视摄像。

电视监控系统分布情况见布局图。

② 防盗报警系统：整个防盗报警系统红外探测点，手动防抢按钮。防盗探测器分别控制进出口通道，电梯口，当发生报警时，立即启动监控系统进行录像。手动防抢按钮分别安装在收银台和安防控制室等处，当发现抢劫时，按动防抢按钮后，立即会将信号由控制主机经电话线传向区域报警网络。

防盗探测器分布位置如下：

地下一楼出入口、卖场走道、超市区；

地下一楼夹层楼梯口；

一楼出入口、卖场走道；

二楼出入口、卖场走道；

三楼出入口、卖场走道；

四楼出入口、卖场走道；

五楼出入口、卖场走道；

六楼出入口、卖场走道；

顶楼楼梯口。

防抢按钮安装于七个楼层所有的收银台位置，防盗防抢系统分布情况见布局图。

③ 背景音响系统：整个背景音响系统设吸顶扬声器，并分区，每个区可以播放不同音源，音量也可以根据需要进行不同调节。一旦输入

消防信号，系统立即转为消防广播状态，可对已预设的不同层面进行消防疏散广播。

本系统主要配件采用了日本公司专为综合大厦等公共设施而设计的背景音响系统。该系统的各个构成单元以及各种安装件均采用模块化结构，可根据用户要求灵活地进行组合，扩展较为方便。

a. 系统组成

音源由循环放音卡座、激光唱机、播音话筒等组成。该设备主要用于向公共区域提供背景音乐节目及进行事务广播。双卡座可选用普通磁带及金属磁带，具有杜比降噪、两卡无限循环、自动增益控制等功能。激光唱机为多碟唱机，可用于长时间播放背景音乐。

前置放大部分：前置放大部分由辅助放大模块以及线性放大模块等组成。辅助放大模块具有半固定音量控制，主要用于正常工作期间输出电平的调整，输入为电子平衡式输入。线性放大模块具有高、低音调节、发光二极管输出电平显示，输出电平由推拉电位器控制。

功率放大部分：功率放大部分采用了松下公司专为背景音乐系统而设计的功率放大器。该类放大器可靠性高、能保证系统 24h 满功率的工作。而且该类放大器可在交流 220V，保证正常的工作。

放音部分：放音部分采用的是吸顶式扬声器，为了节省投资，本设计中与消防紧急广播系统共用扬声器。

b. 吸顶扬声器分布位置

下一楼出入口、卖场走道、超市区；

地下一楼夹层楼梯口；

一楼出入口、卖场走道；

二楼出入口、卖场走道；

三楼出入口、卖场走道；

四楼出入口、卖场走道；

五楼出入口、卖场走道；

六楼出入口、卖场走道；

顶楼楼梯口。

④ 电视监控系统 GL-SX650 监控系列，大型矩阵系统。

5. 产品

(1) 产品要点

矩阵开关650系统最大可扩展为304路视频输入/32路视频输出/24个系统控制器。

超级子网功能：一台GL-SX650系统可控制64台GL-SX650或GL-SX32/8，切换多达19696路视频信号输入。

适合高速公路、机场、小区、厂区等网点分散地区的监控要求，最先进的VS同步切换技术，实现视频切换图像无抖动效果，世界领先的单机箱32路输出。

OSD功能：摄像机标题可以是6个中文字符，可选择32路输出中的任何一路图像是否显示日期与时间、摄像机标题等。

可选择用户操作界面（主控键盘、分控键盘、多媒体软件）最多可有24个操作员同时操作系统，最多可接999路外部报警信号输入；最多可控制256台外接设备（如解码器、数字硬盘录像机，跟随控制器等)。

在PC环境下对矩阵系统进行设置与编程，操作极为简单方便，可外接多媒体计算机，可控制云台及一体机的操作。

(2) 产品规格

① 彩色多画面处理器的选用：日本公司WJ-FS616

视频输入	16路带环接，1Vpp/75Ω（内部可选择高阻） PAL制复合视频信号，BNC接头
视频监视输出	1Vpp/75Ω PAL制复合视频信号，BNC接头
视频回放输出	1Vpp/75Ω PAL制复合视频信号，BNC接头
音频监视输出	1路左/右声道输出，RAC接头
音频回放输出	1路左/右声道输出，RAC接头
报警输入	8路，常开或常闭可选
报警输出	1路，常开或常闭可选
遥控输入	1路，RS-232C
遥控输出	1路，RS-422
LAN网络	10M/100M自适应卡
USB接口	2路
并行接口	可接各种打印机
工作温度	－10～50℃
环境温度	90％
尺寸	420mm×44mm×350mm
质量	4kg

高画质：720×544 像素；

用于记录的场开关输出最多可达 16 路多工信号；

多画面监视的高切换率：每画面 1/50s；

FS616 通过单缆或 RS485 可控制摄像机进行如 PTZ，自动云台，聚焦 AF，光圈，预置位和菜单设定等操作；

通过 FS232C 或有线遥控可在 FS616 的前面板控制松下的长延时录像机；

可用 PC（需要软件）通过 RS-232C 或 RS-485 进行遥控，或用 WV-CU550A 通过 RS-485 进行控制；

可用 4 台 FS616 扩展成 64 路输入的系统；

多种报警功能；

报警提示方式（多画面监视输出）；

报警连接方式（多画面监视输出）；

报警忽略方式（点监视输出）；

报警点方式（点监视输出）；

报警优先记录和切换方式（记录输出）；

多画面监视输出（单/多点，单/多时序）；

视频丢失检测器；

WV-AS500（监视用 PC 控制软件）：选购。

② 一体化摄像机（图 7-16）选用：日本公司 WV-CS850

具有低照度黑白模式的 1/3″彩色半球摄像机，小型 110mm 直径半球形整体彩色摄像机；

内置第二代超级动态技术，比普通摄像机的动态范围扩大 80 倍；

黑白模式水平分辨率 570 线，彩色模式水平分辨率 480 线；

内置存储器读出数字翻转，可自动翻转 180°；

IP52 防滴环境结构，通过取下红外滤色镜可选择彩色或黑白画面捕获；

黑白 0.06lx，彩色 1lx（灵敏度提升 2 倍）；

保密区掩蔽功能；

线性 32 倍电子灵敏度扩展功能；

预置模式下最大旋转速度为 300°/s

图 7-16 一体化摄像机

图 7-17 固定摄像机

22 倍光学变焦镜头（3.78～83.4mm，F1.6），10 倍线性电子变焦功能；

四（4）路报警输入，两（2）路报警输出端口；

字母数字字符显示；

光学视频信号传送 SLIP RING 系统。

③ 固定摄像机（图 7-17）的选用：松下 WV-CP244

选用日本公司：WV-CP244，1/3″彩色摄像机；

具有 753（水平）×582（垂直）像素（有效值），每个像素上的微透镜使其具有极高的灵敏度；

F1.2 光圈时，最低景物照度为 1.1LUX，F0.75 光圈时为 0.4LUX，480 电视线水平清晰度；

可装配固定式、手动式和自动亮度控制（ALC）镜头，包括同步锁定的各种同步锁定功能，自动增益控制（AGC）功能。

④ 监视器（图 7-18）选用：GL-CM2080，GL-CM 1420

GL-CM2080 20″[表示 in(英寸)]彩色监视器，水平清晰度为 450 线；

相关参数（表 7-2）。

GL-CM1420 14″彩色监视器，水平清晰度 450 线；

图 7-18　监视器

表 7-2　GL-CM208020″彩色监视器参数

型号	GL-CM2080A
显像管	21″直角平面管 荧光粉:P22 点距:0.48 偏转角:90°
解析度	平均 450 线
制式	NTSC/PAL 自动切换
扫描频率	H:15.75KHZ(NTSC)15.62KHZ(PAL) V:60HZ(NTSC) 50HZ(PAL)
视频输入/输出	视频 A/B:PAL/NTSC 复合视频 1.0Vp-p/HI 自动转换 S-VHS Y/C:Y 信号=1Vp-p C 信号=0285Vp-p,75/HI 自动转换
音频输入/输出	300mVrms/2W
边接	视频 A/B 输入/输出:4 个 BNC 边接端,自动终端 Y/C 输入:1 个 4 微针连接端 音频输入/输出:4 个 RCA 连接端
水平线性	<10%
垂直线性	<10%

续表

面板控制	菜单:音量、亮度、色度、对比度、清晰度、色调、水平位置、垂直位置、语言(中英文切换) 手动通道切换(A、B、SVHS)
消耗功率	80W
输入电压	AC100V-240V 50HZ/60Hz
尺寸(宽×高×深)/mm	490×478×441.5
质量	14.5kg

相关参数(表7-3)。

表7-3 GL-CM142014″彩色监视器参数

型号	GL-CM1420
显像管	14″高清晰度彩色显像管
信号输入	10Vp-p全电视信号
图像重显率	90%
解析度	450线
扫描频率	H:15625Hz V:50Hz
水平线性	<10%
垂直线性	<10%
输入阻抗	75Ω
消耗功率	60W
音频输入	5dbM(1kHz)
音频输出	1.5W
输入电压	AC220V
环境温度	-10℃至+50℃
尺寸(宽×高×深)/mm	360×335×335
质量	15kg

⑤ 录像机选用:AG-TL350

录像机选用日本松下公司的AG-TL350彩色长延时录像机(表7-4),新式的高速回应机构,事件录像功能,供音频/视频信号的录像时间(3/6/12/24)最长可录制24h,具有报警检索功能,完全适合商厦监控之需要。

相关参数(表7-4)。

⑥ 多媒体软件选用:GL-RS550A

GL-RS550A 系统功能：

支持松下闭路监控系统的所有操作功能；

表 7-4　AG-TL350 录像机参数

电源	220/240V 交流电源,50/60Hz
功耗	大约 17W
制式	CCIR 标准(625 行,50 场),PAL 彩色信号
音频磁迹	1 条
磁带格式	VHS
磁带速度	23.39mm/s
记录/重放时间方式	3/6/12/24h
快进/倒带时间	大约 3min(使用 NV-E180 磁带)
输入电平	视频输入(BNC):1.0V[p-p],75Ω,不平衡 音频输入(Phone):－10BV,47Ω,不平衡 麦克风输入(M3):－60DBV,47Ω,不平衡
输出电平	视频输出(BNC):1.0V[p-p],75Ω,不平衡 音频输出(Phone):－10BV,47Ω,不平衡
视频水平清晰度	VHS:240 线(彩色)
音频频响	50Hz～10kHz(3h 方式)
信噪比	45dB
工作温度	5～40℃
工作湿度	35%～80%
质量	大约 4.5kg
尺寸	430mm×100mm×290.5mm

支持 8-256 路视频输入，4-32 路视频输出；

支持松下监控系统的主控和副控，通过网络可实现多路分控；

提供地图制作工具，可任意修改或重做监控地形图；

通过多媒体地图调阅各路监控图像；

中文图形界面，图像可全屏显示；

通过屏幕按钮，进行云台控制，系统设置；

支持 RS232 及 RS485 控制界面；

支持 5 级用户权限管理，30 个优先权控制。

⑦ 防抢防盗系统

防盗通信主机选用：美国 DS7400XI。

可扩展到 248 路，支持 60 个 4 位用户码（可随意组合）分七个不同的级别加以编程，能实现 4 个完全独立的编码区域，集键盘编程和遥控编程于一体，支持多种通信方式，具备探测器报警，火警信号触发，区域输入，编程记忆，400 条事件记录，出/入交叉矩阵，特别布防等多种功能，并可以与电视监控联动，使小区的智能化程度更高。

总线制方式，通信距离达 1.6km（更远距离可用放大器），支持 248 防区。

支持无线键盘及多种无线探测器。

多种总线防区扩充模式可选，支持 3 防区总线式报警主机。

支持 200 个用户码，30 种可选防区功能，可分 8 个独立分区。

400 个事件记录，可实现键盘编程及远程遥控编程。

可用 4+2、contact ID 等多种格式与报警中心通信。

可与 PC 机直联，实现 PC 管理，广泛用于大型安防系统及小区报警系统。

实现多种输出联动方式，用于灯光、视频、模拟地图等方式联动需求。

提供二次开发接口协议，方便系统集成。

技术指标：

输入电源：18VAC，50VA，50Hz 或 60Hz。

UL 认可的辅助电源输出：12VDC，1.0A。

UL 认可的报警电源输出：12VDC，1.75A。

可选待机电池（P334）：12V，7.0AH。

工作温度：0～+49℃。

主机耗电：175mA（静态）250mA（报警）。

报警输出：12VDC，1.75A。

外形尺寸：210（H）×210（W）×80（D）mm。

⑧ 防盗探测器选用：迪信 DS9360/DS835

DS9360 红外/微波双鉴式吸顶探测器，具有动态分析处理，全方位 18m（60ft）直径的探测范围，可更换反射镜。具有微控自检检测系统和动态检测器。

DS835 红外/微波/人工智能三鉴式壁挂探测器，具有动态分析处理Ⅱ，探测范围 11m×11m，可防止因动物闯入而引起的误报。具有微控自检检测系统和动态检测器。

⑨ DS7400PC 系统功能

DS7400PC 监控软件允许用户以最大的灵活性管理维护 DS7400 安全管理系统，而不受 DS7400 报警主机的功能限制。

具有软件定义的逻辑防区与报警主机实际防区相对独立的特点，允许用户自由设置每个逻辑防区对应的实际报警主机以及相应的报警主机防区；逻辑防区产生报警消息的条件，逻辑报警是否受逻辑布防状态影响，逻辑报警发生时如何处理，使得逻辑防区功能拥有最大的可控制性。

允许任意定义安全系统用户，每个用户拥有的防区个数和位置不受任何限制，便于根据实际应用灵活规划管理。并且提供用户组管理功能对用户进行分组归类管理。

DS7400PC 监控软件具备强大的报警监视功能，能以用户防区状态表或地图方式对所有用户及逻辑防区的状态进行监控。不同状态的防区具有不同颜色的显示，地图监控状态下，不同类型的防区具有不同的形状，报警发生时对应的防区图标会动态变化。每个防区的具体资料通过鼠标单击即可显示。

⑩ PC 机硬件要求

PⅡ400 以上；

32M 内存以上；

PCI 总线（PCI 2.1）；

VGA 显示卡，支持 Direct Draw 功能；

可选件：

S3 Trio 64V＋；

S3 Virge；

Cirrus 5446；

ET 6000；

ATI Mach 64 (Include RAGE)；

硬盘容量 120M 以上；

图像捕捉卡（带叠加功能）；

可选件：

Aver PCImage；

Aver TV Phone；

Aver EZcapture；

Creative IE500；

二串一并。

⑪ 电气性能

75 欧姆输入输出阻抗；

8-256 路复合视频信号输入；

4-32 路复合视频信号输出；

RS232C 控制界面；

TCP/IP 网络协议；

RS485 远程控制界面，最远 1200m。

6. 智能广播系统

智能广播系统采用日本松下公司的 WK-850 系统控制器，最大控制音源输入为 8（16）路，最大输出音源 16（8）路，具有消防广播输入接口和消防广播语音存储器，并可灵活控制各路区域广播的音源。

公共广播设于公众场所，平时播放背景音乐；发生火灾时，则兼作事故广播用，指挥疏散。故公共广播设计，与消防报警系统的设计相配合，可实行分区控制，分区划分与消防分区相一致。

设计可根据使用场所的特性、噪声水平、空间大小高度，决定扬声器的数量、扩散角度、功率、清晰度，扬声器安装设计配合天花板的装饰进行。

(1) 系统功能

公共广播系统功能的实现：

可在各分区及写字楼办公室广播动态信息。

可向各分区提供多种背景音乐节目。

可向各分区提供多种广播节目。

节目源系统中采用主席优先技术，可手动实现播放背景音乐与语音广播的切换。

采用分区多功放体制，既提高系统的可靠性又降低了备份功放的比例。采用先进的数字声音处理技术，可根据具体的建设条件进行适当的调节处理，以获得高质量的语音清晰度和平稳度。

当出现火警时，根据防火分区选择广播分区，在广播主控室内通过切换，中断广播播音，进入消防广播状态。

火灾报警部分要求：

① 二层及二层以上楼层发生火灾时，应在本层及相邻层进行广播；首层发生火灾时，应在本层、二层及地下各层进行广播；地下层发生火灾时，应在地下各层及首层进行广播。

② 火灾发生时应能在消防控制室将火灾疏散层的广播系统强制转入紧急广播状态，显示楼层，并能实现手动和自动两种方式。

③ 在大厦某些部分除了紧急广播之外，在无紧急广播的情况下其公共区域平时可播放背景音乐。

(2) 扬声器分布设计

根据规范，区域分配应首先满足火灾事故广播的区域划分要求。根据设计要求，某百货各店背景音响系统划分为 8 个广播区域、办公楼为 9 个区。话筒语音可自由选择对各回路，或单独、或编组、或全呼进行广播而不影响其他回路的正常广播。

8 个区域均含有背景音乐系统及消防广播系统，两个系统合二为一，共用相同的功率放大器。扬声器平时均播放音乐，在紧急状态下将自动切换为紧急广播。

(3) 扬声器分布设计基本要求分析

音响系统前端设计必须考虑以下因素。

周围噪声：在噪声环境下，系统前端必要的声压。

回音：有周围墙壁等回音影响，系统的声音清晰程度必须综合考虑。

目的和用途：必须据此来合理配置前端。

(4) 必要声压

输出声压：一般的，喇叭输出的声压与喇叭额定输出根据不同的场合有一定的差别，普通场合下额定输出功率的喇叭输出声压一般都应有 5～10dB 的增加。

所以根据以上几点，百货商场的前端扬声器输出声压要求应在70～90dB 左右才能保证较好的效果。3W 的喇叭一般输出声压在 90～100 之间，加上普通场合下增加声压约 7dB 左右，喇叭之间安装距离在 6～

10m内将可满足要求，达到较好的效果，故在商场中采用3W的扬声器，间距8m安装，可保证85dB以上的输出声压，使大楼内人员在任何位置都可清晰地收听到广播和音乐。

根据以上所述及实际使用要求，将选用日本某品牌的扬声器来满足技术要求。

(5) 设备性能指标

① 控制主机WK-850AE

自带20路回路分区器；

故障自我诊断功能；

语音及中文提示功能；

内置存储器。

② 4路监听器WU-M20N

4路输入，任意选通；

内置有源音箱；

监听音量可调，电平指示。

③ 20回路分区选择器WK-820E

20回路输出；有强行插入功能；

能使用遥控器控制；

切换的指拨开关可做业务广播用。

④ 输入输出控制器WU-R55E

带有声音报警功能的系统控制器，只能与WK-850E主机联用；

提供与各种紧急报警装置联用的端子。

⑤ 输出控制器WU-R52AE

用于喇叭线路的连接、控制装置；

20个回路一个单位可接8个装置，最多达到160回路；

喇叭线路能按线路分别开关，短路时能自我检测；

装备了自动火灾报警的接口接受信号后启动WK-850E主机报警装置。

⑥ 混音器WU-M60/G

将麦克风、线性、定时钟等广播输入变成一个输出，可按顺序等级输出。

内置各种前置广播音：2 音式门铃重复 3 次。

⑦ 电源控制器 WU-L66/G

主要提供给功放及遥控装置电源；

DC24V 输出给系统控制器。

⑧ 定压功放WU-P53/G（360W）　WU-P52/G（120W）

使用全矽电晶体的 AC/DC 两用装置；

输出功率：WU-P53/G 为 360W　WU-P52/G 为 120W；

功耗：WU-P53/G 为 840W　WU-P52/G 为 300W；

总功耗达到 720W 时，需增加散热装置，总功耗达到 2600W 时，需再增加一台电源控制器：WU-L66/G。

⑨ 多功能遥控麦克风 WR-301

可进行全区、单区、群组广播；

内建呼出信号以提供广播进行。

⑩ 嵌顶喇叭WS-7030N（3W）　WS-7060N（6W）

额定输入：WS-7030N 为 3W　WS-7060N 为 6W

开孔尺寸：180×6mm

输入阻抗：3.3kΩ，5kΩ，10kΩ。

7. 中心控制室

安防中心控制室是安全防范系统的神经中枢，实行集中管理，将电视图像监控系统的矩阵控制主机系统，操作键盘和防盗报警控制器及多媒体的电脑设备安装在非标定制的控制台上，便于操作。

（1）中心控制室

要求面积不小于 $20m^2$，环境幽静、噪声小。

（2）控制中心

采用活动地板，以便管线从地板下经过接入控制机柜。

① 活动地板要求防静电；

② 架空高度≥0.25m；

③ 根据机柜、控制台等设备的相应位置，留进线槽和进线孔。

（3）控制室照明

① 室内平均照度应≥200lx；

② 照度均匀度（最低照度与平均照度之比）应≥0.7。

(4) 中心设备的选配及基本工作方式

① 录像机。在监控室中选配日本某公司产品 AG-TL350 长延时录像机，以便长时间的记录监控图像。

监视器的选配

本系统中心选配： 21″彩色监视器 GL-CM2080 __台；

14″彩色监视器 GL-CM1420 __台；

副控单元配置： 14″彩色监视器 GL-CM1420 __台；

② 电视屏墙与操作台；

③ 控制主机选用__路输入和__路输出大型矩阵；

④ 操作键盘：选用主键盘，置于中心控制室；经理室、财务室等各配置 1 台分控键盘。

(5) 自身防护及通信手段

① 自身防护。控制中心应安装摄像机和紧急按钮，监控中心安排在管理部保卫科内部，防止非法入侵，保障中心系统和操作人员的安全。

② 通信手段。配备内外通信联络用的专线电话机和无线对讲机等通信设备，配备橡皮警棍或高压电击器等保安自卫武器，配备药剂或气体消防灭火器材。

8. 管线敷设方案

(1) 传输方式的选择

① 图像信号传输。本系统采用同轴电缆传输视频信号的视频传输方式。

② 系统控制信号传输。监控系统控制信号采用标准 RS-485 的控制方式。

报警系统采用公司定制的专用多芯线直接传输控制信号。

(2) 线路的设计

本系统在线路的设计和施工时有以下几个方面的特点：

① 路径短捷、安全可靠、施工维护方便；

② 避开恶劣环境条件或易使管线损伤的地段；

③ 不与其他管线等障碍物交叉跨越；

④ 管线选配

a. 根据设计图纸要求选配电缆；

b. 视频传输线选用 SYV75-5-4 专业电缆；报警传输线选用 RVV 4×16 和 RVV2×16 专业电缆；电源传输线选用 RVV2×32 专业电缆；

c. 室外设备连接电缆时，宜从设备的下部进线；

d. 电缆长度应逐盘核对并根据设计图上各段线路长度来选配电缆，以避免电缆的接续；当电缆接续时应采用专用接插件。

⑤ 线路敷设

a. 必须按图纸进行敷设，施工质量应符合《电力工程电缆设计规范》；

b. 电缆的弯曲半径大于电缆直径的 15 倍；

c. 敷设管道线之前应先清刷管孔；

d. 管孔内预设一根镀锌铁线；

e. 穿放电缆时宜涂滑石粉；

f. 管口与电缆间衬垫铝皮，铝皮应包在管口上进入管孔的电缆应保持平直，并应采取防潮、防腐、防鼠等处理措施。

(3) 抗干扰措施

① 电缆线宜与信号线、控制线分开敷设，防止干扰；

② 视频线走向力求避开各种干扰源，如电梯机房等；

③ 各类传输线缆屏蔽层焊接接地，金属电线管电焊接地，控制室系统设备外壳接地。如遇不明原因的强干扰影响图像质量和控制信号传输时，可查找干扰源，采取措施排除或减弱干扰源。如仍然不能解决干扰问题，根据现场实际情况，采用抗强干扰源的滤波设备，将干扰因素降低到最低限度，确保安防系统的正常运行。

9. 同步方式

采用 VD2 垂直同步系统方式，使整个系统摄像机与控制器完全同步即输出各种遥控信号和同步功能，同步功能信号由系统主机向自各摄像机统一输出 VD2（垂直同步信号）。

10. 供电

① 本系统的供电电源采用 220V、50Hz、10kW 的单相交流电源；

② 摄像机由监控室引专线经隔离变压器，经由大楼 UPS 备电单元统一供电；

③ 当系统掉电时，大楼UPS会自动继电，确保一段时期内的供电正常。

11. 接地方式

系统的接地采用一点接地方式，以避免由于接地电位差而混入交流杂波等干扰。接地母线采用铜质线，其截面积不小于16mm^2，系统的接地电阻应小于1Ω；接地系统不形成封闭回路，不与强电的电网零线短接或混接。

12. 售后服务承诺

技术安全防范是保障财产和人员生命财产安全的重要措施，只有使系统时刻处于良好的工作状态，才能达到有效防范目的。要使设备处于完好的工作状态，除日常的维护保养外做好售后服务十分重要。

① 严格按照国家、公安部、市府有关标准规范进行系统设计、施工安装。

② 设备在运往现场安装前须在公司进行系统24～48h联试通电考核。

③ 工程维修服务部，专职负责进行工程的售后服务及维修工作。保存全部施工图纸及相关技术文件和合同，可供维修时查阅，以确保系统维护，不因原施工人员变动而受影响。

④ 工程服务部在收到报修电话后，在48h内，赶到现场，设备如有损坏（非业主造成），负责免费更换。若因人为损坏，应按合同清单价承担费用。

⑤ 安防系统保修期为一年，在保修期内，原则上每月与客户电话巡回服务一次。保修期满时对系统进行一次全面维护及测试。保修期满后将实行终身有偿维修服务，维修收取器材成本费和少量人工费，定期电话巡访或上门服务。每次巡访或上门服务都记录在案，以便用户和公司内部管理之监督。

⑥ 人员培训，免费对操作人员进行操作、保养培训，保证日常维护、保养工作。

13. 工程实施

① 工程设计及软件编写：“××商厦”弱电工程在签订合同后，根据甲方实际需要详细绘制与现场实际情况吻合的施工图纸，公司提供接线图，系统图及平面施工布线图，按照合同文件规定提供设备材料，设

备安装调试，系统开通运转，免费提供操作培训和售后服务。

② 合同的“××百货××店”闭路电视监控系统主要设备为日本某公司产品；底层周边防盗报警系统主要设备采用美国某公司产品；背景音响系统主要设备为日本某公司产品。工程价商定结算为人民币支付。按合同所列清单按时提供设备器材，所有的进口器材报关、验收、运费均由公司负责。

③ 现场施工及技术指导：在不妨碍市政设施管线以及本工程周围建筑物或构筑物的情况下进行工程的施工。在施工期间，派出一位有经验的安装指导人员提供随时服务，负责排线施工，安装调试直至竣工验收解决一切有关本系统的现场安装问题。并且施工人员遵守工地的有关规定和制度，并主动做好与土建总承包单位的配合协调工作。

④ 调试：在系统安装完毕后，派一组有经验的技术人员进行系统调试，调试完毕通过验收后，即保修期开始。

⑤ 整个工程的设计完成后向甲方提供系统接线图，系统图及平面施工布线图各四套，使用说明书 3 套。

⑥ 工程变更：若甲方公司以书面形式向施工公司发出就工程所作的任何指示，则应尽全力达到甲方公司的需求。如遇特殊情况应向甲方阐明不能履行的真实理由，不得单方面对承包工程做任何修改。承包工程的任何变更，均应经过甲方与施工公司双方签字认可，否则无效。

14. 验收和方式

① 验收办法：工程竣工时，该公司应向甲方提出书面报告，由甲方委托施工公司负责牵头，联系甲方和施工公司以及有关专家联合验收。

② 验收标准按国标、市标及市公安局技防办和甲方认可的施工图和材料封样为准。

③ 如工程验收不符合合同文件明确的技术规范标准或设计施工图要求，甲方公司认为工程必须返工，公司必须无条件返工，并承担由此造成的工程返工修改费用。

二、 某访客可视对讲系统设计方案

1. 系统概述

楼宇对讲系统作为一项必备的门禁控制系统，利用可视对讲识别访客，杜绝闲杂人员随便出入。为该小区设计的楼宇对讲系统采用某品牌DH-1000A型楼宇可视对讲系统，它可完成楼宇可视对讲、紧急报警、图像监视以及遥控开锁等功能，为住户的安全防范提供一套完整的解决方案。该楼宇对讲系统以其清晰的图像以及对讲、智能的控制，对小区日常的综合管理及保障业主的安全发挥着重要的作用。

DH-1000A系列产品通过了省技防检测中心和公安部安全防范报警系统产品质量监督检验测试中心（最高权威检测机构）检测。本系统适应于别墅区以及多层、高层建筑，集门铃、对讲、可视、监视、锁控、呼叫门禁IC卡管理于一体。室内分机无须编码，分机可互换，故障及短路不影响系统正常使用。

2. 系统组成

整个系统由梯道可视主机、用户室内可视分机、可视门前铃（备选）、层间分配器、管理中心、不间断电源等组成。

每个梯道入口处安装梯道可视主机，可用于呼吁住户或管理中心，业主进入梯道铁门可利用IC卡感应开启电控门锁，同时对外来人员进行第一道过滤，避免访客随便进入楼层梯道；来访者可通过梯道主机呼叫住户，住户可以拿起话筒与之通话（可视功能），并决定接受或拒绝来访；住户同意来访者进入后，遥控开启楼门电控锁。业主室内安装的可视分机，对访客进行对话、辨认，由业主遥控开锁。住户家中发生事件时，住户可利用可视对讲分机呼叫小区的保安室，向保安室寻求支援。在保安监控中心安装管理中心机，专供接收用户紧急求助和呼叫。

3. 系统功能与特点

① 选型品质精良、配置科学耐用、系统结构合理、布线精简且维护方便、整体性能与价格达到最优化组合。

② 符合目前对讲系统智能化、模块化，配置自由化、一体化、兼容化的发展趋势。

③ 室外主机采用微电脑芯片控制各种呼叫、回铃、提挂机、通话、开锁等工作状态。智能化程度高，电路超常稳定、可靠。

④ 主机面板配以先进的表面处理工艺，经久耐用，美观大方。

⑤ 主机控制部分以美国Microchip微控制器芯片为核心，自带看门狗电路，以确保系统能长期稳定运行，同时静态功耗极低，整机静态功耗仅0.1W。

⑥ 系统的语音传输均采用无损侦听发码技术，确保不会产生信息传送冲突、漏失，因此不会产生对所传信息的破坏或丢失，同时在该系统中也采用了多种检错措施（如奇偶校验，CRC 循环冗余检错）使得语音信号的传递准确无误。

4. 系统结构

整个系统采用分级分布式控制原理，利用模块化设计技术，将众多功能有机地结合在一起。整个系统有两级控制四层设备，构成了一个树形总线分布式的控制通信网络。级控制联线均采用串行总线结构通信模式，简化系统联线，方便施工安装。各层设备之间互换性好，具有故障检测定位及线路保护功能。信号传输距离远，安全可靠，并采用无损侦听技术，避免信号令阻塞和丢失。

可视对讲主机均采用四芯信号线加一根视频线的总线连接，每四户放置一个层间分配器（DH-1000A-J）配接一至四户室内可视分机（DH-1000A-G）。该分机电源每个梯位（但不超过 16 户）由一台不间断电源（DH-1000-U）集中供给，电源采用开关电源，可满足宽电压范围内工作，同时也减少了工频对系统的干扰。

对讲系统由二级控制四层设备组成：用户室内分机（DH-1000A-G）、层间分配器（：DH-1000A-J）、室外可视对讲主机（DH-1000A-C）、管理中心（DH-1000A-M）构成。

（1）欧式室外可视主机（DH-1000A-C）（内置非接触门禁读卡器）（图 7-19）

① 安装位置：各梯道入口处。

主机面板配以先进的表面处理工艺，经久耐用，美观大方。采用大型 LED 数码管更显豪华气派。摄像机为原装 SONY 公司的高清晰低照度黑白摄像机，同时配以夜间红外补偿，即使在夜间也能看到高品质的图像。键盘采用不锈钢按键，并配以夜光照明，方便访客使用系统。主机抗撞击，防水效果极佳。

② 功能：

a. 通过室外主机键盘可以呼叫住户并与之通话，并执行用户分机发来的开锁指令，开启电控门锁，允许访客进入。

b. 通过键入“999”，访客或住户可以直接呼叫管理中心并与之通话，同时也可执行管理中心发来的开锁指令，允许访客或住户进入。

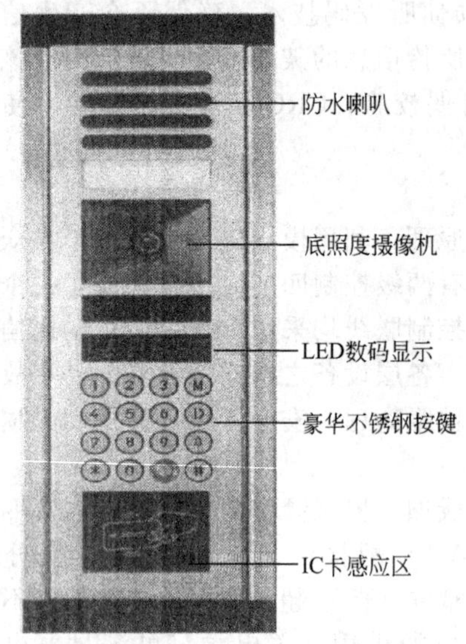

图 7-19　欧式室外可视主机

c. 通过单元门口室外主机键盘可以设定每一住户各自独立的住户密码（或修改）。

该密码能用于住户开启电控门锁或对住户盗警进行撤/布防，此时住户室内分机有提示音且向管理中心报告、记录。

d. 通过室外可视主机的非接触式 IC 卡读卡器，住户可以使用 IC 卡开启电控门锁或撤/布防，同时向管理中心报告、记录。

e. 每次开启电控锁，室外主机通过安装于门上的门磁开关，检测大门闭合状态，并通知管理中心登记。同时室外主机计时，当超过一定时间后，主机发出门未闭合提示音，并报告给管理中心记录处理。电控门从开启到规定的闭合时间可以通过主机键盘根据需要设定。

f. 室外主机在空闲态时定时扫描该梯口内各用户分机、层间分配器是否处于正常运行状态。对于处于非正常运行状态的用户分机、层间分配器及时报告管理中心处理。

g. 室外主机在任何时刻均将各用户分机传送来的各种报警信息、紧急求助信息传送给管理中心，而不中断主机的正常操作（比如此时正和用户通话)，能确保报警信号优先传送。

h. 通过室外主机键盘键入“功能号＋巡更人员编号”可部分实现小区的巡更系统的功能，增加打卡密度。

i. 通过主机可以直接对各住户弹性软件编码。

(2) 室内分机——可视分机 DH-1000A-G（内置报警控制器）（图 7-20）的特点

① 整个分机外观造型美观大方，制作精良。

② 控制部分以美国 Microchip 微控制器芯片为核心，自带看门狗电路，以确保系统能长期稳定运行，同时静态功耗极低，整机静态功耗仅 0.1W。

③ 室内分机能响应管理中心或梯口主机及门前铃的呼叫，并配以不同的电子铃声指示，方便住户区别。

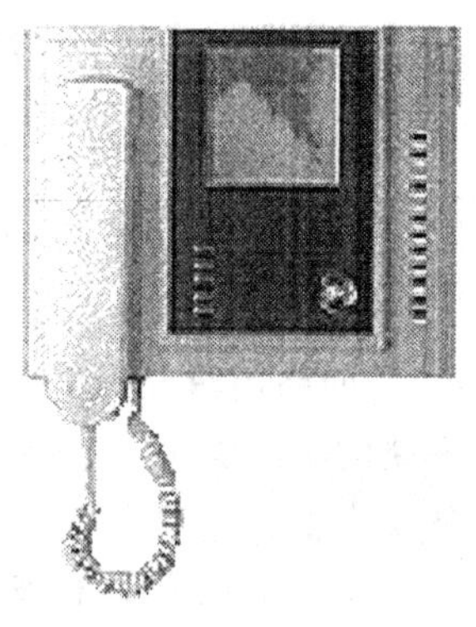
图 7-20 可视分机

④ 按下紧急求助键，可以直接向管理中心报警，管理中心显示并记录该住户房间号和发生时间。紧急求助和报警信息为最高级别优先传送信息，各节点设备和管理中心将优先传送和接受处理（紧急呼救系统采用串联式，可外引一根线至主卧室、卧室、客厅等）。

⑤ 按下呼叫中心键，可以呼叫管理中心，管理中心显示并记录该住户房间号和呼叫时间，提机即通话。

⑥ 室内分机能在空闲态时监视梯口状况。

⑦ 该室内分机同时也是一个四防区的报警平台，可以外接红外探头、门（窗）磁开关、煤气探头、火警探头可与智能家居控制主机兼容。盗警（门磁开关、红外探头）只有在布防的状态下才能响应，布防/撤防可以通过遥控器（选配件）、接触式 IC 卡（用户 IC 卡为选配件）、梯口主机键盘密码来完成，操作成功有相应的提示音。当微控制器检测到报警探头有报警信号时，会发生响亮的提示音，并通知管理中心，即刻显示警情种类及地点。当管理中心确认收到该报警信息时，分机才停止向管理中心报警。因此，确保了每次报警信息在管理中心均有记录，不漏失。

⑧ 室内分机均无需编码，可通用互换。

⑨ 住户门口可以安装门前铃（注：门前铃系安装在住户房门前的用于住户二次确认访客的装置。可以为普通对讲门前铃/可视门前铃/普通门前铃，为选配件）。

（3）层间分配器——DH-1000A-J

为一进一出四分支，可以连接 4 台室内分机，负责为室内分机提供电源、视频及控制信号。对总线传输信号具有隔离放大作用，可避免住户终端设备故障导致系统失常。

① 将用户分机发出的各种控制信息转换成相应格式发至主机。

② 将室外主机（或管理中心）发出的各种信令编码按地址和功能态进行搜索过滤加工，以相应的信令格式发送至被寻址（呼叫）的住户。

③ 四路至室内分机控制信号线，语音信号线，控制信号线彼此独立，因此某住户分机故障不会影响其他住户分机及系统的使用。

④ 四路用户分机供电彼此独立，并有短路保护，当用户分机有电源短路的情况发生时，会自动切断该路电源，直至短路故障清除，便自动恢复供电。

⑤ 该层间分配器存放各住户分机的房间号及撤/布防状态。系统采用弹性软件编码，避免了使用机械按码开关因机械寿命而带来的隐患。

⑥ 层间分配器平时以高阻状态挂接在楼梯内的系统总线。因此该层间分配器故障不会影响系统的使用。

⑦ 层间分配器定时查询用户室内分机，以主动询问方式向用户室内分机发出询问信息，如在规定的时间无应答则视该分机已处于非正常状态，及时通知管理中心。

(4) 管理中心机——DH-1000A-M

为系统的最高应用层，能记录各住户的报警、求助、开锁、撤/布防、保安巡逻打卡信息，以及呼叫小区内任一住户。

① 管理中心采用黑色ASS机壳，并配以超薄的液晶显示屏，使之造型独特、美观、应用方便。

② 图像能通过面板按键电子化调整图像的亮度，对比度，以适应不同的环境。

③ 采用七位LED数码管，能显示出管理中心收到何地传送来的信息，同时还有多种彩色发光二极管配合指明信息为何种类型，使处理这些信息一目了然。

④ 通过管理中心能主动监视各梯口状态，扩展了小区监控区域。

⑤ 在管理中心空闲时，也能启动自动模式，对小区内各梯口状况轮流监视，监视时间可以调整。实现小区监控部分功能，增加监控

密度。

⑥ 管理中心在任何时刻均能记录小区各个地方传送来的报警、求助、电控开启状态、撤布防等信息。

⑦ 管理中心可以呼叫小区的任一住户并与之通话联络。

⑧ 管理中心能接收梯口主机的呼叫，并开启该梯口电控门锁。

⑨ 管理中心能实时记录各梯口主机发送来的巡更打卡信息（如时间地点、巡更员号码），并具有值班室人员上下班打卡功能。

⑩ 管理中心接收到梯口电控门超时未闭合信息时，会显示该单元梯口地址并有提示音。

⑪ 当有访客通过梯口主机呼叫住户时，管理中心接收并显示该信息，此时可按监视键查看来访情况。

⑫ 管理中心能通过 RS-232 接口与物业管理计算机联接，通过小区智能管理软件实现信息的海量存贮，同时能通过打印机将所需信息打印出来。

⑬ 小区智能管理软件采用流行的 Windows 界面——操作直观简便。具有值班室人员上下班用密码打卡功能，能方便地考勤管理。用户呼叫、报警等信息均有美观简洁的弹出窗口，值班员可作必要的文字记录，并自动生成报表存档，以供日后查询。

⑭ 小区智能管理软件能对巡更线路，巡更时间段进行设置，超时无打卡则提示报警，对巡更打卡管理具有强大的功能。

⑮ 佳乐小区智能管理软件能对小区资料信息，住户资料信息，物管收费记录进行管理查询。

以上这四层设备均通过四芯信号线加一根视频信号线联成一个功能完善的通信网络。系统的信息传输均采用无损侦听发码技术，确保不会产生信息传送冲突、漏失，即使同一时刻有多个信息竞争传输，也会按地址（房号）的顺序先后传送，因此不会产生对所传信息的破坏或丢失，保证各种信息（尤其是报警求助信息）不丢失。同时在该系统中也采用了多种检错措施（如奇偶校验，CRC 循环冗余检错），使得各种信息的传递准确无误。主机与管理中心采用双信道，即两根控制线：一个信道用于通常的呼叫联络，报警和求助信息传输，另一个信道用于巡逻打卡，系统巡检信息，电控门开启状态等信息的传输。从而使整个小区的信息传输更合理，以防产生重要信息的阻塞丢失，甚至因网络负载过重而导致系统瘫痪。

中心监视各梯口状况也是本系统的一大特色，整个系统利用一根视频线采用手拉手的联线方式将小区各梯口主机及管理中心连接起来，施工、布线方便、简洁明了，采用这一结构方式，即使主机出现故障，也能照样保持整个系统信号传输的道畅，不影响监视其他梯口主机。

第八章

综合布线系统

第一节　综合布线系统施工图识读

图 8-1 及图 8-2 为某住宅楼综合布线系统图及平面图。

从图 8-1 中可以看出，图中的电话线由户外公网引入，接至主配线间或用户交换机房，机房内有 4 台 110PB2-900FT 型配线架和 1 台用户交换机（PABX）。

从图 8-1 中可以看出，主机房中有服务器、网络交换机、配线架等。

图 8-1 中的电话与信息输出线，在每个楼层各使用一根 100 对干线 3 类大对数电缆（HSGYV3 $100\times2\times0.5mm^2$），此外每个楼层还使用一根 6 芯光缆。

从图 8-1 中可以看出，每个楼层设楼层配线架（FD），大多数电缆要接入配线架，用户使用 3、5 类 8 芯电缆（HSYV3/5 $4\times2\times0.5mm^2$）。

从图 8-1 中可以看出，光缆先接入光纤配线架（LIU），转换成电信号后，再经集线器（Hub）或交换机分路，接入楼层配线架（FD）。

图 8-1 二层左侧，V73 表示本层有 73 个语音出线口，D72 表示本层有 72 个数据出线口，M2 表示本层有 2 个视像监控口。

从此住宅楼平面图（图 8-2）中可以看出，信息线由楼道内配电箱引入室内，使用 4 根 5 类 4 对非屏蔽双绞线电缆（UTP）和 2 根同轴电

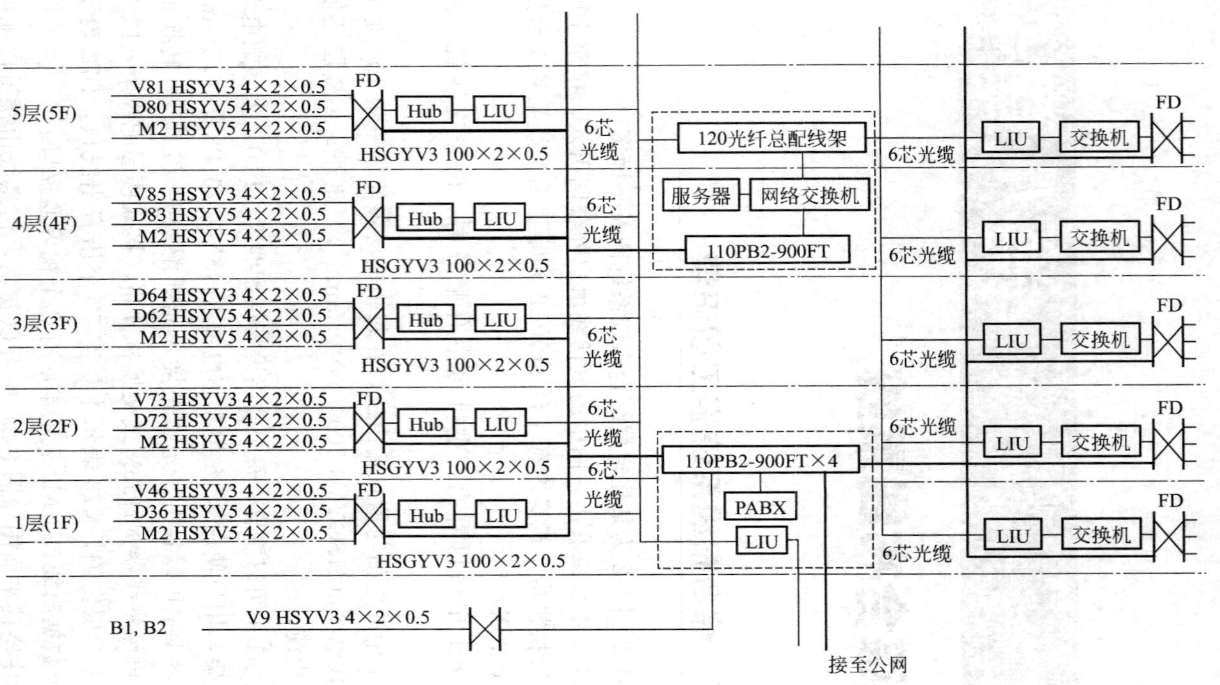

图 8-1　某住宅楼综合布线系统图

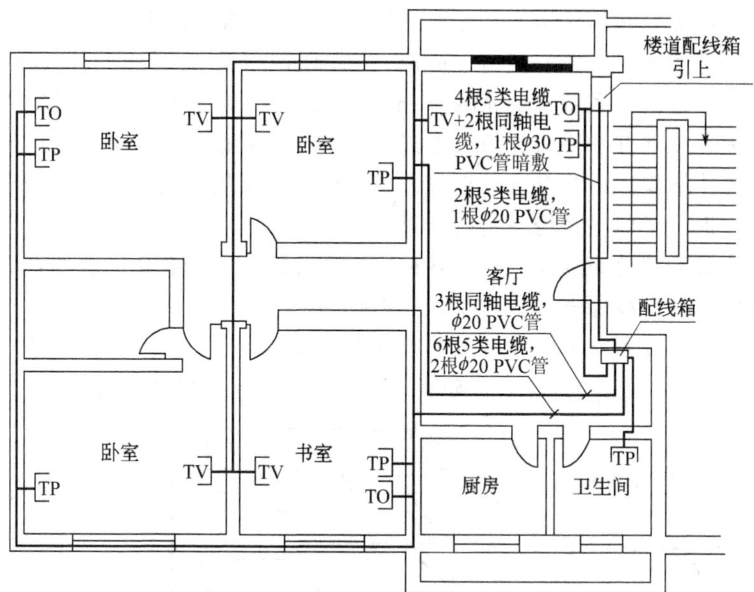

图 8-2　某住宅楼首层综合布线平面图

缆，穿 $\phi 30$ PVC 管在墙体内暗敷设。

从图 8-2 中可以看出，首层每户室内有一只家居配线箱，配线箱内有双绞线电缆分接端子和电视分配器，本用户为三分配器。

从图 8-2 中可以得知，该层户内每个房间都有电话插座（TP），起居室和书房有数据信息插座（TO），每个插座用 1 根 5 类 UTP 电缆与家居配线箱连接。

从图 8-2 中可以得知，该层户内各居室都有电视插座（TV），用 3 根同轴电缆与家居配线箱内分配器连接，墙两侧安装的电视插座用二分支器分配电视信号。户内电缆穿 $\phi 20$ PVC 管在墙体内暗敷。

第二节　综合布线系统组成及布线方式

一、 综合布线系统的组成

通常综合布线由六个子系统组成，即工作区子系统（work area）、水平子系统（horizontal cabling)、垂直干线子系统（back bone cabling)、设备间子系统（equipment rooms)、管理区子系统（administration）和建筑群接入子系统（premises entrance facilities)。综合布线系统大多采用标准化部件和模块化组合方式，把语音、数据、图像和控制信号用统一的传输媒体进行综合，形成了一套标准、实用、灵活、开放的布线系统，提升了弱电系统平台的支撑。

建筑的综合布线系统是将各种不同部分构成一个有机的整体，而不是像传统的布线那样自成体系，互不相干。

综合布线系统的结构组成如图 8-3 所示。

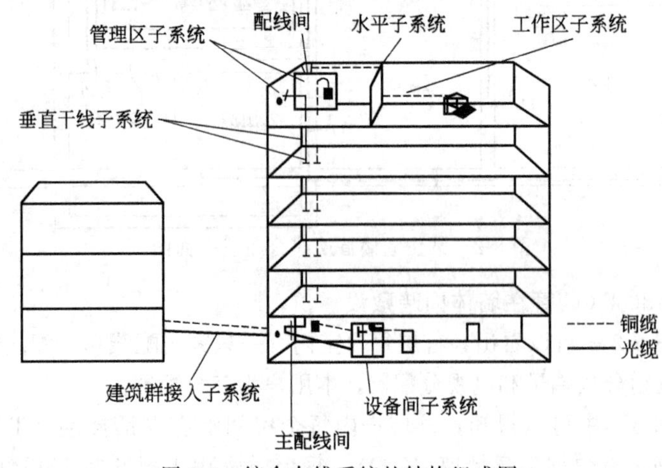

图 8-3　综合布线系统的结构组成图

智能大厦综合布线结构组成如图 8-4 所示。

其中，工作区子系统由终端设备连接到信息插座的跳线组成。工作区子系统位于建筑物内水平范围个人办公的区域内。

工作区子系统将用户终端（电话、传真机、计算机、打印机等）连接到结构化布线系统的信息插座上。它包括信息插头、信息模块、网卡、连接所需的跳线，以及在终端设备和输入/输出（I/O）之间搭接，相当于电话配线系统中连接话机的用户线及话机终端部分。

工作区子系统的终端设备可以是电话、微机和数据终端，也可以是仪器仪表、传感器的探测器。

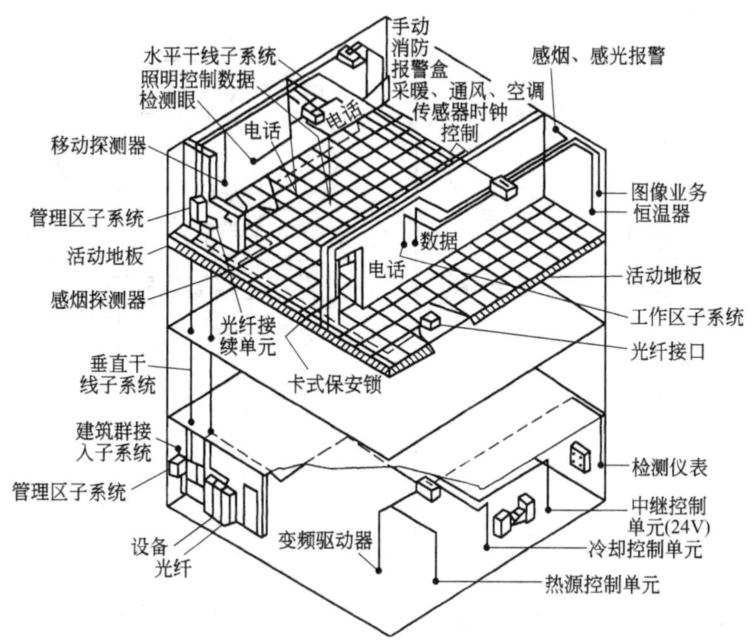

图 8-4 智能大厦综合布线结构组成图

工作区子系统的硬件主要有信息插座（通信接线盒）、组合跳线。其中，信息插座是终端设备（工作站）与水平子系统连接的接口，它是工作区子系统与水平子系统之间的分界点，也是连接点、管理点，也称为 I/O 口或通信线盒。

工作区线缆是连接插座与终端设备之间的电缆，也称组合跳线，它是在非屏蔽双绞线（UTP）的两端安装上模块化插头（RJ-45 型水晶头）制成的。

工作区的墙面暗装信息出口，面板的下沿距地面应为 300mm；信息出口与强电插座的距离不能小于 200mm；信息插座与计算机设备的距离保持在 5m 范围内。

工作区子系统组成图如图 8-5 所示。

水平子系统是指从工作区子系统的信息出发，连接管理子系统的通信中间交叉配线设备的线缆部分。它将垂直干线子系统线路延伸到用户工作区。

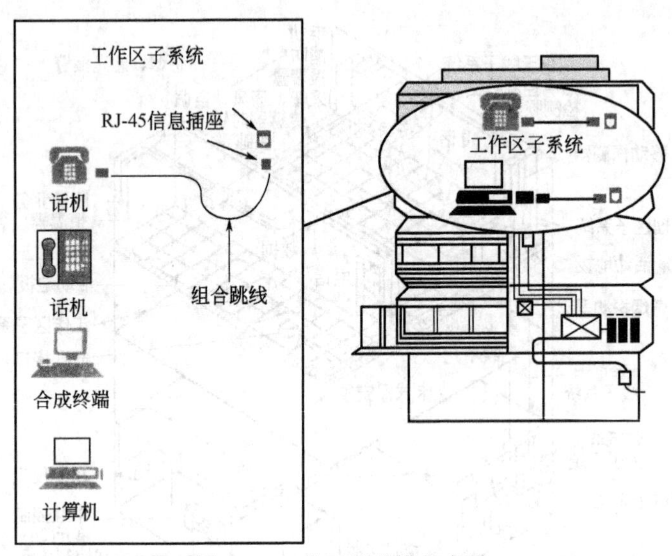

图 8-5　工作区子系统组成图

水平子系统一端接在信息插座上，另一端接在干线接线间、卫星接线间或设备机房的管理配线架上。水平子系统包括水平电缆、水平光缆及其在楼层配线架上的机械终端、接插软线和跳接线。水平电缆或水平光缆一般直接连接至信息插座。

图 8-6 为水平子系统组成图。

垂直干线子系统是由连接主设备间（MDF）与各管理子系统（IDF）之间的干线光缆及大对数电缆构成，提供建筑物主干电缆的路由，实现主配线架（MDF）与分配线架的连接及计算机、交换机（PBX）、控制中心与各管理子系统间的连接。

垂直干线子系统的任务是通过建筑物内部的传输电缆，把各个接线间的信号传送到设备间，直至传送到最终接口，再通往外部网络。它既要满足当前的需要，又要适应今后的发展。垂直干线子系统由供各干线接线间电缆走线用的竖向或横向通道与主设备间的电缆组成。

图 8-7 为垂直干线子系统组成图。

设备间子系统是安装公用设备（如电话交换机、计算机主机、进出线设备、网络主交换机、综合布线系统的有关硬件和设备）的场所。

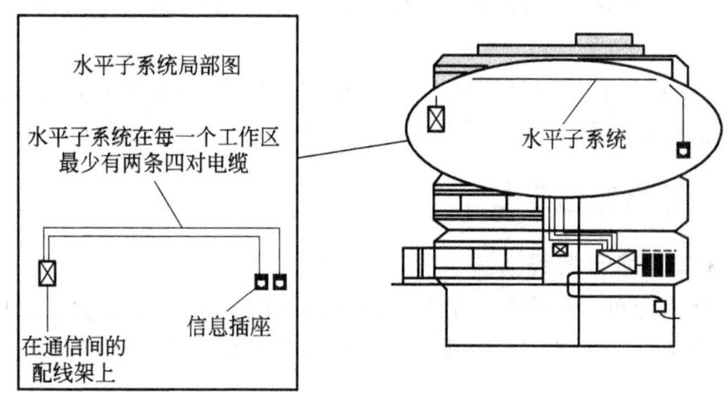

图 8-6 水平子系统组成图

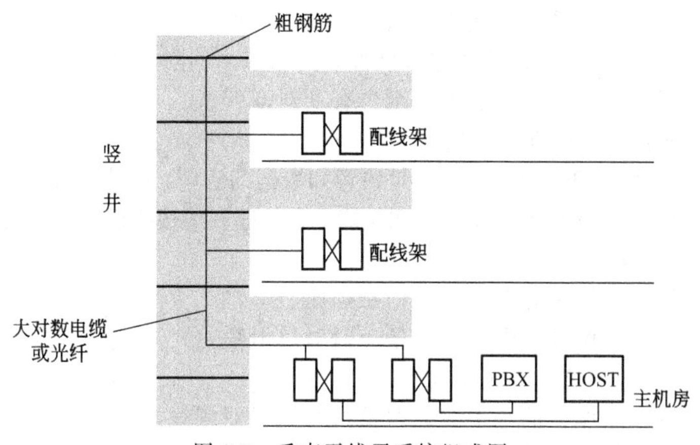

图 8-7 垂直干线子系统组成图

设备间供电电源为50Hz、380V/220V，采取三相五线制/单相三线制。通常应考虑备用电源。可采用直接供电和不间断供电相结合的方式。噪声、温度、湿度应满足相应要求，安全和防火应符合相应规范。

管理子系统提供其他子系统连接的手段，是使整个综合布线系统及其所连接的设备、器件等构成一个完整的有机体的软系统。通过对管理子系统的调整，可以安排或重新安装系统线路的路由，使传输线路能延伸到建筑物内部的各工作区。

管理子系统由交连、互连以及 I/O 组成。管理子系统应对设备间、交接间和工作区的配线设备、线缆、信息插座等设施按一定的模式进行标识和记录。

建筑群接入子系统是连接各建筑物之间的传输介质和各种支持设备（硬件）而组成的布线系统。

二、 综合布线方式

1. 基本型综合布线系统

基本型综合布线系统是一个经济有效的布线方案。它支持语音或综合型语音/数据产品，并能够全面过渡到数据的异步传输或综合型布线系统。

配置如下。

① 每个工作区有 1 个信息插座。

② 每个工作区的配线为 1 条 4 对对绞电缆。

③ 完全采用 110A 交叉连接硬件，并与未来的附加设备兼容。

④ 每个工作区的干线电缆至少有 2 对双绞线。

2. 增强型综合布线系统

增强型综合布线系统不仅支持语音和数据的应用，还支持图像、影像、影视、视频会议等。它有余地增加功能，并能够利用接线板进行管理。

配置如下。

① 每个工作区有 2 个以上信息插座。

② 每个工作区的配线为 2 条 4 对对绞电缆。

③ 具有 110A 交叉连接硬件。

④ 每个工作区的地平线电缆至少有 3 对双绞线。

3. 综合型布线系统

综合型布线系统是将光缆、双绞电缆或混合电缆纳入建筑物布线的系统。

配置：在基本型和增强型综合布线基础上增设光缆及相关连接件。

第三节　综合布线系统安装

一、 安装基本要求

1. 材料设备要求

① 准备工作不仅在施工前，而且贯穿于施工的全过程。为保证工

程的全面开工，在工程开工前除按分部工程的惯例做好施工条件的检查和施工技术组织准备外，还应做好特殊器材的检验。

② 器材检验一般要求对工程所用线缆和连接件的规格、型号、数量、质量进行检查。无出厂检验证明的材料或与设计不符的材料，不得在工程中使用。经检验的器材应做好记录，对不合格的器材应单独存放，以备核查与处理。

③ 备品、备件及各类资料齐全。

④ 各种型材的规格、型号、材质应符合设计文件的规定，外观检查应光滑、平整，不得有变形、断裂和锈蚀现象。

⑤ 预埋金属线槽、过线盒、接线盒及桥架表面涂膜或镀层均匀、完整，不得变形、损坏。

⑥ 工程所用缆线和器材的品牌、型号、规格、数量、质量应在施工前进行检查，应符合设计要求并具备相应的质量文件或证书，无出厂检验证明材料、质量文件或设计不符者不得在工程中使用。进口设备和材料应具有产地证明和商检证明。经检验的器材应做好记录，对不合格的器件应单独存放。

⑦ 设备的表面处理和镀层应均匀完整，表面光洁，无脱落、气泡等现象。

⑧ 经检查的设备应做好记录，对查出不合格的产品应单独存放，以备核查与处理。工程使用的缆线、器材应与订货合同或封存产品的规格、型号、等级相符。

⑨ 各种管材的规格、型号应符合设计要求，管壁光滑，管壁厚度符合规范要求。各种铁件的材质、规格均应符合现行质量标准，外观应完好无损。

⑩ 综合布线所有设备形式、规格、数量、质量经检查应符合设计及规范要求，应有产品合格证及产品出场检验证明材料。

⑪ 工程中使用的缆线、器材应与订货合同或封存的产品在规格、型号、等级上相符。备品、备件及各类文件资料应齐全。

⑫ 配套型材、管材与铁件要求。

a. 室外管道应按通信管道工程验收的相关规定进行检验。

b. 各种铁件的材质、规格均应符合相应质量标准，不得有歪斜、扭曲、飞刺、断裂或破损。铁件的表面处理和镀层应均匀、完整，表面光洁，无脱落、气泡等缺陷。

c. 各种型材的材质、规格、型号应符合设计文件的规定，表面应光滑、平整，不得变形、断裂。预埋金属线槽、过线盒、接线盒及桥架等表面涂覆或镀层应均匀、完整，不得变形、损坏。室内管材采用金属管或塑料管时，其管身应光滑、无伤痕，管孔无变形，孔径、壁厚应符合设计要求。金属管槽应根据工程环境要求做镀锌或其他防腐处理。塑料管槽必须采用阻燃管槽，外壁应具有阻燃标记。

⑬ 线缆的检验要求。

a. 线缆外包装和外护套需完整无损，当外包装损坏严重时，应测试合格后再在工程中使用。

b. 工程使用的电缆和光缆型号、规格及线缆的防火等级应符合设计要求。线缆所附标志、标签内容应齐全、清晰，外包装应注明型号和规格。

c. 电缆应附有本批产品的电气性能检验报告，施工前应进行链路或信道的电气性能及线缆长度的抽验，并做好测试记录。光缆开盘后应先检查光缆端头封装是否良好。光缆外包装或光缆护套如有损伤，应对该盘光缆进行光纤性能指标测试，如有断纤，应进行处理，待检查合格才允许使用。光纤检测完毕，光缆端头应密封固定，恢复外包装。

⑭ 光纤接插软线或光跳线检验应符合下列规定。

a. 两端的光纤连接器件端面应装配合适的保护盖帽。

b. 光纤类型应符合设计要求，并应有明显的标记。

⑮ 连接器件的检验要求。

a. 光纤连接器件及适配器使用形式和数量、位置应与设计相符。

b. 配线模块、信息插座模块及其他连接器件的部件应完整，电气和机械性能等指标符合相应产品生产的质量标准。塑料材质应具有阻燃性能，并应满足设计要求。

c. 信号线路浪涌保护器各项指标应符合有关规定。

⑯ 配线设备的使用规定。

a. 光缆、电缆配线设备的编排及标志名称应与设计相符。标志名称应统一，标志位置正确清晰。

b. 光缆、电缆配线设备的型号、规格应符合设计要求。

2. 综合布线工作区划分要求

一个独立的需要设置终端设备的区域，应划分为一个工作区。工作区应由配线子系统的信息插座到终端设备的连接线缆及适配器组成，并应符合下列规定。

① 工作区面积的划分应根据不同建筑物的功能和应用做具体分析后确定。当终端设备需求不明确时，工作区面积宜符合表 8-1 的规定。

表 8-1　工作区面积

建筑物类型及功能	工作区面积/m^2
银行、金融中心、证交中心、调度中心、计算中心、特种阅览室等终端设备较为密集的场地	3～5
办公区	4～10
会议室	5～20
住宅	15～60
展览区	15～100
商场	20～60
候机厅、体育场馆	20～100

② 每个工作区信息点数量的配置，应根据用户的性质、网络的构成及实际需求，并考虑冗余和发展的因素确定，具体配置宜符合表 8-2 的规定。

表 8-2　信息点数量配置

建筑物功能区	每一个工作区信息点数量/个			备　注
	语音	数据	光纤(双工端口)	
办公区(一般)	1	1	—	—
办公区(重要)	2	2	1	—
出租或大客户区域	≥2	≥2	≥1	—
政务办公区	2～5	≥2	≥1	分内、外网络

3. 设备安装

① 壁挂式配线设备底部离地面的高度不应小于 300mm。

② 设备间、电信间及设备均应等电位连接。

③ 机架或机柜的安装，其前面净空应不小于 800mm，后面的净空应不小于 600mm。

4. 工作区信息插座

① 安装在墙上或柱上的信息插座和多用户信息插座盒体的底部距地面的高度宜为0.3m。

② 安装在地面上的插座，应采用防水和抗压接线盒。

③ 每个工作区至少配置1个220V、10A带保护接地的单相交流电源插座。

④ 安装在墙上或柱子上的集合点配线箱体，底部距地面高度宜为1.0～1.5m。

5. 综合布线采用屏蔽布线时对接地的要求

① 屏蔽系统中所用的信息插座，对绞电缆、连接器件、跳线等所组成的布线系统，应具有良好的屏蔽及导通特性。

② 采用屏蔽布线系统时，屏蔽层的配线设备FD或BD端必须良好接地。

③ 保护接地的电阻值，当采用单独接地体时，不应大于4Ω；采用共用接地体时，不应大于1Ω。

④ 当采用屏蔽布线时，各个布线线路的屏蔽层应保持连续性。

6. 电缆的敷设方式及要求

① 管内穿大对数电缆时，直线管路的管径利用率为50%～60%。弯管管路的管径利用率应为40%～50%。管内穿放4对对绞电缆时，截面利用率为25%～30%。线槽的截面利用率不应超过50%。

② 配线子系统电缆宜穿管或沿金属电缆桥架敷设，当电缆在地板下布置时，应根据环境条件选用地板下线槽布线、网络地板布线、高架地板布线、地板下管道布线等敷设方式。

③ 干线子系统垂直通道有电缆孔、管道、电缆竖井这三种方式可供选择，宜采用电缆竖井方式。水平通道可选择预埋暗管或电缆桥架方式。

二、 综合布线系统安装操作要点

1. 线缆敷设的一般要求

① 线缆的型号、规格应与设计规定相符。线缆在各种环境中的敷设方式、布放间距均应符合设计要求。

② 线缆的布放应自然平直，不得产生扭绞、打圈、接头等现象，不应受外力的挤压和损伤。

③ 线缆两端应贴有标签，应标明编号，标签书写应清晰正确。标签应选用不易损坏的材料。线缆应有余量以适应终接、检测和变更。对绞电缆预留长度，在工作区宜为 3～6m，电信间宜为 0.5～2m，设备间宜为 3～5m。光缆布放路由宜预留，预留长度宜为3～5m，有特殊要求的应按设计要求预留长度。

④ 线缆的弯曲半径应符合下列规定。

a. 非屏蔽 4 对对绞电缆的弯曲半径应至少为电缆外径的 4 倍。

b. 屏蔽 4 对对绞电缆的弯曲半径应至少为电缆外径的 8 倍。

c. 主干对绞电缆的弯曲半径应至少为电缆外径的 10 倍。

d. 2 芯或 4 芯水平光缆的弯曲半径应大于 25mm；其他芯数的水平光缆、主干光缆和室外光缆的弯曲半径应至少为光缆外径的 10 倍。

⑤ 线缆间的最小净距应符合设计要求。

a. 电源线、综合布线系统线缆应分隔布放，并应符合表 8-3 的规定。

表 8-3　对绞电缆与电力电缆最小净距

条　　件	最小净距/mm		
	380V、<2kV·A	380V、2～5kV·A	380V、>5kV·A
对绞电缆与电力电缆平行敷设	130	300	600
有一方在接地的金属槽道或钢管中	70	150	300
双方均在接地的金属槽道或钢管中	10	80	150

注：1. 380V、<2kV·A 的电力电缆，双方都在接地的线槽中，且平行长度≤10m 时，最小间距可为 10mm。

2. 双方都在接地的线槽中，系指两个不同的线槽，也可在同一线槽中用金属板隔开。

b. 综合布线与配电箱、变电室、电梯机房、空调机房之间最小净距宜符合表 8-4 的规定。

表 8-4　综合布线电缆与其他机房最小净距

名称	最小净距/m	名称	最小净距/m
配电箱	1	电梯机房	2
变电室	2	空调机房	2

c. 建筑物内电缆、光缆暗管敷设与其他管线的净距见表 8-5 的规定。

表 8-5　综合布线线缆及管线与其他管线的净距

管线种类	平行净距/mm	垂直交叉净距/mm
避雷引下线	1000	300
保护地线	50	20
热力管(不包封)	500	500
热力管(包封)	300	300
给水管	150	20
煤气管	300	20
压缩空气管	150	20

d. 综合布线线缆宜单独敷设，与其他弱电系统各子系统线缆间距应符合设计要求。

e. 对于有安全保密要求的工程，综合布线线缆与信号线、电力线、接地线的间距应符合相应的保密规定。对于具有安全保密要求的线缆，应采取独立的金属管或金属线槽敷设。屏蔽电缆的屏蔽层端到端应保持完好的导通性。

⑥ 线缆布放时，在牵引过程中，吊挂线缆的支点相隔间距不应大于 1.5m。布放线缆的牵引车，牵引力应小于线缆允许张力的 80%，对光缆瞬间最大牵引力不应超过光缆允许的张力。在以牵引方式敷设光缆时，主要牵引力应加在光缆的加强芯上。线缆布放过程中，为避免张力和扭曲，应制作合格的牵引端头。如果用机械牵引时，应根据线缆牵引的长度、布放环境、牵引张力等因素选用集中牵引或分散牵引等方式。布放光缆时，光缆盘转动应与光缆布放同步，光缆牵引的速度一般为 15m/s。光缆出盘处要保持松弛的弧度，并留有缓冲的余量，又不宜过多，以避免光缆出现背扣。

⑦ 预埋线槽和暗管敷设线缆应符合下列规定。

a. 管道内应无阻挡，管口应无毛刺，并安置牵引线或拉线。

b. 敷设线槽和暗管的两端宜用标志表示出编号等内容。

c. 预埋线槽宜采用金属线槽，预埋或密封线槽的截面利用率应为 30%～50%。

d. 光缆与电缆同管敷设时，应在暗管内预置塑料子管，将光缆敷设在子管中，使光缆和电缆分开布放。子管的内径应为光缆外径的1.5倍。

e. 敷设暗管宜采用钢管或阻燃聚氯乙烯硬质管。布放大对数主干电缆及4芯以上光缆时，直线管道的管径利用率应为50%～60%，弯管道应为40%～50%。暗管布放4对对绞电缆或4芯及以下光缆时，管道的截面利用率应为25%～30%。预埋线槽宜采用金属线槽，线槽的截面利用率不应超过40%。

⑧ 设置线缆桥架和线槽敷设线缆应符合下列规定。

a. 线缆桥架宜高出地面2.2m以上，槽盖开启面应保持80mm的垂直净空，桥架顶部距顶棚或其他障碍物不应小于300mm。桥架宽度不宜小于100mm，桥架内横断面的填充率不应超过50%，在吊顶内设置时，线槽截面利用率不应超过50%。

b. 线缆桥架内垂直敷设时，线缆的上端和每间隔1.5m处应固定在桥架的支架上。水平敷设时，在直线部分间隔距离为3～5m处设固定点。在距离线缆的首端、尾端、转弯中心点处300～500mm处设置固定点。

c. 在水平、垂直桥架中敷设线缆时，应对线缆进行绑扎。对绞电缆、光缆及其他信号电缆应根据线缆的类别、数量、缆径、缆线芯数分束绑扎。绑扎间距不宜大于1.5m，间距应均匀，不宜绑扎过紧或使线缆受到挤压。

d. 布放在线槽的线缆可以不绑扎，槽内线缆应顺直，尽量不交叉。线缆不应溢出线槽，在线缆进出线槽部位，转变处应绑扎固定。垂直线槽布放线缆应将每间隔1.5m处固定在线缆支架上。绑扎间距不宜大于1.5m，间距应均匀、松紧适度。楼内光缆在桥架敞开敷设时应在绑扎固定段加装垫套。

⑨ 建筑群接入子系统采用架空、管道、直埋、墙壁及暗管敷设电缆、光缆的施工技术要求应按照本地网通信线路工程验收的相关规定执行。

⑩ 桥架水平敷设时，吊（支）架间距一般为1.5～3m，垂直敷设时固定在建筑物构造体上的间距宜小于2m。桥架及槽道安装位置左右偏差不应超过50mm。桥架及槽道水平度偏差不应超过2mm。垂直桥

架及槽道应与地面保持垂直，并无倾斜现象，垂直度偏差不应超过3mm。两槽道拼接处水平度偏差不应超过2mm。吊（支）架安装应保持垂直平整，排列整齐，固定牢固，无歪斜现象。金属桥架及槽道节与节间应接触良好，安装牢固。

⑪ 沟槽和格形线槽必须连通。沟槽盖板可开启，并与地面平齐，盖板和信息插座出口处应采取防水措施。

⑫ 配线设备机架安装要求：采用下走线方式，架底位置应与电缆上线孔相对应；各直列垂直倾斜误差不应大于3mm，底座水平误差每平方米不应大于2mm；接线端子各种标志应齐全。

⑬ 顶棚内敷设线缆时，应考虑防火要求。线缆敷设应单独设置吊架，不得布放在顶棚吊架上，宜放置在金属线槽内布线。线缆护套应阻燃，线缆截面选用应符合设计要求。

⑭ 在竖井内采用明配管、桥架、金属线槽等方式敷设线缆，并应符合以上有关条款要求。竖井内楼板孔洞周边应设置50mm的防水台，洞口用防火材料封堵严实。

⑮ 各类接线模块安装要求：模块设备应完整无损、安装就位、标志齐全。安装螺栓应拧牢固，面板应保持在一个水平面上。

⑯ 接地要求：安装机架，配线设备及金属钢管、槽道、接地体，保护接地导线截面、颜色应符合设计要求，并保持良好的电气连接，压接处牢固可靠。

2. 线缆终端安装

（1）线缆终端一般要求

① 线缆中间不得接头，线缆终端处必须卡接牢固、接触良好。

② 线缆在终接前，必须核对线缆标识内容是否正确。

③ 线缆在终接前，对绞电缆与插接件连接应认准线号、线位色标，不得颠倒和错接。

④ 线缆终端应符合设计和厂家安装手册要求。

（2）对绞电缆终接要求

① 对绞线与8位模块式通用插座相连时，必须按色标和线对顺序进行卡接。插座类型、色标和编号应符合图8-8的规定。

② 终接时，每对对绞线应保持扭绞状态。扭绞松开长度对于3类

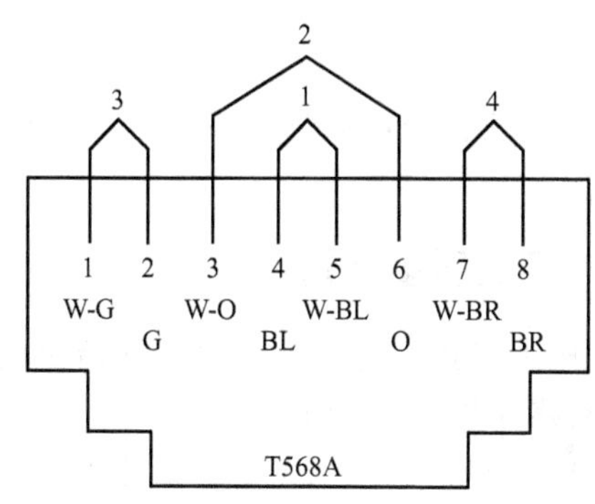

图 8-8 8 位模块式通用插座连接示意图

电缆不应大于 75mm，对于 5 类电缆不应大于 13mm，对于 6 类电缆应尽量保持扭绞状态，减小扭绞松开长度。

③ 对不同的屏蔽对绞线或屏蔽电缆，屏蔽层应采用不同的端接方法。应将编织层或金属箔与汇流导线进行有效的端接。

④ 7 类布线系统采用非刚 45°方式终接时，连接图应符合相关标准规定。

⑤ 每个 2EL86 面板底盒宜终接 2 条对绞电缆或 1 根 2 芯/4 芯光缆，不宜兼作过路盒使用。

⑥ 屏蔽对绞电缆的屏蔽层与连接器件终接处屏蔽罩应通过紧固器件可靠接触，缆线屏蔽层应与连接器件屏蔽罩 360°圆周接触，接触长度不宜小于 10mm。屏蔽层不应用于受力的场合。

（3）光缆芯线终接与接续方式

① 光纤与光纤接续可采用熔接和光纤冷接子（机械）连接方式。

② 光纤与连接器件连接可采用尾纤熔接、现场研磨和机械连接方式。

（4）光缆芯线终接要求

① 光纤连接盘面板应有标志。

② 采用光纤连接盘对光纤进行连接、保护，在连接盘中光纤的弯曲半径应符合安装工艺要求。

③ 光纤连接损耗值应符合表 8-6 的规定。

表 8-6 光纤连接损耗值 单位：dB

连接类别	多模			单模
	平均值	最大值	平均值	最大值
熔接	0.15	0.3	0.15	0.3
机械连接		0.3		0.3

④ 光纤熔接处应加以保护和固定。

（5）各类跳线的终接规定

① 各类跳线长度应符合设计要求。

② 各类跳线线缆和连接器件间接触应良好，接线无误，标志齐全。跳线选用类型应符合系统设计要求。

三、综合布线系统施工应注意的质量问题

① 应根据产品说明书的要求，按编号进行查线，并将标注清楚的导线按编号、回路安装牢固，相同回路的颜色应一致。

② 端子箱应固定牢固，与墙面安装平正，外观完整。如达不到标准应进行修复，损坏的要进行更换。

③ 导线压接应牢固，绝缘电阻值应符合规范要求；如达不到应找出原因，否则不准投入使用。

④ 防止管道内或地面线槽阻塞或进水，影响布线。疏通管槽，清除水污后布线。

⑤ 信息插座损坏、接触不良，应检查修复。

⑥ 柜（盘）、箱的安装应符合规范要求，如超出允许偏差，应及时纠正。

⑦ 柜（盘）、箱的接地应可靠，接地电阻值应符合设计要求，接地导线截面应符合规范规定。

⑧ 光纤连接器极性接反，信号无输出，应将光纤连接器极性调整正确。

⑨ 线缆长度过长，信号衰减严重，应按设计图进行检查，线缆长度应符合设计要求，调整信号频率，使其衰减符合设计和规范规定。

⑩ 设备间子系统接线错误，造成控制设备不能正常工作，应检查色标，按设计图修正接线错误。

⑪ 光缆传输系统输出衰减严重，应检查陶瓷头或塑料头的连接器，看每个连接点的衰减值是否大于规定值。

⑫ 光缆数字传输系统的数字系列比特率不符合规范规定，应检查数字接口是否符合设计规定。

⑬ 有信号干扰，应检查并消除干扰源，检查线缆的屏蔽导线是否接地，线槽内并排的导线是否加隔板屏蔽，电缆和光缆是否进行隔离处

理，室内防静电地板是否良好接地等。

四、综合布线工程验收

① 综合布线工程的竣工验收必须经过严格的传输通道参数测试，它是鉴定综合布线工程各建设环节质量的手段，测试资料也必须作为验收文件存档。

② 由电缆和相关连接件组成的信息传输通道，从工程的角度来说，测试可以分为两类：电缆传输链路验证测试与电缆传输通道认证测试。

a. 电缆传输链路验证测试一般是在施工的过程中由施工人员边施工边测试，以提高施工的质量和速度，保证所完成的每一个连接的正确性。通常这种测试只注重综合布线的连接性能，而对综合布线电气特性并不关心。

b. 电缆传输通道认证测试是指由工程的建设单位（甲方）或建设单位的委托方对综合布线工程质量依照某一个标准进行逐项的比较，以确定综合布线是否全部达到设计要求。这种测试包括连接性能测试和电气性能测试。

③ 综合布线测试人员应注意以下问题。

a. 熟悉综合布线系统图、施工图，了解该综合布线的用途以及设计要求、测试的标准，如通道、基本链路、电缆类型、测试标准等，并根据这些情况设置测试仪。

b. 选定测试仪，认真阅读随机的说明书，掌握正确的操作方法。

c. 测试报告输出与整理。通常测试仪会自动生成对被测电缆的测试报告，有的测试仪还可以生成总结摘要报告。这些报告可以输入到计算机，然后进行汉化处理。但由于认证测试是十分严格的过程，有些情况下，不允许对测试结果进行修改，必须从测试仪直接送往打印机打印输出。所以，多数情况下，综合布线认证报告是以英文原文的方式打印归档的。

d. 综合布线工程验收按工程进度可分为工程验收准备、工程验收检查、工程竣工验收三个阶段。

e. 测试中发现故障时应及时更正并重新进行测试。

第四节　综合布线系统方案

一、 某单位办公楼综合布线系统设计方案

1. 工程概况

某单位办公楼共 5 层，每层结构都一样，每层有房间 20 间，一个楼梯间，一个弱电井房间。两边是房间，中间是走廊。

02～17 号房每房 2 个信息点，位置在房间两侧中间，18 和 19 号房每房 4 个信息点，房间两侧各两个，平均分布。

设备间放在一楼的弱电井房。

2. 总体设计

① 需求分析。

a. 需求分析内容。

b. 需求分析的方法。

c. 需求分析的结果。

② 网络综合布线系统选择。

③ 综合布线系统配置。

④ 产品选型。

3. 需求分析的内容

① 在综合布线系统工程规划和设计以前，必须对用户信息需求进行点差和检测，这也是建设规划、工程设计和以后维护管理的主要依据之一。

② 通过对用户方实施综合布线系统的相关建筑物进行实地考察，由用户方提供建筑工程图，从而了解相关建筑结构，分析实施难易程度，并估算大致费用需了解的其他数据包括：中心机房的位置、信息点数与中心机房的最远距离、电力系统状况、建筑楼情况等。

4. 需求分析的方法

① 直接与用户交谈；

② 问卷调查；

③ 专家咨询；

④ 吸取经验教训。

5. 需求分析结果

① 作为信息传输基础的综合布线系统，必须支持现在以及未来语音、数据、视频会议、控制等信息高速传输的要求，为新闻采集、编辑、传送、出版等系列工作走向信息化、网络化奠定基础。

② 为此，办公楼的综合布线系统建设应有一个整体全面的考虑。要想建立一套高效的信息网络，必须有一套完整的高品质综合布线系统。

6. 总体需求

① 满足主干 1000Mbps，水平 100Mbps 交换到桌面的网络传输要求；

② 主干光纤的配置冗余备份，满足将来扩展的需要；

③ 满足与电信及自身专网的连接；

④ 信息点功能可随需要灵活调整；

⑤ 兼容不同厂家、不同品牌的网络设备。

7. 功能需求

本设计中的综合布线系统应当能满足下述通信需要：

① 电话；

② 计算机网络；

③ 具备实现 BAS、CAS、OAS、SCS 等系统网络集成的条件；

④ 具备实现视频传输的条件；

⑤ 其他符合布线标准的信号、数据传输。

8. 性能需求

性能需求：有服务效率、服务质量、网络吞吐率、网络响应时间、数据传输速度、资源利用率、可靠性、性能/价格比等。

① 根据本工程的特殊性，语音点和数据点使用相同的传输介质，即统一使用超 5 类 4 对双绞电缆，以实现语音、数据相互备份的需要；

② 对于网络主干，数据通信介质全部使用光纤，语音通信主干使用大对数电缆；光缆和大对数电缆均留有余量；

③ 对于其他系统数据传输，可采用超 5 类双绞线或专用线缆；

④ 支持目前水平 100M、主干 1000M 的网络应用，及未来扩展的

需要。

9. 网络综合布线系统选择

① 尽管现有网络或新兴网络还不必太依赖6类解决方案来支持，但可以预见，6类电缆完全成为铜缆布线的主流解决方案只是时间问题。

② 7类线缆技术提供高达600MHz的带宽，这是所有类型的铜线缆中最高的带宽，以前的线缆技术基于保守的性能标准，每一对线路都利用衬箔屏蔽物屏蔽，而且线缆本身也采用包裹整个线缆的屏蔽层。一些7类线缆还在线缆的护套与屏蔽的线路对之间加入了一层编织物屏幕层，线缆还可以屏蔽外部串音，即来自线缆外套之外的邻近线缆的噪声。

10. 综合布线系统配置

整个办公楼综合布线系统共设置了信息点504点。系统设计采用分层星型拓扑结构，共分成6个子系统，即：建筑群子系统、工作区子系统、水平子系统、管理区子系统、垂直子系统和设备间子系统。通过不同的跳线管理可支持一级、二级、三级网络结构，既易于信息的统一管理又可满足不同区域内所有可能出现的应用需求。

整个系统共划分了2个配线间，楼层配线间设在2楼弱电井旁的控制室，主配线间设在5楼中心机房。语音点和数据点的水平布线统一采用超5类电缆；语音垂直主干采用3类25对电缆（2∶1配置）；数据垂直主干采用6芯室内光缆。

中心机房的主配线架MD至楼层配线架FD1共配置了2条6芯室内光缆，保证每一台48口楼层交换机均可使用一对独立的光纤通道，并留有余量，满足100Mbps交换到桌面的应用要求及未来扩容的要求。整个综合布线系能支持语音（模拟和数字）、数据（计算机）、视频图像（数字）以及综合信息的高质量和高速率传输，能适应不同厂商和不同类型的网络和计算机产品接入，并应符合规范中关于抗干扰的要求。

配线间的划分及设置：

① 在水平信息点数量及点位确定的前提下，根据建筑的长宽尺寸及信息点线缆长度≤90m的要求，对配线间作出如下配置；

② FD1楼层配线间——设在一楼弱电井的202室，负责管理1层、

2层、3层的信息点；

③ MD总配线间——设在5楼中心机房，负责管理4层、5层、顶层的信息点；

④ 楼的主干光缆、主干电缆；MD配线架既是主配线架，也是楼层配线架，是整个综合布线系统的汇集中心。

11. 综合布线系统划分

工作区子系统、水平干线子系统、垂直干线子系统、管理间子系统、设备间子系统、建筑群子系统。

(1) 工作区子系统

工作区子系统是指从水平系统用户信息插座延伸至数据终端设备的区域，由连接线缆和适配器组成。工作区的UTP/FTP跳线为软线(PATCH CABLE)材料，即双绞线的芯线为多股细铜丝，最大长度不能超过5m。

(2) 水平子系统

该子系统由工作区用的信息插座、配线设备至信息插座的配线电缆、楼层配线设备和跳线等组成。在该小区内各户将采用二条超五类电缆从弱电井到家庭智能箱内，保证语音、数据分离，在家居智能箱内进行内外连接，内部从智能箱到终端点也采用超五类线缆，语音与数据线缆从户内智能箱到弱电井将分别采用110配线架与模块式配线架进行管理，以四层为一个集中点，即保证语音单独使用，又能使家庭的报警与三表远传通过数据端口进行联网传输。

(3) 垂直干线子系统

该子系统应由设备间的配线设备和跳线以及设备之间至各楼层配线间的连接电缆组成，在确定干线子系统所需要的电缆总对数之前，必须确定电缆语音和数据信号的共享原则，选择干线电缆最短、最安全和最经济的路由，选择带门的封闭型通道敷设干线电缆，干电缆可采用点对点端接，也可采用分区递减端接以及电缆直接连接的方法。如果设备间与计算机机房处于不同的地点，而且需要语音与数据电缆连接到计算机中心，则宜在设计中选取不同的干线电缆或干线电缆的不同部分来分别满足不同路由干线（垂直）子系统语音和数据的需要。

(4) 管理间子系统

管理间子系统设备设置在每层配线设备的房间内，由交接间的配线设备、输入/输出设备等组成，也可应用于设备间子系统。管理间子系统应采用单点管理双交接口，综合布线系统规模和选用的硬件，在管理规模大、复杂、有二级交接间时，才放置双点管理双交接，在管理点根据应用环境用标记标出各个端接场，对于交换间的配线设备宜采用色标区别种类用途的配线区。并且在交接场之间应留出空间，以便容纳未来扩充的交接硬件。

在该小区中按几层为单元在弱电井内放置配线架和语音采用 IBDN 的 BIX 安装架进行汇总，将每户用不同的标记进行分开。数据为模块式配线架，通过交换机、连成一个局域网到设备间，水平线缆与垂直线缆用标准的跳线进行连接进行管理，全部集中在一个箱子里，只放置一个交接间，不使用二级交接。

(5) 设备间子系统

是设置设备进行网络管理以及管理人员值班的场所，设备间子系统由综合布线系统的建筑物进行线设备、电话、数据、计算机等各种主机设备及其保安配线设备等组成。设备间内的所有进线终端应采用色标区别各类用途的配线区，设备间位置及大小根据设备的数量、规模，最佳网络中心等内容综合考虑确定。小区是个智能集中的小区，包括监控、可视对讲、家居智能等系统，在 A 幢一层设置一个中心机房把每个系统的设备都集中一起控制，为系统用各种不同线缆区别开来，综合布线系统全部语音和数据线缆集中在中心机房的机柜中，收发器设备与接入网连接。

(6) 建筑群子系统

建筑群子系统由两个及两个以上建筑物的语音/数据组成的一个建筑群综合布线系统，包括连接各建筑物之间的线缆和配线设备。建筑群子系统宜采用地下管道敷设方式，管道内敷设的铜缆或光缆应遵循电话管道和入孔的各项设计规定。此外安装时至少应预留 1～2 个备用管孔，以供扩充之用，建筑群子系统采用直接沟内敷设时，如果在同一沟内埋入了其他的图像监控电缆，应设立明显的都可识别的标志。该小区外接线埋入 3 个 ϕ100mm 的套，用于电信进线使用，从地下室至该小区的控制中心采用 200mm×100mm 的桥架敷设，通过地下室到达中心机房管理中心。

12. 管槽系统设计

(1) 采用走吊顶的轻型槽型电缆桥架的方式

① 这种方式适用于大型建筑物。为水平线缆提供机械保护和支持的装配式槽型电缆桥架，是一种闭合式金属桥架，安装在吊顶内，从弱电竖井引向设有信息点的房间，再由预埋在墙内的不同规格的铁管，将线路引到墙上的暗装铁盒内。

② 综合布线系统的水平布线是放射型的，线路量大，因此线槽容量的计算很重要，按照标准的线槽设计方法，应根据水平线缆的直径来确定线槽的容量。

③ 线槽的材料为冷轧合金板，表面可进行相应处理，如镀锌、喷塑、烤漆等，线槽可以根据情况选用不同的规格。为保证线缆的转弯半径，线槽需配以相应规格的分支配件，以提供线路路由的转弯自如。

④ 为确保线路的安全，应使槽体有良好的接地端，金属线槽、金属软管、金属桥架及分配线机柜均需整体连接，然后接地，如不能确定信息出口准确位置，拉线时可先将线缆盘在吊顶内的出线口，待具体位置确定后，再引到信息出口。

(2) 采用地面线槽走线方式

这种方式适应于大开间的办公间，有密集的地面型信息出口的情况，建议先在地面垫层中预埋金属线槽或线槽地板。主干槽从弱电竖井引出，沿走廊引向设有信息点的各房间，再用支架槽引向房间内的信息点出线口，强电线路可以与弱电线路平行配置，但需分隔于不同的线槽中，这样可以向每一个用户提供一个包括数据、话音、不间断电源、照明电源出口的集成面板，真正做到在一个清洁的环境中，实现办公自动化。

二、 某框架结构多功能楼综合布线方案

1. 概况

本案例是集办公、娱乐、消费、休息为一体的多功能建筑，该楼为混凝土框架结构，共八层，一层为办公室、总服务台、收银台、大堂、大餐厅、控制中心、商务中心、厨房等；二层为餐厅、包房等；

三层为棋牌室、酒吧；四层为桑拿房、美发厅等；五层至八层为客房。整个酒店共128个数据信息点和217个语音信息点（其中140个为各个客房的分机线路从每个客房的语音点接入）。主配线间设在一层的配电房（由甲方指定），分配线间设在六层的配电房，以方便从主配线间引出光纤的接入。为把酒店建设成一座拥有先进的管理、计算机网络和通讯系统、办公自动化系统等集办公、管理为一体的综合性高科技现代化建筑，根据智能化工程建设总体规划的要求，为全面实现酒店通信自动化，办公自动化的要求，需要建设能够全面支持酒店各智能系统信息传输要求的先进可靠的智能信息传输通道，实现酒店的数据、电话、多媒体视像、会议电视、自动控制信号等的灵活、方便和快速的传输。而赖以实现这一切传输的最佳手段就是规划好综合布线系统的建设。

企业的运营离不开信息网络系统的支持，因此建设高质量的信息系统是酒店配套设施的重要组成部分。为了适应网络发展的需要，把酒店内各办公场地融入高速的局域网，给职员提供快速、稳定的计算机网络系统，为此该酒店需要建立一套先进的、完善的结构化综合布线系统，要满足酒店内用户当前的使用需要，又能考虑将来发展的需要，使系统达到配置灵活、易于管理、易于维护、易于扩充的目的，以适应将来上OA系统及宽频网服务的设想，做到主干网络布线和各办公场地水平布线一次到位，并进行综合布线，避免以后重复投资。

本综合布线系统方案规划将从先进可靠、实用合理的原则出发，根据公司业务的实际应用特点，以满足目前用户的应用需求为基础，充分考虑到今后技术的发展趋势，综合应用现代计算机及信息通信方面的最先进技术，提供用户具有长远效益的全面解决方案。本酒店的综合布线系统将规划建设成：

① 具备高速大容量的信息通信传输能力，提供酒店内全方位的业务支持，支持千兆位的宽带计算机网络平台，多媒体音视频平台，楼宇控制、电子保安等现代楼宇智能管理平台等的高速可靠的信息传输；

② 提供酒店内部网络和外部宽带业务网络的高速可靠的连接通道，保证楼内各项业务信息的快速交换和处理；

③ 具有高度可管理性和扩展性，适应酒店面向21世纪的业务发展

需要。

2. 综合布线系统简介

综合布线系统一般由六个、独立的子系统组成，采用星型结构布放线缆，可使任何一个子系统独立地进入综合布线系统中，其六个子系统分别为：工作区子系统（Work Location）、水平子系统（Horizontal）、管理区子系统（Administration）、干线子系统（Backbone）、设备间子系统（Equipment）、建筑群子系统（Campus）等。而综合布线系统所要求遵循的国际标准为 ISO/IEC11801 及北美标准 TIA/EIA-568-A。国内综合布线系统标准也由信息产业部于 2000 年正式颁发。

（1）需求分析

① 设计原则：

a. 标准化：严格按照 IEEE802、EIA/TIA 568 等工业及建筑布线标准和《现行综合布线系统工程设计规范》。

b. 实用性：此工程综合布线系统应能够在现在和将来适应用户发展的需要，具备数据通信、语音通信和图像通信的功能。

c. 灵活性：布线系统中任一信息点能够很方便地与多种类型设备（如电话、计算机、检测器件以及传真等）进行连接。

d. 可扩展性：根据建设单位目前的实际需要，综合布线工程可实现语音和计算机数据通信功能，此布线系统具有较强的可扩展性，既可以最大限度地降低造价和不耽误工期，又可以在将来需要时很容易将所扩充设备连接到系统中来。

② 需求分析：根据酒店的实际场地规划，该酒店共设 128 个数据信息点，按要求采用超五类双绞线和交换机互联，将来能够很方便地实现酒店内部局域网和 Internet/Intranet 的各项应用；所有 217 个语音信息点采用四芯电话线布线。按甲方提供的图纸设计信息点分布表配置。

具体信息点配置（略）。

在酒店内采用综合布线系统，最终为用户提供一个开放的、灵活的、先进的和可扩展的线路基础。既可提供以光纤为主干的高速网络通道，又可满足用户不断扩展的需求。同时又可提供语音功能。

③ 综合布线的应用环境：在电话、数据、图像通信系统、计算机网络系统、楼宇自控系统、保安监视系统等应用子系统中，结构化综合

布线系统是作为传输的基础媒介，并通过其管理子系统对其他应用子系统的构成连接，进行任意的调整、分配和管理。

目前计算机管理信息系统（MIS）已从初期的单机，单网的小规模单一应用向大型化、集成化和综合型的方向发展，其体系结构也经历了集中式，集散式和分布式等不同的发展阶段。从总体上看，随着 MIS 的大型化和覆盖范围的扩大，人们不可能不断地更换性能更强的主机，分布式处理已是网络发展的必然趋势。

综合布线系统还可提供以下图像通信服务：会议电视中心和局级服务；设计会议电视系统服务；集成会议电视系统；专家会审电视系统。

会议电视系统由综合布线系统支持到图像传输公用网或专用网，再经公用网或专用网传达室输出到远程会议中心，在综合布线系统中会预留一定数量的 TIA/EIA CAT5E 端口，供图像通信系统使用。因而使用综合布线系统，图像信息点的数量 随意增减和改动。另外，根据应用情况设置对外图像信息点接口，各图像信息点通过综合布线系统与对外的图像信息点相连，并配合视像传输设备与外界进行通信。

(2) 系统设计

根据国际电子工业协会（EIA）制定的结构化布线系统标准(EIA/TIA568B)，及中华人民共和国国家标准《综合布线系统工程设计规范》，结构化布线系统由工作区子系统、水平子系统、垂直子系统、设备子系统、管理子系统、建筑群子系统六个子系统组成。

工作区子系统（work area subsystem)：工作区子系统由终端设备连接到信息插座的连线组成，它包括连接器和适配器。

水平布线子系统（horizontal subsystem)：实现信息插座和管理子系统（跳线架）间的连接，常用 8 芯 4 对双绞线实现这种连接。

管理子系统（ADMINISTRATION SUBSYSTEM)：管理子系统由交连、互连配线架组成。管理点为连接其他子系统提供连接手段。交连和互连允许将通信线路定位或重定位到建筑物的不同部分，以便能更容易地管理通信线路，使在移动终端设备时能方便地进行插拔。

主干线子系统（riser backbone subsystem)：实现计算机设备，程控交换机（PBX)，控制中心与各管理子系统间的连接，常用介质是大对数双绞线电缆、光缆。

设备子系统（equipment subsystem）：设备子系统由设备间中的电缆、连接器和相关支撑硬件组成，它把公共系统设备的各种不同设备互连起来。该子系统将中继线交叉连接处和布线交叉处与公共系统设备（如 PBX）连接起来。

根据用户对通信线路较高的需求，布线系统采用模块化设计，星型拓扑结构，最易于配线上的扩充及重新配置。配置上要考虑先进的通信性能，并充分考虑使用的灵活性和适应性，外观同建筑的整体效果配合。

（3）测试和验收

① 系统测试：结构化布线系统测试是结构化布线系统实施的重要内容，是保证系统性能达到设计要求的重要保证。

a. 测试标准：双绞线连接根据 ISO11801 国际标准之要求制定。

b. 测试仪器：符合 TSB67 LevelⅠ要求的布线专用测试仪。

c. 测试人员：1-用户授权的工程师。2-SUNFPU 测试工程师或指定的施工单位的工程师。

② UTP 测试和验收：

a. 所有传输测试都使用 AVAYA 公司的认可系统测试仪。

b. 所有测试过的端口都会提供一份软拷贝，以作管理之用。

c. 所有端接的指引及要求，测试配置及测试程序及注意事项，都一一严格遵守，保证测试结果无误。

d. 所有用于测试 UTP 链路效果，端接在配线架或端口的适配器。其本身的表现都必须比原来链路的表现为佳。

e. 所有主干电缆的长度都不多于 90m，而所有水平电缆 UTP 将会百分百测试以下的参数：连续性、长度、衰减、近端串扰 .

f. 主干 UTP 链路的长度超过 90m，或跳线的长度超过 6m，系统只能符合 SUNFPU 布线系统延伸保证。

g. 所有 UTP 都将进行连续性测试。

h. 由于大部分的问题都产生在电缆的末端或端接位置，所以所有的发送端 UTP 链路都百分百测试其 NEXT 的参数。

i. 最少百分之十的发送端 UTP 链路，要进行两端测试，而最少的一条链路包括在其中。

j. 任何一条链路电缆的长度都不应超过标准所规定的水平电缆及主干电缆长度要求。

③光纤测试和验收:

a. 所有的测试都由市场上最先进的光纤测试仪进行，光纤测试包括了功率仪及光源来测试衰减，及 OTDR 来测试光缆长度。

b. 所有测试过的端口都会提供一份报告及一份软拷贝，以作管理之用。

c. 所有端接的指引及要求，测试配置及程序及注意事项，都一一严格遵守，保证测试结果无误。

d. 用于端接硬件和端口的光纤适配器都与布线系统兼容。

e. 测试 62.5/125 多模光纤信道的所有设备及配置要求以及 8.3μm 单模光缆信道的要求，都完全符合 TIA/EIA-568-A 的 Annex H 或 ISO 11801 的第 6 条。

f. 所有主干信道都要百分百测试其极性和衰减，并根据 TIA/EIA-568-A 的 Annex H 或要求，并最少要测试一个方向而所有水平及主干需要 100%使用 OTDR 测试长度。

g. 所有主干光缆的总长度都不可超过标准所规定的长度限制。

第九章

扩声音响系统

第一节 扩声音响系统组成及其主要设备

扩声音响应用在公共场所，在走廊电梯门厅、电梯轿厢、入口大厅、商场、餐厅、酒吧、宴会厅、天台花园等处装设组合式声柱或分散式扬声器箱，平时播放背景音乐（自动回带循环播放），当发生灾害时，则兼作事故广播，用来指挥疏散，故扩声音响系统的设计应与消防报警系统互相配合，实行分区控制。

现代建筑的扩声音响系统通常有以下几种形式：扩声系统、公共广播、客房广播、会议室音响、各种厅堂音响、家庭音响、同声传译与会议系统等。

一、扩声系统

1. 系统组成

扩声系统又称专业音响系统，按用途可分为语言扩声系统和音乐扩声系统两种。语言扩声系统主要用于业务广播系统、背景音乐系统、紧急广播系统、客房音响系统。音乐扩声系统主要用来播放音乐、歌曲和文艺节目等内容，以欣赏和享受为目的，因此对声压级、传声增益、频响特性、声场不均匀度、噪声、失真度和音响效果等方面比语言扩声系统有更高的要求，它主要采用双声道立体声形式，有的还采用多声道和环绕立体声形式，多以低阻抗的方式与扬声器配接。

如图 9-1 所示，扩声系统由以下几部分组成：把声信号转变为电信号的传声器；放大电信号并对信号加工处理的电子设备、传输线；把电功率信号转变为声信号的扬声器和听众区的声学环境。

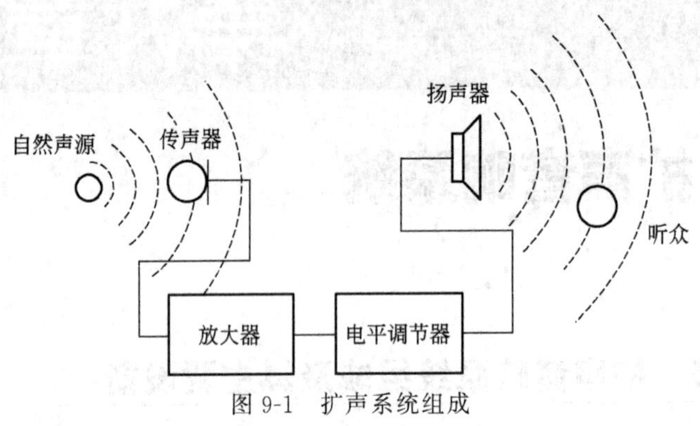

图 9-1 扩声系统组成

一般认为扩声系统包括传声器、放大器、扬声器和它们之间的连接线。

扩声系统可以按照它的工作环境、声源性质、工作原理、用途、声能分配方式和扩声设备的结构来分类，见表 9-1。

2. 主要设备

扩声设备是指把声频信号进行高保真放大和加工处理的各种电子设备。扩声设备的种类很多，但它们的基本原理相同。比较完整的高质量扩声设备的低频系统如图 9-2 所示，它可以保证放大、电平调节、监听、

表 9-1 扩声系统分类

类别	内容
按工作环境分类	按工作环境可分为室外扩声系统和室内扩声系统两类。 ①室外扩声系统。室外扩声系统的特点是：反射声小，有回声干扰，扩声区域大，条件复杂，干扰声强，音质受气候条件影响等。 ②室内扩声系统。室内扩声系统的特点是：对音质要求高，有混响干扰，扩声质量受建筑声学条件影响较大
按声源性质分类	按声源性质可将扩声系统分为以下三类。 ①语言扩声系统。 ②音乐扩声系统。 ③语言和音乐兼用的扩声系统

续表

类　别	内　　容
按工作原理分类	按工作原理可将扩声系统分为以下三类。 ①单通道系统。 ②双通道立体声系统。 ③多通道扩声系统
按扬声器布置方式分类	按扬声器布置方式可将扩声系统分为以下三类。 ①集中布置方式。 ②分散布置方式。 ③混合布置方式

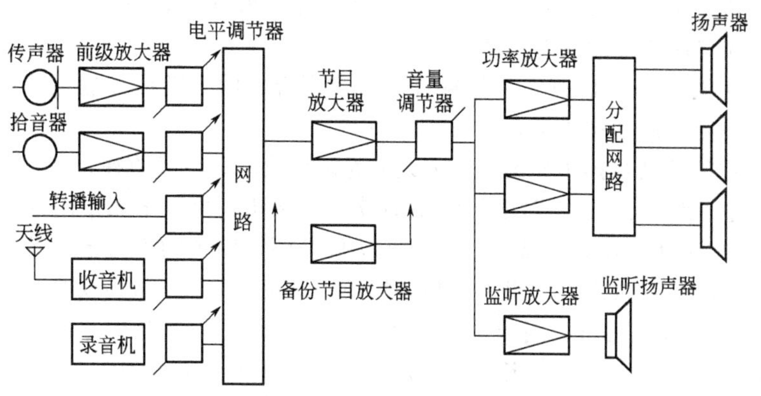

图 9-2　扩声设备的低频系统方框图

监察，并进行必要的交换转接等工作。

3. 扬声器（音箱）

① 扬声器是将扩音机输出的电能转换为声能的器件，按其结构形式不同，可分为电动式纸盆扬声器、电动式高音号筒扬声器和舌簧式扬声器。

② 按声音频率不同，可分为低频、中频和高频扬声器。

③ 电动式纸盆扬声器音质最好、规格品种多，但效率低，适用于室内对音质要求较高的音乐扩声系统。

④ 若将不同频率的扬声器组合成音柱或音箱式组合扬声器，则用于厅堂的语言或音乐放音都能得到满意的效果。

⑤ 号筒扬声器的容量大、效率高，但音质较差，仅适用于要求不高的语言扩声系统，且由于它具有适应露天安装的外壳，因此多用于室外的扩声。

4. 线间变压器(音频变压器)

线间变压器的作用是变换电压和阻抗。变压器的接线头用阻抗值标明的称为定阻式变压器，用电压标明的称为定压式变压器。选用变压器时，应注意其标称功率是在给定变压比的情况下能传输的功率，选择时要使变压器的功率稍大于要传输的功率。功率选得太大时，变压器体积大、成本高，会造成浪费；功率选得太小，则损耗加大，严重时，变压器会因过分发热而烧坏。线间变压器的效率一般选为75%～80%。

5. 功率放大器(功放)

功放的作用是把来自前置放大器或调音台的音频信号进行功率放大，以足够的功率推动音箱发声。

功放按其与扬声器配接的方式分为定压式和定阻式两种。

① 定阻式功放。对于传输距离较近的系统，可以采用定阻式功放(也可以采用定压式)传输。定阻式功放以固定阻抗的方式输出音频信号，要求负载按规定的阻抗与功放配接才能获得功放的额定功率。

② 定压式功放。对于远距离传输音频信号，为了减少在传输线上的能量损耗，应该采用定压式功放以高电压的形式进行传输。定压式功放的输出电压一般为90V、120V和240V，当传输距离较远时，要采用240V。如果需带动多只扬声器，则扬声器的功率总和不得超过功放的额定功率。

6. 扩声系统指标

① 语言清晰度。语言清晰度是指对扩声系统播出的语言能听清的程度，一般应大于80%。

② 传输频率特性。传输频率特性是指厅堂内各测点处稳态声压的平均值相对于扩声系统传声器处声压或扩声设备输入端电压的幅频响应。

③ 传声增益G。传声增益是指扩声系统达到最高可用增益时，厅堂内各测点处稳态声压级平均值与扩声系统传声器处声压级的差值。最高可用增益是指扩声系统中由于扬声器输出的声能的一部分反馈到传声

器而引起啸叫（反馈自激）的临界状态的增益减去 6dB 的值。通常，扩声系统的传声增益最高只能达到 −2dB 左右，在要求不太高的情况下，一般只要大于 −10dB 即可。

④ 最大声压级 $L_{p,max}$。声波在大气中传播时因振动而形成变化压强，总压强与大气原始压强之差称为声压，用 p 表示，单位为 Pa。人耳的感知声压范围在 1kHz 时为 2×10^{-5}～20Pa，其下限 2×10^{-5}Pa 称为可闻阈，上限 20Pa 称为痛阈。超过痛阈时，人耳将产生明显痛感。为便于实际应用，声压常以声压级来表示，其定义为

$$L_p=20\lg\frac{p}{p_0}$$

式中　L_p——声压级，dB；

p——声压，Pa；

p_0——参考基准声压，$p_0=2\times10^{-5}$Pa。

最大声压级是指厅堂内空场稳态时的声压级，一般要求为 80～110dB。

⑤ 系统失真。系统失真是指扩声系统由输入声信号到输出声信号全过程中产生的非线性畸变，一般要求为 5%～15%。

⑥ 总噪声。总噪声是指扩声系统达到最高可用增益但无有用声信号输入时，厅内各测点处噪声声压的平均值，一般要求为 35～50dB。

⑦ 声场不均匀度。声场不均匀度是指有扩声时厅堂内各测点得到的稳态声压级的极大值和极小值的差值，一般要求不大于 10dB。

二、广播音响系统

1. 系统组成

（1）厅堂扩声系统

① 面向歌舞厅、宴会厅、卡拉 OK 厅的音响系统。这种系统应用于综合性的多用途群众娱乐场所。音响设备要有足够的功率，较高档次的还要求有很好的重放效果，应配置专业音响器材，设计时要注意供电线路与各种灯具的调光器分开。对于歌舞厅、卡拉 OK 厅，还要配置相应的视频图像系统。

② 面向体育馆、剧场、礼堂为代表的厅堂扩声系统。这种扩声系

统是应用最广泛的系统，是一种专业性较强的扩声系统。厅堂扩声系统往往有综合性多用途的要求，可供会场语言扩声使用，还可用于文艺演出，对音质的要求很高，且受建筑声学条件的影响较大。

(2) 公共广播系统

面向公众区的公共广播系统主要用于语言广播，这种系统平时进行背景音乐广播，当出现灾害或紧急情况时可切换成紧急广播。

公共广播系统的特点是服务区域面积大，空间宽旷，声音传播以直达声为主。但如果扬声器的布局不合理，因声波多次反射而形成超过50ms以上的延时时，会引起双重声或多重声，甚至会出现回声，从而影响声音的清晰度和声像的定位。

(3) 面向宾馆客房的广播音响系统

这种系统由客房音响广播和紧急广播组成，正常情况时向客房提供音乐广播，包含收音机的调幅（AM)、调频（FM）广播波段和宾馆自播的背景音乐等多个可供自由选择的波段，每个广播均由床头柜扬声器播放。在紧急广播时，客房广播被强行中断，紧急广播的内容强行切换到床头扬声器，使所有客人均能听到紧急广播。

2. 主要设备

① 信号放大和处理设备。信号的放大是指电压放大和功率放大；信号处理是指信号的选择处理，即通过选择开关选择所需要的节目源信号。

② 传输线路。对于厅堂扩声系统，由于功率放大器与扬声器的距离不远，一般采用低阻抗式大电流的直接馈送方式。对于公共广播系统，由于服务区域广、距离长，为了减少传输线路引起的损耗，往往采用高压传输方式。

③ 扬声器系统。扬声器是能将电信号转换成声信号并辐射到空气中去的电声换能器，一般称为喇叭，在弱电工程的广播系统中有着广泛的应用。

④ 节目源设备。节目源设备有AM/FM调谐器、电唱机、激光唱机和录音机等，还包括传声器（话筒)、电视伴音（包括影碟机、录像机和卫星电视的伴音)、电子乐器等。

三、 会议系统

会议系统包括会议讨论系统、表决系统、同声传译系统和电视电话会议系统，要求音频、视频（图像）系统同步，全部采用电脑控制和储存会议资料。

会议系统的突出特点之一是能快速、有效地向会议参加者分配资料，并可以满足所有的要求。

会议系统可以支持多种显示媒体，从简单的 LCD 个人屏幕到会场广播的电视设备。

1. 发言设备

发言设备是一个专用名词，指会议代表通过它来参与会议的讨论和发言。根据所用的机型不同，会议代表可以得到以下功能的某些部分或全部：听，说，请求发言登记，接收屏幕显示资料，通过内部通信系统与其他代表交谈，参加电子表决。

同声传译系统是指接收原发言语种的同时，将其翻译成其他语种后播出新的语种语音信息。

最基本的发言设备有带开关的话筒、扬声器、投票按键和 LED 状态显示器。更高级的设备还装备了 LCD 屏幕、语种通道选择器、软触键和代表身份认证卡读出器。

会议主席用的发言设备还有话筒优先系统，用此功能可以使正在进行的代表发言暂时停止。

2. 台面式与嵌入式

发言设备可以摆放在台面上，也可以装嵌到桌面、座椅后背或扶手内。

除了发言设备，系统内也可以使用其他形式的话筒，如软管支架式、颈挂式、手执式等，使没有坐席的会议参加者，如客座发言人也能发言。台面式适合移动性大或要求比较灵活、经常产生变化的系统。

如果是形式比较固定的系统，则采用嵌入式更适宜。

还有配套的辅助设备可供用户选用，如话筒架、安装附件。移动式还有系统设备的运输箱和接口板等。

3. 资料分配设备

主席机、译员台和部分代表机上装备了具有两行显示的LCD屏，用于显示代表资料、表决时间、公用或个人资料、多语种的使用说明等。

LCD技术是袖珍彩色液晶电视的核心技术，用这种电视向指定的会议参加者个别提供资料显示是非常理想的。

4. 中央控制设备

中央控制器（CCU）是管理系统的心脏。

中央控制器可以独立操作，实现自动会议控制，也可以由机务员通过电脑操作，实现更复杂的管理。所有型号的CCU都有控制多达240台发言设备的功能，受控设备包括代表机、主席机、译员台和音频接口设备。

如果需要增加系统的受控容量，可以增接副CCU，每加一台CCU，系统的发言设备受控量将增加240台。

所有CCU都可以为最多60台发言设备提供电源。如果需要为更多的发言设备供电，可以接上附加电源。

第二节　扩声音响系统安装

一、扩声系统的安装

1. 线路敷设

（1）音频信号输入的馈电

图9-3(a)为不平衡输出至不平衡输入，采用单芯屏蔽电缆。

图9-3(b)为不平衡输出至平衡输入，采用单芯屏蔽电缆。

图9-3(c)为不平衡输出至平衡输入，采用双芯屏蔽电缆，应用较多。

图 9-3(d) 为平衡输出至平衡输入，采用单芯屏蔽电缆。

图 9-3(e) 为平衡输出至不平衡输入，采用双芯屏蔽电缆，比上述图 9-3(d) 用得更多。

图 9-3(f) 为平衡输出至平衡输入，采用双芯屏蔽电缆。

长距离连接的话筒线（超过 50m）必须采用低阻抗（200Ω）平衡传送的连接方法。最好采用有色标的 4 芯屏蔽线、对角线对并且穿钢管敷设。调音台及全部周边设备之间的连接均需采用单芯（不平衡）或双芯（平衡）屏蔽软线连接。

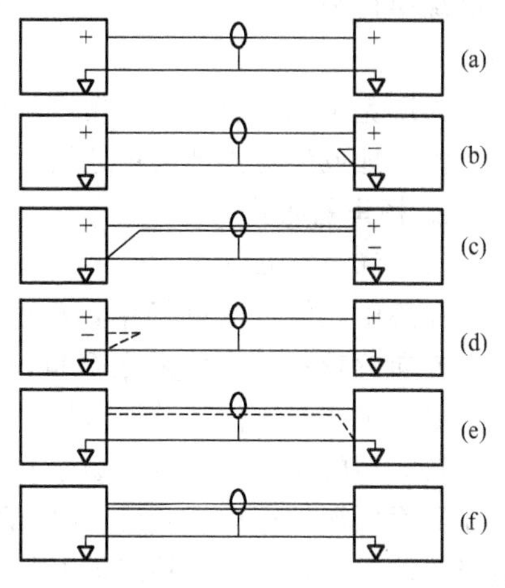

图 9-3　平衡与不平衡转接的方法

(2) 功率输出的馈电

厅堂、舞厅和其他室内扩声系统均采用低阻抗（8Ω，有时也用 4Ω 或 16Ω）输出。一般采用截面积为 2～6mm^2 的软发烧线穿管敷设。发烧线的截面积决定于传输功率的大小和扬声器的阻尼特性要求。通常要求馈线的总直流电阻（双向计算长度）应小于扬声器阻抗的 1/100～1/50。室外扩声由于场地大，扬声器箱的馈电线路长，为减少线路损耗通常不采用低阻抗连接，而使用高阻抗定电压传输（70V 或 100V）音频功率。从功放输出端至最远端扬声器负载的线路损耗一般应小于 0.5dB。宾馆客房多套节目的广播线应每套节目敷设一对馈线，而不能共用一根公共地线，以避免节目信号间的干扰。

(3) 供电线路

扩声系统的供电电源与其他用电设备相比，用电量不大，但最怕被干扰。

为尽量避免灯光、空调、水泵、电梯等用电设备的干扰，建议使用变压比为 1∶1 的隔离变压器，此变压器的二次侧任何一端都不与一次侧的地线相连。总用电量小于 10kV·A 时可使用 220V 单相电源供电。

用电量超过 10kV·A 时，功率放大器应使用三相电源，然后在三相电源中再分成三路 220V 供电，在三路用电分配上应尽量保持三相平衡。

为避免干扰和引入交流噪声，扩声系统应设有专门的接地地线，不与防雷接地或供电接地共用地线。

2. 扬声器布置

(1) 混合布置方式

在集中式供声的剧场中，靠近舞台前几排的观众感到声音来自头顶，方向感较差，为此需在台口前或舞台两侧布置若干只小功率扬声器，以改善声像定位问题。

较大型的剧场中，由于场地大，特别是有较深眺台遮挡的观众区及楼厅下面较深的后排观众区，收听不到直达声，影响音质效果，此时在适当的位置应补装一些补声扬声器。

图 9-4 是混合式扬声器的布置图。

(2) 集中布置方式

在舞台台口“镜框”的上方或左右两侧设置指向性较强的扬声器组合，使扬声器组合中的各扬声器的主轴线分别指向观众区的中部和后部。这种布置方式的优点是声能集中、直达声强、清晰度高、观众的方向感好、声像较一致，如图 9-5 所示。

集中式布置方式多用于多功能厅、2000 人以下的会场和体育场的比赛场地。扬声器设置在舞台或主席台的周围，并尽可能集中，大多数情况下扬声器装在自然源的上方，两侧相辅助。

这种布置可以使视听效果一致，避免声反馈的影响。扬声器（或扬声器系统）至最远听众的距离应不大于临界距离的 3 倍。

(3) 分散布置方式

在面积很大、顶棚又较低的礼堂、会场用集中方式无法使声场分布均匀时，可采用小功率扬声器高密度、分散布置在天花板上，如图 9-6 所示。

这种方式可使声场分布非常均匀，观众听到的是距离自己最近的扬声器发出的声音，因此方向感差，各扬声器声源之间的干扰也是不可避免的。

3. 歌舞厅扬声器的布置

扬声器箱的指向特性与频率密切相关。频率越高，指向特性越强，一般在 250～300Hz 以下无明显指向特性，1.5kHz 以上指向性明显起

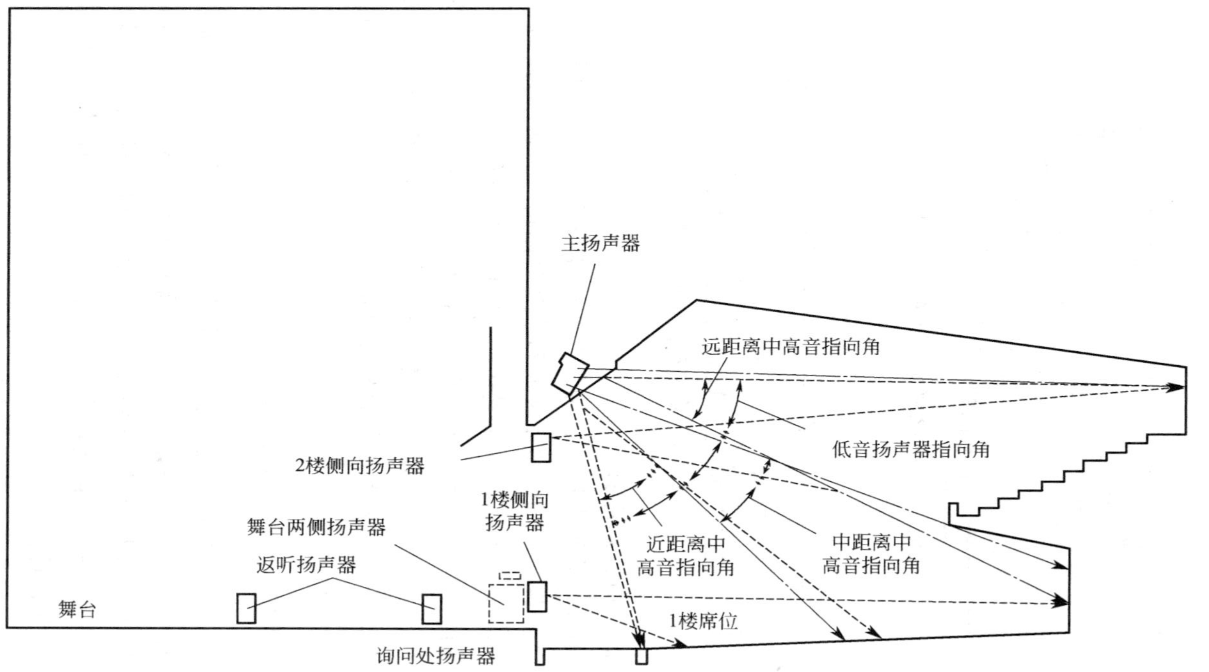

图 9-4　厅堂扬声器的布置示意图

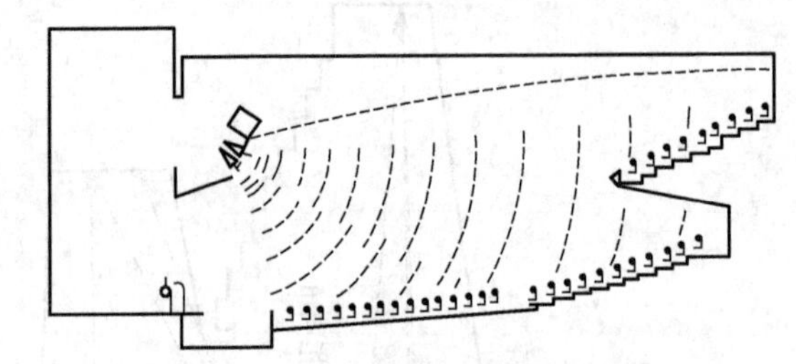
图 9-5　扬声器的集中式布置示意图

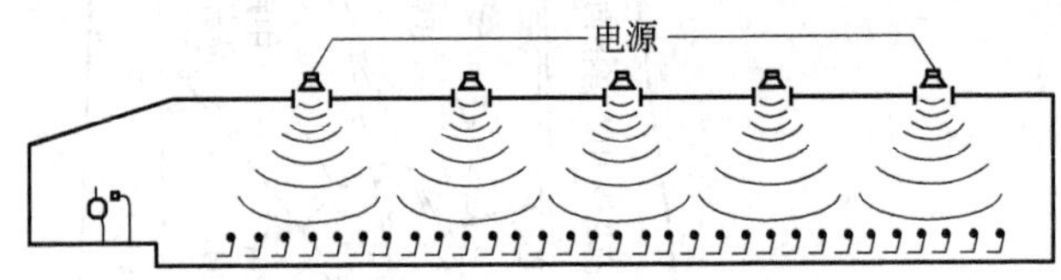

图 9-6　扬声器的分散布置示意图

来。频率越高，声波束越窄。

扬声器箱可以放置在地上、舞台上或吊挂在墙上（或空间），但离地面高度和墙壁距离不同。由于地面和墙壁对低频的反射不同，会使低频的声压级不同，在歌舞厅中布置扬声器时应特别注意此问题。

当厅堂的长、宽、高尺寸比例符合标准时，把扬声器倾斜，使其声轴的延长线接触到厅内中间数排座位的后半部（大约是长度的 2/3 处），可得到良好的效果。两侧扬声器的相对位置应偏转到使它们的声轴相交在观众场的中线上。

二、 广播音响系统的安装

有线广播系统主要由节目源、功放设备、监听设备、分路广播控制设备、用户设备及广播线路等组成。节目源包括激光唱机、磁带录放音机、调幅调频收音机及传声器等设备；功放设备包括前级增音机及功率放大器等设备；用户设备包括音箱、声柱、客房床头控制柜、控制开关及音量控制器等设备。

公共广播音响系统布置如图 9-7 所示。

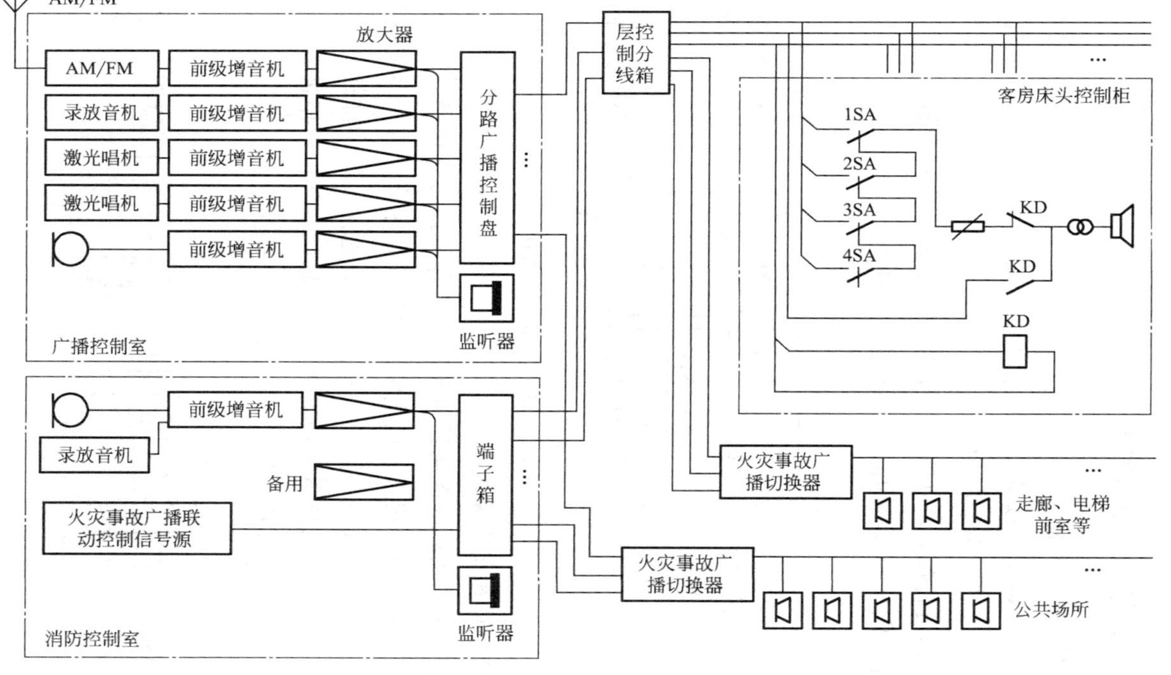

图 9-7 公共广播音响系统布置示意图

三、 会议系统的安装

1. 同声传译系统

同声传译系统可以选择由原语种直接翻译的工作方式，或选择二次转译方式，以利于小语种的翻译。

每个译员台都有一个发言原语种的输出；还有一个输出，可以选择其他语种。图 9-8 所示为同声传译系统原理图。

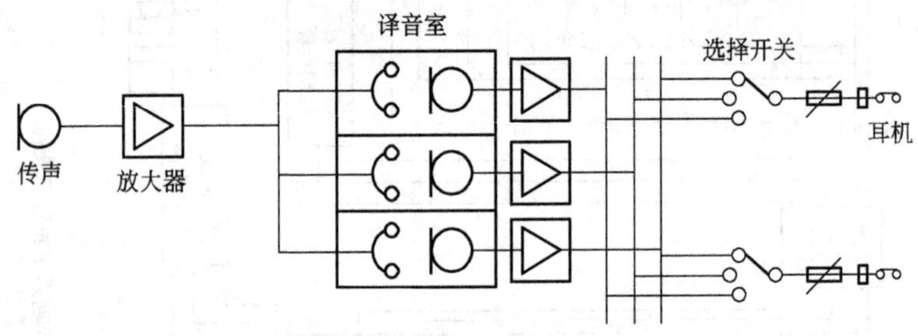

图 9-8　同声传译系统原理图

2. 红外同声传译系统

会议系统的语种分配系统有不同的工作方式可供选择。

语种分配可由会议系统的电缆线路实现，用通道选择器或带有通道选择功能的代表机选择不同的语种。也可以选用无线的红外系统实现语种分配，用红外发射机将各种语言送到会场的各部位，用带有耳机或内置扬声器的个人红外接收器收听，如图 9-9 所示。

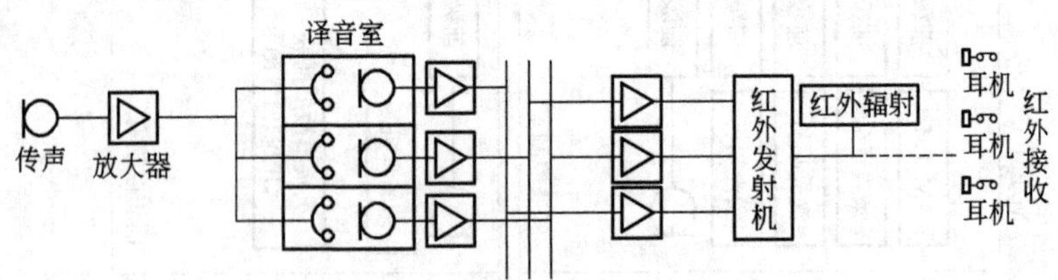

图 9-9　红外同声传译系统原理图

第三节　扩声音响系统安装案例

一、某大型国际空中特技飞行表演音响系统

此项目位设置在青山绿水的××江上空，观众席设在风景秀丽的市区江水两岸。因此，该项目的扩声需要覆盖整个江两岸，江南岸长度3200m，江北岸长3600m，江桥长1000m，线路总长7800m。现场主持与解说及重要中外嘉宾观赏席设在市政府门前宽阔的临江岸边的广场，扩声时间为6天。

1. 扩声系统的要求

扩声要全面覆盖路段两岸和活动中心广场的观众区域，但又不能使扩声干扰，影响到岸边住宅居民休息和党政机关及学校正常工作。该系统还有一项特别的限制，为了确保空中特技飞行表演顺利，防止对飞行通信系统产生干扰，影响飞行表演安全，不宜采用无线扩声模式，必须采用有线传输扩声方式。每只扬声器最大功率选25W号筒式扬声器，它们的间距设为150m，扬声器分散布置在江两岸边并指向观众区，投射角近45°。这样就不至于干扰临岸住宅居民正常休息和党政机关及学校正常工作，又能照顾在扬声器下的观众，可以获得足够的声压级，保证语言的可懂度，背景音乐的不失真，并且观众主要听到的是直达声，减少由于分散布局带来不自然感觉。扬声器布置要均匀，避免产生能量积累，造成语言不清晰的现象。

系统最终要达到，两岸的观众区在任何位置都感到均匀的声压，感受听到现场双语解说语言清晰，背景音乐优美动听，仿佛解说员就在身旁的感受。

2. 中心广场扩声系统布置

此路段市政府门前的临江岸中心广场，是中外嘉宾、双语解说的所在位置，广场平面近似半圆形，能容三千人之多，其音箱布置基本上按模拟双耳响应模式进行布置。主音箱（前C、后C）Y2-30B，辅音箱（R）Y2-25A，辅音箱（L）Y2-25A，（LSL）、（LS2）、（RSL）、（RS2）用Y220A型扬声器。扩音机用GY 2×275，甲乙机作为双通道功放机。

现场用美国MACKIE（美奇）1642VLZ/PR016声道型音频调音台。双语主持人及开幕式领导讲话各用2支共6支；开幕式领导讲话结束后，改用现场实况效果拾音话筒。扩声周边设备有：防止在扩声中产生正反馈加装了反馈抑制器、播放背景音乐用的两台DVD机、双卡录音机、MD磁光盘机，均设主备机以便应急时响应，即时播放开幕式、进场、散场进行曲和背景音乐等，音响达到设计效果。

3. 扩声音响设备配接

扩声系统选用上海产的GY2×275W型扩音机4台，应用传输信号中继模式布置，一号设为主机，其余为带载，中继机，该机单机为275W，总功率为550W，最大输出可达700W，最大输出电压>250V，额定输出电压120V/240V。音频信号输出可单独使用或同时使用，该机有较深度负反馈，因此输入过载能力大于14dB。该机电源电压为220V/50Hz。应用遥控开关机，遥控开低压，延时开高压。提供一号主机扩音机的信号源由现场主播调音控制台，分制输出至一号、主机扩音机线路输入接口，监听系统；其二号机中继信号取自一号主机传输线末端，线间匹配变压器240V/120V变换匹配而来，馈送到二号机线路输入接口；其三号机四号机依此类推，完成整体现场扩声系统信号功率传输与信号中继工程的布置。

由于机内末级功率放大设有较深度负反馈，负载电阻变化时，输出电压变化很小，或者输出电压基本不变。扩音机输出额定功率为P，扩音机输出阻抗与线路阻抗的匹配，就是要负载阻抗与输出阻抗接近，但负载阻抗不允许小于扩音机输出阻抗，如果小于扩音机输出阻抗也称为过载。只要各路输入功率总和满足要求，就可以使扩音机输出电压匹配，保证扩音机正常工作，扩音机工作时输出功率要留有一定裕量，功率裕量一般为3dB，如275W机器留有3dB裕量负载功率不应大于200W，以保证音乐节目的最大功率也不致引起失真。为保证扩音机输出功率裕量，除配接负载外其输入信号不宜过大，一般额定输入为0dB（770mV）。因此调音控制台也掌握运用调整在此范围内。

4. 正确选用音频线路（线间）变压器

选用幅频特性好的音频变压器，应符合600Hz±1dB。音频变压器选用不当，不仅高频特性变坏，同样低频特性也会变差，高频特性决定绕组线间分布电容，低频特性决定音频变压器铁芯的磁导率即电感量，这两项必须要相应满足变压器幅频特性条件，满足这个标准主要取决于选材和生产工艺。

因此变压器初级电压不小于所接收的工作电压，为的是防止低压线圈接受高电压，使线圈上电流过大，损坏变压器线圈。其次级电压应不大于负载（扬声器）所承受的电压，这是防止扩音机输出电压偏高把负载设备（扬声器）烧坏。扬声器接受如 25W，16n 的扬声器，其接受的电压为 20V。变压器标称伏安数是表示负载能力．应不小于实际负载的要求，如果负载需要的能量大于变压器伏安数就会过载，变压器达不到额定值也会因损耗过大而发热，严重时会将变压器初级线圈烧坏。

5. 号筒式扬声器的配接

号筒式扬声器一般用于会场或街头扩声广播，扩声机与号筒式扬声器的配接，常有两种方式：一种直接配接，另一种经过变压器进行定压/定阻式配接。由于扬声器距离扩声机较远，扩声机是低阻输出，直接配接会因线路损耗功率大，至使扬声器响度不够，声强不均匀，因此不适宜直接配接，应使用变压器按定压式配接。此次工程用匹配变压器分别进行定阻式和定压式配接法，不论是哪种方法，必须注意运用扩音机额定输出功率和扬声器额定功率这两个重要参数来进行配接（匹配变压器各抽头标注参数值）。

此项扩声馈电线路长度近 8km，为了减少线路损耗采用了 $2.5m^2$ 双护套塑铜线进行馈电布线。设备双电源即一主一备，保证了这项重大扩声音响工程可靠运行，达到最佳扩声音响效果，受到业内专家及广大欢众听众的好评。

二、 某运动场地扩声系统

运动场地的扩声系统主要由比赛场地扩声、观众席区域扩声组成，以满足赛前重要发言、比赛期间主持人进行现场实况解说、比赛休息期间进行背景音乐播放、重放大屏幕显示图像的声音信号以及日常举行文娱活动等的要求。其音频扩声系统为各种要求提供最优良的音频传输环境，创造最优质的扩声效果。

扩声系统方案设计是针对运动场地的声学环境及主要功能专业性，寻求最佳扩声形式和系统配置，在大型场馆、厅堂扩声系统工程和电子工程方面有着广泛的应用。

体育场馆的声学设计方案，有共性也有个性。就比赛场地的声学环境而言，训练馆是一个封闭的声学环境，属于室内声场；体育场是一个开放式的声学环境，属于室外声场。这是设计方案选择的基点。

1. 设计理念

设计思想与理念是音响系统设计的一条主线，它贯穿于整个音响系统设计的全过程，系统各个部分的内容与构成都紧紧围绕这一主线而展开。

2. 全面响应系统的功能定位与使用需求

设计前须通过仔细阅读及消化理解相关资料、要求及图纸，基本设计原则是用来概括并表达对专用设备及系统的基本要求，这些基本设计原则是：

（1）突出系统的特点，按使用功能和要求进行配置；（定位）

（2）设备技术水平及性能参数达到国内先进水平，尽量采用成熟技术及工艺；（先进性，可靠性）

（3）尊重传统，立足现实，预见未来，科学合理；（继承与发展、科学性）

（4）能实用性、技术先进性，使用安全性，操作可靠性，维修方便性，投资合理性。（综合最优）

3. 实现一个优质重放的展示平台

一般设计方案采用扩声领域中多种研究成果和技术手段，主要为观众区域以及比赛区域进行语言扩声，让观众观看比赛时有更好的现场气氛和观感。在整个系统的设计方案形成过程中要严格把握一个合理度，在充分把握系统功能定位的基础上经过反复仔细的计算，并同时借鉴国内外一些成功的范例，使得整个系统更加合理、更加优化。

4. 实现一个稳定可靠的展示平台

一个稳定可靠的系统是任何一个使用场所最需要的，正如“灯光是空间的艺术，音响是时间的艺术”中所表达的，系统一旦由于不稳定而出现差错，在任何应用场合中都是无可挽回的，所以必须从业主和使用者的角度出发建立一个稳定而可靠的声音重放平台。系统的搭建要采用有效的传输、控制、处理系统，以保障系统具备极佳的稳定可靠性。

5. 实现一个先进主流的展示平台

一个稳定可靠的高品质声音重放系统，是不能最终完成对声音的创作的，声音的输出最终还是经过调音师的艺术创作，如果一个系统不是当前先进的主流产品是不能让调音师得心应手的进行声音创作，所以一个完美的声音重放系统不仅要体现其系统的先进性还要同时体现系统的主流性，才能最终达到技术与艺术的完美结合。

6. 可延续、 扩展的原则

当今社会发展日新月异，许多新用途是随着社会发展需要而不断产生的。必须考虑系统在将来工程里的延续，所选用设备的可扩展性和适当的冗余。

借助以太网系统可以在原有基础上进行扩展，主要控制设备可以通过软件升级方式更新换代，可在相当长的时间内保持技术与设备的一致性。而且通道接口和设备的适当冗余，可以随着应用需求的变化而进一步扩展。

7. 设计指标

为适应该不同的使用功能需求，使设计的目标具有可“度量性”，在设计过程中提出较为具体的指标是设备选型与电声计算的一个主要参考依据。比赛区扩声系统应按照建设部《体育馆声学设计及测量规程》中的扩声特性指标一级来设计。训练馆扩声系统应按照国家建设部《体育馆声学设计及测量规程》中的扩声特性指标二级来设计，主要声学特性技术指标如下。

(1) 比赛区扩声系统设计依据

《体育馆声学设计及测量规程》扩声特性指标一级：

① 以125～4000Hz平均声压级为0dB，在此频带内允许±4dB的变化（1/3倍频程测量）；63～125Hz和4000～8000Hz的允许变化范围；

② 最大声压级：105dB；

③ 声场不均匀度：中心频率为1000Hz、4000Hz（1/3倍频程带宽）时，大部分区域不均匀度不大于8dB；

④ 传声增益：125～4000Hz平均不小于−10dB。

⑤ 系统噪声：扩声系统不产生明显可察觉的噪声干扰（如交流噪声等）。

(2) 训练馆扩声系统设计依据

《体育馆声学设计及测量规程》扩声特性指标二级：

① 以250～4000Hz平均声压级为0dB，在此频带内允许±4dB的变化(1/3倍频程测量)：100～250Hz和4000～6300Hz的允许变化范围；

② 最大声压级：98dB；

③ 声场不均匀度：中心频率为1000Hz、4000Hz（1/3倍频程带宽）时，大部分区域不均匀度不大于10dB；

④ 传声增益：250～4000Hz平均不小于−12dB；

⑤ 系统噪声：扩声系统不产生明显可察觉的噪声干扰（如交流噪声等）。

(3) 比赛扩声的功能定位

比赛扩声系统是专用于比赛前领导致辞，比赛期间主持人进行实况解说，同时在比赛休息期间进行背景音乐播放以及重放大屏幕显示图像的声音信号。音质设计的声学主要标准是：人声还原有适当的响度，上佳的明晰度，整体有适当的混响感与亲切感，其中人声明晰度尤为重要。基于上述使用功能，比赛扩声系统的主要作用是：

对主持人的发言进行扩声；

对声功率较小的声源进行扩声；

重放大屏幕显示图像的声音信号；

满足电视直播和节目制作的要求；

满足背景音乐播放的需求；

(4) 扬声器选型

对于扩声系统而言，所有的体育场都要考虑传送的语言清晰可懂并不受噪声干扰，同时还应保证在声场均匀一致的情况下有极好的频响宽度及极小失真的响应。所以，音箱系统的选用是重中之重。噪声来自两个方面，一是环境噪声，二是扩声系统本身的噪声。因此设备选型时不只是看功能，重要的是看指标，并要求指标的真实性，系统的噪声和频响失真均应在设计时加以注意。

8. 训练场地扩声系统

(1) 扩声形式

训练场地扩声系统音响系统采用分散式的扩声布置方式，整个扬声器系统分为比赛场地以及观众席区域布置的形式来满足扩声需求。

（2）音箱及功放系统的选型和布局

① 比赛场地扩声音箱组。比赛场地扩声一般分两组从南北两侧向比赛区域进行均匀覆盖，配置远程号角扬声器，这样布置能够有效覆盖目标听音区，能够保证比赛场地区域的均匀度，让比赛场地内的运动员、工作人员以及裁判员都能清晰地听到现场的各项指令。

② 观众席区域扩声音箱组。观众席一般分为南、北看台与西看台三个区域，南、北看台又分为前场观众区以及后场观众区。为了使场地观众席区域有良好的均匀度，设计时为观众席区域进行分散式布置，分别覆盖观众席的南、北看台以及西看台。各看台按投射距离设置两分频全频扬声器，以垂直阵列的形式对场区域进行覆盖。这样可以提高观众区的均匀度，音箱组成阵列的形式有效地优化了观众区域覆盖范围，更保证了声能的集中性，提高清晰度之余，更避免了声外溢等不良情况产生。

③ 返送监听音箱组。返送监听音箱组主要为主席台的领导与嘉宾发言，比赛时现场解说以及演出时舞台上的演员和乐队等服务。考虑到使用时的灵活多变，返送监听音箱组采用流动方式布置，用于满足各种应用场合的监听。

④ 控制室监听系统。功放系统：系统配置的功率放大器，系统一般选用的是与系统配置的音箱相配套使用的同系列数字网络功率放大器，更能满足系统的使用功能，使系统设计更加简单、更加安全。采用数字网络功率放大器组群，能够通过控制电脑实时地监测并控制功放的工作情况，有效地提高了功放组群工作的效率。

9. 扩声系统供电要求

扩声系统供电点采用三相五线制配送。供电点的取电由同一路开关提供。建议一次变电配送，音响系统的供电应与灯光照明供电分开，减少电源干扰。供电点分设在音控室及相应的功能功放室。

声控室与功放室应设保护接地和工作接地，具体要求如下。

① 单独设置专用接地装置，接地电阻应不大于2Ω。

② 接至共同三接地网时，接地电阻应不大于1Ω。

③ 工作接地应构成系统一点接地。

第十章

出入口控制系统

第一节　出入口控制系统简介

一、 入口控制系统配置及说明

停车场管理系统的入口控制包括基本配置：入口取票/读卡控制机、道闸、车辆检测器；还可以扩展车位引导显示屏、语音提示操作系统、语音对讲、避让信号灯、图像对比、车牌自动识别、远距离不停车读卡系统等。

1. 工作原理

感应月卡车辆管理每部月卡车辆即内部车辆持有一张感应月卡。进场时，车主驾车靠近位于停车场入口处的入口控制机，控制机上的LCD液晶屏显示中文操作提示，车主按照提示持卡在控制机的读卡区域读卡。若卡有效，入口道闸抬起放行车辆；若卡失效，LCD液晶屏显示失效提示，入口道闸不动作。持有效卡车辆进场后，入口道闸自动落下。

每张月卡的使用时间、使用次数及类型均可以通过管理软件随意设置，而且所有车辆读卡进出事件（包括无效读卡）均会被管理软件事件记录器记录，方便事后统计、核查。

月卡车辆进出停车场时，入口控制系统还可以完成以下实用功能。

“一卡一车”功能：即一张月卡只能停一辆车，卡被某辆车使用的时候，其他车辆无法使用这张卡，避免了一卡多用的情况发生。

读卡退出恢复功能：即有效月卡读卡后道闸抬起，读卡车辆退出没有通过，在车辆退出后10s，抬起的道闸会自动落下，避免出现道闸始终处于抬起状态的情况。

防砸车功能：道闸在落杆过程中若检测到下面有车，道闸臂会自动抬起，防止砸到车辆。待车辆完全通过后，道闸臂重新落下；

脱机功能：电脑故障或关机时，月卡车辆可以照常读卡进出场。

2. 纸票临时车计费

外来的临时车辆要进入停车场时，车主驾车靠近位于停车场入口处的入口控制机，控制机上的LCD液晶屏显示中文操作提示，车主按照提示按压控制机上的取票按钮并取票，入口道闸抬杆放行车辆。停车票是一次性使用的热敏纸票，票面打印了白底黑字的进场时间和条形码信息，直观有效，车主可自行判断停车时间。取票车辆进场后，入口道闸自动落下。

二、 入口控制主要设备功能参数

1. 入口取票/读卡控制机

入口控制机是内嵌智能控制单元的高性能、高稳定性停车场收费管理系统的入口控制核心，在提供实用详尽、稳定先进的自动控制功能的同时有效控制成本满足客户的需求。PIC-910KF入口控制机用在既有月卡车辆自助进场、又有临时车辆自助进场的停车管理系统中。它与其他入口设备一起安装于停车场入口通道一侧的安全岛上，用于监控入口设备及为车辆进场提供自助服务。

2. 高速数字道闸

高速道闸是内嵌智能控制单元，采用专用电机和先进的机械结构设计，适用于各类停车场管理系统中车辆出入口的挡车器设备。PAB-20系列高速道闸主要安装在各个停车场的出/入口，或安装在高速公路的收费出/入口处，起到限定车辆进出的作用。

三、 入口控制的技术应用

1. 卡票结合取代传统的自动出卡

目前国内大型停车场主要是采用智能卡识别技术（如非接触IC卡

与非接触电子标签)，这与欧美有些国家不同。目前欧美很多国家还是沿用纸票作为车辆进出场的凭据。

2. CAN 现场总线取代传统的 RS485

CAN 总线是德国 BOSCH 公司从 20 世纪 80 年代初为解决现代汽车中众多的控制与测试仪器之间的数据交换而开发的一种串行数据通信协议，它是一种多主总线，通信介质可以是双绞线、同轴电缆或光导纤维。

第二节　出入口控制系统的类别

一、 按出入口控制系统联网模式分类

1. 总线制

出入口控制系统的现场控制设备通过联网数据总线与出入口管理中心的显示、编程设备相连，每条总线在出入口管理中心只有一个网络接口，如图 10-1 所示。

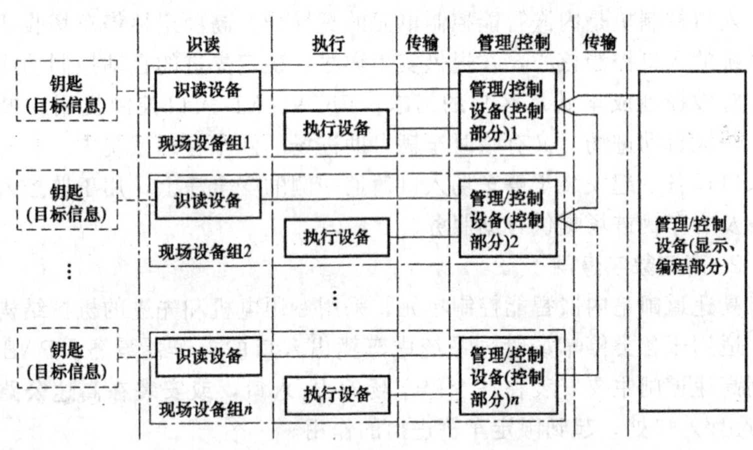

图 10-1　总线制系统组成

2. 环线制

出入口控制系统的现场控制设备通过联网数据总线与出入口管理中

心的显示、编程设备相连，每条总线在出入口管理中心有两个网络接口，当总线有一处发生断线故障时，系统仍能正常工作，并可探测到故障的地点。

3. 单级网

出入口控制系统的现场控制设备与出入口管理中心的显示、编程设备的连接采用单一联网结构，如图 10-2 所示。

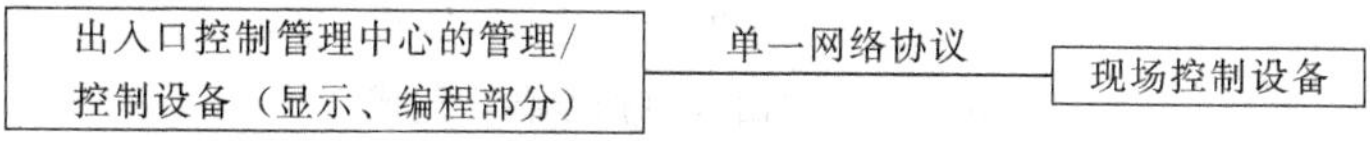

出入口控制管理中心的管理/控制设备（显示、编程部分）

单一网络协议

现场控制设备

图 10-2 环线制出入口控制系统的组成

4. 多级网

出入口控制系统的现场控制设备与出入口管理中心的显示、编程设备的连接采用两级以上串联的联网结构，且相邻两级网络采用不同的网络协议，如图 10-3 所示。

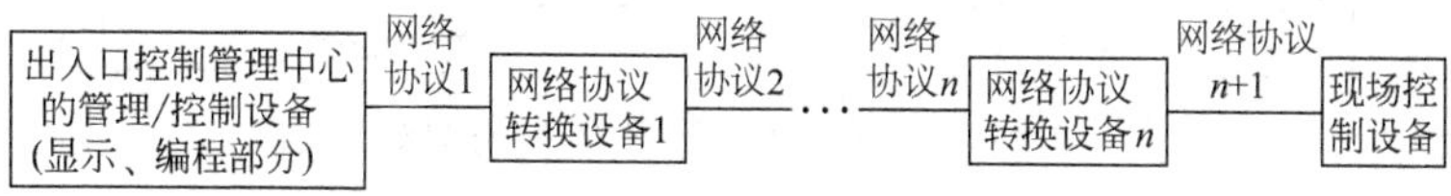

图 10-3 多级网系统组成

二、 按出入口控制系统现场设备连接方式分类

1. 单出入口控制设备

仅能对单个出入口实施控制的单个出入口控制器所构成的控制设备，如图 10-4 所示。

2. 多出入口控制设备

能同时对两个以上出入口实施控制的单个出入口控制器所构成的控制设备，如图 10-5 所示。

三、 按出入口控制系统管理/控制方式分类

1. 独立控制型

出入口控制系统，其管理与控制部分的全部显示/编程/管理/控制等功能均在一个设备（出入口控制器）内完成，如图 10-6 所示。

2. 联网控制型

出入口控制系统，其管理与控制部分的全部显示/编程/管理/控制

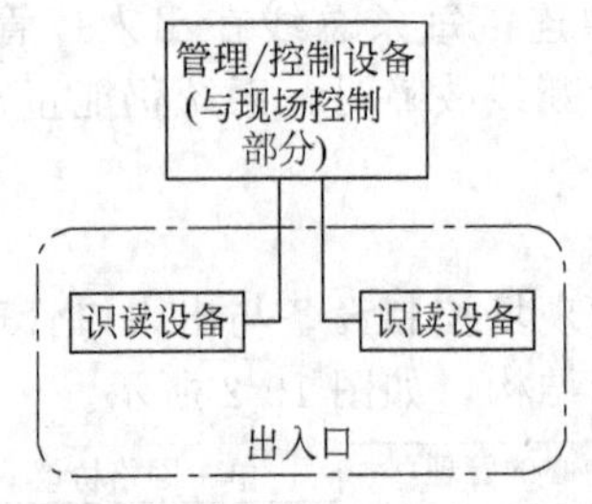

图 10-4　单出入口控制备型组成

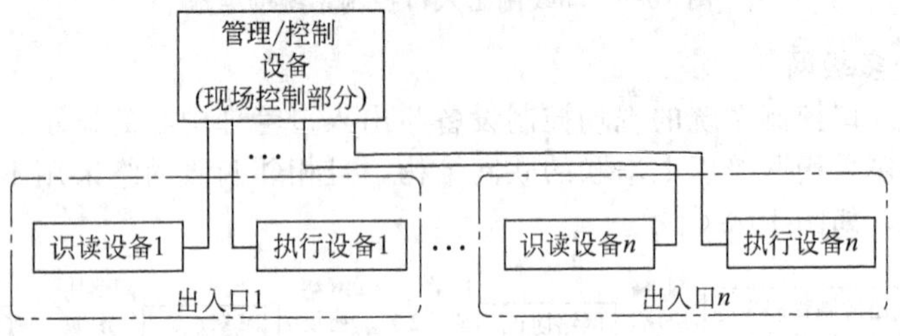

图 10-5　多出入口控制设备型组成

功能不在一个设备（出入口控制器）内完成。其中，显示/编程功能由另外的设备完成。设备之间的数据传输通过有线和/或无线数据通道及网络设备实现，如图 10-7 所示。

3. 数据载体传输控制型

出入口控制系统与联网型出入口控制系统的区别仅在于数据传输的方式不同，其管理与控制部分的全部显示/编程/管理/控制等功能不是在一个设备（出入口控制器）内完成。其中，显示/编程工作由另外的设备完成。设备之间的数据传输通过对可移动的、可读写的数据载体的输入/导出操作完成。

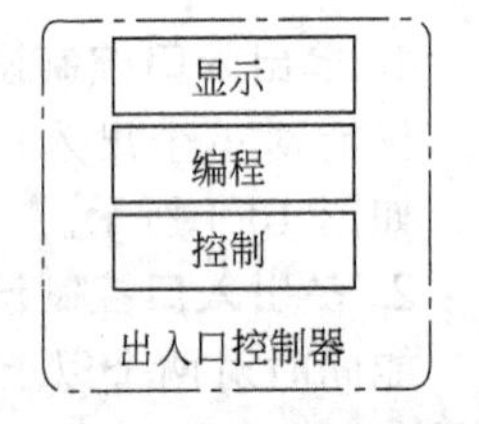

图 10-6　独立控制型组成

四、按出入口控制系统硬件构成模式分类

1. 一体型

出入口控制系统的各个组成部分通过内部连接，组合或集成在一起，实现出入口控制的所有功能，如图 10-8 所示。

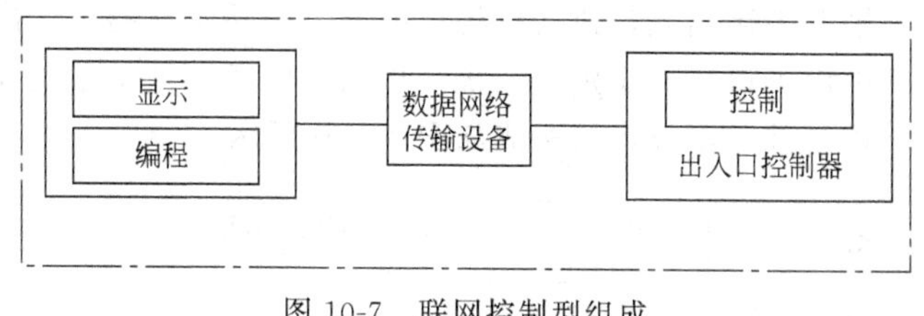

图 10-7 联网控制型组成

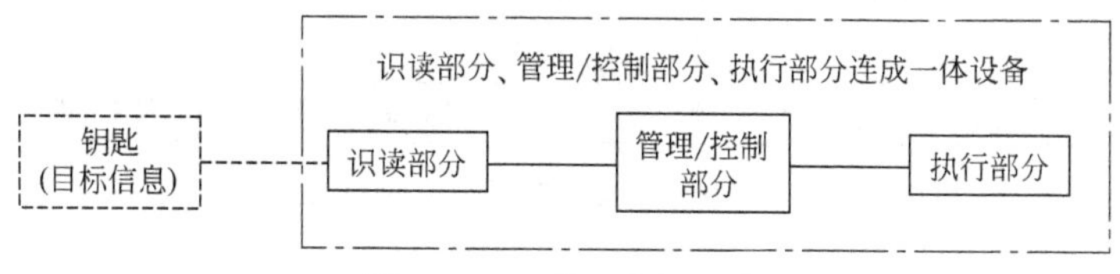

图 10-8 一体型产品组成

2. 分体型

出入口控制系统的各个组成部分，在结构上有分开的部分，也有通过不同方式组合的部分。分开部分与组合部分之间通过电子、机电等手段连成为一个系统，实现出入口控制的所有功能，如图 10-9 所示。

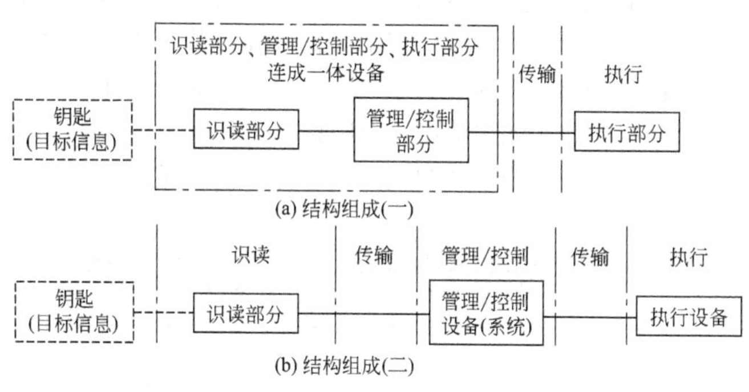

图 10-9 分体型结构组成

第三节 出入口控制系统组成

一、系统组成简介

出入口控制系统是利用自定义符识别或/和模式识别技术对出入口

目标进行识别并控制出入口执行机构启闭的电子系统或网络。出入口控制系统一般由出入口目标识别子系统、出入口信息管理子系统和出入口控制执行机构三部分组成，其构成如图 10-10 所示。

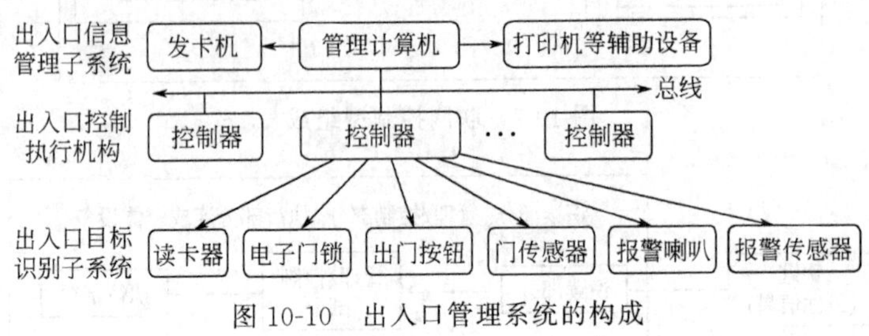

图 10-10　出入口管理系统的构成

二、 出入口目标识别子系统

出入口目标识别子系统是直接与人打交道的设备，通常采用各种卡式识别装置和生物辨识装置。卡式识别装置包括 IC 卡、磁卡、射频卡和智能卡等。卡式识别装置因价格便宜，已得到广泛使用。生物辨识装置是利用人的生物特征进行辨识，如利用人的指纹、掌纹及视网膜等进行识别。由于每个人的生物特征不同，生物辨识装置安全性极高，一般用于安全性很高的军政要害部门或大银行的金库等地方的出入口管制系统。在出入口控制装置中使用的出入凭证或个人识别方法，主要有密码键盘识别、射频卡片和人体生物特征识别技术三大类。其原理、优缺点见表 10-1。

表 10-1　出入口控制系统的出入凭证或个人识别方法

类别	内　　容
密码键盘识别	密码键盘识别是通过检验输入密码是否正确来识别进出权限的，这类产品分普通型和乱序键盘型（键盘上的数字不固定，不定期自动变化）两类 ① 普通型。普通型密码键盘识别操作方便、无须携带卡片、成本低，但它只能同时容纳三组密码，容易泄露，安全性很差，无进出记录，只能单向控制 ② 乱序键盘型（键盘上的数字不固定，不定期自动变化）。乱序键盘型密码键盘识别操作方便、无须携带卡片，但密码容易泄露，安全性还是不高，无进出记录，只能单向控制，且成本高

续表

类别	内　容
射频卡识别	射频卡识别的卡片和设备无接触,开门方便安全;寿命长(理论数据至少十年),安全性高,可连微机,有开门记录;可以实现双向控制;卡片很难被复制 ① 非接触式 IC 卡。对存储在 IC 卡中的个人数据进行非接触式的读取。优点是伪造难、操作方便、耐用;缺点是会忘带卡或丢失 ② IC 卡。对存储在 IC 卡中的个人数据进行读取与识别。优点是伪造难、存储量大、用途广泛;缺点是会忘带卡或丢失 ③ 磁卡。对磁卡上的磁条存储的个人数据进行读取与识别。优点是价廉、有效;缺点是伪造更改容易、会忘带卡或丢失。为防止丢失和伪造,可与密码法并用
人体生物特征识别	从统计意义上来说,人类的指纹、掌纹和眼纹等生理特征都存在着唯一性,因而这些特征都可以成为鉴别用户身份的依据 ① 眼纹识别。眼纹识别方法有两种,即利用视网膜上的血管花纹和利用虹膜上的花纹。其中,视网膜识别是利用视网膜扫描仪来检测视网膜上血管的特性,这个技术需要将眼睛放得离相机很近,用以获得一张聚焦后的图片,其失误率几乎为零。但不能识别视网膜病变或脱落者 虹膜识别是利用虹膜扫描仪测量眼睛虹膜中的斑驳,用户在距离相机 30cm 或 30cm 以上的距离注视相机几秒钟即可完成识别操作 ② 掌纹识别。利用人的掌形和掌纹特征也可进行身份鉴别。由于它的易用性,使得掌纹识别受到好评。但掌纹识别的准确度比指纹略低 ③ 指纹识别。因每个人的指纹各不相同,利用指纹进行身份鉴别是一种识别身份的方法。基于指纹识别技术的出入口管制系统早已经投放市场。其缺点是对无指纹者不能识别,且存在着合法用户的指纹被他人复制的可能,降低了整个系统的安全性 ④ 声音识别。声音识别就是利用每个人的声音差异来进行识别,是人体生物特征识别技术中最容易被用户接受的方式。但声音容易被模仿或使用者由于疾病而使声音发生变化时将无法识别

三、出入口信息管理子系统

① 出入口信息管理子系统由管理计算机、相关设备以及管理软件组成。它管理着系统中所有的控制器，向它们发送命令，对它们进行设置，接收其送来的信息，完成系统中所有信息的分析与处理。

② 出入口管制系统可以与电视监控系统、电子巡更系统和火灾报警系统等连接起来，形成综合安全管理系统。

四、出入口控制执行机构

① 出入口控制执行机构由控制器、出口按钮、电动锁、报警传感器、指示灯和喇叭等组成。

② 控制器接收出入口目标识别子系统发来的相关信息，与自己存储的信息进行比较后作出判断，然后发出处理信息，控制电动锁。

③ 若出入口目标识别子系统与控制器存储的信息一致，则打开电动锁开门。若门在设定的时间内没有关上，则系统就会发出报警信号。

④ 单个控制器就可以组成一个简单的出入口管制系统，用来管理一个或几个门。多个控制器由通信网络与计算机连接起来组成可集中监控的出入口管制系统。

第四节　出入口控制系统设备安装一般要求

一、设备的布置要求

1. 设备选型应符合的要求

① 与其他子系统集成的要求。

② 信号传输条件的限制对传输方式的要求。

③ 安全管理要求和设备的防护能力要求。

④ 防护对象的风险等级、防护级别、现场的实际情况、通行流量等要求。

⑤ 出入目标的数量及出入口数量对系统容量的要求。

⑥ 对管理/控制部分的控制能力、保密性的要求。

2. 设备的设置应符合的要求

① 采用非编码信号控制和/或驱动执行部分的管理与控制设备，必须设置于该出入口的对应受控区、同级别受控区或高级别受控区内。

② 识读装置的设置应便于目标的识读操作。

二、常用识读设备的选择

常用识读设备选型主要可以分为编码识读设备和人体生物特征识读

设备。常用识读设备的选型主要应注意以下几个方面。

① 所选用的识读设备，其误识率、拒认率、识别速度等指标应满足实际应用的安全与管理要求。

② 当采用的识读设备，其人体生物特征信息存储在目标携带的介质内时，应考虑该介质如被伪造而带来的安全性影响。

③ 当识读设备采用 1∶1 对比模式时，需编码识读方式辅助操作，识别速度及误识率的综合指标不随目标数多少而变化。

④ 当采用的识读设备，其人体生物特征信息的存储单元位于防护面时，应考虑该设备被非法拆除时数据的安全性。

⑤ 当识读设备采用 1∶N 对比模式时，不需由编码识读方式辅助操作，当目标数多时识别速度及误识率的综合指标会下降。

常用编码识读设备的选型宜符合表 10-2 的要求。

表 10-2　常用编码识读设备选型要求

<table>
<tr><th>名称</th><th>适应场所</th><th>主要特点</th><th>安装设计要点</th><th>适宜工作环境和条件</th><th>不适宜工作环境和条件</th></tr>
<tr><td>普通密码键盘</td><td>人员出入口；授权目标较少的场所</td><td>密码易泄露、易被窥视，保密性差，密码需经常更换</td><td rowspan="3">用于人员通道门，宜安装于距门开启边 200～300mm，距地面 1.2～1.4m 处；
用于车辆出入口，宜安装于车道左侧距地面高 1.2m，距挡车器 3.5m 处</td><td rowspan="3">室内安装；
如需室外安装，需选用密封性良好的产品</td><td rowspan="2">不易经常更换密码且授权目标较多的场所</td></tr>
<tr><td>乱序密码键盘</td><td>人员出入口；授权目标较少的场所</td><td>密码不易泄露，密码不易被窥视，保密性较普通密码键盘高，需经常更换</td></tr>
<tr><td>磁卡识读设备</td><td>人员出入口；较少用于车辆出入口</td><td>磁卡携带方便，便宜，易被复制、磁化，卡片及读卡设备易被磨损，需经常维护</td><td>室外可被雨淋处；
尘土较多的地方；
环境磁场较强的场所</td></tr>
</table>

续表

<table>
<tr><th>名称</th><th>适应场所</th><th>主要特点</th><th>安装设计要点</th><th>适宜工作环境和条件</th><th>不适宜工作环境和条件</th></tr>
<tr><td>接触式IC卡读卡器</td><td>人员出入口</td><td>安全性高，卡片携带方便，卡片及读卡设备易被磨损，需经常维护</td><td rowspan="2">用于人员通道门，宜安装于距门开启边200～300mm，距地面1.2～1.4m处；
用于车辆出入口，宜安装于车道左侧距地面高1.2m，距挡车器3.5m处</td><td>室内安装；
适合人员通道</td><td>室外可被雨淋处；
静电较多的场所</td></tr>
<tr><td>接触式TM卡(纽扣式)读卡器</td><td>人员出入口</td><td>安全性高，卡片携带方便，不易被磨损</td><td>可安装在室内、外；
适合人员通道</td><td>尘土较多的地方</td></tr>
<tr><td>条码识读设备</td><td>用于临时车辆出入口</td><td>介质一次性使用，易被复制、易损坏</td><td>宜安装在出口收费岗亭内，由操作员使用</td><td>停车场收费岗亭内</td><td>非临时目标出入口</td></tr>
<tr><td>非接触只读式读卡器</td><td>人员出入口；
停车场出入口</td><td>安全性较高，卡片携带方便，不易被磨损，全密封的产品具有较高的防水、防尘能力</td><td rowspan="3">用于人员通道门，宜安装于距门开启边200～300mm，距地面1.2～1.4m处；
用于车辆出入口，宜安装于车道左侧距地面高1.2m，距挡车器3.5m处；
用于车辆出入口的超远距离有源读卡器(读卡距离＞5m)，应根据现场实际情况选择安装位置，应避免尾随车辆先读卡</td><td rowspan="3">可安装在室内、室外；
近距离读卡器(读卡距离＜500mm)适合人员通道；
远距离读卡器(读卡距离＞500mm)适合车辆出入口</td><td rowspan="3">电磁干扰较强的场所；
较厚的金属材料表面；
工作在900MHz频段下的人员出入口；
无防冲撞机制(防冲撞：可依次读取同时进入感应区域的多张卡)，读卡距离＞1m的人员出入口</td></tr>
<tr><td>非接触可写、不加密式读卡器</td><td>人员出入口；消费系统一卡通应用的场所；停车场出入口</td><td>安全性不高，卡片携带方便，易被复制，不易被磨损，全密封的产品具有较高的防水、防尘能力</td></tr>
<tr><td>非接触可写、加密式读卡器</td><td>人员出入口；与消费系统一卡通应用的场所；
停车场出入口</td><td>安全性高，无源卡片，携带方便不易被磨损，不易被复制，全密封的产品具有较高的防水、防尘能力</td></tr>
</table>

常用人体生物特征识读设备的选型宜符合表 10-3 的要求。

表 10-3 常用人体生物特征识读设备选型要求

<table>
<tr><th>名称</th><th colspan="2">主要特点</th><th>安装设计要点</th><th>适宜的工作环境和条件</th><th>不适宜的工作环境和条件</th></tr>
<tr><td>指纹识读设备</td><td>指纹头设备易于小型化；识别速度很快，使用方便；需人体配合的程度较高</td><td rowspan="2">操作时需人体接触识读设备</td><td rowspan="2">用于人员通道门，宜安装于适合人手配合操作，距地面 1.2～1.4m 处；当采用的识读设备，其人体生物特征信息存储在目标携带的介质内时，应考虑该介质如被伪造而带来的安全性影响</td><td rowspan="2">室内安装；使用环境应满足产品选用的不同传感器所要求的使用环境要求</td><td rowspan="2">操作时需人体接触识读设备，不适宜安装在医院等容易引起交叉感染的场所</td></tr>
<tr><td>掌形识读设备</td><td>识别速度较快；需人体配合的程度较高</td></tr>
<tr><td>虹膜识读设备</td><td>虹膜被损伤、修饰的可能性很小，也不易留下可能被复制的痕迹；需人体配合的程度很高；需要培训才能使用</td><td rowspan="2">操作时不需人体接触识读设备</td><td>用于人员通道门，宜安装于适合人眼部配合操作。距地面 1.5 ～ 1.7m 处</td><td rowspan="2">环境亮度适宜、变化不大的场所</td><td rowspan="2">环境亮度变化大的场所，背光较强的地方</td></tr>
<tr><td>面部识读设备</td><td>需人体配合的程度较低，易用性好，适于隐蔽地进行面像采集、对比</td><td>安装位置应便于摄取面部图像的设备能最大面积、最小失真地获得人脸正面图像</td></tr>
</table>

三、执行设备的选择

常用执行设备的选型宜符合表 10-4。

表 10-4 常用执行设备选型要求

应用场所	常采用的执行设备	安装设计要点
单向开启、平开木门(含带木框的复合材料门)	阴极电控锁	适用于单扇门;安装位置距地面 0.9~1.1m 边门框处;可与普通单舌机械锁配合使用
	电控撞锁	适用于单扇门;安装于门体靠近开启边,距地面 0.9~1.1m 处;配合件安装在边门框上
	一体化电子锁	
	磁力锁	安装于上门框,靠近门开启边;配合件安装于门体上;磁力锁的锁体不应暴露在防护面(门外)
	阳极电控锁	
	自动平开门	安装于上门框;应选用带闭锁装置的设备或另加电控锁;外挂式门机不应暴露在防护面(门外);应有防夹措施
单向开启、平开镶玻璃门(不含带木框门)	阳极电控锁	同本表第 1 条相关内容
	磁力锁	
	自动平开门机	
单向开启、平开玻璃门	带专用玻璃门夹的阳极电控锁	安装位置同本表第 1 条相关内容;玻璃门夹的作用面不应安装在防护面(门外);无框(单玻璃框)门的锁引线应有防护措施
	带专用玻璃门夹的磁力锁	
	玻璃门夹电控锁	
双向开启、平开玻璃门	带专用玻璃门夹的阳极电控锁	同本表第 3 条相关内容
	玻璃门夹电控锁	

续表

应用场所	常采用的执行设备	安装设计要点
单扇、推拉门	阳极电控锁	同本表第1、3条相关内容
	磁力锁	安装于边门框；配合件安装于门体上；不应暴露在防护面(门外)
	推拉门专用电控挂钩锁	根据锁体结构不同，可安装于上门框或边门框；配合件安装于门体上；不应暴露在防护面(门外)
	自动推拉门机	安装于上门框；应选用带闭锁装置的设备或另加电控锁；应有防夹措施
双扇、推拉门	阳极电控锁	同本表第1、3条相关内容
	推拉门专用电控挂钩锁	应选用安装于上门框的设备；配合件安装于门体上；不应暴露在防护面(门外)
	自动推拉门机	同本表第5条相关内容
金属防盗门	电控撞锁	同本表第1、5条相关内容
	磁力锁自动门机	
	电机驱动锁舌电控锁	根据锁体结构不同，可安装于门框或门体上
防尾随人员快速通道	电控三棍闸	应与地面有牢固的连接；常与非接触式读卡器配合使用；自动启闭速通门应有防夹措施
	自动启闭速通门	
小区大门、院门等(人员、车辆混行通道)	电动伸缩栅栏门	固定端应与地面有牢固的连接；滑轨应水平铺设；门开口方向应在值班室(岗亭)一侧；启闭时应有声光指示，应有防夹措施
	电动栅栏式栏杆机	应与地面有牢固的连接，适用于不限高的场所，不宜选用闭合时间小于3s的产品，应有防砸措施
一般车辆出入口	电动栏杆机	应与地面有牢固的连接；用于有限高的场所时，栏杆应有曲臂装置；应有防砸措施
防闯车辆出入口	电动升降式地挡	应与地面有牢固的连接；地挡落下后，应与地面在同一水平面上；应有防止车辆通过时，地挡顶车的措施

第五节　出入口控制系统安装

一、传输方式、缆线选择

① 传输方式应考虑出入口控制点位分布、传输距离、环境条件、系统性能要求及信息容量等因素，应认真计算系统供电及信号的电压、电流，所选用的缆线实际截面积应大于理论值。

② 识读设备与控制器之间的通信用信号线宜采用多芯屏蔽双绞线。

③ 门磁开关及出门按钮与控制器之间的通信用信号线，线芯最小截面积不宜小于 $0.50mm^2$。

④ 布线设计应符合现行《安全防范工程技术规范》的有关规定。

⑤ 控制器与管理主机之间的通信用信号线宜采用双绞铜芯绝缘导线，其线径根据传输距离而定，线芯最小截面积不宜小于 $0.50mm^2$。

⑥ 执行部分的输入电缆在该出入口的对应受控区、同级别受控区或高级别受控区外的部分，应封闭保护，其保护结构的拉伸、弯曲强度应不低于镀锌钢管。

⑦ 控制器与执行设备之间的绝缘导线，线芯最小截面积不宜小于 $0.75mm^2$。

二、出入口管理系统平面布置

某大楼各室的出入口控制系统的设备平面布置图。

三、门禁系统的安装

① 门禁控制系统的设备布置如图 10-11 所示。电控门锁应根据门的材质、开启方向等来选择。

② 门禁控制系统的读卡器距地 1.4m 安装。

③ 门禁系统的安装应根据锁的类型、安装位置、安装高度、门的开启方向等进行。

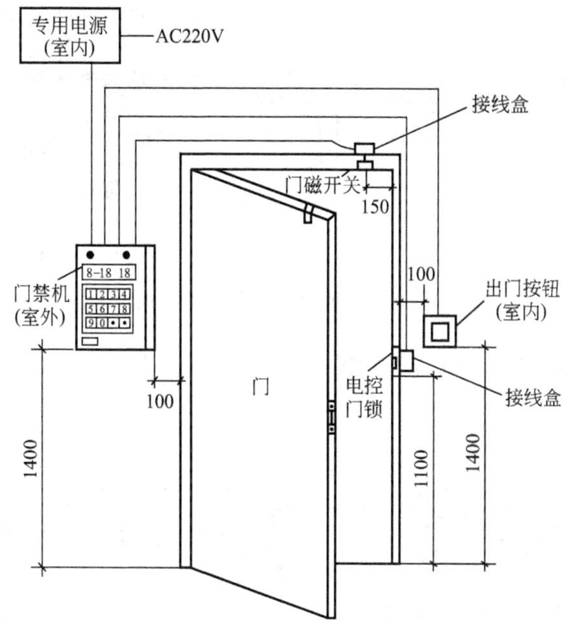

图 10-11 门禁系统现场设备安装

四、 磁卡门锁安装

如图 10-12 所示，有的磁卡门锁内设置电池，不需外接导线，只要现场安装即可。阴极式及直插式电控门锁通常安装在门框上，在主体施工时在门框外侧门锁安装高度处预埋穿线管及接线盒，锁体安装应与土建工程配合。

在门扇上安装电控门锁时，需要通过电合页进行导线的连接，门扇上电控门锁与电合页之间可预留软塑料管，主体施工时在门框外侧电合页处预埋导线管及接线盒，导线选用 RVS2×1.0mm^2，连接应采用焊接或接线端子连接。

五、 电磁门锁

电磁门锁是一种经常用的门锁，选用安装电磁门锁应注意门的材

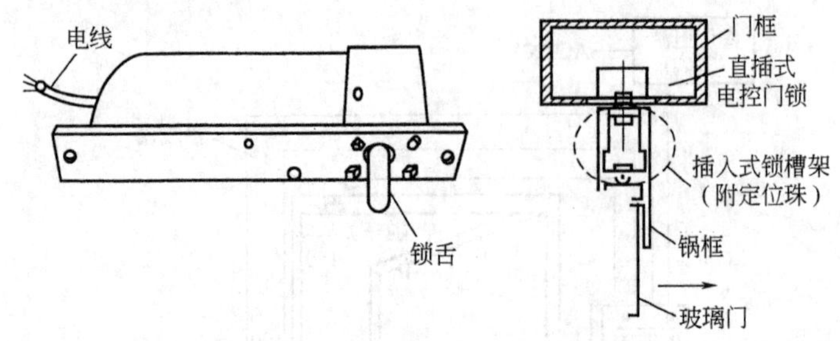

图 10-12　直插式电控门锁安装

质、门的开启方向及电磁门锁的拉力。如图 10-13 所示为电磁门锁的安装示意图。

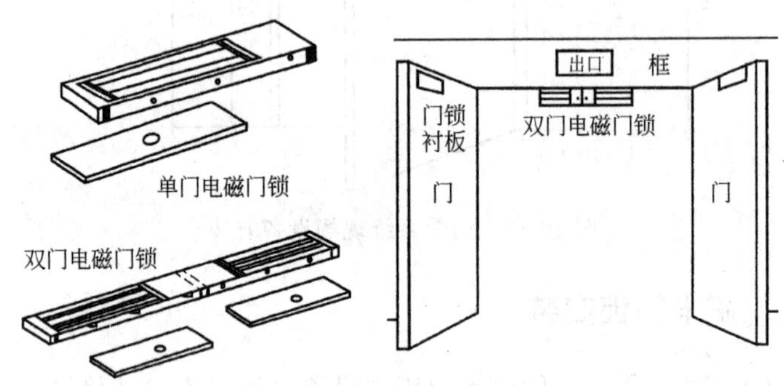

图 10-13　电磁门锁安装示意图

六、门禁控制系统缆线选择

① 读卡机与输入/输出控制板之间可采用 5～8 芯普通通信缆线(RVV 或 RVS)或 3 类双绞线，每芯截面积为 0.3～0.5mm^2。

② 读卡机与现场控制器连线可采用 4 芯通信缆线(RVVP)或 3 类双绞线，每芯截面积为 0.3～0.5mm^2。

③ 门磁开关可采用 2 芯普通通信缆线 Rw(或 RVs)，每芯截面积为 0.5mm^2。

④ 输入/输出控制板与电控门锁、开门按钮等均采用 2 芯普通通信缆

线（RVV），每芯截面积为0.75mm^2。

第六节 出入口控制系统的检测与验收

出入口控制系统的检测与验收见表10-5。

表10-5 出入口控制系统的检测与验收

项目	内容
检测及验收依据	①供货方和项目施工方所提供的，由甲方和设计方共同确认的检测验收程序文档和施工设计图样 ②要进行检测的通行门、通道、电梯、楼梯以及停车场出入口等控制点的风险等级 ③标明文件或合同中由甲方明确规定的技术和应用要求
软件的检测及验收	①在软件测试的基础上，对被验收的软件进行综合评审，给出综合评价，其中主要包括： a. 软件设计与需求的一致性 b. 文档描述与程序的一致性、完整性、准确性和标准化程度等 c. 程序与软件设计的一致性 ②根据需求按照说明书中规定的性能要求（包括：精度、时间、适应性、稳定性、安全性、易用性以及图形化界面友好程度）对所验收的软件逐项进行测试，或检查已有的测试结果 ③对所检测验收软件按相关要求进行强度测试与降级测试 ④演示验收软件的所有功能，以证明软件功能与任务书或合同书要求一致 ⑤审定按软件提供方提供的审定验收测试计划进行并检查全套软件源程序清单及文件

续表

项目	内容
硬件的检测及验收	①通过系统主机、区域控制器及其他控制终端,使用电子地图实时监控出入控制点的人员并防止重复迂回出入的功能及控制开闭的功能 ②系统及时接收任何类型报警信息的能力,其中主要包括:非法强行入侵,非法进入系统,非法操作、硬件失败以及与本系统联动的其他系统报警输入 ③系统操作的安全性 a. 系统操作人员操作信息的详细只读存储记录 b. 系统操作人员的分级授权 ④检测系统与综合管理系统、防盗及消防系统的联网联动性能 ⑤检测断电后,系统启用备用电源应急工作的准确实时性及信息的存储和恢复能力 ⑥检测系统主机在离线的情况下,区域控制器独立工作的准确实时性和储存信息的功能 ⑦检查系统主机与区域控制器之间的信息传输及数据加密功能

第七节　出入口控制系统的防护等级

系统的防护能力由所用设备的防护面外壳的防护能力、防破坏能力、防技术开启能力以及系统的控制能力、保密性等因素决定。系统设备的防护能力由低到高分为 A、B、C 三个等级。

一、 出入口控制系统识读部分防护等级

系统识读部分防护等级分类宜符合表 10-6 的规定。

表 10-6 系统识读部分的防护等级分类

<table>
<tr><td rowspan="2">要求（等级）</td><td rowspan="2">外壳防护能力</td><td colspan="3">保密性</td><td colspan="2">防破坏</td><td colspan="2">防技术开启</td></tr>
<tr><td>用电子编码作为密钥信息的</td><td>采用图形图像、人体生物特征、物品特征、时间等作为密钥信息的</td><td>防复制和破译</td><td colspan="4">有防护面的设备抵抗时间/min</td></tr>
<tr><td rowspan="4">普通防护级别（A级）</td><td rowspan="4">外壳应符合现行《防盗报警控制器通用技术条件》的有关要求。
识读现场装置外壳应符合现行《外壳防护等级（IP代码）》中IP42的要求。
室外型的外壳还应符合现行《外壳防护等级（IP代码）》中IP53的要求</td><td rowspan="4">密钥量 $>10^4\times n_{max}$</td><td rowspan="4">密钥差异 $>10\times n_{max}$ 误识率不大于 $1/n_{max}$</td><td rowspan="4">使用的个人信息识别载体应能防复制</td><td>防钻</td><td>10</td><td rowspan="2">防误识开启</td><td rowspan="2">1500</td></tr>
<tr><td>防锯</td><td>3</td></tr>
<tr><td>防撬</td><td>10</td><td rowspan="2">防电磁场开启</td><td rowspan="2">1500</td></tr>
<tr><td>防拉</td><td>10</td></tr>
</table>

续表

<table>
<tr><td rowspan="2">要求
(等级)</td><td rowspan="2">外壳防护能力</td><td colspan="3">保密性</td><td colspan="2">防破坏</td><td colspan="2">防技术开启</td></tr>
<tr><td>用电子编码作为密钥信息的</td><td>采用图形图像、人体生物特征、物品特征、时间等作为密钥信息的</td><td>防复制和破译</td><td colspan="4">有防护面的设备抵抗时间/min</td></tr>
<tr><td rowspan="4">中等防护级别(B级)</td><td rowspan="4">外壳应符合现行《外壳防护等级(IP代码)》中。IP42的要求。
室外型的外壳还应符合现行《外壳防护等级(IP代码)》中IP53的要求</td><td rowspan="4">密钥量 > $10^4 \times n_{max}$,并且至少采用以下一项
① 连续输入错误的钥匙信息时有限制操作的措施
② 采用自行变化编码
③ 采用可更改编码(限制无授权人员更改)</td><td rowspan="4">密钥差异 > $10^2 \times n_{max}$;
误识率不大于 $1/n_{max}$</td><td rowspan="4">使用的个人信息识别载体应能防复制;无线电传输密钥信息的,则至少经24h扫描时间(改变不少于5000种编码组合)获得正确码的概率小于4%,或每次操作钥匙后自行变化编码</td><td>防钻</td><td>20</td><td rowspan="2">防误识开启</td><td rowspan="2">3000</td></tr>
<tr><td>防锯</td><td>6</td></tr>
<tr><td>防撬</td><td>20</td><td rowspan="2">防电磁场开启</td><td rowspan="2">3000</td></tr>
<tr><td>防拉</td><td>20</td></tr>
</table>

续表

要求（等级）	外壳防护能力	保密性			防破坏		防技术开启	
		用电子编码作为密钥信息的	采用图形图像、人体生物特征、物品特征、时间等作为密钥信息的	防复制和破译	有防护面的设备抵抗时间/min			
高防护级别（C级）	外壳应符合现行《外壳防护等级（IP代码）》中IP43的要求。 室外型的外壳还应符合现行《外壳防护等级（IP代码）》中IP55的要求	密钥量 $>10^6\times n_{max}$，并且至少采用以下一项 ①连续输入错误的钥匙信息时有限制操作的措施 ②采用自行变化编码 ③采用可更改编码（限制无授权人员更改）。不能采用在空间可被截获的方式传输密钥信息	密钥差异 $>10^6\times n_{max}$ 误识率不大于 $1/n_{max}$	制造的所有钥匙应能防未授权的读取信息、防复制	防钻	30	防误识开启	5000
					防锯	10		
					防撬	30	防电磁场开启	5000
					防拉	30		
					防冲击	30	—	60

二、 出入口控制系统执行部分防护等级

系统执行部分的防护等级分类宜符合表10-7的规定。

表10-7 系统执行部分的防护等级分类

要求（等级）	外壳防护能力	控制出入的能力		防破坏/防技术开启抵抗时间
		执行部件	强度要求	
普通防护级别（A级）	有防护面的，外壳应符合《外壳防护等级（IP代码）》中IP42的要求。否则外壳应符合《外壳防护等级（IP代码）》由IP32的要求	机械锁定部件的（锁舌、镇栓等）	符合《机械防盗锁》A级别要求	符合《机械防盗锁》A级别要求
		电磁铁作为间接闭锁部件的	符合《机械防盗锁》A级别要求	符合《机械防盗锁》A级别要求；防电磁场开启＞1500min
		电磁铁作为直接闭锁部件的	符合《机械防盗锁》A级别要求	符合《机械防盗锁》A级别要求；防电磁场开启＞1500min；抵抗出入目标以3倍正常运动速度撞击3次
		阻挡指示部件的（电动挡杆等）	指示部件不作要求	指示部件不作要求
中等防护级别（B级）	有防护面的，外壳应符合《外壳防护等级（IP代码）》中IP42的要求。否则外壳应符合《外壳防护等级（IP代码）》由IP32的要求	机械锁定部件的（锁舌、锁栓等）	符合《机械防盗锁》B级别要求	符合《机械防盗锁》B级别要求
		电磁铁作为间接闭锁部件的	符合《机械防盗锁》B级别要求	符合《机械防盗锁》B级别要求；防电磁场开启＞3000min
		电磁铁作为直接闭锁部件的	符合《机械防盗锁》B级别要求	符合《机械防盗锁》B级别要求；防电磁场开启＞3000min；抵抗出入目标以5倍正常运动速度撞击3次
		阻挡指示部件的（电动挡杆等）	指示部件不作要求	指示部件不作要求

续表

<table>
<tr><th rowspan="2">要求（等级）</th><th rowspan="2">外壳防护能力</th><th colspan="2">控制出入的能力</th><th rowspan="2">防破坏/防技术开启抵抗时间</th></tr>
<tr><th>执行部件</th><th>强度要求</th></tr>
<tr><td rowspan="4">高防护级别（C级）</td><td rowspan="4">有防护面的，外壳应符合《外壳防护等级（IP代码）》中IP42的要求。
否则外壳应符合《外壳防护等级（IP代码）》中IP32的要求</td><td>机械锁定部件的（锁舌、锁栓等）</td><td>符合《机械防盗锁》B级别要求</td><td>符合《机械防盗锁》B级别要求</td></tr>
<tr><td>电磁铁作为间接闭锁部件的</td><td>符合《机械防盗锁》B级别要求</td><td>符合《机械防盗锁》B级别要求；防电磁场开启>5000min</td></tr>
<tr><td>电磁铁作为直接闭锁部件的</td><td>符合《机械防盗锁》B级别要求</td><td>符合《机械防盗锁》B级别要求；防电磁场开启>5000min；抵抗出入目标以10倍正常运动速度撞击3次</td></tr>
<tr><td>阻挡指示部件的（电动挡杆等）</td><td>指示部件不作要求</td><td>指示部件不作要求</td></tr>
</table>

三、出入口控制系统管理与控制部分防护等级

系统管理与控制部分的防护等级分类宜符合表10-8的规定。

表10-8 系统管理与控制部分的防护等级分类

<table>
<tr><th rowspan="2">要求（等级）</th><th rowspan="2">外壳防护能力</th><th colspan="4">控制能力</th><th colspan="2">保密性</th><th>防破坏</th><th>防技术开启</th></tr>
<tr><th>防目标重人控制</th><th>多重识别控制</th><th>复合识别控制</th><th>异地核准控制</th><th>防调阅管理与控制程序</th><th>防当场复制管理与控制程序</th><th colspan="2">抵抗时间</th></tr>
<tr><td>普通防护级别（A级）</td><td>有防护面的管理与控制部分，其外壳应符合现行《外壳防护等级（IP代码）》中IP42的要求，否则外壳应符合现行《外壳防护等级（IP代码）》中IP32的要求</td><td>无</td><td>无</td><td>无</td><td>无</td><td>有</td><td>无</td><td colspan="2">对于有防护面的管理与控制部分，与表10-7的此项要求相同
对于无防护面的管理与控制部分不作要求</td></tr>
</table>

续表

要求(等级)	外壳防护能力	控制能力				保密性		防破坏	防技术开启
		防目标重人控制	多重识别控制	复合识别控制	异地核准控制	防调阅管理与控制程序	防当场复制管理与控制程序	抵抗时间	
中等防护级别(B级)	有防护面的管理与控制部分，其外壳应符合现行《外壳防护等级(IP代码)》中IP42的要求 否则外壳应符合现行《外壳防护等级(IP代码)》由IP32的要求	有	无	无	无	有	有	对于有防护面的管理与控制部分，与表10-7的此项要求相同 对于无防护面的管理与控制部分不作要求	
高防护级别(C级)	有防护面的管理与控制部分，其外壳应符合现行《外壳防护等级(IP代码)》中IP42的要求 否则外壳应符合现行《外壳防护等级(IP代码)》中IP32的要求	有	有	有	有	有	有		

第八节　出入口系统案例

一、概述

某大厦智能楼宇出入控制解决方案（访客机+闸机）。

随着科技的进步及人们安全意识的提高，出入口控制系统在人们的工作、生活中显得越来越重要。由于出入口控制系统具备很好的人员管理控制作用，适应了现代化科学管理形式，因此被一些现代化的工厂、办公大楼、酒店等人员相对集中的地方所接受，并且得到了很好的应用。对进出特定区域的人员及访客进行身份的识别，通过通道门设备的响应（打开或锁闭）实现对出入人员的管理，降低管理成本，提高管理效率。

二、 系统方案

1. 设计原则

出入口控制系统根据安装位置不同可分为室内设备和室外设备，室外设备具备坚固耐用，防水防尘等特点，比如：全高旋转闸、三辊闸等。而室内设备的特点是，外形美观大方，使用舒适，比如：速通门、平推门等。根据安防级别的不同出入口控制设备又可分为高安全级别和低安全级别。全高旋转闸（门）、互锁门等设备属于高安全级别，门体高、不易攀爬、抗冲击性强的特点适于安装在无人看守区域；速通门、半高平推门等设备安防级别较低，属于半高设备，抗冲击性低，因此安装和使用位置应于管理人员的视线之内。另外设备的通行速度以半高速通门最快，互锁门最慢。综合以上各类出入口设备的特点以本大厦项目（以下简称：项目）的现状，在充分了解客户需求以及现场安装位置的情况下，推荐采用以下出入口控制设备，包括三辊闸、摆动式速通门、半高旋转门、平推门（残障通道）、全高旋转闸、全高旋转门、自行车通道闸、互锁门。这些设备将根据不同的使用位置和使用需求完成对大厦出入口控制的高效管理，同项目中的门禁系统完全整合组成一个完整管理系统。该系统有如下特点。

（1）适用性

整个出入口控制系统的功能和性能完全立足于安全管理和生产运营管理，提供有效的技术防范电子化手段，从而进一步满足安全管理的需求。

（2）先进性

该出入口控制设备，在德国工业领跑世界的大背景下，经过 60 多年的发展，各款设备都经过先进的设计思路，将不同的防范措施与手段和综合电子信息进行有效的联动和集成，有机的组成为一个统一的一体化的机电设备。

（3）开放性

该出入口控制系统采用开放式的产品架构，与门禁系统构建成统一的安全出入口控制系统，提供通用标准的连接方式，真正实现多功能的安防门禁集成管理系统应用。

(4) 稳定可靠性

设备同德国的汽车产品一样在德国本地生产，采用德国的加工工艺和工业标准，设备完全适应每天24h，每年运转365天的使用要求，可以保证无故障运行300万次，具有高度的可靠性和优良的性能。

(5) 安全性

速通门的驱动力矩、全高闸的末点锁等技术在世界范围内都处于领先的水平。该设备作为出入口管理设备可以防止多种形式的非法侵入。

(6) 经济性

① 在充分考虑整个大厦的管理需求以及对门禁系统应用功能需求和门禁系统性能要求，并保证门禁系统安全可靠的前提下，推荐使用性能价格比高的系统和产品，在合理控制工程造价的基础上，使用品质优良的设备。

② 通过对安装位置、安防级别、通行速度和设备尺寸等方面进行综合分析后，对大厦的各个安装位置选用了非常适合的产品选型。已经充分考虑到产品后期运行成本，能以较低的费用、较少的人员投入来保证产品的正常运转，实现高效能和高效益。

2 系统方案及系统性能

根据人员情况特点以及“人文”理念的要求，出入口设备设计了一套包括固定用户及访客在内的全面的出入口控制的解决方案，实现大楼对进出人员的有效管理。

(1) 对固定人群管理的简述

固定人群，需人手一卡，人员进入大堂后需刷卡通过快速通道进入大堂电梯间。人员从大堂一层离开时同样需要刷卡通过快速通道，快速通道以配合门禁系统实现一次刷卡过一个人，从而准确记录人员进出的相关信息。在人员通道的一侧设置一个物流通道（也或叫贵宾通道），可配合读卡器或远程按钮控制门体开关，方便货物通行或残疾人通行。

(2) 大楼对访客的管理简述

此解决方案：所有通道既可让固定用户通过，也可让访客通过。同样访客来访时需作相关登记并取得访客卡，然后可从任意一个通道刷卡进入大楼。

访客管理系统可独立于门禁系统运行，只需增加卡回收装置、访客卡读卡器及相关控制器等硬件设备。当访客离开总部大楼时，访客需将卡或带卡卡夹放入卡回收装置，系统反应读卡有效，通道门打开，访客离开。若系统识别到错误卡，则通过声控报警，由警卫人员核实访客的情况并酌情处理。

（3）系统设计方案

① 系统原理：本系统主要基于普通门禁的基本原理，在实际应用中，将涉及大容量的临时卡发放和高密度的出入口控制。此外，系统无缝整合大厦内部门禁系统和电梯控制系统，实现访问权限的统一管理。系统图如图 10-14 所示。

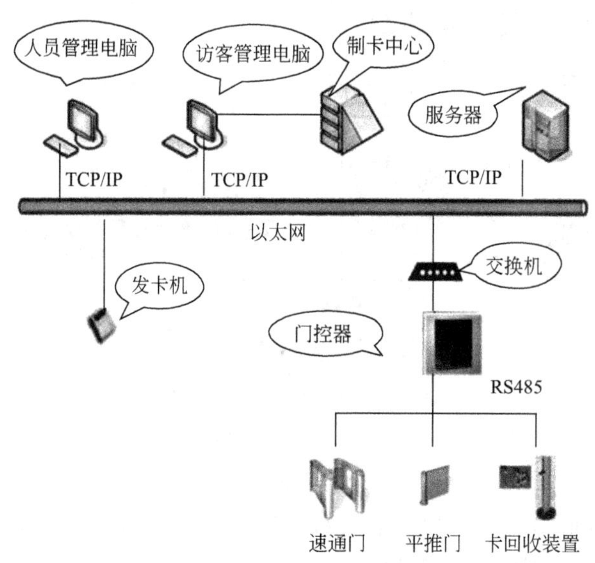

图 10-14　系统原理

② 系统拓扑图。如图 10-14 所示，闸机门禁控制器使用与大厦内部门禁与电梯系统相同的产品，实现外围闸机的控制系统无缝整合到大厦的整个系统中。

对于长期卡用户的授权可以在指定的授权工作站上统一进行，一次完成授权：在授予内部门禁和电梯相应通行权限的同时，在该工作站上授予其外围闸机的通行权限。该通行权限的有效期可完全一致，也可不同。

对于临时访客卡，在访客系统进行留痕操作后，同样一次完成通行授权：在临时卡授权主机中对其授予通行闸机的权限，同时可完成相应的内部门禁和电梯的通行权限。该通行权限一般设定为当天有效，且只能出入通行一次。

系统结构示意图图 10-15 所示。

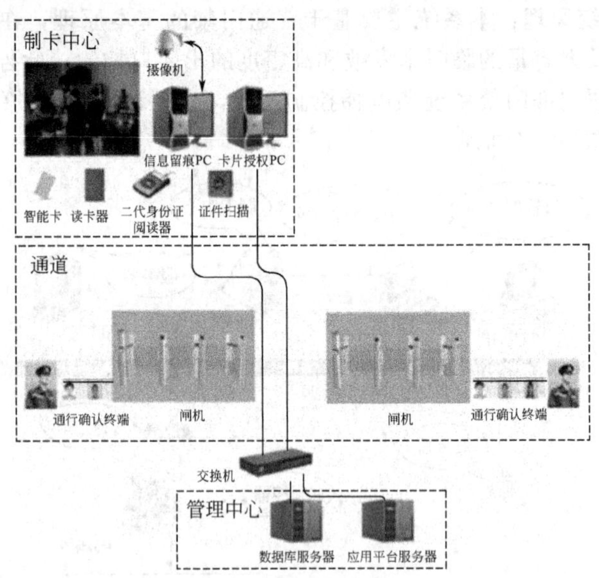

图 10-15　系统结构图

行人通过流程图（如图 10-16）所示。

卡片回收流程图（如图 10-17）所示。

1）设备配置效果图及说明

考虑到该项目的大厦大厅气势宏大，空间宽阔。该设备箱体为不锈钢加钢化玻璃材质，风格现代，与整栋楼的风格融为一体，摆动式门翼采用通透性强，质量轻，强度大的有机材料，外形厚实。通过精心的设计，整套设备透明度好，产品外形设计可根据周边建筑设计特色作灵活调整。在使用过程中，进出系统自动控制玻璃门翼保持开放状态，不必

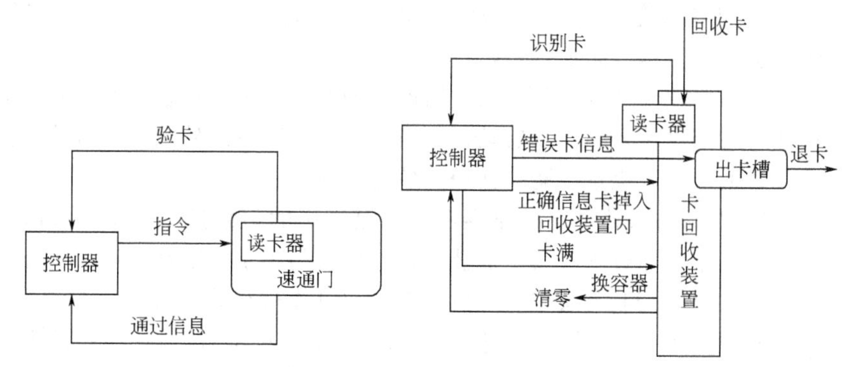

图 10-16 行人通过系统流程图

图 10-17 卡片回收流程图

对人员进行单个检查，合法授权的人员可以无阻碍地通过，发现未经授权人员在通道中出现后立刻关闭，或门翼处于常闭状态，有合法授权者进入时，通过授权信号打开门翼。

在大厦主入口速通门右边旁边设置一对平推门，平推门用于贵宾通道和疏散通道同速通门等设备配合使用。平推门是技术功能非常成熟的产品。不锈钢驱动轴设计紧凑有力，驱动平缓，可驱动较大较重门翼，有利于密集人群疏散，驱动速度可调。

在左侧设置一套宽通道速通门，作为临时访客的出门通道，卡回收装置置于该通道出口处（也可将卡回收装置和通道设备整合），用于临时访客出门使用。因通道比较宽，兼做贵宾通道或者残障通道。临时大件货物出入也可以用此通道。

值班台置于通道左侧拐角处，外围采用不锈钢立柱和钢化玻璃隔断，外形与速通门和平推门协调一致。

2）系统设备性能

以上推荐使用的出入口控制设备将配合安防门禁系统完成各工作区之间的隔离、公共区域与隔离区之间的隔离，实现对不同部门及工作性质的工作人员流动控制。所有设备都具备以下基本性能。

① 设备外形及材质：速通门的不锈钢材质部分均为拉丝不锈钢。造型与所安装环境协调一致。

② 设备双向电控：可以通过安装读卡器识别身份来控制门的开启及闭合。

③ 所有设备（平推门和疏散门除外）具备安全防范功能：防尾随、防跟随、防翻越、防反传、防反方向非法进入等。

④ 所有设备具备安全保护功能：断电、火警、紧急疏散等情况下设备将在信号输入后自动启动预先设定状态，减少意外发生，另外设备还具备通行状态提示、防夹伤等人性化特征。

⑤ 设备与门禁系统的兼容性：大厦采用的门禁控制系统，可以兼容入系统中，通过各类读卡器装置，与后台门禁系统数据库连接实行全面进入人员的控制与管理。可对未被授权者实行有效隔离。

⑥ 方案中增加了相应的玻璃隔断，使通道设备所控制门周围封闭。

⑦ 设备双方向电子控制通行，可以单双向控制人员出入。

⑧ 该项目中的设备采用常闭模式，只有在收到允许通过指示后才打开。

⑨ 设备的每组通道均安装有通道状态指示灯和读卡状态指示灯。

⑩ 速通门对非法尾随进入或欲从相反方向进入门体的人员，系统能立刻检测到该并启动内置报警系统，及时关闭门翼并具有安全防夹伤感应功能。

⑪ 设备自身具备自由电路接点及标准通讯接口，可与任何读卡器兼容。由门禁控制器接收到读卡器信号后，再通过门禁控制器给我公司设备信号。

⑫ 当系统收到消防火警信号，设备将切换成自动打开模式，方便疏散。

⑬ 断电后的操作模式可根据标准程序设定为开启或关闭。

⑭ 设备全天候 24h 连续工作，门体不会因为连续运行出现任何过热或故障。

⑮ 每组设备可以安装一套远程控制面板，可激活已经选定的门的状况反应模式（如匪警、火警、通行方向等）。

⑯ 设备可以通过电脑及操作软件对所有通道状态进行设置及控制。

⑰ 该项目中速通门两侧可安装全透明玻璃隔断，材质为钢化玻璃，厚度为 10mm。玻璃隔断墙两侧钢体质立柱，其直径为 50mm，颜色与速通门协调一致。立柱最大间距为 1000mm。

3. 设计简图

两边的玻璃围栏可以做成活动围栏，也可以加装平推门，做无障碍通道使用（图 10-18）。

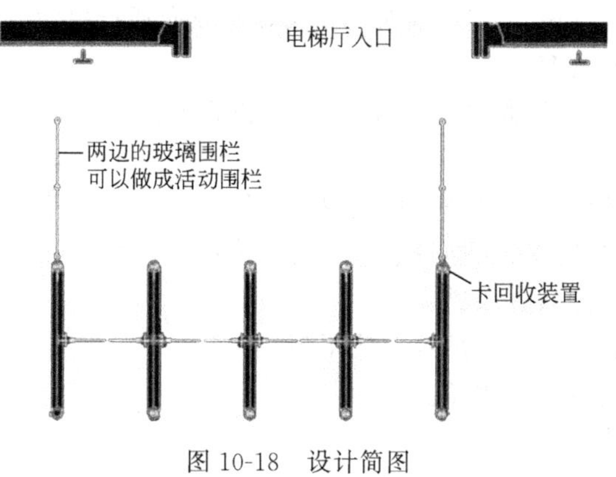

图 10-18 设计简图

三、 出入口设备介绍

1. 快速通道

快速通道系列安全速通门采用玻璃光幕后的多组传感器实现对出入口的控制，拒绝未获授权的通行，提供高质量的出入口控制。整套设备透明度好，通行情况都在管理人员的视线之内，与周边环境的协调性强。产品外形设计可根据周边建筑设计特色作灵活调整。在使用过程中，进出系统自动控制玻璃门翼保持开放状态，不必对人员进行单个检查，合法授权的人员可以无阻碍地通过，发现未经授权人员在通道中出现后立刻关闭，或门翼处于常闭状态，有合法授权者进入时，通过授权信号打开门翼。

（1）设计参数

① 外形及材料：门体金属部分采用 AISI 304 拉丝不锈钢或镜面不锈钢。

门体材料也可以根据客户具体需求改变。

门翼采用防火亚克力材料，外形为方形或带圆弧。

② 门体结构：

由高质量的不锈钢外壳及导杠精确装配而成，驱动和控制部分集成度高，体积小巧。

采用不锈钢箱体，既保证通道安全坚固性，又不易攀爬。

采用直径 90mm 红绿箭头和交叉显示双向通行提示。

(2) 操作过程

带伺服驱动 门翼 2×90° 旋转开放和关闭。

① 安全级别：

基本形体识别等级——单人双向通行；

借助光电传感开关原理感应穿行物体；

识别强行闯入并报警；

识别并区分正常尾随及非法尾随；

识别方向闯入并报警。

② 操作模式：

门翼有两种方式可选：

常开状态（白天常开）。门翼在非授权人员通过时关闭。

常闭状态（夜间常闭）。门翼在已授权人员通过时打开。

③ 保护装置：门翼旋转范围受到传感器的实时监测。

④ 在断电状态下：门翼处于自由开放状态。

(3) 电气规格

设备控制和网络部分集成于同一单元；供电：110～230 VAC 50/60Hz。

设备选项：a. 安装读卡器、b. 开放按钮、c. 信号发生器、d. 各种材料可选的箱体表面通道扶手。控制单元 OPL 控制方式（选项功能）：

单人通行 入/出；

白天/夜间 开放；

锁止；

连续通行 入/出；

消防联动。

(4) 安装

箱体安装于地表面，圆管底座连接于地基。

(5) 工作模式

① 可设置的操作模式：

门翼受控制系统驱动，自动打开和关闭，可以通过编程设置选择以下操作模式：

a. 通道常开状态。只要验证进入者为未被授权的非法进入者，门翼自动闭合。

b. 通道常闭状态。只要验证进入者已被授权，门翼自动打开。延时后闭合，延时时间可调。

② 日间/夜间操作模式：

a. “日间操作模式”状态即门的初始状态为打开状态，在检测到未授权进入者后即关闭。

b. “夜间操作模式”状态即门的初始状态为关闭状态，在收到通行方向的开放信号后即打开。

③ 进出双向可通过编程设置选择以下模式：

打开成为自由通道；

通道锁死；

电子系统控制驱动；

自动识别系统控制；

手动控制；

状态由软件自由编程；

日间夜间模式自由切换。

(6) 功能特点

① 防尾随功能：通道中共有红外光带探测区可根据客户精度要求用软件调整开关状态，适应不同需求光带的应用，避免了点式红外探测器容易被污染，影响判断可靠性的缺点，可有效地判断出未读卡的尾随者。当系统判定尾随发生时，系统将根据红外探测器返回的有效持卡人的位置做反应。开门信号发出后，仍然有一些非正常的使用会引发报警系统。

非正常使用情况：

a. 门关闭时反向闯入。行人在授权开门信号发出之后步入门体，在经过第一个安全光电探测带之前，如果反向探测带检测到有人进入，只要人不离开，蜂鸣器会一直发出警报，门保持关闭，“时效”功能不计算此时的时间间隔。

b. 门打开时反向闯入。在门翼打开后，如果反向有未经授权的行人进入门体检测区域，门立即关闭，只要第一个保护探测带探测到有人存在，“时效”功能就不计算此时的时间，当人离开第二个探测区时门又恢复正常工作。

c. 行人离开时反向闯入。行人通过了第二个安全探测区，在门回到基本状态之前，没有合法开门信号情况下第二安全探测区又检测到有人进入，警报系统发出警报。但只要保护探测区仍然探测到有人，门就不会关上。

d. 贴身尾随。从第一个探测器检测到行人到其离开第一条安全探测带的最后一个探测器，时间间隙为大约 0.25s，行人离开第一个安全探测带后，在读卡器信号没有发出开门的情况下，第一个探测区又探测到有行人（尾随者），警报长鸣，门仍然打开。

e. 正常尾随。行人离开保护探测区后，第一个安全探测区检测到有未授权者闯入，门立即关闭，警报长鸣。

② 防翻越与防钻行（选项）：速通门更可根据用户的需要，在速通门体上加装不同的传感器，增加防翻越与防钻行等选项功能。当有非法闯入者在试图翻越速通门时，安装在速通门上的传感器检测到信号后，速通门向控制中心发送翻越报警信号并报警。在门体下加装的红外探测器，可以有效防止非法闯入者钻行。

③ 驱动：直流伺服电机驱动。

④ 紧急状态下门体的反应：

a. 门在操作时出现突然停电的情况，门翼会停在原位置可自由推动。

b. 根据要求每个设备可安装一个紧急按钮，按动按钮即可激活已经选定的紧急状况反应模式。一般情况下在危险或恐慌时打开通道。

c. 在紧急情况如匪警等情况时可以通过远程控制按钮手动关闭通道。

d. 上电后或紧急情况解除后门翼自检无障碍后自动复位。

(7) 安全措施

① 摆动式门翼设计，未授权者进入而导致门翼关闭时处于行人视

线正前方。不会由于行人躲避不及时对人体造成伤害。

② 由伺服电机驱动门翼，驱动过程轻柔，转动力矩恒定且小于120N·m，在未授权进入导致门翼关闭时，确保冲击力不会对人体造成伤害，较其他运行方式更安全可靠。

③ 在紧急情况下，人流发生拥堵时，在人群的强力冲压下，门翼可向前方推开，安全疏散人流，不会导致意外伤亡事故发生，为KABA独有专利设计。

(8) 技术参数

① 门体开关速度：小于1s，速度可以根据客户需要进行设定。

② 供电电源：230V AC 50Hz。

③ 通讯速度：≤27ms。

④ 门翼摆动速度：0.6s。

⑤ 通道通行速度：20～40人/min。

⑥ 灵活的时段设置：通道的各种功能均可设置不同的时间。

⑦ 驱动力矩：120N·m符合最新欧洲标准Pr·EN·12650安全性和低功耗要求。

⑧ 静态力矩：5N·m。

⑨ 系统反应时间：15ms。

⑩ 锁死力矩：min 120 N·m。

⑪ 功耗：250 V·A。

⑫ 数据界面和接口：标准门禁接口，标准串口，CAN总线接口，或特殊定制需求。

(9) 系统可靠性检测数据

① 100%全天候24h连续工作，不会因为连续运行出现任何过热或故障。

② 最低无故障运行次数：300万次。

③ 系统易于维护，现场故障排除时间最长不超过30min。

2. 平推门(贵宾物流通道)

平推门用于贵宾通道和疏散通道，广泛应用于办公大楼区域，同速通门等设备配合使用。平推门是安全门系列产品中技术功能非常成熟的产品。

① 外观描述：

a. 不锈钢驱动轴设计紧凑有力，驱动平缓，可驱动较大较重门翼，有利于密集人群疏散，驱动速度可调；

b. 门体可根据现场要求加高到1.2m，更适于公共场合密集人流使用；

c. 门翼空挡处可选做通行和禁行标志，给客流做明确的提示；

d. 驱动柱轴为直径140mm拉丝不锈钢或镜面不锈钢材质。

② 门体尺寸：

门翼宽度

门翼宽度	A	650	700	750	800	850	900
通道宽度	B	630	680	730	780	830	880

3. 功能特点

平推门可以根据需求设置的个性化操作：

① 大堂接待人员可以使用开门按钮打开平推门，起到放行贵宾或疏散作用。

② 当发生紧急情况时，门体反应：

a. 在断电情况下，自动安全门处于可自由打开状态，保证访客无障碍进出。

b. 电力恢复后门翼自行调整到初始位置。

③ 平推门开门时间和门翼打开角度可以灵活设置。

④ 平推门具备多个冗余I/O接口，可以和其他控制系统（如消防、视频监控等）联动。

⑤ 平推门可以双方向打开，符合人们日常推门习惯，而且门翼动作在行人视线之内完成。

⑥ 平推门开关过程中遇到阻挡后，门翼会自动停止摆动，不会对老人儿童等行动不便的人造成任何伤害。

⑦ 可在看管人员附近或服务台设置远程按钮控制门体。

4. 性能及参数

(1) 系统可靠性

① 100%全天候24h连续工作，不会因为连续运行出现任何过热或故障；

② 最低无故障运行次数：3 百万次；

③ 系统易于维护，现场故障排除时间最长不超过 30 min；

(2) 系统先进性

① 采用最新的直流伺服电机驱动技术，驱动力矩小，对人体没有伤害。

② 机械传动部分设计独特，在低功耗小力矩的情况下，门翼开关速度 10s 内可以作灵活设置。

③ 传动控制部件集成度高，体积小巧。

④ 采用最先进的工业控制 PLC 在线编程技术，通过软件灵活设置门体各种状态。

⑤ 平推门，在初始位置上翼门是不锁死的，在没有开门信号时门翼如果被强行推动，推动角度超过 5°时，门体上的锁装置立即锁死。5s 后门翼自动退回到初始位置；或者随着下一个开门信号，锁死状态可解除。

⑥ 平推门打开后，延迟时间 1～30s（可设置），或者设置为有关门信号输入时门翼关闭。

⑦ 平推门具有触发信号记忆功能，记忆次数 1～10 次可灵活设置。

⑧ 安全门关门时有刹车功能，动作轻柔。

(3) 参数

① 门翼摆动角度：－90°～＋90°；

② 立柱直径 140mm；

③ 材质采用不锈钢；

④ 数据界面和接口：10M/100M 以太网接口；标准的串口、门禁接口，CAN 总线接口；

⑤ 电源输入范围：220V/＋10％～－15％，50Hz±4％；

⑥ 门体开关速度：速度可以根据客户需要在 10 秒内进行设定；

⑦ 驱动力矩：120N·m（符合最新欧洲标准 Pr EN 12650 安全性和低功耗要求）。

(4) 工作模式

① 释放：门翼锁打开成自由通道，门翼可以双向自由转动；

② 锁闭：门翼锁闭，通道禁行；

③ 连续进入：进入方向门翼打开，行人连续通过；

④ 连续出门：出门方向门翼打开，行人连续通过；

⑤ 单次进入：进入方向门翼打开一次，人员通过后自动关门；

⑥ 单次出门：出门方向门翼打开一次，人员通过后自动关门；

⑦ 触发模式：刷卡触发、紧急按钮触发、远程软件操作触发、其他联动系统信号触发。

5. 智能访客管理系统及卡回收装置

(1) 访客管理系统总体介绍

访客系统既能与电子门卫系统相结合实现对访客的有效管理，还能单独使用，访客系统与电子门卫系统的结合运用，对来访者的信息进行记录，一卡通系统主要基于局域网、以太、数据网络来实现，主要是针对大楼访客进出的管理系统，其主要目的如下。

① 管理监控大楼进出访客，确保大楼安全；

② 发放访客卡（感应式 IC 卡），提升管理效率；

③ 由访客管理中心确认访客身份，发放访客卡；

④ 电脑记录访客及授权者资料，以备需要时查验；

⑤ 提升大楼形象。

快速通道和卡回收装置可以作为访客系统的执行机构，并在访客离开时，作出相应处理从而实现对来访人员进行有效控制和管理。

(2) 访客基本管理过程

① 访客在进入大楼之前，需要通过大堂内设置的访客管理中心。访客要进入大楼，必须得到大楼管理人员的许可，否则不允许进入。

② 访客可通过访客管理中心提供的多种搜索方式查找需要访问的对象。

③ 访客在与固定用户的电话接通后，与固定用户进行通话确认。

④ 固定用户经过电话确认后，通知访客管理中心向访客授权发放访客卡。

⑤ 访客拜访完毕之后，需到访客管理中心办理退卡手续，回收本次拜访的访客卡。

(3) 访客管理中心功能介绍

① 提供普通访客、VIP人士、机关团体等的发卡作业；

② 卡片发生异常时可重新发卡给访客；

③ 在VIP客人来访时，如果不想采用访客刷卡通过，访客管理中心可以通过管理系统暂时将某个指定区域的门闸区域控制管理功能关闭，等VIP客人通过后再将状态恢复到原来的安全管理状态；

④ 各种事件及访客数据的登记与录入；

⑤ 固定用户资料查询及维护：查询与统计固定用户信息、固定用户基本信息的查询与修改，等等。

（4）访客管理系统管理方式介绍

访客系统的访客管理可分为普通访客管理、VIP访客管理、团体访客管理；针对不同的访客类别可以采用不同的管理方式。

① 普通访客管理基本过程：

a. 通过访客管理中心提供的多种搜索方式查找被访固定用户，多种搜索方式包括：

按楼层查询方式：按照楼层组织结构分级查找；

按房号查询方式：通过软件键盘输入房号查找；

按单位名称列表查询。

b. 被访固定用户通过电话确认拜访事实，然后告知访客管理中心访客数量、权限等相关信息。

c. 对访客逐个进行取像和发卡。

d. 访客取卡后，在进出闸机以及电梯轿箱内读卡器上刷卡。

e. 访客管理出入口控制部分根据管理中心下载权限进行卡合法性认证，认证不通过将产生报警：

系统密钥认证；

卡扇区密码认证；

卡扇区中的块密码认证；

发行商专案码认证；

卡有效期认证；

黑名单卡认证。

f. 访客管理出入口控制部分根据管理中心下载权限进行通行有效性认证，认证不通过将产生报警。

指定通道的通行权限认证：按用户类型（如大楼内员工和访客等等）指定允许通行的通道；

超时认证：从领取卡片到进入大楼闸机超出了大楼管理人员设定的最长允许时间；

重复进出认证：同一张卡不允许重复进入或重复外出；

通行卡类型认证：认证当前通行的卡片类型。

g. 访客业务拜访完毕后外出刷卡，同样需要进行卡合法性和有效性认证，卡回收装置将访客卡回收。

普通访客管理过程流程图说明。

② VIP 访客管理：

a. 管理中心根据 VIP 类别事先确定 VIP 来访事实和管理模式；

b. VIP 访客管理模式分为普通管理模式和特殊管理模式，普通 VIP 管理模式还需确定是否预先发卡；

特殊管理模式下，VIP 访客可通过由访客管理中心微机临时手动切换指定区域的通道为不认证管理模式，等 VIP 人员通过后，重新将通行模式恢复为正常状态，或 VIP 访客直接通过贵宾通道（由前台按钮控制）进入；

c. VIP 来访，若规定为预先发卡管理，则由访客管理中心工作人员直接将 VIP 访客卡交给 VIP 访客；

d. 若规定为非预先发卡管理，访客管理中心启用发卡机制，对 VIP 访客发行访客卡并自动留取影像；

e. 访客取卡后，在进出闸机以及电梯轿箱内读卡器上刷卡；

f. 访客管理出入口控制部分根据管理中心下载权限进行卡合法性认证，认证不通过将产生报警：

系统密钥认证；

卡扇区密码认证；

卡扇区中的块密码认证；

发行商专案码认证；

卡有效期认证；

黑名单卡认证。

g. 访客管理出入口控制部分根据管理中心下载权限进行通行有效

性认证，认证不通过将产生报警。

指定通道的通行权限认证：按用户类型（如大楼内员工和访客等等）指定允许通行的通道；

超时认证：从领取卡片到进入大楼闸机超出了大楼管理人员设定的最长允许时间；

重复进出认证：同一张卡不允许重复进入或重复外出；

进出不匹配认证：确定所有卡片进出配对；

通行卡类型认证：认证当前通行的卡片类型；

h. 访客业务拜访完毕后外出刷卡，同样需要进行卡合法性和有效性认证，卡回收装置回收访客卡。

VIP 访客管理过程流程图说明。

(5) 系统硬件

① 数据存储中网管中心：

网管中心是本系统运行的核心部分，它将保存本系统所有的系统设置信息、人员基本信息及所有访客出入记录，中心服务器通过以太网与系统各管理终端相连。同时，它也是本系统的最高权力机构，根据操作管理员的管理权限设立不同级别的系统管理员，对整个系统的运行状况进行监控、系统参数进行设置、各种数据查询与分析及汇总报表以备查询用。在网管中心将安装访客出入管理系统软件，它承接各管理终端与网管中心、管理终端与智能卡终端的 Tcp/Ip 之 Socket 通信，是整个访客出入管理系统通信部分的核心所在。

② 网管中心主要功能：

a. 集中管理访客出入管理系统各个逻辑模块的数据通信，实现管理系统业务逻辑的表达；

b. 集中管理智能卡终端，使得所有智能卡终端对管理系统共享，从而使任何一个管理在权限允许的情况下都可以控制和访问任何一个智能卡终端；

c. 对数据传输的正确性、协议通信的可靠性与安全性给予保证，收集各个终端主动上传的数据并进行数据通信的集中存储等。

③ 证卡中心。证卡中心是本系统内部人员及访客信息的管理中心，主要负责所有内部人员及访客信息的录入、证件制作、卡片的发放、回

收、注销、修改及权限的设置等。

a. 人员信息的录入：电话、单位、单位电话、姓名、证件号（扫描）等的录入。

b. 发卡：完成人员与卡片在数据库中的对应关系。

c. 权限设置：设置各卡类型（内部人员、访客）证卡的权限和有效期。

④ 访客管理中心。访客管理中心是本系统的分支管理机构，负责对访客进行身份确认、基本信息录入、发卡、授权等相关的管理，通过权限设置也可以对各个通道的访客出入情况进行监控和管理，数据的查询。

a. 确认被访人和来访人；

b. 提供访客的发卡作业；

c. 可按楼层或公司名称查询被访人信息；

d. 在确认访客身份后发卡的同时录取访客信息（影像、访客基本信息）；

e. 具有时段管理功能：按时段采用认证通过自动放行和认证通过警卫确认放行两种管理方式；

f. 对平推门进行远程控制；

g. 提醒访客离开大楼前须将卡片缴回，卡片务必妥善保存。

⑤ IC 卡读写器：根据项目读卡器选型另配，与 KABA 集成。

（6）其他可扩展功能

① 访客管理系统可以实现自助发卡终端发卡；

② 固定用户可通过 VIP 影像电话确认访客身份；

③ 可视电话系统可以对通话双方的整个过程进行录像保存，三个月内可以随时查看；

④ 可增加警卫管理终端，主要功能：

a. 具有严格的卡合法性认证；

b. 具有严格的通行有效性认证；

c. 实时显示出入口访客通行信息。

⑤ 通过管理子系统，将警卫的常规通知输入，并可群发给大厦的业主。警卫的视频录像可通过本系统群发给大厦的业主；

⑥ 警卫可通过 WEB 方式管理全部可视终端，查看终端的运行状态，设置内线号码、IP 地址等信息；

⑦ 访客呼叫业主号码，业主未接听时，访客可看到业主公司的形象广告。

(7) 卡回收装置功能

卡回收立柱——CRP-M01：CRP-M01 卡回收立柱集识读和卡回收功能于一身，主要应用于访客通道，对访客所持临时门禁卡进行识读和回收。该装置外形简约大方，不锈钢立柱的外形设计很好地搭配了 KABA 速通门，使整个系统无论是外形还是功能都更加完善和协调。

① 技术参数。

a. 安装方式：完成地面安装。

b. 外形尺寸：全高 1005mm，直径 140mm。

c. 材质：拉丝不锈钢。

d. 配置：卡槽最大回收卡数量 250 张。

e. 功能：访客把临时卡放到卡托上，回收装置会自动识别回收，授权正确，可以打开速通门访客离开；若为非法卡，则卡被回收装置吐出，并报警。

f. 电源要求：DC24V。

② 卡回收立柱。卡回收立柱专供访客使用。快速通道出口处设有显著标志，指引访客使用专门的访客离开通道。访客离开本大厦时，在该立柱上端插入访客专用卡，访客卡在立柱中自由落下，在停留位置完成读卡识别。访客管理系统对访客卡的权限、时效等合法性进行识别后作两种处理。

a. 合法的访客卡，同意放行。快速通道打开，访客卡回收到立柱中的储卡器中，访客专用快速通道自动打开。由值守的管理人员定期回收访客卡，做出相应处理后重复使用。

b. 失效卡、延误卡或者其他非访客卡，回收立柱在读卡识别后将卡转到卡回收立柱上的取卡槽。由持卡人取出，或者交由值守管理人员处理，或者使用正常通道读卡器再次读卡识别。

读卡器的识别依据，由访客管理系统确定，系统自动判别卡片中载有的信息是否属于访客卡，或者是否属于非法卡、逾期卡，等等。

③ 卡回收立柱的特点：

a. 自动识别访客卡的合法性；

b. 自动完成访客卡的回收；

c. 读卡信息自动上传；

d. 系统识别后自动开启访客通道；

e. 降低智能卡长期使用的成本。

方便的管理，人性化的设计，减少人为干预的同时，营造亲切的、智能化的访客管理环境。

防护表面和卡槽共同实现检查和识别功能。立柱主要用于控制、识别访客卡和正式卡。检查其有效性和授权性后，依据实际情况，通过特殊的托盘把卡归还给使用者或者保留在立柱里面的回收箱中。CRP-M01 控制与之相连门的开启。

6. 卡回收立柱结构

CRP-M01 卡回收立柱外防护由不锈钢制造，表面拉丝处理。

整体呈细长圆柱状。圆柱上部由卡插槽、指示灯、读卡器、逻辑控制器、弹簧舌等构成。圆柱中、下部是卡回收箱，大约可存储 200 张标准尺寸 IC 卡。

第十一章

弱电系统安装常见问题汇总

一、 防雷及接地系统

(1) 避雷带及接地装置搭接长度不够，且为单面焊。

避雷带及接地装置安装要求：扁钢的搭接长度不应小于其宽度的二倍，三面施焊，当扁钢宽度不同时，搭接长度以宽的为准；圆钢的搭接长度不应小于其直径的六倍，双面施焊，当直径不同时，搭接长度以直径大的为准；圆钢与扁钢连接时，其搭接长度不应小于圆钢直径的六倍，双面施焊；扁钢与钢管、扁钢与角钢焊接时，应紧贴 3/4 钢管表面，或紧贴角钢外侧两面，上、下两侧施焊；除埋设在混凝土中的焊接接头外，其他均应有防腐措施。

(2) 出屋面金属物未与防雷接闪器可靠连接。

建筑物顶部的避雷针、避雷带等必须与顶部外露的其他金属物连成一个整体的电气通路，且与避雷引下线连接可靠，其目的是形成等电位，防止静电危害。

(3) 重复接地不符合规范要求。

在低压 TN 系统中，架空线路干线和分支线的终端，其 PEN 线或 PE 线应重复接地。电缆线路和架空线路在每个建筑物的进线处，均须重复接地（如无特殊要求，对小型单层建筑，距接地点不超过 50m 可除外），但对装有中性线保护装置的用户进户端，根据具体情况确定。在装有漏电电流动作保护装置后的 PEN 线也不允许设重复接地，中性线（即N线），除电源中性点外，不应重复接地。低压线路每处重复接地装置的接地电阻不应大于10Ω。综合接地体不应大于1Ω。

(4) 接地体

① 接地体埋深或间隔距离不够：按设计要求执行。

② 焊接面不够，药皮处理不干净，防腐处理不好：焊接面按质量要求进行纠正，将药皮敲净，做好防腐处理。

③ 利用基础、梁柱钢筋搭接面积不够：应严格按质量要求去做。

(5) 支架安装

① 支架松动，混凝土支座不稳固：将支架松动的原因找出来，然后固定牢靠，混凝土支座放平稳。

② 支架间距（或预埋铁件间距）不均匀，直线段不直，超出允许偏差：重新修改好间距，将直线段校正平直，不得超出允许偏差。

③ 焊口有夹渣、咬肉、裂纹、气孔等缺陷现象：重新补焊，不允许出现上述缺陷。

④ 焊接处药皮处理不干净，漏刷防锈漆：应将焊接处药皮处理干净，补刷防锈漆。

(6) 防雷引下线暗（明）敷设

① 焊接面不够，焊口有夹渣、咬肉、裂纹、气孔及药皮处理不干净等现象：应按第（4）条②进行处理。

② 漏刷防锈漆：应及时补刷。

③ 主筋错位：应及时纠正。

④ 引下线不垂直，超出允许偏差：引下线应横平竖直，超差应及时纠正。

(7) 避雷网敷设

① 焊接面不够、焊口有夹渣、咬肉、裂纹、气孔及药皮处理不干净等现象：按第（4）条②进行处理。

② 防锈漆不均匀或有漏刷处：应刷均匀，漏刷处补好。

③ 避雷线不平直、超出允许偏差：调整后应横平竖直，不得超出允许偏差。

④ 卡子螺钉松动，缺少弹簧垫圈：应及时将螺钉拧紧。

⑤ 变形缝处未做补偿处理：应补做。

⑥ 出屋面的金属管道未与避雷网连接：应补做。

⑦ 管道与避雷网连接采用暗敷设时，应做隐蔽验收。

(8) 避雷带与均压环

① 焊接面不够，焊口有夹渣、咬肉、裂纹、气孔等：应按第（4）条②处理。

② 钢门窗、铁栏杆接地引线遗漏：应及时补上。

③ 圈梁的接头未焊：应进行补焊。

(9) 避雷针制作与安装

① 焊接处不饱满，焊药处理不干净，漏刷防锈漆：应及时予以补焊，将药皮敲净，刷上防锈漆。

② 针体弯曲，安装的垂直度超出允许偏差：应将针体重新调直，符合要求后再安装。

(10) 接地干线安装

① 扁钢不平直：应重新进行调整。

② 接地端子漏垫弹簧垫：应及时补齐。

③ 焊口有夹渣、咬肉、裂纹、气孔及药皮处理不干净等现象：应按第（4）条②进行处理。

二、有线电视系统常见故障维修

随着有线电视系统频道及网络的扩大，有线电视系统的技术保养与维护也必须相应跟上。有线电视接收传输过程中的每一个细节最终都将集中反映在终端，即用户的屏幕上，因此，及时排除故障，成为有线电视系统高质量运行的重要保证。

1. 卫星接收设备问题

卫星接收系统可将许多节目直接转发下来。因此，卫星信号的好坏，直接影响节目的播出质量。

故障：所有频道都出现雪花。

分析：由于卫星站安装在室外，夏季暴风雨吹动发生水平偏移；冬季下雪后，抛物面天线上有遮盖物，信号质量出现噪波点。

排除：大风过后，由专人负责设备调整，一旦设备调好，则贴上标记，防止他人乱动，改变卫星节目频率和声音音质。下雪后要及时清除积雪，确保信号的正常接收。

另外，馈源和高频头要采取防雨措施，确保高频头工作所需的24V电源稳定正常，线路畅通。

2. 前端问题

前端部分是整个系统的心脏，它的技术性强，指标要求精确，这部分应作为重点维护保养。

(1) 仅几个频道出现雪花干扰

分析：由于干扰仅表现在几个频道，因而可断定故障在有线电视网络中，说明那几个频道的输入电平低于40dB，故障可能出现在混合器之前，即天线、天线放大或前端。

排除：用场强仪分别测量各部分输入输出电平，并把它同原始记录相比较，就很容易找到故障点。一般是器件锈蚀、氧化、螺丝脱落，也可能是前端频道处理器、调制器本身问题。对前者应做除锈消洗处理，对后者可更换相应器件。

注：如果是雷雨后突然发生频道雪花干扰或收不到信号，应重点检查接插件、供电器是否有松动、进水、短路等现象。

如果是冬天高端信号较佳，低端信号出现雪花或者收不到，一般是传输线拉得过紧，芯线冷缩造成。

(2) 电视伴音较弱

分析：收看过程中始终有一个或几个频道伴音质量差或较弱。采用开路对比法判断可能出现两种情况：一是现象消失，说明故障在网上，一般产生部位在前端视音频处理设备中。如调制器的伴音载频不准，音频电路开路断线等；二是现象依然存在，说明故障在电视机，一般为电视机中放AFC、SIF槽路电容变质。

排除：前端故障只要测量各输出端的图像电平和伴音电平，即可找到故障发生位置，并采取相应措施解决；电视机故障需要更换相应槽路中的电感，使音质达到最佳。

3. 干线传输问题

传输部分是信号传输的动脉，在整个系统中占有举足轻重的位置，要求维护工作尽可能做在故障产生的萌芽状态。

(1) 小区域电视屏幕上出现后重影

分析：由于是小区域图像重影，可认为故障在传输网络上，主要原因是由于系统器材损坏、接触不良、阻抗不匹配等，从经验判断如果频道高端图像质量变得极差，低端且有后重影，则往往是器件电缆接头处折成直角，严重变形或弯曲半径太小等，改变了传输电缆的特性阻抗，使传输电缆上有反射波存在。

排除：有仪器测量并仔细观察找出损坏器件，排除接触不良或电缆使用不规范等故障点。

(2) 电视屏幕上出现上下滚动的横道

分析：在图像上出现上下滚动的横道，这是交流声干扰。首先采用开路对比法缩小故障范围，如果故障不在电视机，还要进一步判断故障是网上局部还是整体，重点检查系统中的有源器件直流供电电源波纹系数等。

排除：用带屏幕的场强仪，逐级查看屏幕上是否还有上下滚动的横道，当查到某一级放大器输出端横道消失时，则说明故障出在它后一级放大器之中，应更换直流供电器。如果直流电源在放大器内，需一起更换后做必要调整。

(3) 几个相邻频道出现雨刷负像和网纹

分析：采用开路对比法，判定故障在传输网上，这种现象是由于放大器的非线性失真引起的交互调干扰。严重时干扰频道的画面还会在被干扰的图像背景上出现，于是画面杂乱，图像清晰度下降，影响收看效果。如果用场强仪检查测试会发现，通常是高电平频道干扰低电平频道，比较容易找出电平变化的频道。一般是频道处理器 AGC 出现故障，也可能是干线放大器、分配放大器输出电平过高，需要重新调整。

排除：适当降低 1dB 放大器工作电平，可使非线性失真指标提高 2dB，故通常可采用降低工作电平来消除这种干扰。

如果用开路对比法判定故障在电视机，一般是机内高中视放有自激现象、亮度通道有故障或显像管老化。

4. 终端问题

这部分故障发生率比较高，而且涉及千家万户。因此要定期检测终端用户电平，以便掌握系统各部分工作情况。

(1) 用户电视机个别频道收看不到节目

分析：这是电视频道数多与传输频带窄之间的矛盾。根据有线电视网闭环屏蔽好这一特点，为充分利用550MHz之间的非电视广播频道，故引用了增补频道。由于电视机高频头之间的差异，有的电视机覆盖频带宽能收到，有的电视机覆盖频带窄就收不到，那么就出现增补频道节目收看不到现象。

排除：解决的方法有两种，一是更换全频道高频头，二是购用增补频道变频器。

如果电视机有故障造成部分频道节目收看不到，一般为高频头变容二极管工作特性变坏或30V稳压管稳压性能不佳。

(2) 电视机一开机用户电闸空气开关直接保护

分析：采用开路对比法，试机一切正常，但电视机天线与有线终端盒一连接，开机就保护；如用户电闸开关为老式推拉式，开机后电视机内保险管立即熔断，显然这是过载造成的。由有线电视工程与电视机工作原理分析可知：有线电视网的地与电视机内的地是有电位差的，电视机天线匹配器一般是由电容组成，如果在修理过程中电容被焊下或严重漏电，则网与机在电视天线处构成简单直通回路，使用户开关保护。

排除：排除故障方法有两种。一是打开电视机护盖，参看原理图更换匹配电容；二是可在用户终端盒内地与插座外壁之间加一个330 pF/2000V的电容器，这样既不影响电视收看质量，又可排除故障，这是一种比较简单可行的方法。

(3) 用户信号时好时坏或时有时无

分析：采用开路对比法，断定故障不在电视机，那么故障只能在分配、分支器到电视输入插头之间的电路中。

排除：一般情况故障出在终端盒，它的故障率高达70%。往往是断裂、开焊或接触不良等。

(4) 采用增补频道变频器的电视机，经常出现不记忆或跳台现象。

分析：首先去掉增补频道变频器，使电视机与终端盒相连，收看时无不记忆或跳台现象则是变频器有故障。

排除：一般是变频器记忆集成块与外围电路有故障，需检修或更换。

总之，为保证有线电视系统高质量地运行，满足用户的要求，加强有线电视系统日常技术管理及维护保养工作，已显得越来越重要。只有既重视建设，又注重系统的日常维护和管理，才能促进有线电视事业的进一步发展。

三、 火灾自动报警系统

常见故障类型主要有：探测器故障、通信故障、主电源故障、备电故障等。故障发生时，可按消音键中止故障报警声，然后进行故障排除。当外部设备（探测器、模块或火灾显示盘）发生故障时，可将它隔离掉，待修理更换后，再利用取消隔离功能将设备恢复。

① 探测器误报警，探测器故障报警。原因：探测器灵敏度选择不合理，环境湿度过大，风速过大，粉尘过大，机械震动，探测器使用时间过长，器件参数下降等。处理方法：根据安装环境选择适当灵敏度的探测器，安装时应避开风口及风速较大的通道，定期检查，根据情况清洗和更换探测器。

② 手动按钮误报警，手动按钮故障报警。原因：按钮使用时间过长，参数下降，或按钮人为损坏。处理方法：定期检查，损坏的及时更换，以免影响系统运行。

③ 报警控制器故障。原因：机械本身器件损坏报故障或外接探测器、手动按钮问题引起报警控制器报故障、报火警。处理方法：用表或自身诊断程序判断检查机器本身，排除故障，或按①②处理方法，检查故障是否由外界引起。

④ 线路故障。原因：绝缘层损坏，接头松动，环境湿度过大，造成绝缘下降。处理方法：用表检查绝缘程度，检查接头情况，接线时采用焊接、塑封等工艺。

四、 设备监控系统

1. 电源不正确引发的设备故障

电源不正确大致有如下几种可能：供电线路或供电电压不正确、功率不够（或某一路供电线路的线径不够，降压过大等）、供电系统的传输线路出现短路、断路、瞬间过压等。特别是因供电错误或瞬间过压导致设备损坏的情况时有发生。因此，在系统调试中，供电之前，一定要认真严格地进行核对与检查，绝不应掉以轻心。

2. 接线不好引发的故障

由于某些设备（如带三可变镜头的摄像机及云台）的连接有很多条，若处理不好，特别是与设备相接的线路处理不好，就会出现断路、短路、线间绝缘不良、误接线等导致设备的损坏、性能下降的问题。在这种情况下，应根据故障现象冷静地进行分析，判断在若干条线路上是由于哪些线路的连接有问题才产生故障现象。这样就会把出现问题的范围缩小。特别值得指出的是，带云台的摄像机由于全方位的运动，时间长了，导致连线的脱落、挣断是常见的。因此，要特别注意这种情况的设备与各种线路的连接应符合长时间运转的要求。

3. 设备或部件本身的质量问题

从理论上说，各种设备和部件都有可能发生质量问题。但从经验上看，纯属产品本身的质量问题，多发生在解码器、电动云台、传输部件等设备上。值得指出的是，某些设备从整体上讲质量上可能没有出现不能使用的问题，但从某些技术指标上却达不到产品说明书上给出的指标。因此必须对所选的产品进行必要的抽样检测。如确属产品质量问题，最好的办法是更换该产品，而不应自行拆卸修理。

除此之外，最常见的是由于对设备调整不当产生的问题。比如摄像机后截距的调整是非常细致和精确的工作，如不认真调整，就会出现聚焦不好或在三可变镜头的各种操作时发生散焦等问题。另外，摄像机上一些开关和调整旋钮的位置是否正确、是否符合系统的技术要求、解码器编码开关或其他可调部位设置的正确与否都会直接影响设备本身的正常使用或影响整个系统的正常性能。

4. 连接不正确产出的故障

设备（或部件）与设备（或部件）之间的连接不正确产生的问题大致会发生在以下几个方面。

① 阻抗不匹配。

② 通信接口或通信方式不对应。这种情况多半发生在控制主机与解码器或控制键盘等有通信控制关系的设备之间，也就是说，选用的控制主机与解码器或控制键盘等不是一个厂家的产品所造成的。所以，对于主机、解码器、控制键盘等应选用同一厂家的产品。

③ 驱动能力不够或超出规定的设备连接数量。比如，某些画面分割器带有报警输入接口，在其产品说明书上给出了与报警探头、长延时录像机等连接的系统主机连成系统，如果再将报警探头并联接至画面分割器的报警输入端，就会出现探头的报警信号既要驱动报警主机，又要驱动画面分割器的情况。在这种情况下，往往会出现驱动能力不足的问题。表现出的现象是，画面分割器虽然能报警，但出于输入的报警信号弱而工作不稳定，从而导致对应发生报警信号的那一路摄像机的图像画面在监视器上虽然瞬间转换为全屏幕画面却又丢掉（保持不住），而使监视器上的图像仍为没报警之前的画面。

解决类似上述问题的方法之一是通过专用的报警接口箱将报警探头的信号与画面分割器或视频切换主机相对应连接，二是在没有报警接口箱的情况时，可自行设计加工信号扩展设备或驱动设备。

五、 电话通信系统

在调试阶段，计算机与各控制机不能通信。该问题是在系统初始安装和使用过程中经常出现的问题，对该问题，建议在现场系统初始调试时，不要将所有设备全连上后进行测试，而是一个一个的连，然后判断可能出现的问题，将排查问题的范围尽量缩小，常见问题：

（1）通信线问题

在调试阶段，特别是各设备间距离较远的情况下，该情况是经常发生的，排除该问题，基本方法有：

① 从控制板 485 线从 485 卡上拆除，然后在设备端短接；

② 在计算机端用万用表测量，判断其是否通。

（2）软件中设置的机号与实际板上跳线不一致

导致该问题的主要原因如下。

① 设置错误：按 8421 编码重新计算，更改机号跳线，按控制板上的 REST 键，使所设置的生效。

② 设置正确，但在设置改动后未按 REST 键。

控制板，当对板上任何跳线进行更改后，按控制板上的 REST 键，否则所作更改将无效。

（3）线接错

① 对线接错，包含以下两方面的含义：

a. 将其他线误当通信线（如对讲等）。

b. 将485的A、B线接反。

对485通信，必须遵循A对A、B对B的原则进行接线，应认真排查设备端和485卡端的对应关系。

② 计算机可与系统中每个设备进行一对一的通信，但所有设备连上后就不能进行通讯。

对该问题，大部分是在系统布线时，未按照485总线制要求进行布、接线，对总线型网络，要求所有的设备必须以手拉手的方式进行连接，而不能以星形或鱼骨形进行布、接线，当出现该故障时，只要在485卡上加上跳线帽，大部分问题即可解决，否则只能重新布线。

③ 在使用中计算机突然不能与下位机进行通信。

该问题则大部分是系统中某设备损坏，将系统拉死所制。

a. 在怀疑设备端，用手摸485通讯芯片（主板：IC9，临时卡计费器：IC2），如发热，则说明其已损坏。

b. 在设备端将其485线拆除，用万用表直流电压挡分别量控制板CON3的6、7脚电压，应在2～2.5V左右，然后切断设备电源，用万用表分别测量6、7脚对地电阻和其相互间的电阻，如出现短路等，则说明该设备通讯芯片损坏。

六、 停车场系统

1. 卡机系统故障

(1) 按一次按钮后，卡机连续出多张卡

该故障是卡机出卡电磁铁损坏或出现故障所导致，应将卡机寄回卡机厂进行维修。

(2) 地感上有车后，不能取卡

① 地感处理器与主板间接线不正确。

该故障大部分发生在装机阶段，判断该问题的方法如下：

a. 用万用表的直流电压挡测量CON2的5、6脚间的电阻；

b. 将一铁板放在地感上，此时5、6脚间应短路，否则未将CON2的2脚接到有车继电器公共端；

c. 将有车和车离开信号接反；

d. 地感处理器有问题。

② 停车场已满位。

对本系统，当车场满位后，将禁止取、读临时卡，对该问题或许车场确实已满位，或许是在调试时，未在管理中心设置本车场总车位数所导致。

③ 取卡按钮未接正确或出现接线松动。

④ 卡机内无卡或有卡堵在出卡通道。

此时入口控制机面板上的“故障”指示灯应亮，对该故障，按入口控制机面板线路板上的复位按钮，对卡机进行复位，清除卡机出卡通道上被卡的卡。

⑤ 地感出现死机现象。

将车退出入口控制机地感，如控制面板上地感指示灯常亮，则说明地感已经死机，需对地感进行手动复位。

如该故障经常发生，则应降低地感灵敏度，具体方法见所安置地感处理器说明书。

(3) 控制机箱内蜂鸣器不停的响

该故障主要是取卡机卡堵卡或连续5次不能将卡推出出卡口所导致(因卡变形或卡太厚)。

① 卡机出卡通道有卡（堵卡）：按面板指示板背后的清除按钮，将所卡的卡清除出。

② 卡机出卡通道无卡：将卡机存卡盒内的卡取出，并将最下一张卡取出而将剩余卡整理整齐放入存卡盒内，按面板指示板背后的清除按钮，取一张卡即可。

注：在进行以上操作时，应确保地感线圈上无车。

(4) 卡机上的蜂鸣器不停的间断鸣叫

这是卡机内无卡，而提醒管理员应放卡。

2. 读卡系统

(1) 不能连续在同一控制机上读同一张卡

正常，本主控制器规定在5s内同一控制器不处理同一张卡，这一限制，对实际使用将不会带来任何问题，但在系统调试时，可通过交替读不同卡来解决。

(2) 在入口处读临时卡，蜂鸣器长鸣2声，但可读月卡进出

当本停车场已满位时，系统将不读储值卡和临时卡，此时也不能取临时卡，而只能读月卡，这是正常的，但在该情况下，主控制板上的MANW（在主控制板CON5附近）应亮。

该情况大多发生在无显示停车场系统。

(3) 在读卡区读卡，蜂鸣器响2声，而不能正常进出

在正常情况下，对合法有效卡，读卡蜂鸣器会只响一声，但当出现以下不正常情况时，蜂鸣器会响两声，并拒绝其进出。

① 设置为有车读卡，但在地感上无车的情况下读卡。

对该问题，可能的故障为：

a. 系统跳线错误或虽跳线正确，但在更改跳线后未按REST键使其生效。

b. 地感处理和主板端接线不正确或出现松动。

c. 地感坏。

在该状态下，系统并不向显示或语音发送命令，即显示或语音不变化，仅蜂鸣器响2声，而对以下情况，当系统带有语音和显示时，系统将同时用语音和提示文字对操作者进行提示。

② 车场满位，该状态下在入口读临时卡或储值卡。

当车场满位时，系统只允许月卡或免费卡进，而不允许临时卡和储值卡进，为此系统通过读卡蜂鸣器响2声提示操作者，出现该情况可能为：

a. 未在管理中心设置该停车总车位数。

b. 该情况多出现在系统调试初期，忘记设置所造成，使系统与设想的不一致所造成。

c. 车位确实已满。

此时，虽无语音提示，但显示屏会滚动显示车位满信息。

③ 所读卡为黑名单中的卡。在该情况下，显示屏和语音均会有提示。

④ 发行在卡内的机号与读卡控制机的机号不一致。

⑤ 在入口或出口读已入场、已出场的卡。

⑥ 月卡过期。

3. 道闸系统

(1) 读完一张合法卡，系统不开闸。

① 检查系统设置，是否将该类型的卡设置为确认开闸。

② 检查主控制板与道闸间的控制线路是否连接正确。

a. 根据所用道闸开闸信号是高有效还是低有效，检测开闸信号线在主控制板 CON3 的 1、2 端子处的接线，是否按照本说明书中的要求接入。

b. 读一张卡，在道闸控制板端，根据开闸有效信号的高或低，用万用表测量是否有开闸信号输入到道闸控制板。

检查道闸板开闸信号线接线是否正确、有无脱落、松动等现象。

检查开闸信号线是否有断线等故障。

主控板上的开闸三极管烧坏。

(2) 道闸处于常开状态，不能关闸

① 道闸处于锁定状态。在软件中，对道闸进行了锁定操作，而忘记对其进行解锁操作。

② 道闸下的地感出现死机现象。当装于道闸内的地感处理器处于死机状态时，其将向道闸控制板一直输入有车信号，导致控制系统误认为闸杆下有车。

③ 主控制板上开闸三极管被击穿。当主板上的开闸三极管被击穿后，将一直向道闸控制板输入开闸信号，从而导致道闸不能进行关闭操作。

a. 将主板开闸三极管拆除（N7），然后用同等型号的三极管代替即可。

b. 如还不能排除，则说明 IC10 光耦也被击穿，需更换。

(3) 道闸开闸后，车过不落杆

① 打开道闸机箱门，观察地感处理器面板上的 LED 是否常亮（地感上一定要无车或铁质物质），如是，则按其面板上的复位按钮，对地感进行复位。

如该故障经常发生，则应降低地感灵敏度，具体方法见所安置地感处理器说明书。

② 地感控制器与道闸控制板间的接线有松动、断路等现象。

4. 显示系统

(1) 出入口控制机上电后，显示屏显示的时间不变

引起该故障现象主要有以下原因：①出或入控制主板与显示屏间的接线接错、松动或未接。②按接线图认真检查主板 CON1 插座与显示屏间的接线情况。

(2) 显示屏某整一行或几行不亮

显示屏上对应行驱动管损坏，应更换。

(3) 显示屏个别模块中的一行或一列不亮

该现象主要是在该模块焊接中出现虚焊，在线路板该模块对应位置用电烙铁将其所有管脚重新焊接一下即可。

(4) 显示屏不亮

① 显示屏上的保险管烧坏。在该状态下，显示屏上的 LED1 指示灯应不亮，用 5A 保险管更换其上的保险即可。

② 显示屏上的单片机晶振损坏。用 22.1184M 的晶振更换即可。

(5) 显示屏上个别点不亮。

对应模块损坏，需更换该显示模块。

(6) 显示出现乱码。

显示屏上的硬字库芯片损坏，需更换。

5. SQL 服务管理器没有运行(没有启动) 或者是 SQL 数据库安装时没有安装好

解决方法：卸载数据库，并重新安装，并且需要启动 SQL 服务管理器(安装完数据库后，SQL 服务管理器默认为开机启动)。

原因分析：计算机安全保护的限制、SQL Server 安全设置出现错误或者是操作系统的安全限制。

解决方法：正确设置安全保护软件，特别是 Windows 防火墙的设置，然后再重新设置 SQL 数据库安全属性；上面这些内容就是对数据库连接失败这种停车场系统常见故障的相关介绍，建议非专业人士不要自行操作，以免丢失数据。

七、 对讲系统

常见故障：

1. 楼宇对讲系统故障查找方法

① 熟悉楼宇对讲系统的工作原理。

② 认真了解故障工地的系统结构。

③ 详细向现场调试或使用人员了解故障原因和故障现象。

④ 根据现场工作人员提供的情况进行故障查找。

2. 常见的几种噪声问题的检查方法

① 设备问题：不用工地上已布好的线，重新单独接线连接器材(短线也可以)，以确定设备的好坏。

② 音频线碰地：音频线碰到大地时，会产生独特的干扰声，采用对半查找的方法进行检查音频线的碰地点。

③ 地电位差问题：会产生和音频线碰地一样的噪声，检查屏蔽层是否单端、一点接地，电源线有无接混。

④ 干扰问题：在设备中可以听到广播电台声、背景音乐声或电梯运行等各种干扰声。

检查楼宇对讲总线是否用的是屏蔽线、屏蔽线是否单端接地，是否和强电电源、背景音乐线走在同一线管内。一般此种故障都是布线、接线不合理引起，可重新拉一条临时线，来检查故障，以确定故障原因。

3. 门口主机呼叫管理中心机显示图像不清晰或没有图像或有重影

① 门口主机呼叫管理中心机没有图像主要可能是线路引起，重点检查线路。

② 有重影或不清晰则是视频信号衰减、干扰或者节点过多接头过长引起。

a. 检查视频是否焊接良好。

b. 视频信号是否传输距离太长，增加视频放大器。

c. 视频信号线是否有与其他系统的线路甚至强电走在一起。

d. 视频接头处是否留的过长。

e. 视频线末端对地加 75Ω 电阻。

f. 调节门口机上管理机图像效果的电位器。

4. 门口主机不能呼叫某户分机的检查方法

① 门口主机不能呼叫某单户分机，首先主机是否设置成从主机

(而且实际没有主机),管理中心机设置干预这台主机,分机是否有电,电压是否正确。

② 检查线路是否畅通,有无短路、断路,尤其是新项目调试时,很多线路在布线检测没问题后,但后期在土建或内部装修过程中被切断或短路,检测时必须每芯线都做短路、断路检测,保证信号传输畅通。

③ 数据视频分配器端口工作是否正常,可以把此路分机线插在其他测试好的端口试一下,如果工作正常了则是分配器端口问题,如果还不行,更换一台分机试试。

④ 分机房号地址和门口主机呼叫的号码是否一致,重新编一次地址,有没有相同房号分机,特别是节能与智能分机混装时。

⑤ 是否提示请联系管理处(系统欠费,不能呼叫分机)。

5. 智能系列单元内某层开始所有住户分机没有图像的检查方法

① 查视频线及视频接头。重点查从中间层(如 12 层)数据视频分配器的视频输出到上一层(如 13 层)分配器视频输入部分,线路是否有断路、短路,接头是否连接完好。

② 检查上一层数据视频分配器输入输出端是否插反。

③ 在数据视频分配器静态时(带电但是不处于工作状态),用万用表检测 12 层的数据视频分配器的总线视频输入输出是否为通路。如果是通路,则工作状态正常;如果不通,则保持万用表检测状态,逐个拔下分配器上的分机线接头,当拔下哪个分机接头后视频输入输出通了,检查此路线路或更换此路分机。

6. 主机不能开锁的检查方法

① 电控锁(阳极锁):电控锁的开锁方式为通电开锁,主机开锁端不需要加中间设备可以直接连接电控锁。首先检测主机开锁端是否有开锁信号输出,且此信号是否正常传输到电锁;其次检查开锁线路是否过长,开锁线一般应控制在 20m 以内(要注意线材的直径)。因开锁电流很大,当线路过长时,线阻太大,导致开锁电压及电流不够。如果工地特殊情况需要长距离开锁,需要增加开锁转换器;如果还不能开锁,检测电锁线圈是否烧坏。开锁线线径要求在 1mm 以上,根据距离增加线径也随之增加。

② 磁力锁(阴极锁):磁力锁的开锁方式为断电开锁,旧的主机

（06、07、08、二次确认小门口机）开锁端不能直接连接断电开锁方式的锁。一般磁力锁都配售有开锁转换器，以支持多种开锁方式，只需将主机开锁端连接到控制器相应端口即可。如果采用新的主机（06、09、16款主机）直接可以驱动12V、400mA的断电开锁方式的锁，这种主机有一个开锁短路帽要插上。检测主机开锁端是否有开锁信号输出；检测开锁转换器和主机开锁信号是否匹配，接线是否正确；磁力锁工作是否正常；电源的功率是否够。

③ 电源的功率太小，开锁时电压下降太大而开不了锁。

7. 工程故障实例中的故障

① 某工地管理中心机接受报警后，按消除键，报警灯闪烁不能消除。

原因：管理中心机接收到报警后，发出报警声并显示报警地址，同时报警灯闪烁提示。以便小区值勤保安及时对报警做出回应。管理中心机提示报警时，按消除键停止报警声，报警灯持续闪烁，直到警情确认处理，报警灯闪烁才能消除，以确保小区住户的生命财产安全。

处理方法：方法一，按消除键停止报警声，直到所有警情确认处理，报警灯闪烁才能消除。方法二，在设置菜单中一次性删除所有报警信息（操作参见管理中心机说明书）。

② 分机呼叫管理中心机，管理中心机一摘机，就断线了；而门口主机呼叫管理中心机中心和管理中心机呼叫分机又是正常的。

原因：此故障是将管理中心设置成从管理中心，从而造成故障。

处理方法：将其设置回主管理就可以排除。

③ 门口主机不能呼管理中心机。

原因：通信没有连接成功。

处理方法：检查门口主机的MAIN IN端口即级联输入口上的插线是否松了，或者主机RS485的终端匹配电阻没有插上。

④ 门口主机通话对讲声音特别小。

原因：经开壳检验，发现主机音频模块上MC34018A的脚上有一大块锡，造成许多脚短路，并且又与地短路；造成MC34018A的工作不正常。经进一步检测证实该IC损坏。同时发现联网视频增益调节电位器人为损坏（电位器的帽脱落）。

处理方法：现场替换主板，该故障排除；退回工厂检修主板。

⑤ 节能系列门口主机呼不通该幢楼所有分机。

原因：通信没有连接，或解码器未供电所致。

处理方法：每一级的查找线路发现所有解码器没有供电，通电解决问题。

⑥ 有 3 台节能系列分机呼不通。

原因：单元内分机房号设置相同。

处理方法：将主机房号全部注销重新编号，注意与混装的智能分机房号不能相同。

⑦ 有智能系列 2 台分机撤不了防区。

原因：分机防区密码不对，被改动或者出厂测试后未设置回出厂状态。

处理方法：解决方案使用系统密码×××进入撤防（此密码是不能告诉用户，因为此密码是设置和更改系统菜单使用的如：房号、防区、延时时间等，工程施工方及维护人员是提供的)，再将密码恢复回初始密码××××，用户之后可以更改成自己想要的密码。

⑧ 门口主机呼叫分机，分机听到的声音忽大忽小，换了一台新分机，刚开始又是正常的，用了一段时间后，又出现分机听到的声音忽大忽小的现象。

原因：经过多次的排查，最终发现产生问题的根源是对方将屏蔽线重新处理时，将屏蔽层接到顶楼的电源地造成。

处理方法：将屏蔽地拆除故障消失。

⑨ 某单元分机无图像。

原因：经检查发现门口主机到解码器的视频线开路，其原因为进解码器的视频线接线未焊接，并且脱落。

处理方法：重新焊好后正常。

⑩ 系统联网，有时出现通信联不上，且在此时干扰相当大。

原因：经检查出现此现象比较严重的门口主机的联网线路，发现本门口主机与分机的通信线路、本门口主机与联网的上一门口主机通信线路、本门口主机与联网下一门口主机通信线路的地线全共用一根线。同时发现，少了的两根地线以及通信线外层屏蔽层，被工程商用作门禁系统的联网连接线。这样联网走线是不正确的，会影响系统的稳定工作，因为数据采用 485 传输，音频采用模拟传输，为了保证系统稳定可靠的工作采用屏蔽线，系统的地线连接与屏蔽线是不一样的，它决定了系统间传输信号的参考电平，否则会出现系统不稳定的情况。而此现象严重违背要求的布线方式，施工方已经更改设计布线要求，而且将不同设备通信的线路接到系统线上，保证系统的可靠运行。

处理方法：整改线路。

⑪ 呼叫单元门主机或单元门主机接通后，通话时噪声大，并且声音干扰图像。

原因：通话有噪声是由于通话线路干扰引起，因联网线路部分没有采用屏蔽线，所以此问题较难解决。

处理方法：将联网线的屏蔽层全部连接单点接地，能改善语音干扰。

⑫ 某单元门口主机呼叫管理中心时视频有干扰。

原因：经检查发现门口主机与管理中心机的通信信号线的屏蔽层未连接到电源地，门口主机联网到管理中心机的布线离强电太近，并且视频连线进出接线，裸露部分太长，也未做屏蔽处理。

处理方法：重新整改线路处理后正常。

⑬ 某单元到管理中心的联网图像干扰严重，同时围墙机呼叫分机的图像同样干扰严重。

原因：经检查发现门口主机的联网视频线有一段接线错误，把地线屏蔽层接成信号传输，同轴心接成地。同时联网线走线靠近强电。

处理方法：重新整改走线、分多个片区后正常。

⑭ 某单元到管理中心的联网图像干扰严重，同时围墙机呼叫分机的图像同样干扰严重。

原因：经检查发现门口主机的联网线走线靠近强电、且距离较长，并且通信信号 4 芯线有一段未用屏蔽线。

处理方法：重新整改走线、分多个片区后以正常。

⑮ 所有主门口主机无法开锁。

原因：经检查发现是电控锁的质量有问题。

主门口锁，手工操作锁无法动作，说明锁已坏，对锁维修并且校调才可。

主门口锁的线圈中作传力的铁心，吸合后弹簧不能复位，造成不能开锁。

主门口锁，手工操作锁无法动作，说明锁已坏，原因为在使用中手动开锁的旋转柄变形，把锁卡死了。

其余的门口锁，由于锁的灵敏度低，需求电流太大而造成，现均对锁的灵敏度进行校调，可正常开锁。

处理方法：工程商更换全部主门口的电控锁。

第十二章

弱电工程施工综合案例

第一节　某办公楼弱电施工方案

编制：＿＿＿＿

审核：＿＿＿＿

审批：＿＿＿＿

编制单位：××××建设工程有限公司

编制时间：××××年××月××日

一、工程概况

（一）单位工程概况

1）工程名称：××省大学科技园孵化中心2#楼。

2）建筑面积：66 417m^2。

3）建筑层数：地上十六层、地下一层。

4）建筑高度：70.30m。

5）工程地址：××高新技术产业开发区××路11号，××街、××路、××街。

6）结构类型：钢筋混凝土框剪结构。

7）施工范围：室内通风、排烟工程。

8）工程质量：确保工程，夺取国家优质工程“鲁班奖”。

9）本工程为钢筋混凝土框剪结构建筑，使用年限为50年，抗震设防烈度7度，耐火等级为一级，建筑结构安全等级为二级。

10）建筑功能：一层设计的建筑功能为接待、服务中心、物业管理用房、孵化区和大厅，二层以上均为孵化区（孵化区是指为培养中小企业管理人员而进行专业技术培训的基地）。

（二）分项工程概况

1. 电话系统

本工程电话干线选用HYV22-1000×（2×0.5），在地下车库外埋地敷设，进入地下车库后沿桥架敷设；地上每层在弱电井内设电话接线箱，接线箱干线为HYV-60×（2×0.5）沿桥架敷设，每层接线箱安装在电气竖井内，挂墙安装，底边距地0.5m，电话支线选用HTVV-2×2×0.5，穿P16管沿墙沿楼板暗敷，在电气竖井内明敷，电话出线座安装高度底边距地300mm。

2. 宽带网络系统

本楼宽带网干线用宽带接入光纤，宽带网支线选用5类UTP，穿P20管沿墙沿板暗敷，在电气竖井内明敷，每层接线箱安装在电气竖井内，挂墙安装，底边距地0.5m，宽带网出线安装高度底边距地300mm。

3. 视频监控系统

在本工程的地下车库的主通道，一层各个入口及电梯轿厢内、电梯前室、其他各层主要走道等处设置监控摄像头机，用于监视这些场所的安全情况。

二、施工部署

（一）工程工期安排

本工程的弱电工程与装饰工程和其他安装工程交叉施工，在总工程总施工进度计划的框架下，加快工程施工进度，保证工期。

前期预埋阶段在主体浇混凝土前将施工内容穿插进行，不能延误土建施工进度，同时土建施工队配合好安装的预留预埋工作，保证工序之间环环相扣配合紧凑；后期安装阶段利用作业面多的特点，充分组织好劳动力和机械设备加快进度来保证进度。

（二）施工组织系统

本工程采用项目法施工管理模式组织施工，成立安装工程项目经理部，由项目经理统一领导，处理施工中各方面问题，对内协调各专业工种的施工，全面负责工程生产、技术、质量、安全工作。

本工程按专业进行分工负责，在项目经理领导下，现场所有人员分工合作，共同完成工程的各项任务。具体分工如下：

1. 项目经理部

施工技术部：按专业设置2名专业施工员，负责该专业劳动力安排、施工技术管理工作及工种间协调工作。

质量安全员：负责各专业工种施工质量的检验、监督，有关标准、规范的贯彻执行和安全措施的落实、检查工作。

材料管理员：负责材料、设备的采购申报、接受及现场的保管、发放工作。

工程资料员：负责资料和施工图纸的收发、整理和保管工作。

2. 现场施工班组

安装工程各施工班：负责各种线管预埋工作、设备的安装工作。

焊工班：负责各类支架及有关设备支架的焊接工作。

（三）现场管理方法

现场以项目法组织施工。项目法施工是我国施工企业根据经营战略和内外条件，按照企业项目的内在规律，通过对生产诸要素的优化配置与动态管理，实现项目合同目标，提高工程投资效益和企业综合经济效益的一种科学管理模式。项目法施工的最大好处是项目经理部成为施工现场指挥系统的管理机构，能缩短甲方与施工单位的距离，便于对计划、合同的管理和质量、成本的控制，以便负责施工的工程项目能达到预期的最佳效果和最终目的。项目经理部实行项目经理责任制，经理全面统筹和协调整个施工现场的一切日常工作，负责与业主、工程监理和现场各施工单位的沟通联系，团结现场全体施工人员，调动一切积极因素，保证工程按照规定的目标高速、优质、低耗地全面完成。项目经理部的管理人员应深入施工现场，检查施工进度和质量，发现问题及时采取措施处理，主动配合其他承包单位的施工，努力做好各方面工作。施王员按专业分工负责，管理、安排、指导对口班组施工。在项目经理的统一指挥下，全体人员团结合作，互相促进，科学管理，密切协调，保证工程顺利进行。

在实际管理过程中，须着重做好以下几个方面的工作：

① 现场所有人员必须服从项目经理部的统一调配和指挥，自觉遵守现场规章制度和劳动纪律，熟悉施工规范，做到安全生产。

② 施工管理人员要积极工作，深入现场，经常检查施工进度和质量。参加有关单位组织的巡场和协调会议，发现问题及时纠正、采取措施予以解决。现场各专业施工员既要各司其职，又要相互配合支持，合理调配劳动力，科学安排施工程序，密切协调各工种搭接，共同向项目经理负责。

③ 项目经理负责部每周召开一次内部碰头会，汇报施工进度，提议质量措施，交换具体意见，讨论存在问题，研究解决办法，总结经验教训，商议今后工作。

④ 现场所需劳动力，由项目部根据施工计划和实际需要，向劳务分公司要求，调派有关专业的施工班组进场施工。

⑤ 现场施工班组接受项目经理部的领导，必须保证每天的实际工作时间和必要的加班赶工，按期、保质保量地完成施工员下达的工程任务。

⑥ 进入施工高峰期，估计可能出现劳动力不能满足施工进度所需的情况，项目经理部有权要求施工组赶工或采取其他应变措施，确保工程进度。

⑦ 运用统筹组织施工，这是对合理安排、科学管理、缩短工期、减低成本等行之有效的管理方法。施工网络计划压迫突出管理工作应抓紧的关键活动，显示各项活动的机动时间，使管理人员做到胸有全局，自觉加强对重要工序的组织和管理，以便工程能获得好、快、省、安全的效果。以总体施工网络计划为依据，结合甲方要求和土建进度，编制月、旬施工进度计划，并提交给现场各有关单位以争取得到支持和配合。根据实施过程中的实际完成情况，及时调整进度计划，实行动态控制管理。对施工中出现的计划偏差，应及时采取积极有效的措施，做到“向关键线路要工期，在非关键线路上挖潜力”，保证作业计划的严肃性和可行性，以达到宏观调控的目标。

（四）施工人员及需用机械

本工程计划施工人员为 50 人，由弱电安装各班组负责施工。消防工程主要施工设备见表 12-1。

表 12-1　消防设备表

序号	设备	型号	数量	工程	备注
1	砂轮切割机	ϕ400	4 台	弱电工程	
2	台钻	ϕ3～ϕ16	4 台	弱电工程	
3	煨管器		3 台	弱电工程	
4	角磨机		6 台	弱电工程	
5	交流焊机	BX1-400	3 台	弱电工程	
6	交流焊机	BX-300	3 台	弱电工程	
7	电锤	TE-22 型	6	弱电工程	
8	冲击钻	TE-12 型	5 台	弱电工程	
9	液压顶弯机		2 台	弱电工程	
10	钢合梯		8 台	弱电工程	
11	液压压线钳		2 台	弱电工程	

（五）施工准备

施工准备工作是整个施工生产的基础，根据本工程的工程内容和实际情况，项目部共同制定施工的准备计划，为工程顺利进行打下良好的基础。

三、 施工技术及方法

1. 工艺流程

混凝土内钢管路施工主要工艺流程：预留箱盒位置→敷设管路→管路连接→切断→弯曲。

2. 操作工艺

（1）预留箱盒位置

为了保证箱盒位置及标高的准确，现阶段采取先预留箱盒位置后安装箱盒的办法。具体做法是，根据设计图样要求在配电箱的位置处预留一个比箱体尺寸大的洞口，一般可要求左右各大 50～100mm，上下各大150～200mm。这项工作必须提前考虑，对各种规格配电箱分别制作木套箱，钢筋绑扎时，通知钢筋工在配电箱位置做好预留洞和洞口钢筋加强工作。木套箱的做法可以参照土建门窗洞模板的做法。对于接线盒或开关、插座盒，留洞尺寸可定为150mm×250mm。这些洞的预留一般采取预埋聚苯板的办法。施工前加工定做或现场制作150mm×250mm×100mm的聚苯板块，施工中固定在所需要的位置。管路排列要严格按照进入配电箱或盒的要求，管口必须封堵严密，以免灰浆渗入造成管路堵塞。

成品保护要求：其他工种不得碰撞或弯折电线管路，管口封堵严密，电工在浇捣混凝土时派专人值班。

(2) 敷设管路

管路必须敷设在钢筋网内侧，分两种情况，第一种是从楼地面内引出的管路，第二种是从墙上箱盒向外引的管路。

① 对于从楼地面内引出的管路，应在土建楼层放线后及时检查，对超出墙体线的管路，要及时进行处理，如果是根部超出，必须进行剔凿然后重新接管，如果是上部超出墙体线只需将其扳正，但要注意不能用力过猛，避免管路折断或变形。

② 对于从墙上箱盒向外引的管路，必须从木套箱或聚苯板中引出，并连接牢固紧密。为了避免混凝土浇捣时的冲击，竖向管路应沿竖筋绑扎固定，横向管路沿水平筋固定，并绑扎在水平筋的下侧。需要进入楼板的管路伸出墙体后与钢筋固定，管口必须封堵严密，可以采用管堵封堵或将管折回头并绑扎的办法。

③ 成品保护要求：管口必须封堵严密，否则容易造成堵管。

(3) 管路连接

包括管路与管路的连接和管路与箱盒的连接两种情况。

① 管路与管路的连接：使用与管路配套钢管管件。连接前注意首先要清除被连接管端的灰浆等，保证粘接部位清洁干燥。涂好后平稳地插入管件中，插接要到位。必要时可用力转动套管保证连接可靠。套管连接的管路应保持平直。

② 管路与箱盒的连接：本项工作应在土建对50线进行核查后，配合箱盒的安装同时进行。首先测定好箱盒位置，根据其位置截取适当长

度的管路，如果原来管路长度不够，可采取接短管的办法，使其长度满足使用要求。按照上面套管与管路连接的办法，把盒接头与各管路连接，把盒接头的另一端插入箱盒，并用配套的锁母固定，然后把箱盒固定在合适的位置。

（4）管路的切断

对于直径在 20mm 以下的管路可以使用专用的剪管器（割管器）进行剪切，注意不能使切断的管口发生变形，对于直径在 20mm 以上的管路可以使用钢锯锯断，但必须用钢锉把管口内外的毛刺修整平齐。不能斜口，以避免接管时出现质量问题。

（5）易出现的质量问题及解决办法（表 12-2）

表 12-2 易出现的质量问题及解决办法

质量问题	原因和解决办法
钢管煨弯时出现凹扁过大，弯曲半径不够倍数	使用手动弯管器时，受力点要适当移动，不能用力过猛；使用液压弯管器时，模具要配套，焊接钢管的焊缝不应放在侧面；钢管直径大于 80mm 时，最好到专业厂家加工定做
跨接地线焊接长度不够，焊缝不饱满、出现夹渣、咬肉等	焊接长度不够：操作人员责任心不强，应加强自检、互检，班组长加强检查、督促、教育直至处罚。焊缝不合格一般由于技术水平不高，应加强技术培训
管口不平齐，有毛刺	锯管后没有及时用钢锉清除毛刺。主要是操作人员责任心不强，应加强自检、互检，班组长加强检查、督促、教育直至处罚

（6）成品保护要求

不得敲打或弯折电线管路，管路敷设完成后，要及时套好管堵，其他工种不得随意拆除。

3. 管内配线敷设工程

（1）施工准备

① 作业条件。管内穿线在建筑物抹灰、粉刷及地面工程结束后进行穿线前应将电线保护管内的积水及杂物清理干净。但针对建筑电气安装项目逐渐增加管内穿线的工程量随之增大，为配合工程整体同步竣工，管内穿线可以提前进行，但必须满足下列条件：a. 混凝土结构工程必须经过结构验收和核定。b. 砖混结构工程必须初装修完成以后。

c. 做好成品保护，箱、盒及导线不应破损及被灰、浆污染。d. 穿线后线管内不得有积水及潮气侵入，必须保证导线绝缘强度符合规范要求，已向穿线的操作人员做好技术交底。

②材质要求。

a. 导线：导线的规格、型号必须符合设计要求，并应有出厂合格证和试验单。导线进场时要检验其规格、型号、外观质量及导线上的标识，并用卡尺检验导线直径是否符合国家标准。

b. 镀锌铁丝或钢丝：应顺直无背扣、扭结等现象，并有相应的机械拉力。

c. 护口：根据管子直径的大小选择相应规格的护口。

d. 安全型压线帽：根据导线截面和根数正确选择使用压线帽，并必须有合格证。

e. 连接套管：根据导线材质、规格正确选择相应材质、规格的连接套管，并有合格证。

f. 接线端子（接线鼻子）：根据导线的根数和总截面选择相应规格的接线端子。

g. 辅助材料：焊锡、焊剂、绝缘带、滑石粉、布条等。

③ 工器具。克丝钳、尖嘴钳、剥线钳、压线钳、电工刀、一字及十字螺钉旋具。万用表、兆欧表。放线架、放线车、高凳。电炉子、电烙铁、锡锅、锡斗、锡勺等。

(2) 质量要求

① 三相或单相的交流单芯电缆，不得单独穿于钢导管内。

② 不同回路、不同电压等级和交流与直流的电线，不应穿于同一导管内；同一交流回路的电线应穿于同一金属导管内，且管内电线不得有接头。

③ 电线、电缆穿管前，应清除管内杂物和积水。管口应有保护措施，不进入接线盒（箱）的垂直管口穿入电线、电缆后，管口应密封。

(3) 工艺流程

选择导线→穿带线→扫管→带护口→放线及断线→导线与带线的绑扎→管内穿线导线连接→接头包扎→线路检查绝缘摇测。

(4) 施工方法要点

① 管煨弯可采用冷煨和热煨法，管径 20mm 及其以下可采用手扳煨管器，管径 25mm 及其以上使用液压煨管器。

② 箱安装应牢固平整，开孔整齐并与管径项吻合，要求一管一孔不得开长孔，铁制盒、箱严禁用电气焊开孔。

③ 盒箱稳注要求灰浆饱满、平整固定、坐标正确。

④ 管路敷设前应检查管路是否畅通，内侧有无毛刺；管路连接应采用丝扣连接或扣压式管连接；管路敷设应牢固通畅，禁止做拦腰管或绊脚管；管子进入箱盒处顺直，在箱盒内露出的长度小于 5mm；

⑤ 管路应做整体接地连接，采用跨接方法连接。

4. 线槽安装

工艺流程：弹线定位→支吊架安装→线槽安→线槽内配线。

(1) 施工要点

① 弹线定位：根据设计图确定安装位置，从始端到终端（先干线后支线）找好水平或垂直线，用粉线袋沿墙壁等处，在线路中心进行弹线。

② 支、吊架安装要求：所用钢材应平直，无显著扭曲。下料后长短偏差应在 5mm 内，切口处应无卷边、毛刺，支、吊架应安装牢固，保证横平竖直；固定支点间距一般应不大于 1.5～2.0mm，在进出接线箱、盒、柜、转弯、转角及丁字接头的三端 500 以内应设固定支持点支、吊架的规格一般应不小于扁铁 30mm × 3mm，扁钢 25mm × 25mm×3mm。

(2) 线槽安装要求

① 线槽应平整，无扭曲变形，内壁无毛刺，各种附件齐全。

② 线槽接口应平整，接缝处紧密平直，槽盖装上后应平整、无翘角，出线口的位置准确。

③ 线槽的所有非导电部分的铁件均应相互连接和跨接，使之成为一连续导体，并做好整体接地。

④ 线槽安装应符合现行《民用建筑设计防火规范》的有关部门规定。

(3) 线槽内配线要求

① 线槽配线前应消除槽内的污物和积水；缆线布放前应核对型号

规格、程式、路由及位置与设计规定相符。

② 在同一线槽内包括绝缘在内的导线截面积总和应该不超过内部截面积的40%。

③ 缆线的布放应平直、不得产生扭绞，打圈等现象，不应受到外力的挤压和损伤。

④ 缆线在布放前两端应贴有标签，以表明起始和终端位置，标签书写应清晰，端正和正确。

⑤ 电源线、信号电缆、对绞电缆、光缆及建筑物内其他弱电系统的缆线应分离布放。各缆线间的最小净距应符合设计要求。

⑥ 缆线布放时应有冗余。在交接间，设备间对绞电缆预留长度，一般为3～6m；工作区为0.3～0.6m；光缆在设备端预留长度一般为5～10m；有特殊要求的应按设计要求预留长度。

⑦ 缆线布放，在牵引过程中，吊挂缆线的支点相隔间距应不大于1.5m。

⑧ 布放缆线的牵引力，应小于缆线允许张力的80%，对光缆瞬间最大牵引力不应超过光缆允许的张力。在以牵引方式敷设光缆时，主要牵引力应加在光缆的加强芯上。

⑨ 电缆桥架内缆线垂直敷设时，在缆线的上端和每间隔1.5m处，应固定在桥架的支架上，水平敷设时，直接部分间隔距3～5m处设固定点。在缆线的距离首端、尾端、转弯中心点处300～500mm处设置固定点。

⑩ 槽内缆线应顺直，尽量不交叉、缆线不应溢出线槽、在缆线进出线槽部位，转弯处应绑扎固定。垂直线槽布放缆线应每间隔1.5m处固定在缆线支架上，以防线缆下坠。

⑪ 在水平、垂直桥架和垂直线槽中敷设缆线时，应对缆线进行绑扎。4对对绞电缆以24根为束，25对或以上主干对绞电缆、光缆及其他信用电缆应根据缆线的类型、缆径、缆线芯数为束绑扎。绑扎间距不宜大于1.5m，扣间距应均匀、松紧适应。

⑫ 在竖井内采用明配、桥架、金属线槽等方式敷设缆线，并应符合以上有关条款要求。

四、施工工期、质量、安全施工保障措施

（一）工期保障措施

① 强化项目管理，推行项目法施工，实行项目经理负责制，项目经理对施工全过程负责。

② 编制合理先进的施工总进度计划，并在此计划下分专业编排月计划、周计划，其中周计划细化到日进度，抓住关键线路和关键工序，确保总进度计划的顺利实施。

③ 与建设、监理、设计、土建及装饰等单位密切配合，及时协调，以计划为指导，有指令性地安排施工任务，每周开好生产协调和技术协调会，及时解决施工中的难题，做到周计划日平衡，确保总计划的实现。

④ 做好施工前的各项准备工作，尤其是施工机具和施工人员的进场工作。

⑤ 组织好配件的外委托加工工作，加强各专业的现场预制工作。

⑥ 严格按设计、标准、规范、工艺施工，做到分部分项一次合格，杜绝返工，用高质量保证施工进度。

⑦ 坚持科学技术是第一生产力，积极推广新工艺、新技术。采用先进实用的施工方法，采用机械化和半机械化的手段，利用一切条件，缩短工期。

⑧ 优化生产要素配置，组织专业化队伍，采用劳动竞赛的形式，充分发挥职工的积极性，提高劳动生产率。

⑨ 实行经济承包责任制，充分利用经济杠杆的作用，把施工进度、工程质量、施工生产、文明施工等要素与资金紧密挂钩。

⑩ 组织人力进行夜间施工，实行三班倒，严格按计划施工。

（二）质量保障措施

① 建立项目质量保证体系（图 12-1）。加强质量保证体系正常运转，设置技术质量监督部门，来保证质量。

② 建立质量控制要点，对施工全过程分阶段、环节进行质量控制，每个控制环节为一个停检点，上道工序合格后才能进行下道工序的施工。

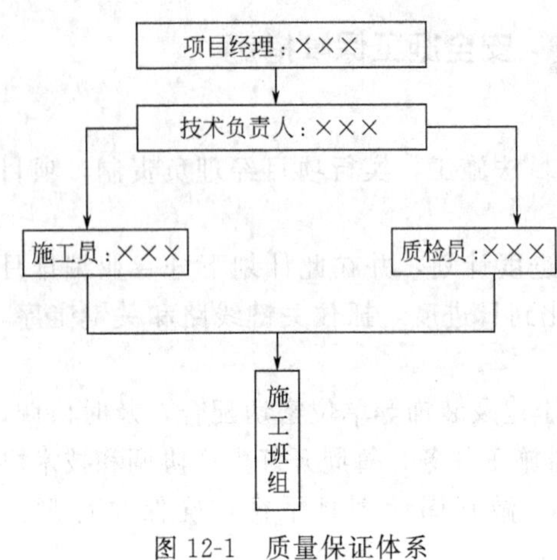

图 12-1 质量保证体系

③ 严格坚持技术管理制度，在图样会审的基础上，编制切实可行的施工方案，并经论证和审批，施工前进行认真的技术交底，主要技术问题及主要分项工程开工前应由公司总工程师组织交底，并有书面记录。

④ 严格按图样、标准、工艺、规程组织施工，各级质量员发现问题应及时逐级上报，经技术部门和设计单位核定后再处理。

⑤ 加强质量监督检查工作，严格控制施工过程中的工程质量通病，把好各道工序质量关，隐蔽工程和重要工序必须经建设单位签字认可后，才能进行下道工序施工，施工中原始记录要填写真实齐全。

⑥ 严格履行材料的检验制度，检验制度执行《检验和试验状态控制程序》，并做好记录，建立必要的各种管理台账，各工序操作人员在使用时，必须核对各种材料清单，检查无误后方可使用。

⑦ 抓好重点部位，关键部位的管理和施工，对消防、弱电等工程进行重点控制。

⑧ 配齐现场施工机具、设备，提高施工生产机械化水平，改善劳动条件，提高工程质量。

⑨ 配置必要的检测仪器，按国家《计量法》要求，管好用好施工用全部计量器具，确保测量数据准确。

⑩ 实行严格的奖罚制度，确保质量目标的实现。

⑪ 坚持样板制度和操作人员挂牌制度。每个分项工程施工前，均应先做样板，经检查验收认可后，方准大面积施工。尊重建设单位、监理单位和市质检部门对该工程的监督检查并做好配合工作。

⑫ 实行质量岗位责任制。项目经理对工程质量全面负责。班组保证分项工程质量，个人保证操作面和工序质量。严格执行工序间质量自

检、互检、交接检制度。分部工程在“三检”和专业检查基础上，报请质量监督站核验同意后，方可进行后续分部工程的施工。

⑬ 紧紧抓住对质量影响面大，易发生质量通病的主要环节，实行全方位质量检查，认真做好记录，及时整改，坚决消灭质量通病，确保工程质量目标的实现。

（三）安全保障措施

安全管理目标：杜绝重大安全事故，控制一般轻伤事故，为达到该目标将采取以下措施。

① 在施工前，严格按职业健康安全管理体系标准制订项目安全规划，明确各工序、各环节的安全措施，负责人及奖惩措施。

② 建立项目安全保证体系，各队应有专职的安全员，专职安全员均应经过劳动部门培训，持证上岗。

③ 做到安全工作由项目经理亲自抓，安全部门专职抓。

④ 贯彻“安全第一，预防为主，防治结合”的方针，搞好安全生产教育，施工前做好进场教育，施工中坚持日常教育，把安全施工活动在全员、全过程、全工作日的工作中体现出来。

⑤ 加强安全标准化管理，采用召开会议、现场监督、检查评比、劳动竞赛等各种形式搞好施工安全。

⑥ 悬挂安全警示牌、张贴安全宣传标语，造就安全施工环境，时刻在施工人员心中敲警钟。

⑦ 严格执行有关安全生产制度，坚持做到交代任务必须交代安全措施和要求，对安全关键部位进行经常性的安全检查，及时排除不安全因素。

⑧ 强化安全操作规程，严格按安全操作规程办事，《安全操作规程》发放到班组。

⑨ 对安全违章现象，实行经济处罚并责令停工。

⑩ 各种用电设备要做到“三级配电、两级保护、一机一闸”，并经常检查完好程度，发现隐患应及时处理，地下室潮湿环境中一般应使用低压电器，如必须用强电时，要有防触电保护措施，线路要有双重耐压保险。

⑪ 预留孔洞，电梯井洞、竖井等要有安全网，电梯井门口装设临

时栏杆，井架口要装有安全门。

⑫ 立体交叉施工时，不得在垂直面上出现高低层次同时施工，确实无法错开时，应搭设防护棚，并在高空作业区设置警戒线，派专人看管。

⑬ 进入现场的施工人员一律佩戴安全帽，高处作业人员系安全带，设置安全网，对特殊工种人员如电焊工、气焊工、电工等，配备好劳动保护用品。

⑭ 加强防火工作，现场配备必要的消防器具，对施工人员要加强消防意识的教育。

⑮ 安全管理。

a. 建立安全责任制：公司副总经理、项目部经理负责安全生产。项目部设安全员，班组设兼职安全员，责任落实到人。经济承包有安全指标和奖罚办法。

b. 安全教育：施工人员进入现场必须进行安全教育，组织学习与认真贯彻执行安全操作规程。

c. 安全技术交底：做好部分分项工程安全技术交底，交底内容要有针对性，交接双方必须签字。

d. 特种作业：操作人员必须经培训合格，持有上岗证，才可进行操作。

e. 安全检查：执行专职日巡制度、班组周检制度，并及时写出书面记录。如发现事故隐患，定人、定时间、定措施整改，并由安全员监督执行。

f. 现场设立十项安全措施及有针对性的安全宣传牌。

g. 现场安全生产管理资料由专人负责，分类齐全，做到规范化、标准化。现场安全员必须佩戴袖标。

(四) 现场文明施工措施

① 建立文明施工责任制，实行划区负责制。

② 按建设单位审定的总平面规划布设临建和施工机具，堆放材料、成品、半成品。埋设临时管线和架设照明、动力线路。

③ 建立安装工程主要工序报批制度，保证协调施工，断（接）水、断（接）电要报批并取得甲方同意认可。

④ 工地入口处设置工程概况介绍标牌，工地四周设置围护标志，宣传牌要明显醒目，施工现场按规定配备消防器材，派专人管理。

⑤ 材料堆放要做到：按成品、半成品分类，按规格堆放整齐，标牌清楚，多余物资及时回收，材料机具堆放不得挤占道路和施工作业区，现场仓库、预制场要做到内外整齐、清洁安全。由于本工程单层面积较大，材料的二次搬运量较大，应组织好人力，不能影响正常施工。

⑥ 施工中必须对噪声进行控制，以免影响周围群众的正常休息和生活。

⑦ 建立卫生包干区，设立临时垃圾场点，及时清理垃圾和边角余料，做到工完场清。

⑧ 经常保持施工场地平整及道路和排水畅通，做到无路障、无积水。

⑨ 建立节约措施，消灭长流水、长明灯。

⑩ 按专业建立成品保护措施，并认真执行。特别是在安装工程全面展开期间，分专业设足够的专职保安人员进行成品保护，防止破坏和丢失。

⑪ 注意临建在使用过程中的维护和管理，做到工程竣工后自行拆除，恢复平常状态。

(五) 工种配合施工措施

1. 工序配合

该工程施工各专业交叉作业多，安装预留预埋要求位置准确无误，安装工程配合的好坏将直接影响整个工程的进度和质量，因此将采取以下措施。

① 把好图样会审关。安装各专业技术人员必须认真熟悉图样，逐个复核预留预埋构件和孔洞的位置、尺寸，并以书面文件的形式提交土建专业核对，尽可能减少差错和返工。

② 做好技术交底。由各专业技术人员对施工班组进行技术交底，对施工方法、技术要求、计划安排均交代清楚，并存交底记录。

③ 及时配合预留预埋。按照土建的施工进度提前做好预留、预埋的预制工作，在土建施工的同时或在土建提出的期限内完成预留、预埋工作。保证预留、预埋工作的高质量。依据土建提供的基准线确定其位

置，并采取焊接等加固方法可靠固定，还须采取措施防止堵塞，在浇注混凝土时派专人在现场检查，防止在土建施工中被损坏和移动。

④ 预留、预埋在浇注混凝土之前，安装和土建技术负责人一起检查、复核。填写工序交接单，并经甲方有关人员复验无误后方可浇注混凝土。

⑤ 在土建拆模后，及时检查预埋件的位置是否正确，并清理干净，发现问题及时采取补救措施，避免大量剔凿和截断钢筋。

⑥ 加强与土建、装饰工程的现场联系，有关技术质量、交叉施工等事项以工作联系单的形式及时通知各方。中间交接的工序和项目要及时办理中间交接记录。

⑦ 安装工程与装饰工程配合施工的器具提前取得样品的准确尺寸和安装的准确位置，以书面形式提交装饰单位，以便留孔。

2. 与土建配合

预留预埋配合，预留人员按预埋预留图进行预留预埋，预留中不得随意损伤结构钢筋，与土建结构矛盾处，由技术人员与土建协商处理，在楼、地、墙内，错、漏、堵塞或设计增加的埋管，必须在未做楼地面前补埋，板上、墙上留设备进入孔，由设计确定或安装有关工种在现场与土建单位商定，土建留孔。

3. 与建设单位的配合

① 甲方供应的材料、设备，由甲方按进度计划及时提供，到货计划由施工项目班子提供。

② 图样及设计变更资料，由甲方按规定数量及时提供、安装与设计的有关事宜亦由甲方协调。

③ 认真服从监理公司的安排，接受监理工程师的质量监督管理，在工程进度、材料管理、质量管理、工程验收等各方面为监理工程师开展工程监理工作提供方便条件。

④ 在施工过程中，甲方和监理公司对安装质量进行监督，设备开箱检查，隐蔽验收、试车、试压均应请甲方及监理有关人员参加和验收。

五、 现代化管理方法和新技术应用

先进的科学技术和先进的经营管理是推动经济高速发展的两个主要

因素，要快速、优质、低耗地完成安装任务，在项目施工中采用现代化工程管理方法和大力推广新技术是必不可少的手段。

在工程项目管理中将以工期、成本、质量为目标采用如下的现代化管理方法。

① 应用网络计划进行进度、成本控制，同时也对工程未来的发展做出预测，估计超支、节约或提前、拖后的情况，及早采取措施以保证工程的顺利进行。

② 推广全面质量管理，将管理结果变为管理因素，运用统计技术的科学工作方法，提高施工质量，确保质量目标的实现。

③ 将目标管理融于本项目的管理之中，并相应地建立目标责任制，调动各级人员的积极性。

④ 本项目在进度管理、材料管理、劳动力管理、财务管理等方面，将运用计算机进行辅助管理，以提高处理繁杂信息的能力，提高工作效率。

第二节 某酒店弱电系统安装方案

智能建筑的弱电工程系统主要由以下各弱电安装系统组成：

①通信网络系统；②办公自动化系统；③建筑设备监控系统；④火灾自动报警及联动控制系统；⑤公共安全防范系统；⑥结构化布线系统；⑦弱电电源及接地系统。

智能建筑弱电工程设计的出发点，应以建筑为平台，配置各功能系统，为人们提供一个投资合理、高效、舒适、便利的环境空间，以适应当前现代建筑的需要。从具体设计上，应从智能建筑的实际性质出发，充分考虑业主和使用者的各种功能要求，使设计能在总体结构上尽量现代化，技术上先进实用，经济上合理，同时需考虑智能建筑各系统的可兼容性和扩展性。

此酒店，是集宾馆、展厅、办公为一体的五星级酒店。占地面积2.2万多平方米，建筑面积4万多平方米。酒店高8层，地下2层。整个酒店分A、B、C段三个部分，其AB段为酒店大堂、客房层部分，C段为展厅及办公楼部分。

以下就酒店弱电工程的部分系统：通信网络系统中的公共广播传呼系统、共用天线电视系统、内部无线寻呼系统、电话通信系统，火灾自动报警及联动控制系统，公共安全防范系统中的闭路电视监视系统，防盗报警系统以及车库管理系统，结构化布线系统以及弱电电源与接地系统讲述其设计。

一、 公共广播传呼系统

酒店广播传呼系统分2类，一是面向公共区（如大堂展厅，酒店前台服务区域等）的公共系统，平时进行背景音乐广播，火灾或紧急情况时可被切换为紧急广播；二是面向办公会议区域及车库区域的广播系统（在一些特殊区域和大宴会厅等则要单独设置专业广播设备）。

公共广播传呼系统设计主要考虑以下几个因素：即系统方式（一般选定压式），划分广播分区，按扬声器特性确定扬声器与功放器，紧急广播的切换功能，广播线路与楼梯方式等。

此酒店广播系统划为4个逻辑分区（即酒店、展厅、车库和办公楼），其中紧急广播为19个子分区，内部呼叫为19个子分区，确定扬声器与功放器的原则是必须考虑扬声器的广播效果并根据其功率确定功放器。酒店前台服务区域及办公楼部位选用造型好、频响及声压指标高的6W吸顶扬声器，在车库选用10W号角扬声器，在展厅选用20W声控。

公共广播传呼系统应具有2个主要功能，即平时的背景音乐或普通广播以及紧急广播。紧急广播总控制器有最高逻辑优先权。紧急广播总控制器当有消防控制触发信号抵达时，通过启动各分区的逻辑控制模块将相应的负载回路切换成对应的紧急广播回路。在平时，无消防信号时，各分区独立操作，将相应回路切换成普通广播回路，而当无普通广播控制信号时，则处于背景音乐或客房音响状态。

二、 共用无线电视系统CATV和卫星接收系统

智能建筑的共用无线电视系统是适应人们使用功能要求的一部分，系统不仅用于接收广播电视，还能传送自行播送的节目及调频广播。

作为智能建筑的CATV系统设计，对系统保证用户电平，解决弱

场强收视问题，保证图像的传输质量以及节目来源均应予以充分考虑。系统的前端设备CATV的主要部分，其对信号处理的质量好坏直接影响整个系统的质量，因此前端系统输出应具有较高的质量来满足分配系统所需电平。

此酒店前端设备采用放大—混合式，其传输系统采用分配—分支方式，以适应酒店用户终端数量多且分布不规则的特点。酒店系统的传输带宽为5～860MHz，共可传输40套电视节目，传输系统覆盖530个电视用户终端。

卫星接收系统的选址地安装及调试是一个重要部分，经接收、解调、调制后的卫星信号混合入共用无线电视系统前端部分，经传输分配系统送至各用户终端。酒店采用了套板状卫星电视接收天线，分别用于接收不同电视卫星的电视信号共10套。

此酒店设置了VOD视频点播服务系统，其功能是作为酒店前台进行节目控制及信号服务，作为后台管理可进行信息记录、查询收费、节目增改及信息服务。

三、 内部无线寻呼系统

智能建筑的信号管理部分，使用先进寻呼系统是非常重要的。本案例大酒店无线寻呼系统设计采用微蜂窝寻呼技术。微蜂窝寻呼系统是利用蜂窝小区技术来实现定场强的专用寻呼网络，它是一种单向通信系统，供建筑内部使用。系统由无线寻呼控制中心、微蜂窝发射单元，数据传输线路和寻呼接收机组成。

寻呼控制中心设在酒店地下层，其与酒店的程控电话交换机连接，实现交换机分机寻呼或人工键盘寻呼。寻呼信号通过线路送至各楼层蜂窝发射单元再向外发射，使处在场强覆盖范围内的接收机收到寻呼信号。

对于智能建筑的寻呼系统设计，一般会遇到两个问题。一是内部信号对建筑外信号的干扰，二是建筑内的寻呼“盲区”。采用无线微蜂窝，使其场强覆盖控制在10～50m范围内，利用小区组网技术，在酒店的三维立体空间上构成限定空间场强的寻呼系统，另外，设计还可通过微蜂窝的布置组成任意形态的无线通信系统，通过对发射单元功率的调节（10～100mW）可使无线场强分布在所限定的酒店空间范围内，这与“单点式”无线寻呼系统的功率大，不宜调节，发射距离远，易对外界产生干扰的特点有很大区别。

在智能建筑内，由于建筑物材料（钢筋混凝土结构）固有的屏蔽作用，使得寻呼信号电平在穿透损耗后无法接通形成“盲区”或信号微弱形成“弱区”(应增加发射单元、调整发射单元位置以达到所需场强)。

四、 电话通信系统

此大酒店电话通信弱电工程系统由交换设备、传输系统、终端设备组成。酒店采用1200门程控交换机设备，话务台功能较强。数字式程控交换机可以根据酒店不同需要实现众多服务功能如系统功能、话务功能和用户分机功能，另外还具有选择功能（包括无线寻呼即通过交换机与寻呼主机连接实现寻呼功能以及酒店管理如登记结账、话务计费、状态输入、打印账单、读卡功能等)。

酒店的电话机房设在地下层，包括传输设备室、交换机房及话务室。

酒店的电话线路配线方式采用单独式，其特点是故障范围小，检修、扩建改造简单，在各楼层电话布线采用放射式。酒店电话线路采用3类4对双绞线，电话终端采用RJ11插口，这样不仅通话质量高，又能满足用户拨号上网的需要。

在各楼层电话分线箱的选择上，应尽量留有余量，以备将来扩展。

五、 火灾报警及联动控制系统

此酒店的智能消防控制系统，是一套完整的防火安全报警系统。又分为4个子系统：火灾探测系统、中央控制系统、火灾报警系统、灭火联动系统。

中央控制系统设在酒店一层的消防中心，由3套智能消防控制盘组成。每套智能消防控制盘拥有10个监控回路，每个回路可带99个智能探头和99个监控模块。3套控制盘实际控制28个回路共2700多探测点以及模块（包括办公楼）。消防智能控制系统通过中央处理单元对整个系统所有模块进行通讯监控，并反馈显示其故障情况，在其可编程存储器中存有“事发控制程序”，一旦系统检测到火警信号后，能自动执行该程序，并通过火灾报警系统通知酒店内所有人员。系统对报警信号具有确认作用，系统可根据酒店内不同场合，将烟感探头灵敏度设定为昼/夜灵敏度转换模式。

作为消防控制系统的眼睛，火灾探测器分布于酒店各个受保护部位。在酒店的前台服务区域及客房层均设置带址式感烟探头；在后台管理区域设感烟探头；在厨房、车库等设置感温探头；在煤气表房设置气体探测器。通过可编址智能探头，手动报警以及控制模块组成一套可靠的火灾探测系统。

酒店的火灾报警系统由区域报警显示盘、警铃、声光报警器及控制模块组成。酒店的灭火联动系统包括；

① 对设在各层的喷淋系统水管的水流指示及压力开关器的监视和启动喷淋泵及稳压泵；

② 消火栓直接启动消防泵；

③ 对防火卷帘门，排烟风机及加压风机的监控；

④ 对空调系统的监控等系统控制。

六、 闭路电视监视系统

采用现代科技日益完善的公共安全管理设施，向酒店提供舒适和安全保障是设计的出发点。

此酒店闭路电视监视系统由摄像机探测装置，图像传输与控制设备，图像处理与显示设备 3 部分组成。

七、 防盗报警系统

对酒店的贵重物品库房，财务记账室等重要场所采用红外或微波技术信号探测器进行定向保护，对酒店一些大门设置门磁报警保护。以上报警信号以有线形式传送到安保中心。这是酒店技防的一个重要技术措施。

八、 车辆进出口管理系统

在现代建筑中，对车库的综合管理越来越重要。酒店的地下 2 层为车库，其地下车库综合管理系统包括 IC 卡读卡机、电动栏杆、车辆控制器、动态电脑显示器等。

九、结构化布线系统

作为智能建筑的基础，结构化布线是一种全新概念的布线系统，用以服务建筑物中所有通信和计算机设备，满足现在和将来的布线要求。

设计应以智能建筑的现时和计划需求为依据。酒店设计未将电话通信归入结构化布线，这是因为作为酒店，语音与数据两种终端的分界很明显，且位置不易变更。另外，从技术经济上考虑，3 类线带宽 16MHz，可传输 10Mbps 及其以下低速数据，作为语言传输是廉价而效果很好的媒介。

此酒店的结构化布线是计算机管理系统的结构化布线。酒店的计算机管理系统分为行政局域网系统和收银系统（POS）。此酒店前台与后台共有终端信息点 500 多个，行政局域网的信息终端分布在地下层办公区域和一至三层的酒店后台行政管理区域，收银系统的信息终端分布在酒店一至三层的前台服务区域。

酒店结构化布线分为 4 个子系统部分。

1. 工作区子系统部分

通过各楼层的配线箱至楼层的各信息终端。其由 5 类 4 对双绞线及 RJ45 终端插口组成。此部分具有抗干扰，可靠与灵活性好的特点。

2. 干线子系统部分

采用多模光缆连接酒店电脑机房与各层的配线箱（即总配线架与各层分配线架连接）。多模光缆传输速度可达 500Mbps 以上，有足够带宽，可为今后布线系统发展留有足够余地。

3. 管理子系统部分

由各层的配线箱组成。酒店的前台服务、后台管理区域面积大，信息终端数量多分布广，总电脑机房设在一层。考虑到各楼层配线箱信息终端的最大距离不超过 100m，因此在各楼的前台服务及后台管理区域均设置配线箱（箱内安装光缆/双绞线适配器、集线器、双绞线跳线架等）。

4. 设备间子系统部分

由设在电脑机房的设备及主干线等组成。

十、弱电电源与接地系统

智能建筑的弱电电源系统必须是稳定和无干扰的。其中，计算机及外部设备、消防火灾报警设备以及通信设备属一级用电设备负荷，采用双电源末端自切供电。对终端计算机设备配置单独 UPS 装置。

本案例酒店的弱电工程中，火灾自动报警系统、计算机行政局域网和收银系统的电源均采用双电源末端自切供电。双电源切换柜的电源来自酒店变配电间的 2 台变压器低压回路及 1 台柴油发电机供给。

酒店弱电工程的各个系统，都设有独立的电源配电箱控制。

弱电系统的接地是弱电系统的一个重要环节。

为减少干扰和保护设备，弱电接地系统必须单独接地，万豪大酒店的弱电接地中各个弱电系统接地均采用大于 $25mm^2$ 以上的铜芯导线与室外接地桩连接。

随着现代社会高新技术的发展，对智能建筑的弱电工程及计算机控制通信和设备自动化管理技术要求也日益提高，这就要求不断掌握新技术，不断完善设计。

第三节　某标准酒店客房智能控制系统方案

一、 标准酒店客房特点

① 客房强调舒适和私密性；

② 客房功能兼具商务和休息娱乐；

③ 管理水平高，注重客人的体验；

④ 客人文化层次较高。

二、 方案描述

① 针对高星级酒店客房的特点，采用了以下客控系统解决方案。

② 系统采用稳定可靠的 RCU 一体机客控系统方案。

③ 系统由客房控制组件/设备、网络通信设备及系统软件三部分组成。

④ 全面覆盖新建酒店及改造酒店的需求。

⑤ 房间控制组件（外设）与主机之间采用 485 通信，主机与服务器之间采用 CAN 总线或 TCP/IP 两种通信方式；

在此酒店客房智能控制系统中，所有通过该系统控制的客房内受控设备既可由宾客在客房内进行本地控制，也可由经过授权的酒店工作人员在酒店局域网相应的计算机终端上进行远程设置和控制。

系统软件包括通信及管理功能，所有客房控制信息以C/S（客户/服务器）模式运行，保证了整个系统运行的稳定性和可靠性。系统软件提供标准接口，便于与软件及BA系统的无缝对接。

客房控制功能布局如图12-2所示。

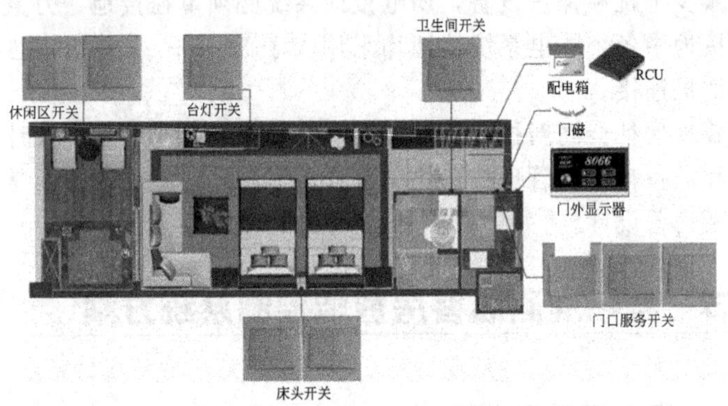

图12-2　客房控制功能

方案特点：

① 布线简单，施工点位少。

② 节省线缆、管道、施工成本、节省施工时间。

③ 控制面板使用翘板复位开关控制面板。

④ 适用于高星级酒店，施工工期紧，个性化控制功能高的业主。

设备清单见表12-3。

表12-3　设备清单

序号	产品名称	规格型号	单位	数量
1	客房智能控制器	A-RS881-LT	台	1
2	智能控制面板	PJ02-DBKG02B	个	8
3	多功能门显	PJ/DDS-100-5/HV/WH	个	1
4	插卡取电	A-CR03	个	1
5	温控器	A-TC001	个	1

续表

序号	产品名称	规格型号	单位	数量
6	门铃	PJ/DB-12V	个	1
7	门磁	PJ/DM-RS	对	1
8	衣柜门磁	PJ/DM-SQ	对	1
9	红外感应	PJ/IS-TS	个	1

附 录

附录 1 标注方法

附表 1 电气设备及线路标注方法

标注方式	说　明	IEC
$\frac{a}{b}$ 或 $\frac{a}{b}+\frac{c}{d}$	用电设备 a——设备编号 b——额定功率,kW c——线路首端熔断片或自动开关释放器的电流,A d——标高,m	
(1)$a\ \frac{b}{c}$ 或 $a-b-c$ (2)$a\ \frac{b-c}{d(e\times f)-g}$	电力和照明设备 (1)一般标注方法 (2)当需要标注引入线的规格时 a——设备编号 b——设备型号 c——设备功率,kW d——导线型号 e——导线根数 f——导线截面积,mm^2 g——导线敷设方式及部位	

续表

标注方式	说　明	IEC
(1)$a\dfrac{b}{c/i}$或$a-b-c/i$ (2)$a\dfrac{b-c/i}{d(e\times f)-g}$	开关及熔断器 (1)一般标注方法 (2)当需要标注引入线的规格时 a——设备编号 b——设备型号 c——额定电流,A i——整定电流,A d——导线型号 e——导线根数 f——导线截面积,mm^2 g——导线敷设方式	
$a/b-c$	照明变压器 a——一次电压,V b——二次电压,V c——额定容量,A	
(1)$a-b\dfrac{c\times d\times L}{e}f$ (2)$a-b\dfrac{c\times d\times L}{-}$	照明灯具 (1)一般标注方法 (2)灯具吸顶安装 a——灯数 b——型号或编号 c——每盏照明灯具的灯泡数 d——灯泡容量,W e——灯泡安装高度,m f——安装方式 L——光源种类	
⑮	最低照度⊙(示出15lx)	
(1)● a (2)● $\dfrac{a—b}{c}$	照明照度检查点 (1)　a——水平照度,lx (2)　$a-b$——双侧垂直照度,lx 　c——水平照度,lx	

续表

标注方式	说明	IEC
a-b-c-d / e-f	电缆与其他设施交叉点 a——保护管根数 b——保护管直径,mm c——管长,m d——地面标高,m e——保护管埋设深度,m f——交叉点坐标	
(1) ±0.000 (2) ±0.000	安装或敷设标高,m (1)用于室内平面图、剖面图上 (2)用于总平面图上的室外地面	
(1) /// (2) /3 (3) /n	导线根数,当用单线表示一组导线时,若需要示出导线数,可用加小短斜线或画一条短斜线加数字表示 例:(1)表示 3 根 (2)表示 3 根 (3)表示 n 根	
(1) $\frac{3\times16}{} \times \frac{3\times10}{}$ (2) —× $\frac{\phi 2\frac{1}{2}''}{}$	导线型号规格或敷设方式的改变 (1)3×16mm² 导线改为 3×10mm² (2)无穿管敷设改为导线穿管($\phi 2\frac{1}{2}$in)敷设	
V	电压损失,%	
−220V	直流电压 220V	
$m\sim f$,V 3N~50Hz,380V	交流电 m——相数 f——频率,Hz V——电压,V 例:示出交流,三相带中性线 50Hz 380V	
L_1(可用 A) L_2(可用 B) L_3(可用 C) U V W	相序 交流系统电源第一相 交流系统电源第二相 交流系统电源第三相 交流系统设备端第一相 交流系统设备端第二相 交流系统设备端第三相	

附表 2　电气工程图中表达线路敷设部位标注的文字代号

表达内容	标注代号	
	新代号	旧代号
沿钢索敷设	SR	S
沿屋架或层架下弦敷设	BE	LM
沿柱敷设	CLE	ZM
沿墙敷设	WE	QM
沿天棚敷设	CE	PM
在能进入的吊顶内敷设	ACE	PNM
暗敷在梁内	BC	LA
暗敷在柱内	CLC	ZA
暗敷在屋面内或顶板内	CC	PA
暗敷在地面内或地板内	FC	DA
暗敷在不能进入的吊顶内	ACC	PNA
暗敷在墙内	WC	QA

附表 3　电气工程图中表达线路敷设方式标注的文字代号

表达内容	标注代号	
	新代号	旧代号
用轨型护套线敷设		
用塑制线槽敷设	PR	XC
用硬质塑制管敷设	PC	VG
用半硬塑制管敷设	FEC	ZVG
用可挠型塑制管敷设	—	—
用薄电线管敷设	TC	DG
用厚电线管敷设		
用水煤气钢管敷设	SC	G
用金属线槽敷设	SR	GC
用电缆桥架(或托盘)敷设	CT	
用瓷夹敷设	PL	CJ
用塑制夹敷设	PCL	VT
用蛇皮管敷设	CP	
用瓷瓶式或瓷柱式绝缘子敷设	K	CP

附录 2　常用电气符号

附表 4　常用电气工程图平面图形符号

图形符号	说　明	IEC
	单相插座 暗装 密闭(防水) 防爆	
	带接地插孔的三相插座 暗装 密闭(防水) 防爆	
	带保护接点插座,带接地插孔的单相插座 暗装 密闭(防水) 防爆	
	插座箱(板)	

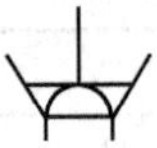

续表

图形符号	说　明	IEC
	多个插座(示出3个)	
	钥匙开关	
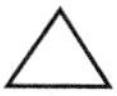	电缆交接间	
	灯或信号灯的一般符号	
	架空交接箱	
	投光灯一般符号	
	落地交接箱	
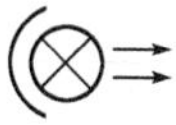	聚光灯	
	壁龛交接箱	
	泛光灯	
	示出配线的照明引出线位置	
	分线盒的一般符号 可加注:$\frac{A-B}{C}D$ A—编号 B—容量 C—线序 D—设计用户数	

续表

图形符号	说　明	IEC
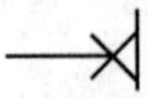	在墙上的照明引出线(示出配线在左边)	
	室内分线盒	
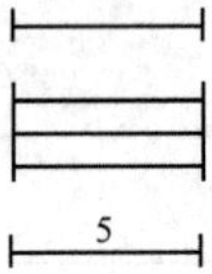 5	荧光灯一般符号 三管荧光灯 五管荧光灯	
	室外分线盒	
	防爆荧光灯	
	分线箱	
	在专用电路上的事故照明灯	
	壁龛分线盒	
	自带电源的事故照明灯装置(应急灯)	
	避雷针	
	气体放电灯的辅助设备 注:仅用于辅助设备与光源不在一起时	
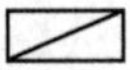	电源自动切换箱(屏)	

续表

图形符号	说 明	IEC
	警卫信号探测器	
	警卫信号区域报警器	
	警卫信号总报警器	
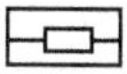	电阻箱	
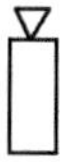	鼓形控制器	
	自动开关箱	

附表 5 常用电气工程图通用图形符号

图形符号	说 明	IEC
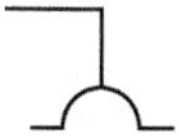	具有护板的插座	=
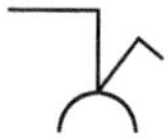	具有单极开关的插座	=
	具有连锁开关的插座	=
	具有隔离变压器的插座(如电动剃刀用的插座)	=

续表

图形符号	说　明	IEC
	电信插座的一般符号 注:可用文字或符号加以区别。 如:TP——电话 　　——扬声器 TX——电传 M——传声器 TV——电视 FM——调频	=
	带熔断器的插座	
	开关一般符号	=
	单极开关 暗装 密闭(防水) 防爆	
	双极开关 暗装 密闭(防水) 防爆	=
	三极开关 暗装 密闭(防水) 防爆	
	单极拉线开关	=

续表

图形符号	说　明	IEC
	单极双控拉线开关	
	单极限时开关	
	双控开关(单极三线)	
	具有指示灯的开关	
	多拉开关(如用于不同照度)	
	中间开关 等效电路图	
	调光器	
	限时装置	
	定时开关	
后　前 2 1 0 1 2 1 2 3 4	控制器或操作开关 示出5个位置的控制器或操作开关。以“0”代表操作手柄在中间位置,两侧的数字表示操作位置数,此数字处亦可写手柄转动位置的角度。在该数字上方可注文字符号表示操作(如向前、向后、自动、手动等)。短划表示手柄操作触点开闭的位置线,有黑点“·”者表示手柄(手轮)转向此位置时触点接通,无黑点者表示触点不接通。复杂开关允许不以黑点的有无来表示触点的开闭,而另用触点闭合来表示。多于一个以上的触点分别接于各线路中,可以在触点符号上标注触点的线路号(本图例为4个线路号)或触点号。若操作位置数多于或少于5个时,线路号多于或少于4个时,可仿本图形增减。一个开关的各触点允许不画在一起	

续表

图形符号	说　明	IEC
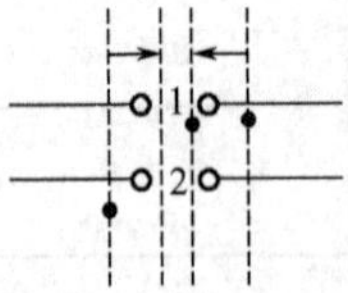	自动复归控制或操作开关 示出两侧自动复位到中央两个位置,黑箭头表示自动复归的符号	

附表 6　常用电气工程图通用图形符号新旧对照

新　符　号	说　明	IEC	旧　符　号
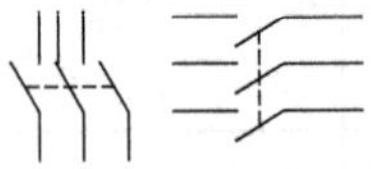	多极开关一般符号多线表示	=	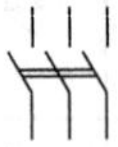
	接触器(在非动作位置触点断开)	=	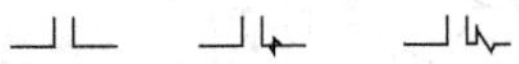
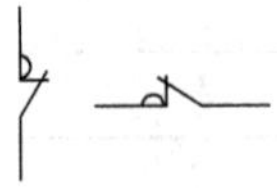	接触器(在非动作位置触点闭合)	=	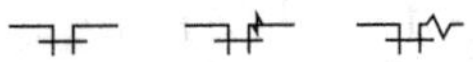
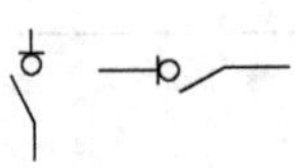	负荷开关(负荷隔离开关)	=	
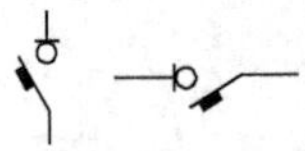	具有自动释放功能的负荷开关	=	
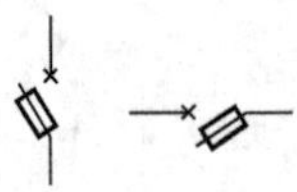	熔断器式断路器	=	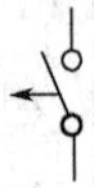

续表

新符号	说明	IEC	旧符号
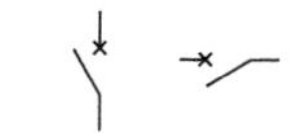	断路器	=	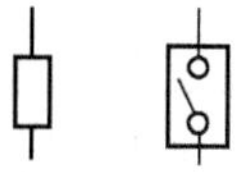
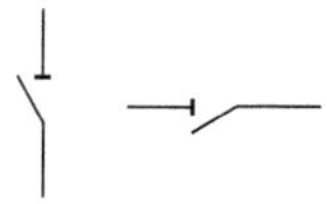	隔离开关	=	
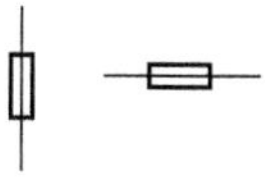	熔断器一般符号	=	
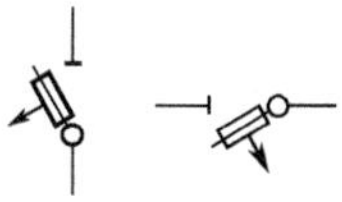	跌落式熔断器	=	
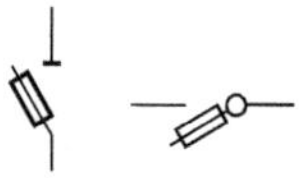	熔断器式开关	=	
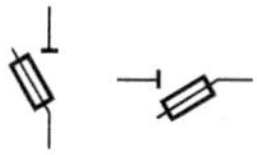	熔断器式隔离开关	=	
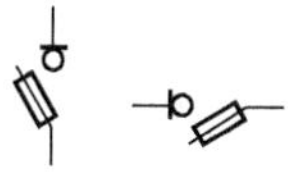	熔断器式负荷开关	=	
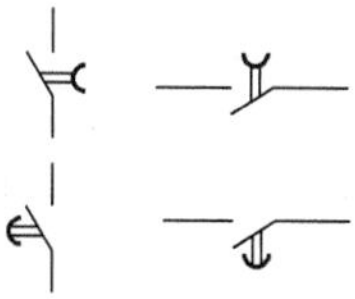	当操作器件被吸合时延时闭合的动合触点	=	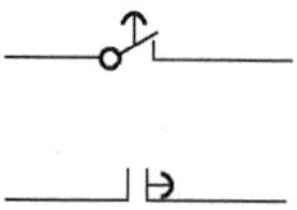

续表

新 符 号	说 明	IEC	旧 符 号
	当操作器件被释放时延时断开的动合触点	=	
	当操作器件被释放时延时闭合的动断触点	=	
	当操作器件被吸合时延时断开的动断触点	=	
	当操作器件被吸合时延时闭合和释放时延时断开的动合触点	=	
	按钮开关(不闭锁)	=	
	旋钮开关、旋转开关(闭锁)	=	
	位置开关,动合触点限制开关、动合触点	=	

续表

新符号	说明	IEC	旧符号
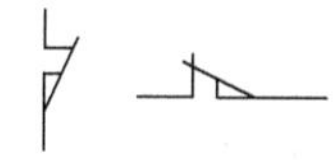	位置开关，动断触点限制开关，动断触点	=	
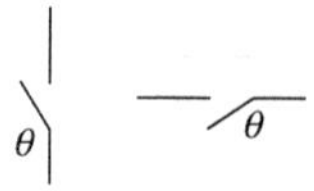 θ　θ	热敏开关，动合触点 注：θ 可用动作温度代替	=	 t°>
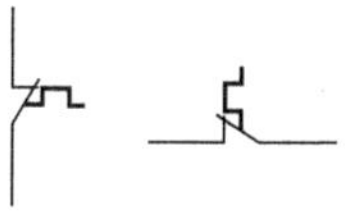	热敏自动开关，动断触点 注：注意区别此触点和下图所示热继电器的触点 	=	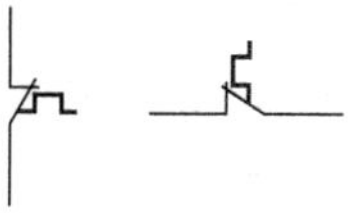
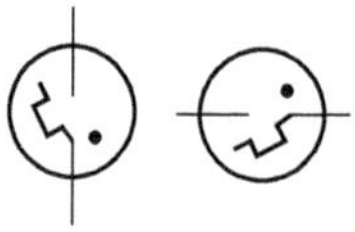	具有热元件的气体放电管荧光灯启动器	=	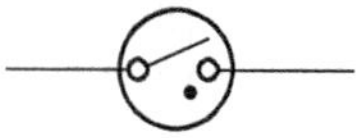
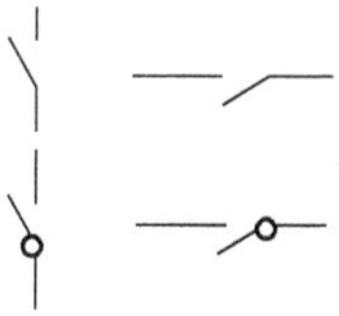	动合（常开）触点 注：本符号也可以用作开关一般符号	=	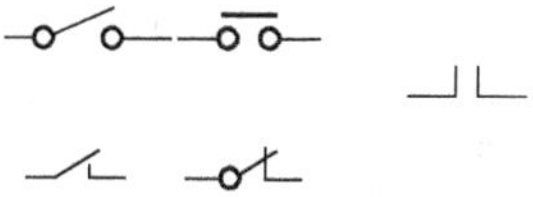
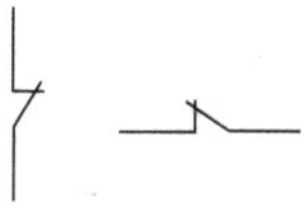	动断（常闭）触点	=	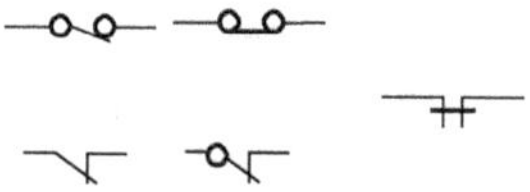
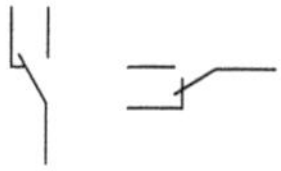	先断后合的转换触点	=	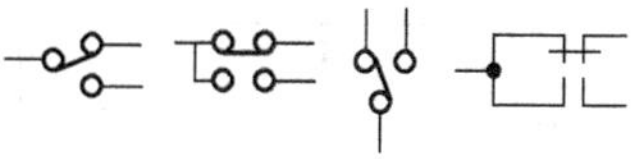

续表

新符号	说明	IEC	旧符号
	当操作器件被吸合或释放时，暂时闭合的过渡动合触点	=	
	插座(内孔的)或插座的一个极	=	
	中性线	=	
	保护线		
	保护和中性共用线	=	
	具有保护线和中性线的三相配线	=	
	滑触线	=	
	地下线路	=	
	架空线路	=	V
	管道线路	=	
6	多孔(如6孔)管道线路	=	
	具有埋入地下连接点的线路	=	

续表

新　符　号	说　　明	IEC	旧　符　号
	水下线路	=	
	沿建筑物明敷设通信线路	=	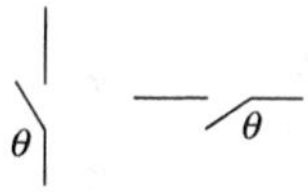 θ θ
	沿建筑物暗敷设通信线路	=	
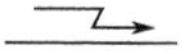	电气排流电缆	=	
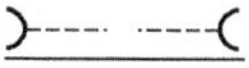	挂在钢索上的线路	=	
	用单线表示的多回路线路（或电缆管束）	=	
	屏、盘、架一般符号 注：可用文字符号或型号表示设备名称	=	
	列架一般符号	=	
	人工交换台、中继台、测量台、业务台等一般符号	=	
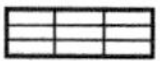	总配线架	=	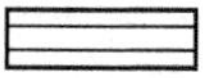
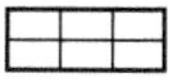	中间配线架	=	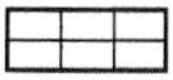

续表

新符号	说明	IEC	旧符号
	走线架,电缆走道	=	
	地面上明装走线槽	=	
	地面下暗装走线槽	=	
	导线、导线组、电路线路、母线一般符号	=	
	3根导线	=	
4	4根导线	=	
	事故照明线	=	
	50V及其以下电力及照明线路	=	
	控制及信号线路(电力及照明用)	=	
	原电池或蓄电池	=	− +
	原电池组或蓄电池组	=	
			48V
	带抽头的原电池组或蓄电池组	=	
	接地一般符号	=	

续表

新　符　号	说　明	IEC	旧　符　号
	接机壳或接底板	=	
	无噪声接地	=	
	保护接地	=	
	发声器	=	
	电话机	=	
	照明信号	=	
	手动报警器	=	
	感烟探测器	=	
	感温探测器	=	
	气体探测器	=	
	火警电话机	=	
	报警发声器	=	
	有视听信号的控制和显示设备	=	
	在专用电路上的事故照明灯	=	

续表

新 符 号	说 明	IEC	旧 符 号
	自带电源的事故照明灯装置(应急灯)	=	
	警卫信号探测器	=	
	警卫信号区域报警器	=	
	警卫信号总报警器	=	
	逃生路线、逃生方向	=	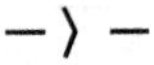
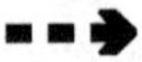	逃生路线,最终出口	=	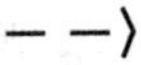
	二氧化碳消防设备辅助符号	=	
	氧化剂消防设备辅助符号	=	
	卤代烷消防设备辅助符号	=	
	等电位	=	
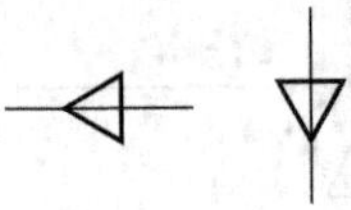	电缆终端头	=	
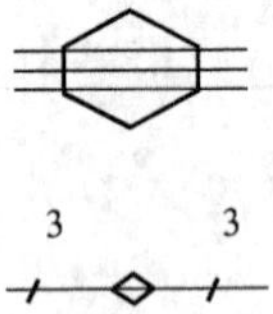 3 3	电力电缆直通接线盒	=	

续表

新　符　号	说　　明	IEC	旧　符　号
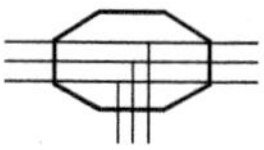 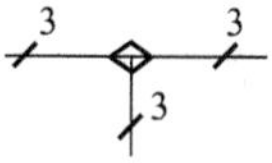	电力电缆连接盒,电力电缆分线盒	=	 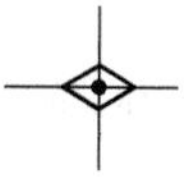
	控制和指标设备	=	
	报警启动装置(点式一手动或自动)	=	
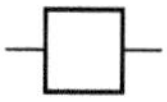	线型探测器	=	
	火灾报警装置	=	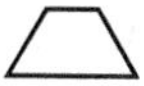
	热	=	
	烟	=	
	易爆气体	=	
	手动启动	=	
	电铃	=	
	扬声器	=	

参 考 文 献

[1] 中华人民共和国建设部.GB 50339—2013 智能建筑工程施工质量验收规范［S］.北京：中国标准出版社，2003.

[2] 中华人民共和国建设部.GB 50151—2010 泡沫灭火系统设计规范［S］.北京：人民出版社，2010.

[3] 中华人民共和国建设部.GB 50395—2007 视频安防监控系统工程设计规范［S］.北京：中国计划出版社，2007.

[4] 中华人民共和国住房和城乡建设部.GB 50720—2011 建筑工程施工现场消防安全技术规范［S］.北京：人民出版社，2011.

[5] 中华人民共和国住房和城乡建设部，中华人民共和国国家质量监督检验检疫总局.GB 50601—2010 建筑物防雷工程施工与质量验收规范［S］.北京：中国计划出版社，2011.

[6] 中华人民共和国住房和城乡建设部.GB 50057—2010 建筑物防雷设计规范［S］.北京：中国计划出版社，2011.

[7] 中华人民共和国建设部.GB 50312—2007 综合布线系统工程验收规范［S］.北京：中国计划出版社，2007.

[8] 中华人民共和国住房和城乡建设部.GB 50303—2015 建筑电气工程施工质量验收规范［S］.北京：中国计划出版社，2004.

[9] 中华人民共和国住房和城乡建设部.GB 50166—2007 火灾自动报警系统施工及验收规范［S］.北京：中国计划出版社，2008.

[10] 中华人民共和国住房和城乡建设部.GB/T 50623—2010 用户电话交换系统工程验收规范［S］.北京：中国计划出版社，2011.

[11] 范丽丽.弱电系统设计 300 问［M］.北京：中国电力出版社，2010.

[12] 杨光臣等.怎样阅读电气与智能建筑工程施工图［M］.北京：中国电力出版社，2007.

[13] 郑清明.智能化供配电工程［M］.北京：中国电力出版社，2007.

[14] 曹祥.智能楼宇弱电电工［M］.北京：中国电力出版社，2008.

[15] 北京建工培训中心.建筑电气安装工程［M］.北京：中国建筑工业出版社，2012.